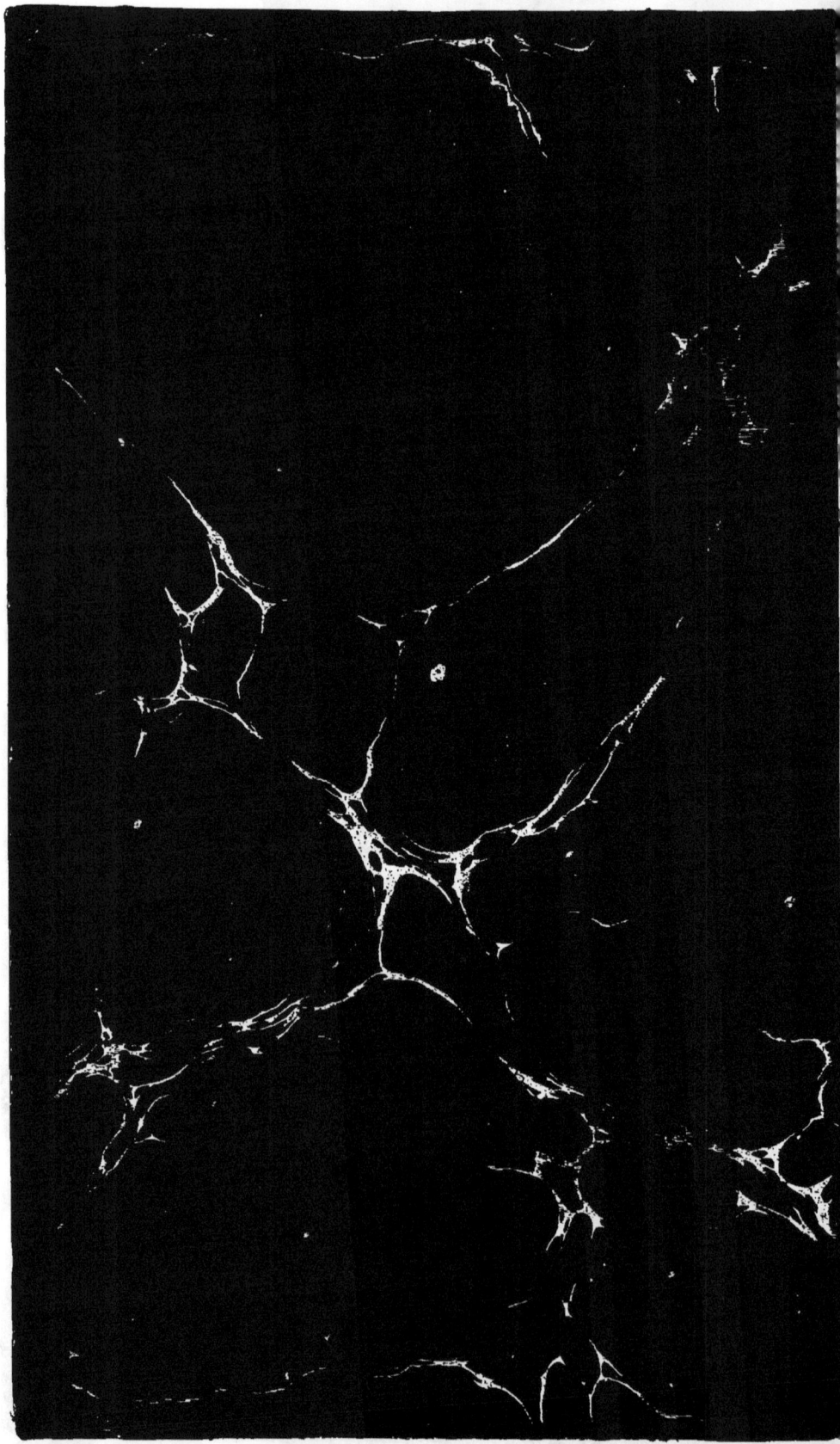

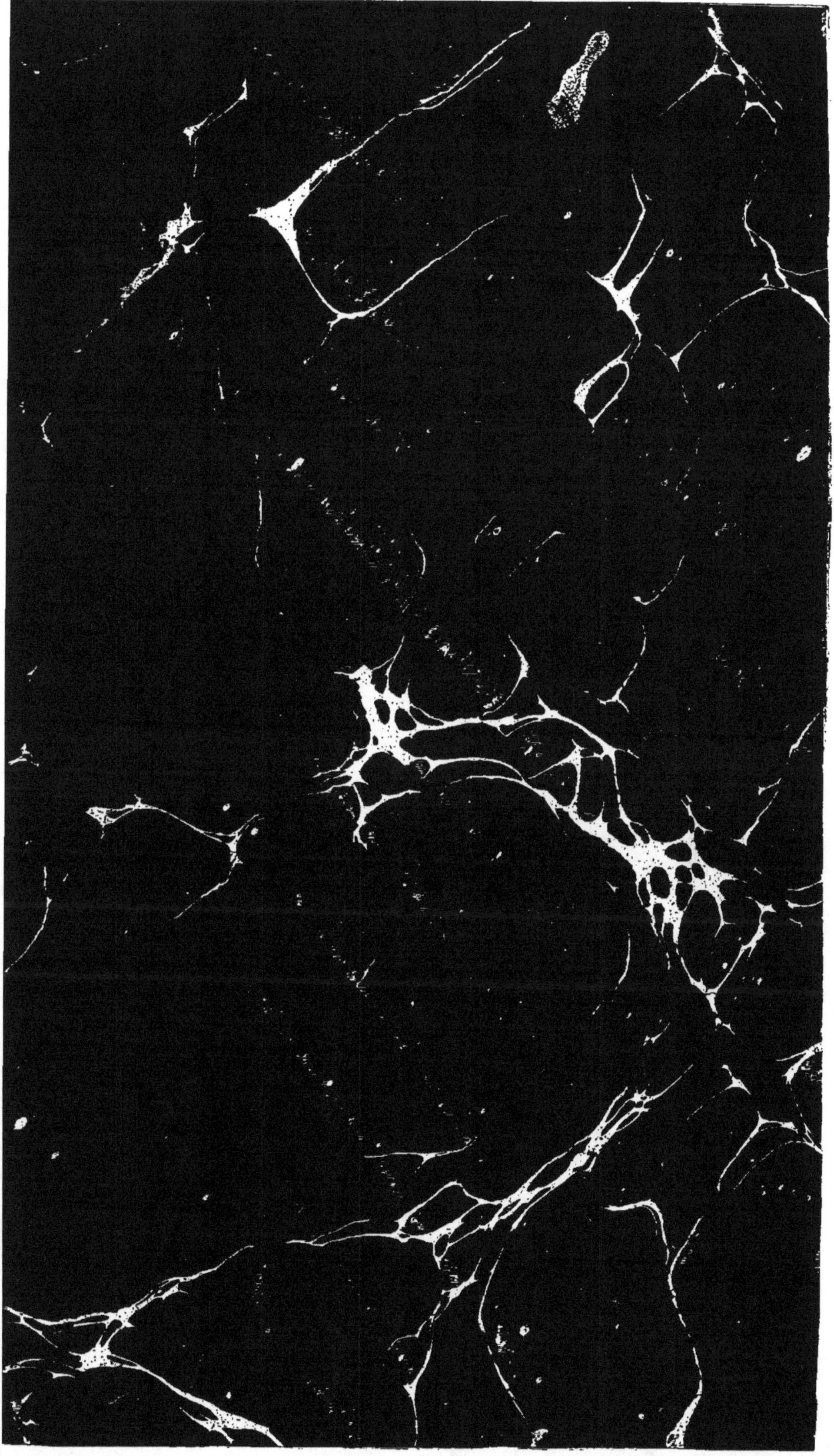

ÉLÉMENTS

DE LA THÉORIE DES

DÉTERMINANTS.

OUVRAGES DU MÊME AUTEUR,

QUI SE TROUVENT A LA MÊME LIBRAIRIE.

Règles mnémoniques pour établir la Théorie des signes en Trigonométrie, et pour écrire les Formules de Delambre. In-8 ; 1866. 1 fr.

Méthode expéditive pour l'Extraction de la Racine cubique des nombres entiers. In-8 ; 1866. . . . . 1 fr.

Propriétés nouvelles des Quadrilatères en général, avec application aux quadrilatères inscriptibles, circonscriptibles, etc. In-8 ; 1868. . . . . 2 fr. 25 c.

Mémoire sur une nouvelle méthode de transformation des coordonnées dans le plan et dans l'espace, avec application aux lignes et surfaces des deux premiers degrés. In-8. . . . . 1 fr. 50 c.

Nouvelle étude algébrique des lignes du second degré. 1re *Partie :* Ellipse et Hyperbole. In-8 ; 1866. . . . . 1 fr. 50 c.

2e *Partie :* Parabole. In-8 ; 1868. . . . . 1 fr. 50 c.

2981 Paris. — Imprimerie de Gauthier-Villars, quai des Augustins, 55.

ÉLÉMENTS

DE LA THÉORIE DES

DÉTERMINANTS

AVEC APPLICATION

A L'ALGÈBRE, LA TRIGONOMÉTRIE

ET

LA GÉOMÉTRIE ANALYTIQUE DANS LE PLAN ET DANS L'ESPACE,

A L'USAGE

DES CLASSES DE MATHÉMATIQUES SPÉCIALES;

PAR G. DOSTOR,

Docteur ès Sciences, Professeur de Mécanique rationnelle à la Faculté des Sciences
de l'Université catholique de Paris,
Membre de la Société mathématique de France.

PARIS,

GAUTHIER-VILLARS, IMPRIMEUR-LIBRAIRE
DU BUREAU DES LONGITUDES, DE L'ÉCOLE POLYTECHNIQUE,
SUCCESSEUR DE MALLET-BACHELIER,
Quai des Augustins, 55.

1877

PRÉFACE.

La *Science des Déterminants* est l'un des instruments les plus puissants que l'Analyse mette à la disposition des Géomètres; le mécanisme en est fort simple, les méthodes sont presque élémentaires, les résultats sont d'une fécondité remarquable. Née de la résolution des équations du premier degré à plusieurs inconnues, elle en abrége les procédés, en généralise les formules et donne à celles-ci une expression figurée, à la fois simple et précise, serrée et commode, qui rend la combinaison de ces formules sûre et rapide.

L'*Algèbre*, qui a donné naissance aux Déterminants, tire ainsi le premier fruit de son œuvre, au seuil même d'opérations souvent fort laborieuses; mais cet avantage n'est pas le seul tribut que l'Algèbre lève sur cette science nouvelle, éclose dans son domaine : elle y trouve des ressources bien autrement précieuses pour l'élimination d'un ordre supérieur et pour la détermination des solutions communes aux équations de degrés élevés. Ces parties, si épineuses dans la pratique, ont été simplifiées avec art et précision, et des calculs presque inextricables sont devenus d'une facilité merveilleuse et même originale.

En *Géométrie analytique*, pour évaluer les angles, les lignes, les surfaces et les volumes en fonction de certaines données, on établit les relations qu'on sait exister ou qu'on découvre entre ces données, entre la quantité cherchée et entre d'autres éléments *auxiliaires* de la figure, convenablement choisis. Les relations ainsi établies constituent les équations de la question, et les éléments qui y entrent, indépendamment des données, forment autant d'inconnues *auxiliaires*, qu'il s'agit d'éliminer. Cette élimination, par les procédés ordinaires, est souvent longue et compliquée; elle se hérisse quelquefois de difficultés presque insurmontables. De plus, la suite des opérations introduit dans les équations résultantes, pour beaucoup de cas, des facteurs étrangers qui en embarrassent le maniement et masquent les liens apparents qui existent forcément entre les données et la solution.

Ce double inconvénient disparaît par l'emploi des Déterminants. Non-seulement les opérations deviennent simples et aisées, non-seulement les multiplicateurs étrangers sont écartés; mais les facteurs *utiles* apparaissent presque spontanément et sont immédiatement mis en évidence; mais encore l'expression de la solution forme tableau, pour ainsi dire, et présente une symétrie remarquable dans la disposition de ses éléments connus.

Les caractères qui distinguent entre elles les lignes et les surfaces d'un même degré, ceux qui embrassent les figures d'une même famille, ainsi que les conditions auxquelles ces figures peuvent être assujetties, se traduisent, dans l'Analyse, par certaines relations entre les coefficients de leur équation générale. C'est encore la Science des Déterminants qui conduit à la détermination la plus rapide, qui fournit la représentation la plus succincte et la mieux figurée de ces relations de condition.

Les Déterminants donnent aussi le moyen de trouver les fonctions qui ne sont pas altérées par une transformation linéaire des variables; la découverte et l'étude de ces fonctions sont peut-être le principal objet de cette science, dont le champ ne cesse de s'étendre et de se féconder. En Géométrie, cette transformation correspond à un changement d'axes de coordonnées; les fonctions obtenues expriment donc des propriétés absolument indépendantes du choix des axes. On comprend dès lors toute l'importance que doit prendre cette branche de l'Analyse dans les investigations géométriques.

L'importance des Déterminants se manifeste par des progrès incessants; elle est partout reconnue et proclamée, dans les

Journaux scientifiques comme dans les Mémoires et les Cours publics. Chaque année voit apparaître de nouvelles publications sur cette féconde théorie et sur ses nombreuses applications. Plusieurs auteurs s'efforcent, en même temps, de donner à cette science une forme plus simple, une rédaction plus élémentaire, une direction plus pratique, afin de la mettre à la portée des jeunes esprits.

Dans beaucoup de pays, en Angleterre, en Italie et en Allemagne, la théorie des Déterminants est prescrite dans l'enseignement et introduite dans les écoles. En France, elle a pénétré dans les lycées de Paris; elle se trouve enseignée dans beaucoup d'établissements de province; elle est admise avec faveur et reçue avec avantage dans les examens d'admission à l'École Polytechnique et à l'École Normale; elle appartient de droit au Cours de Mathématiques spéciales.

Les professeurs, pour se maintenir à la hauteur de leur mission, sont forcés de consulter les Mémoires et les Traités spéciaux; ils sont contraints de puiser dans des publications éparses; ils sont obligés de faire des extraits séparés, d'établir un lien uniforme entre ces extraits, de les revêtir d'une forme simple et élémentaire, afin de les faire cadrer avec les matières de leur enseignement. Cette tâche, toujours laborieuse, souvent difficile par l'absence, l'éloignement ou la variété des sources originales, absorbe leurs loisirs ou dérobe à leurs fonctions une partie du temps qu'ils doivent aux soins immédiats des élèves.

Les élèves eux-mêmes, restreints aux notes fugitives de la classe, sont embarrassés dans l'étude de leurs leçons par les parties qui leur ont échappé ou qu'ils ont mal saisies; ces points d'arrêt ébranlent leur confiance, en provoquant des efforts en pure perte.

Un Livre, pouvant servir de guide et d'aide-mémoire, aura donc un côté à la fois utile pour les élèves et avantageux pour les maîtres, surtout s'il renvoie, en même temps, aux sources premières, aux documents complets, où la Science est traitée avec tous ses développements.

C'est afin d'abréger le travail des Professeurs, de faciliter l'étude aux Élèves que nous avons entrepris la rédaction de cet Ouvrage. Nous y avons suivi les procédés les plus élémentaires, adopté les notations les plus simples, exposé les principes les plus essentiels, qui suffisent en Algèbre et en Géométrie, dans l'étendue du programme officiel. Si nous avons modifié plusieurs démonstrations usitées, c'est pour les simplifier, les abréger, les rendre accessibles aux jeunes commençants. C'est surtout pour eux que nous avons entrepris ce travail; c'est aussi à eux que nous l'adressons particulièrement.

La première idée des Déterminants est due à Leibnitz. (*Lettre de Leibnitz à L'Hospital*, du 28 avril 1639, et *OEuvres mathématiques de Leibnitz*, publiées par Gerhardt, t. II, p. 239). Mais l'importance de ces fonctions a été signalée surtout par Cramer, dans son *Introduction à l'Analyse des courbes algébriques*, 1750; Cramer peut être regardé comme le second inventeur des déterminants. Ce Géomètre a trouvé la loi de formation des Déterminants au moyen des formules que fournit la résolution de deux équations du premier degré à deux inconnues, et de celles que donne la résolution d'un système de trois équations à trois inconnues. Bezout a étendu cette loi à un nombre quelconque d'équations linéaires, renfermant autant d'inconnues, en même temps qu'il a donné une méthode rapide pour la résolution de ces équations (*Histoire de l'Académie royale des Sciences*, 1764).

Dans les travaux de Laplace et de Vandermonde (*Histoire de l'Académie royale des Sciences*, 1772, 2e partie), dans ceux de Lagrange (*Sur les Pyramides*, 1773, et *Nouveaux Mémoires de l'Académie royale de Berlin*, 1773), la loi de Cramer se trouve confirmée et plusieurs propriétés des Déterminants sont énoncées et mises au jour.

L'illustre Gauss, dans ses *Disquisitiones arithmeticæ*, 1802, a perfectionné et étendu le calcul algébrique, au moyen des Déterminants. Plus tard, Binet (*Journal de l'École Polytechnique*, XVIe cahier, 1813) et Cauchy (*Journal de l'École Polytechnique*, XVIIe cahier, 1815) ont énoncé de nouvelles propriétés et ont donné, dans les applications, au moyen des

Déterminants, une facilité inattendue à des calculs fort compliqués.

Ce n'est cependant qu'en 1841 que Jacobi, dans son Mémoire *De formatione et proprietatibus determinantium*, posa les bases d'un Traité concernant la Théorie des Déterminants, et rendit cette science accessible à tous les mathématiciens.

Depuis cette époque, la Science des Déterminants a été l'objet de recherches incessantes de la part des géomètres, les progrès ont été rapides. Elle s'est signalée surtout par ses applications curieuses et variées à la Théorie des nombres, à celle des Équations, à l'Analyse en général, à la Géométrie et à la Mécanique.

Ces applications sont consignées, d'abord en partie dans les écrits de Jacobi (*Mathematische Werke*) et de Cauchy (*Exercices d'Analyse et de Physique mathématique*); ensuite dans les Mémoires publiés par MM. Cayley (*Memoirs upon quantics*), Sylvester (*Philosophical Magazine*), Hesse, Borchardt, Malmstein, Joachimsthal (*Journal de Crelle*).

L'emploi le plus heureux et le plus efficace des Déterminants a été fait par M. Hermite, dans ses savantes et profondes recherches sur la Théorie des nombres, et dans ses travaux d'Analyse. Il en a publié les remarquables résultats dans les *Journaux de Crelle, de Liouville*, etc.

M. Salmon a puissamment contribué à la propagation de cette science par la publication d'ouvrages spéciaux et par les applications à la Géométrie qu'il a données dans son Traité : *On the higher plane curves*.

Les fonctions de Cramer étaient d'abord appelées *résultantes;* la dénomination de *déterminant*, empruntée à Gauss, a été introduite dans la Science par Cauchy, qui lui a substitué plus tard le nom de *fonction alternée*. L'usage a fait maintenir le nom de *déterminant*.

Paris, mars 1877.

G. D.

AVIS ESSENTIEL AU LECTEUR.

Le texte courant de ce Traité forme la partie la plus élémentaire de la *Théorie des Déterminants;* il comprend, en outre, toutes les applications de cette science aux diverses matières qui constituent le programme des Mathématiques spéciales. Le lecteur peut en faire une étude suivie, en négligeant tout ce qui est imprimé en petits caractères.

Les autres articles, non revêtus d'astérisques, peuvent être lus ensuite; ils complètent le cours. Sans être indispensables, ils fournissent des résultats utiles et intéressants, dont l'Élève saura apprécier l'importance.

La partie en petit texte, qui est affectée d'astérisques, ne présente aucune difficulté. Elle résume plusieurs applications curieuses des Déterminants à l'Algèbre et à la Géométrie analytique; celles-ci reposent sur des méthodes, à la fois simples et rapides, qui trouvent un emploi fort avantageux dans beaucoup de branches des Sciences exactes.

TABLE DES MATIÈRES.

Pages

PRÉFACE V

Avis essentiel au lecteur X

LIVRE PREMIER.

THÉORIE DES DÉTERMINANTS.

CHAPITRE PREMIER.

PROPRIÉTÉS GÉNÉRALES DES DÉTERMINANTS.

§ I. — DÉFINITION ET NOTATION DES DÉTERMINANTS.

Nos

1. Première définition des déterminants 1
2. Inversion des indices 2
3. Permutations paires et permutations impaires 2
4. Théorème fondamental sur les inversions 2
5. Composition du déterminant Δ par rapport à la position des n^2 éléments dans le tableau carré de ces éléments 3
6. Définition ordinaire des déterminants 4
7. Terme principal du déterminant 4
8. Règle des signes 5
9. Degré ou ordre d'un déterminant 6
10. Les termes d'un déterminant se séparent en deux classes 6
11. Exemples de déterminants du second et du troisième ordre. 7
12. Le déterminant n'est autre que le dénominateur commun des formules de Cramer 7
13. Notation ordonnée de Cauchy 8

N°s Pages
14 Notation à double indice de Leibnitz........................ 8
15. Notation à indices superposés........................ 9
16. Formation des termes d'un déterminant, dont les indices sont superposés........................ 10
17. Règle des signes pour les déterminants, dont les éléments sont à indices superposés........................ 10
17 *bis*. Notation abrégée des déterminants........................ 11

§ II. — Transformation des déterminants.

18. **Théorème I.** — Changement des lignes en colonnes, et *vice versâ*........................ 11
19. Démonstration du théorème dans le cas d'indices superposés.... 12
20. Démonstration générale du même théorème........................ 13
21. **Théorème II.** — Permutation de deux lignes ou de deux colonnes........................ 13
22. **Corollaire I.** — Permutation simultanée de deux lignes et de deux colonnes........................ 15
23. **Corollaire II.** — Maintien des éléments de la diagonale........ 15
23 *bis*. **Corollaire III.** — Translation d'un élément au sommet du déterminant........................ 15
* 24. **Définition** — Permutation des deux diagonales d'un déterminant........................ 15
* 25. **Théorème III.** — Échange des diagonales d'un déterminant.... 16
26. **Théorème IV.** — Cas de l'identité de deux lignes ou de deux colonnes........................ 16
27. **Théorème V.** — Multiplication par un même facteur des éléments d'une ligne ou d'une colonne........................ 17
28. **Corollaire I.** — Mise en évidence d'un facteur commun aux éléments d'une ligne ou d'une colonne........................ 18
29. Simplification de certains déterminants........................ 18
30. **Corollaire II.** — Déterminants dans lesquels deux lignes ou deux colonnes ne diffèrent que par un facteur constant... 19
31. **Corollaire III.** — Changement de signe des éléments d'une ligne ou d'une colonne........................ 19
32. **Remarque.** — Transformation des déterminants égaux à zéro. 20
33. **Théorème VI.** — Transformation d'un déterminant en un autre, dans lequel les éléments d'une ligne ou d'une colonne sont égaux à l'unité (théorème de Dostor)........ 20
34. **Remarque I.** — Diviseur du déterminant transformé.......... 21

Nos Pages

35. **Remarque II.** — Transformation dans le cas où les éléments de la ligne ou de la colonne ont des facteurs communs... 21
36. Importance de cette transformation.................... 21

§ III. — Les déterminants mineurs.

37. **Définition I.** — Déterminants mineurs.................. 22
38. **Définition II.** — Ordre des déterminants mineurs......... 22
39. Notation des déterminants mineurs........................ 22
40. Nombre des déterminants mineurs......................... 22
41. Propriété essentielle des déterminants.................. 22
42. **Théorème I.** — Développement d'un déterminant suivant les éléments de la première colonne.................. 22
Démonstration générale de ce théorème................ 24
43. **Corollaire.** — Nature du coefficient d'un élément de la première colonne.. 26
44. **Théorème II.** — Calcul du coefficient d'un élément quelconque du déterminant.............................. 26
45. Démonstration directe du théorème précédent................ 27
46. Règle pratique pour déterminer le signe du coefficient d'un élément.. 27
47. **Théorème III.** — Multiplication des éléments d'une ligne par les déterminants mineurs des éléments d'une autre ligne... 28
48. Généralisation de ce théorème............................ 29

§ IV. — Développement des déterminants.

49. **Définition.** — Développement d'un déterminant........... 29
50. Méthode pour développer les déterminants................ 29
51. Exemples de déterminants développés.................... 31
52. Règle de Sarrus pour développer les déterminants du troisième degré.. 32
53. Application de ce mode de développement................ 33
54. Autres exemples de développements par la règle de Sarrus.. 34
55. Décomposition d'un déterminant du $n^{\text{ième}}$ degré en une somme de produits, formés chacun d'un déterminant du $p^{\text{ième}}$ degré et d'un déterminant du $(n-p)^{\text{ième}}$ degré (théorème de Laplace).. 34

CHAPITRE II.

COMBINAISON ET PROPRIÉTÉS DES DÉTERMINANTS SATISFAISANT A CERTAINES CONDITIONS.

§ I. — Addition et soustraction des déterminants.

Nos — Pages

56. **Théorème I.** — Décomposition d'un déterminant en une somme de deux déterminants........................ 36
57. Exemples.. 37
58. **Théorème II.** — Addition de deux déterminants.......... 37
59. **Théorème III.** — Déterminants égaux à zéro............ 39
60. **Théorème IV.** — Transformation d'un déterminant....... 40
61. **Corollaire I.** — Application de ce mode de transformation. 40
62. **Corollaire II.** — Mise en évidence d'un facteur dans un déterminant.. 41

§ II. — Propriétés des déterminants ayant un ou plusieurs éléments égaux a zéro.

63. Simplification de déterminants........................ 42
64. **Théorème I.** — Déterminants réductibles à un déterminant de degré moindre (théorème de Jacobi)............... 42
65. Exemples de déterminants réductibles.................. 43
66. **Théorème II.** — Déterminants égaux à l'unité (théorème de Dostor).. 43
67. **Théorème III.** — Élévation de l'ordre d'un déterminant.... 44
68. **Théorème IV.** — Déterminants réductibles à leur terme principal.. 45
* 69. **Théorème V.** — Déterminants réductibles à leur terme principal, multiplié par une puissance de 2 (théorème de Dostor)....... 45
70. **Théorème VI.** — Déterminants réductibles à un déterminant ayant un zéro et des unités comme éléments d'une ligne ou d'une colonne.................................. 46
71. **Définition I.** — Éléments conjugués des déterminants..... 47
72. **Définition II.** — Déterminants symétriques............. 48
73. **Théorème VII.** — Déterminants réductibles à un déterminant ayant l'unité pour éléments d'une ligne et d'une colonne.. 48
74. **Corollaire.** — Exemple................................ 49

Nos Pages
75. **Définition III.** — Déterminants à diagonale vide ou pleine.. 49
76. **Théorème VIII.** — Décomposition d'un déterminant à diagonale pleine en déterminants à diagonale vide.............. 49
77. Exemples de déterminants à diagonale vide.............. 50
78. **Théorème IX.** — Transformation des déterminants ayant le premier élément nul et les autres éléments de la première ligne et de la première colonne égaux à l'unité (théorème de Sylvester). 51
79. **Corollaire I.** — Extension de ce théorème.................. 51
80. **Corollaire II.** — Application générale du même théorème.. 52

§ II. — Calcul abrégé des déterminants numériques et algébriques.

81. Procédé simple pour développer un déterminant........... 52
82. **Exemple I.** — Évaluation d'un déterminant numérique.... 53
83. **Exemple II.** — Calcul d'un autre déterminant numérique.. 53
84. **Exemple III.** — Évaluation d'un déterminant numérique singulier.. 54
85. **Exemple IV.** — Extension du calcul précédent............ 54
86. Exercices numériques...................................... 55
87. Carrés magiques : carré magique formé par les 9 premiers nombres entiers.. 55
88. Carré magique formé par les 16 premiers nombres entiers....... 56
89. Carré magique formé par les 25 premiers nombres entiers.. 57
90. **Exemple I.** — Du développement d'un déterminant algébrique... 58
91. **Exemple II.** — De l'évaluation d'un déterminant algébrique. 59
92. **Exemple III.** — Du calcul d'un déterminant algébrique.... 60
93. **Exemple IV.** — Du développement d'un déterminant algébrique. 61
94. **Exemple V.** — Du calcul d'un déterminant algébrique..... 62
95. Exercices algébriques..................................... 62

CHAPITRE III.

PRODUIT DE DEUX DÉTERMINANTS.

§ I. — Multiplication de deux déterminants.

96. **Lemme.** — Réduction de certains déterminants de degré pair en un produit de deux déterminants d'un degré deux fois moindre... 65

Nos | Pages

97. Autre exemple de cette réduction 66
98. **Théorème.** — Produit de deux déterminants (théorème de Cauchy) 67
99. Produit de deux déterminants du troisième degré 68
100. Origine et auteurs de la règle précédente 69
101. **Remarque I.** — Les quatre formes du produit de deux déterminants 70
102. **Remarque II.** — Produit de deux déterminants de degrés différents 71
103. Exemples de produits de déterminants 71
104. Application de la règle de la multiplication de deux déterminations à la démonstration d'un théorème d'Euler 72

§ II. — Carré des déterminants.

105. Carré d'un déterminant du second degré 74
106. Les trois formes du carré d'un déterminant 75
107. Carré d'un déterminant du troisième degré 75

§ III. — Les déterminants multiples.

108. Déterminants multiples du second degré 75
109. Relations entre les quatre déterminants compris dans un déterminant multiple du troisième degré 76
110. Définition des déterminants multiples 76
111. Produit de deux déterminants multiples 77
112. Formule de Lagrange 78

LIVRE II.

APPLICATION DES DÉTERMINANTS A L'ALGÈBRE ET A LA TRIGONOMÉTRIE.

CHAPITRE PREMIER.

RÉSOLUTION D'ÉQUATIONS ALGÉBRIQUES EXPRIMÉES EN DÉTERMINANTS.

113. Résolution d'une équation algébrique du premier degré, exprimée en déterminant 81
114. Équation algébrique du second degré 82

Nos Pages
115. Équation en déterminant, où la diagonale est formée par l'inconnue 83
116. Équation en déterminant, où l'inconnue forme les éléments moins un d'une colonne 84
117. Équation en déterminant, où la diagonale est formée par l'inconnue et où tous les autres éléments sont égaux 84
118. Dans l'équation précédente, les éléments conjugués sont seuls égaux 85
* 119. Équation en déterminant ayant les éléments hors la diagonale égaux à l'inconnue 86
* 120. Équation en déterminant du sixième degré 87

CHAPITRE II.

RÉSOLUTION DES ÉQUATIONS LINÉAIRES.

§ I. — Résolution des équations linéaires non homogènes.

121. Résolution d'un système de trois équations linéaires non homogènes à trois inconnues. Règle générale 89
122. **Exemple I.** — Application numérique 91
123. **Exemple II.** — Système à équations incomplètes 92
124. Résolution du système de quatre équations non homogènes du premier degré à quatre inconnues 92
125. **Exemple.** — Système de quatre équations incomplètes 92
126. Résolution générale d'un système de *n* équations non homogènes du premier degré à autant d'inconnues 93
127. Discussion des valeurs des inconnues 94
128. Cas où le déterminant Δ des équations se réduit à zéro 95
129. Cas où tous les déterminants mineurs de Δ sont nuls 96
130. Résolution d'un système de *n* équations linéaires à *n* inconnues, dont une seule n'est pas homogène 96

§ II. — Résolution des équations linéaires homogènes.

131. Condition pour que *n* équations homogènes du premier degré à *n* inconnues soient compatibles 97
132. Détermination directe de cette condition 98
133. Calcul direct du rapport des inconnues 99

§ III. — Résolution d'équations linéaires en nombre différent de celui des inconnues.

Nos Pages

134. Condition pour que n équations non homogènes du premier degré, à $n-1$ inconnues, soient compatibles........... 100

135. Deuxième méthode pour résoudre un système de n équations non homogènes du premier degré, à n inconnues................ 101

CHAPITRE III.

LES RÉSULTANTS.

§ I. — Résultante de deux équations algébriques.

136. **Définition**. — Équation résultante et éliminant........... 103

137. Résultante d'un système de deux équations du premier degré à une inconnue.............................. 104

138. Résultante d'un système de deux équations du second degré à une inconnue.............................. 104

139. Résultante d'un système de deux équations algébriques quelconques à une inconnue.............................. 105

140. Cas où les deux équations admettent l'une ou toutes les deux des racines infinies.............................. 105

141. Les deux produits R et R_1 ne diffèrent que par un facteur constant.............................. 107

141 *bis*. Application à un système de deux équations du second degré, etc.............................. 108

142. Nature du résultant de deux équations à une inconnue......... 109

143. Réciproque de la proposition précédente.................. 110

144. Propriété du résultant de deux équations à une inconnue....... 110

§ II. — Méthodes d'élimination entre deux équations algébriques.

145. Méthode d'élimination d'Euler.............................. 111

146. Méthode d'élimination de M. Sylvester................ 113

147. Application à un système de deux équations, l'une du second et l'autre du troisième degré.............................. 113

148. Cas général.............................. 114

149. Méthode d'élimination de Bezout.............................. 114

150. Méthode d'élimination de M. Cayley.............................. 115

Nos Pages

151. Méthode d'élimination de Cauchy entre deux équations du même degré 116
152. Cas général : les deux équations sont toutes les deux du $m^{\text{ième}}$ degré. 118
153. Élimination entre deux équations de degrés différents...... 119
154. Cas général : les deux équations sont l'une du $m^{\text{ième}}$ et l'autre du $n^{\text{ième}}$ degré.......... 120
* 155. Méthode de M. Cayley, modifiée par le P. Joubert 122
* 156. Premier cas : les deux équations sont du même degré.......... 122
* 157. Le résultant est un déterminant symétrique.......... 124
* 158. Calcul des éléments du résultant.......... 124
* 159. Application à un système de deux équations du troisième degré. 126
* 160. Deuxième cas : les deux équations sont de degrés différents..... 127
* 161. Application à un système de deux équations, l'une du troisième et l'autre du second degré.......... 129

§ III. — Calcul des racines communes a deux équations.

162. Les deux équations sont du second degré.......... 129
163. L'une des deux équations est du troisième et l'autre du second degré.......... 130
164. Les deux équations sont du troisième degré.......... 131
165. Ces deux équations ont deux racines communes.......... 132
166. Les deux équations sont du $m^{\text{ième}}$ degré : méthode générale... . 132
167. Application de la méthode générale à un système de deux équations du troisième degré.......... 133

§ IV. — Calcul des racines doubles d'une équation.

168. Application à l'équation du troisième degré.......... 135

§ V. — Résolution de l'équation du troisième degré.

169. Résolution de l'équation du troisième degré par le déterminant symétrique du troisième degré à trois éléments différents.......... 138
170. **Théorème.** — Décomposition de certains déterminants du $n^{\text{ième}}$ degré en un produit de n facteurs.......... 140

§ VI. — Les différences des racines d'une équation.

171. Produit des différences de n quantités.......... 141
172. Produit des carrés des différences des racines d'une équation algébrique.......... 142

Nos Pages

173. Somme des carrés des différences des racines de l'équation du troisième degré....... 143

§ VII. — RÉSOLUTION D'UN SYSTÈME DE DEUX ÉQUATIONS A DEUX INCONNUES.

174. Élimination de x entre les deux équations $f(x, y) = 0$, $\varphi(x, y) = 0$, l'une du $m^{\text{ième}}$ et l'autre du $n^{\text{ième}}$ degré..... 144
175. L'équation en y est au plus du degré mn........ 145
176. Résolution du système $f(x, y) = 0$, $\varphi(x, y) = 0$........ 145
177. Les deux équations précédentes sont du même degré....... 146

CHAPITRE IV.

APPLICATION DES DÉTERMINANTS A LA TRIGONOMÉTRIE.

178. Relation entre les cosinus des trois angles d'un triangle..... 147
179. Condition pour que trois droites, issues d'un même point, soient situées dans un même plan........ 147
180. Réciproque de la proposition précédente........ 148
* 181. Rayon du cercle tangent à trois cercles donnés........ 150
182. Relation en déterminant entre les trois côtés d'un triangle et l'angle opposé à l'un d'eux........ 151
183. Résolution d'une équation trigonométrique, dont le premier membre est exprimé en déterminant........ 152
184. Vérification d'une égalité trigonométrique, dont le premier membre est exprimé en déterminant........ 153
185. Évaluation d'un déterminant trigonométrique........ 154
186. Valeur d'un autre déterminant trigonométrique........ 154
187. Calcul d'un troisième déterminant trigonométrique........ 155

LIVRE III.

APPLICATION DES DÉTERMINANTS A LA GÉOMÉTRIE ANALYTIQUE.

CHAPITRE PREMIER.

APPLICATION DES DÉTERMINANTS A LA GÉOMÉTRIE ANALYTIQUE A DEUX DIMENSIONS.

§ I. — La droite dans le plan.

Nos Pages
188. Distance d'un point à une droite........................ 157
189. Angle de deux droites en valeur de leurs inclinaisons sur les axes de coordonnées........................ 159
190. Angle de deux droites données par leurs équations.......... 160
191. Conditions de perpendicularité de deux droites............ 161
192. Équation de la droite passant par deux points donnés....... 161
193. Expressions générales des coordonnées des points situés sur la droite qui passe par deux points donnés............ 162
194. Condition pour que trois droites se coupent au même point. 162

§ II. — Le cercle dans le plan.

195. Expression en déterminant de l'équation du cercle en valeur des dérivées et du rayon........................ 163
196. Interprétation géométrique de l'équation précédente....... 164
197. Équation du cercle passant par trois points donnés........ 165
198. Relation entre les distances mutuelles de quatre points situés sur une même circonférence........................ 165

§ III. — Les courbes du second degré.

199. Forme en déterminant des équations de l'ellipse et de l'hyperbole........................ 167
200. Propriétés des fonctions homogènes du second degré....... 168
201. Équation aux axes des courbes du second degré........... 170
202. Grandeur des axes des courbes du second degré........... 170
203. Conditions pour que l'équation générale du second degré représente deux droites parallèles........................ 171

CHAPITRE II.

SURFACES DES POLYGONES.

§ I. — Expressions diverses en déterminant de la surface du triangle.

Nos Pages

204. Expression en déterminant de la surface du triangle en valeur des trois côtés........ 173
205. Nouvelle expression de la surface du triangle........ 174
206. Autre expression de la surface du triangle........ 175
207. Rayon du cercle circonscrit au triangle........ 175
208. Surface en déterminant du triangle, déduite de la formule précédente........ 175
209. Transformation en produit du déterminant précédent........ 176
210. Surface d'un triangle ayant un sommet à l'origine, en valeur des coordonnées des deux autres sommets........ 178
211. Expression en déterminant de la surface du triangle en valeur des coordonnées des trois sommets........ 178
212. Deuxième méthode pour calculer la surface d'un triangle en valeur des coordonnées de ses sommets........ 179
213. Autre forme du déterminant exprimant cette surface........ 180
214. Troisième forme de la même expression........ 180
215. Deuxième méthode pour déterminer la surface d'un triangle en valeur des côtés........ 180
* 216. Troisième méthode pour calculer la surface d'un triangle en valeur des côtés........ 181
* 217. Expression de la surface du triangle compris entre trois droites données par leurs équations........ 182
* 218. Produit des surfaces de deux triangles en valeur des neuf distances des trois sommets du premier triangle aux trois sommets du second........ 183
* 219. Produit de la surface d'un triangle par la surface d'un second triangle, dont les sommets sont les centres des trois cercles exinscrits au premier........ 186

§ II. — Surface des triangles inscrits dans les courbes du second degré.

220. Surface du triangle inscrit dans la parabole........ 188
221. Surface du triangle compris entre trois tangentes à la parabole........ 189

Nos Pages

222. Surface du triangle déterminé par les centres de courbure de trois points de la parabole.......... 191
223. Surface du triangle inscrit dans l'ellipse.......... 192

§ III. — Surface du quadrilatère en déterminant.

224. Expression en déterminant de la surface du quadrilatère en valeur des coordonnées des quatre sommets.......... 194
225. Autre forme de l'expression de cette surface.......... 195
226. Surface d'un quadrilatère quelconque en valeur des quatre côtés consécutifs et des deux diagonales.......... 195
227. Expression en déterminant de la surface du quadrilatère inscriptible en valeur des quatre côtés.......... 196
228. Surface du quadrilatère inscrit dans la parabole.......... 198

§ IV. — Surface d'un polygone quelconque.

229. Surface d'un polygone en valeur des coordonnées de ses sommets.......... 198

CHAPITRE III.

LA DROITE ET LE PLAN.

§ I. — Direction des droites dans l'espace.

230. Relation entre les inclinaisons mutuelles de quatre droites issues d'un même point de l'espace.......... 200
231. Relation entre les trois angles que fait une droite avec les trois axes de coordonnées.......... 202
232. Sinus d'un trièdre.......... 203
233. Signification géométrique du sinus d'un trièdre.......... 204
234. Expression du sinus d'un trièdre en valeur d'une face et des inclinaisons du plan de cette face sur l'arête opposée.......... 206
235. Expression du sinus d'un trièdre en valeur de deux faces et du dièdre compris.......... 206
236. Sinus du trièdre supplémentaire.......... 207
237. Autre expression du sinus du trièdre supplémentaire.......... 207
238. Rapport du sinus d'un trièdre au sinus du trièdre supplémentaire. 207
239. Expression du sinus du trièdre en valeur des trois angles dièdres. 208

Nos Pages
240. Expression du sinus du trièdre supplémentaire en valeur des trois faces du trièdre donné.... 209
241. Rapport du sinus d'une face au sinus du dièdre opposé.... 209
242. Valeurs diverses de ce rapport.... 209
243. Inclinaison sur l'un des axes de coordonnées de la droite perpendiculaire au plan des deux autres.... 210
244. Angle de deux droites en valeur des inclinaisons de ces deux droites sur les axes de coordonnées.... 211
245. Angles que fait une droite donnée avec les trois plans de coordonnées.... 212
246. Tangente de l'angle que fait avec les trois axes de coordonnées la droite également inclinée sur ces axes.... 213
247. Tangente de l'angle que fait avec les trois plans de coordonnées la droite également inclinée sur ces plans.... 214
248. Le trièdre dont les trois faces valent ensemble deux angles droits. 215

§ II. — Intersection des droites et des plans.

249. Condition pour que deux droites se rencontrent.... 215
250. Intersection d'une droite avec un plan.... 217
251. Intersection de trois plans.... 217

§ III. — Combinaisons des équations générales qui représentent des plans donnés.

252. Relation identique entre les premiers membres des équations de quatre plans et leurs déterminants.... 219
253. Relation identique entre les premiers membres des équations de trois plans et leurs déterminants.... 221
254. **Théorème I.** — Lorsque trois plans $P=0$, $P'=0$, $P''=0$ se coupent suivant une seule et même droite, on a identiquement $P\lambda+P'\lambda'+P''\lambda''=0$.... 221
255. Condition pour que quatre plans se coupent en un seul et même point.... 222
256. **Théorème II.** — Lorsque quatre plans $P=0$, $P'=0$, $P''=0$, $P'''=0$ passent par un seul et même point, on a identiquement $P\lambda+P'\lambda'+P''\lambda''+P'''\lambda'''=0$.... 222

§ IV. — Plans passant par des points ou des droites données.

257. Équation du plan passant par trois points donnés.... 222
258. Équation du plan passant par deux droites parallèles.... 223
259. Équation du plan passant par deux droites concourantes.... 224

§ V. — Droites et plans parallèles.

N°s Pages

260. Condition pour que trois droites soient parallèles à un même plan 225
261. Condition pour que trois plans soient parallèles à une même droite 225
262. Plan mené par l'origine parallèlement à deux droites données. 226
263. Plan mené par une droite parallèlement à une autre droite.. 227
264. Formes diverses de l'équation de ce plan 228
265. Autres formes de cette équation 229
266. Comparaison de deux de ces formes 229
267. Autre méthode pour arriver aux mêmes résultats.. 229

§ VI. — Droites et plans perpendiculaires.

268. Condition de perpendicularité de la droite et du plan 230

§ VII. — Distance du point au plan et plus courte distance de deux droites.

269. Distance d'un point à un plan 233
270. Distance d'un point à l'un des plans de coordonnées 235
271. Équation de la droite dont tous les points sont à égale distance des trois plans de coordonnées 236
272. Angle de deux plans donnés par leurs équations 236
273. Condition de perpendicularité de deux plans 238
274. Plus courte distance de deux droites 239

§ VIII. — Application de l'identité de Lagrange au calcul des distances dans la Géométrie de l'espace.

275. Rappel et usage de l'identité de Lagrange 241
276. Valeur de x qui rend minima la somme

$(ax+a')^2+(bx+b')^2+(cx+c')^2$ 241
277. Valeurs de x et y qui rendent minima la somme

$(ax+a'y+a'')^2+(bx+b'y+b'')^2+(cx+c'y+c'')^2$ 242
278. Valeur commune des trois rapports dont l'égalité résout la question précédente 244
279. Distance du point (x', y', z') à la droite $x=az+p$, $y=bz+q$. 245
280. Distance du point (x', y', z') au plan $ax+by+cz+d=0$... 245
281. Plus courte distance de deux droites 247

CHAPITRE IV.

LE TÉTRAÈDRE.

§ I. — Propriétés du tétraèdre.

Nos Pages

282. Notation 248
283. Première propriété du tétraèdre 249
284. Conséquence de cette propriété 250
285. Deuxième propriété du tétraèdre 250
286. Conséquence de cette propriété 250
287. Troisième propriété du tétraèdre 251
288. Relation entre les six angles dièdres d'un tétraèdre 251
289. Quatrième propriété du tétraèdre 251
290. Cinquième propriété du tétraèdre 252
291. Somme des carrés des quatre faces en valeur des produits des arêtes opposées et des sinus des angles compris entre ces arêtes. 253

§ II. — Expressions diverses du volume du tétraèdre.

292. Volume du tétraèdre en valeur de trois arêtes contiguës, de l'angle de deux de ces arêtes et de l'inclinaison de la troisième arête sur le plan des deux premières 255
293. Expression en déterminant du volume du tétraèdre en valeur de trois arêtes contiguës et des inclinaisons mutuelles de ces arêtes. 256
294. Expression développée du volume du tétraèdre en valeur des six arêtes opposées deux à deux 256
295. Expression en déterminant du volume du tétraèdre en valeur des six arêtes opposées deux à deux 257
296. Surface de la base d'un tétraèdre en valeur des trois arêtes latérales et de leurs inclinaisons mutuelles 258
297. Surface du triangle déterminé par l'intersection d'un plan avec les trois plans de coordonnées 260
297 *bis*. Expression en déterminant de la surface du triangle, en valeur des coordonnées dans l'espace de ses trois sommets. 261
298. Volume du tétraèdre en valeur de deux arêtes opposées et de leur plus courte distance 263
299. Relation entre les plus courtes distances des arêtes opposées et les angles compris entre ces arêtes 264
300. Volume du tétraèdre en valeur des arêtes et de la plus courte distance de deux opposées de ces arêtes 264
301. Volume du tétraèdre en valeur de trois faces et du sinus du supplément du trièdre compris 265

Nos Pages

302. Volume du tétraèdre en valeur de deux faces et du dièdre compris 265
303. Rapport des produits des arêtes opposées 266
304. Volume du tétraèdre en valeur d'une face et de ses inclinaisons sur les trois autres faces 266
305. Volume du tétraèdre, ayant un sommet à l'origine des coordonnées, en valeur des coordonnées des trois autres sommets.... 267
306. Volume du tétraèdre en valeur des coordonnées des quatre sommets 268
307. Méthode directe pour déterminer cette expression 268
308. Transformation de la même expression 270
309. Volume du tétraèdre compris sous quatre plans donnés par leurs équations 270
* 310. Produit des volumes de deux tétraèdres en valeur des seize distances des quatre sommets du premier tétraèdre aux quatre sommets du second 272

§ III. — Expressions diverses du rayon de la sphère circonscrite au tétraèdre.

311. Expression en déterminant du rayon de la sphère circonscrite au tétraèdre, en valeur de trois arêtes contiguës et des inclinaisons mutuelles de ces arêtes 275
312. Expression développée du rayon de la sphère circonscrite au tétraèdre, en valeur de trois arêtes contiguës et des inclinaisons mutuelles de ces arêtes 276
313. Expression en déterminant du rayon de la sphère circonscrite au tétraèdre, en valeur des six arêtes opposées deux à deux...... 276
314. Autre forme du dernier déterminant 277
315. Expression, développée en produit, de la valeur de $576 V^2 R^2$.... 278
316. Calcul direct du même déterminant 278

§ IV. — Rayon de la sphère inscrite dans le tétraèdre.

* 317. Rayon des deux sphères tangentes aux quatre faces du tétraèdre, ayant leurs centres situés sur la droite issue d'un sommet et également inclinée sur les trois faces qui aboutissent à ce sommet 280
* 318. Rayon des six autres sphères tangentes aux quatre faces du tétraèdre 281

§ V. — Tétraèdre circonscriptible par les arêtes.

* 319. Relations entre les arêtes de ce tétraèdre 282
* 320. Cosinus des angles à un sommet 282
321. Volume du tétraèdre 283

N°s Pages
* 322. Rayon de la sphère tangente aux six arêtes du tétraèdre......... 283
323. Angles des arêtes opposées.... 284
* 324. Sphère tangente extérieurement à trois arêtes contiguës et intérieurement aux trois autres arêtes.......................... 284
* 325. Tétraèdre régulier......... 285

§ VI. — Tétraèdre équifacial.

* 326. Définition et propriétés de ce tétraèdre........................ 285
* 327. Volume du tétraèdre....................... 286
* 328. Rayons des sphères inscrite et exinscrite......................... 286
* 329. Rayon de la sphère circonscrite............................... 286

§ VII. — Tétraèdre a arêtes opposées rectangulaires.

* 330. Première propriété de ce tétraèdre........................... 287
* 331. Deuxième propriété du tétraèdre.......... 287
* 332. Relation entre les trois arêtes d'un même trièdre et les angles dièdres adjacents... 287
* 333. Troisième propriété du tétraèdre............................. 288
* 334. Quatrième propriété du tétraèdre............................ 289
* 335. Volume du tétraèdre... 289

CHAPITRE V.

LES SURFACES DU SECOND DEGRÉ.

§ I. — La sphère.

336. Expression en déterminant de l'équation de la sphère en valeur des dérivées et du rayon... 290
337. Équation de la sphère passant par quatre points donnés..... 291
338. Relation entre les distances mutuelles de cinq points situés sur la surface d'une sphère.............. 292

§ II. — Les surfaces du second degré a centre.

339. Signification de l'équation de l'ellipsoïde et de celles des deux hyperboloïdes......................... 293

Nos Pages

340. Forme en déterminant de ces équations.................. 295
341. Cas où l'ellipsoïde est rapporté à ses axes................ 296
342. Cas des deux hyperboloïdes.......................... 296
343. Équation aux axes des surfaces du second degré........... 296
344. Grandeur des axes des surfaces du second degré.......... 297
344 *bis*. Équation d'un axe, en valeur de la grandeur de cet axe..... 299
345. Équation et grandeur des axes des surfaces du second degré, pour des coordonnées rectangulaires................. 300
346. Réalité des racines de l'équation du troisième degré en S... 300

§ III. — Les surfaces cylindriques du second degré.

347. Condition pour qu'une surface soit cylindrique............ 303
348. Condition pour que l'équation générale des surfaces du second degré représente un cylindre.................. 304
349. Autres expressions de ces conditions.................. 305
350. Direction du cylindre.............................. 306
351. Équation du cylindre parallèle à une droite donnée et circonscrit à une surface du second degré............... 306
352. Courbe de contact de ce cylindre..................... 307
353. Cylindre parallèle à une droite donnée et circonscrit à l'ellipsoïde.. 307
354. Cylindre circonscrit à une surface du second degré et touchant cette surface suivant son intersection avec un plan donné.. 308
355. Cylindre circonscrit à un paraboloïde.................. 310

§ IV. — Les surfaces de révolution du second degré.

356. Condition pour qu'une surface soit de révolution.............. 311
357. Conditions pour que l'équation générale du second degré représente une surface de révolution......................... 313
358. Forme implicite des équations de l'axe de révolution.......... 314

LIVRE IV.

LES DISCRIMINANTS ET LES INVARIANTS.

CHAPITRE PREMIER.

LES DISCRIMINANTS.

---

§ I. — Définition et calcul des discriminants.

N°s Pages
359. Définition du discriminant d'une fonction.................. 317
360. Discriminants des fonctions homogènes du second degré.... 318
361. Discriminant de la fonction homogène du quatrième degré à deux variables...... 319
362. Discriminant de la fonction homogène du quatrième degré à deux variables........................ 320

§ II. — Application des discriminants aux courbes du second degré.

363. Condition pour que l'équation générale du second degré à deux variables représente deux droites qui se coupent... 321
364. Condition pour que l'équation générale du second degré à deux variables représente deux droites parallèles....... 322
365. Condition pour qu'une droite soit tangente à une conique... 323
366. Expression analytique de cette condition................. 324
367. Condition pour qu'une courbe du second degré soit tangente à l'un des axes de coordonnées..................... 324
368. Condition pour que l'intersection de deux droites appartienne à une conique.................................. 326
369. Équation des tangentes menées d'un point extérieur à une courbe du second degré............................ 328
370. Équation des tangentes menées à une courbe du second degré par les intersections de cette courbe avec une droite donnée.. 329

§ III. — Le plan tangent aux surfaces du second degré.

371. Condition pour qu'un plan soit tangent à une surface du second degré..................................... 331

Nos Pages

372. Condition pour qu'une droite soit tangente à une surface du second degré..... 332
373. Équation générale des surfaces du second degré qui touchent les trois axes de coordonnées..... 333
374. Condition pour que l'intersection de trois plans appartienne à une surface du second degré..... 335

§ IV. — Les cônes circonscrits aux surfaces du second degré.

375. Condition pour qu'une surface soit conique..... 337
376. Condition pour que l'équation générale du second degré représente un cône..... 338
377. Équation du cône issu d'un point et circonscrit à une surface du second degré..... 339
378. Équation du cône circonscrit à une surface du second degré et qui touche cette surface suivant son intersection avec un plan donné..... 340

CHAPITRE II.

LES INVARIANTS.

§ I. — Les transformations linéaires.

379. Définition des transformations linéaires..... 342
380. Exemple d'une transformation linéaire..... 342
381. Valeur du discriminant de la fonction transformée..... 343

§ II. — Les invariants.

382. Définition des invariants..... 344
383. **Théorème.** — Les discriminants sont des invariants..... 344
384. Invariants des courbes du second degré..... 348
385. Interprétation géométrique de ces invariants..... 349
386. Invariants des fonctions du second degré à deux variables par le calcul des axes de la conique correspondante..... 350
387. Invariants des fonctions du second degré à trois variables par la détermination des axes de la surface correspondante...

FIN DE LA TABLE DES MATIÈRES.

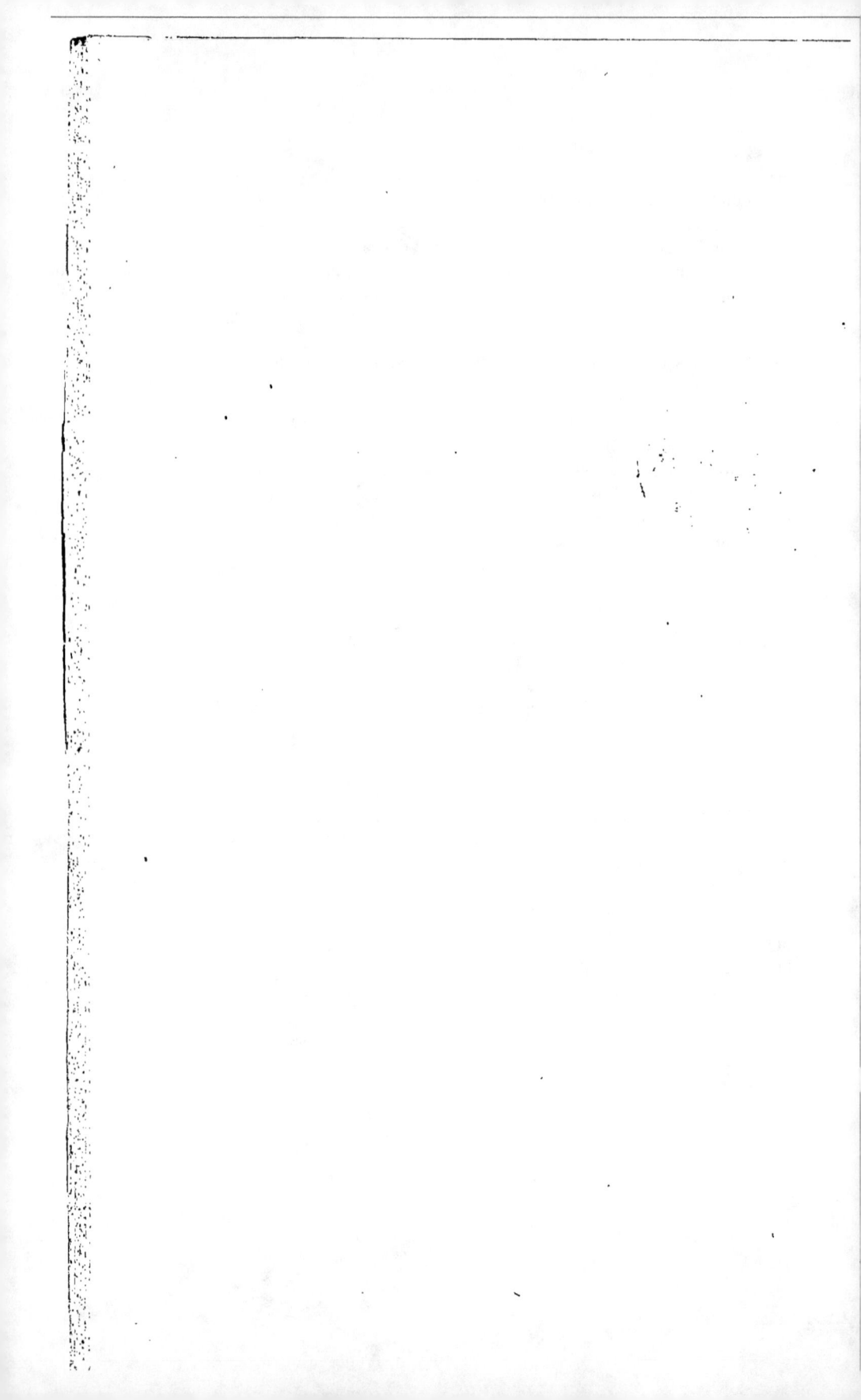

THÉORIE
DES
DÉTERMINANTS.

LIVRE PREMIER.
THÉORIE DES DÉTERMINANTS.

CHAPITRE PREMIER.
PROPRIÉTÉS GÉNÉRALES DES DÉTERMINANTS.

§ I. Définition et notation des déterminants. — § II. Transformation des déterminants. — § III. Les déterminants mineurs. — § IV. Développement des déterminants.

§ I. — Définition et notation des déterminants.

1. Première définition des déterminants. — Étant donné le produit $a_1 b_2 c_3 \ldots l_n$ de n quantités $a_1, b_2, c_3, \ldots, l_n$, si l'on fait entre les n indices $1, 2, 3, \ldots, n$ toutes les permutations possibles, en maintenant les lettres fixes, et que l'on donne à chaque résultat le signe $+$ ou le signe $-$ suivant que le nombre des inversions entre les n indices est pair ou impair, la somme algébrique des résultats obtenus est dite le *déterminant* des n^2 quantités du tableau

$$(1)\qquad \left\{\begin{array}{lllll} a_1, & b_1, & c_1, & \ldots, & l_1, \\ a_2, & b_2, & c_2, & \ldots, & l_2, \\ a_3, & b_3, & c_3, & \ldots, & l_3, \\ \vdots & \vdots & \vdots & & \vdots \\ a_n, & b_n, & c_n, & \ldots, & l_n. \end{array}\right.$$

Ces n^2 quantités sont appelées les *éléments* du déterminant. Nous désignerons ce déterminant par Δ.

2. Inversion des indices. — L'*inversion* entre deux indices se comprend d'elle-même. Pour plus de clarté, nous dirons que deux indices présentent une *inversion*, toutes les fois qu'ils ne se suivent pas dans leur ordre numérique, c'est-à-dire chaque fois que le premier indice est supérieur au suivant. Ainsi la permutation

$$a_1 b_2 c_3 d_4$$

n'a pas d'inversion. La permutation

$$a_4 b_3 c_1 d_2$$

présente au contraire cinq inversions : une entre a_4 et chacun des trois éléments suivants b_3, c_1, d_2, ce qui fait *trois* inversions; et une inversion entre b_3 et chacun des deux éléments suivants c_1 et d_2, ce qui fait encore *deux* inversions; donc en tout *cinq* inversions.

3. Permutations paires et permutations impaires. — Une permutation est dite *paire* ou *impaire*, suivant qu'elle présente un nombre *pair* ou un nombre *impair* d'inversions entre les indices.

Deux permutations sont dites *de même parité*, lorsqu'elles sont toutes les deux paires ou toutes les deux impaires; si l'une est paire et l'autre impaire, elles sont dites *de parités différentes*.

4. Théorème fondamental sur les inversions. — *Lorsque l'on permute entre eux deux indices dans une permutation, la permutation change de parité*, en d'autres termes, on altère d'un nombre impair le nombre des inversions entre les indices.

Nous distinguerons deux cas, suivant que les indices intervertis appartiennent à deux éléments consécutifs ou à deux éléments quelconques de la permutation.

1° Considérons la permutation $P = A e_\alpha f_\beta B$, où A désigne le produit des éléments $a, b, \ldots, d$ qui précèdent l'élément e, et B le produit des éléments $g, h, \ldots, l$ qui suivent l'élément f; les éléments $a, b, \ldots, d$ sont affectés d'indices quelconques, mais différents de α et β, ainsi que les éléments $g, h, \ldots, l$.

Si l'on intervertit les indices α et β, nous aurons la permutation $P' = A e_\beta f_\alpha B$; or je dis que les permutations P et P' sont de parités différentes.

En effet, il est aisé de voir que les éléments de A, comparés entre eux et avec les suivants, présentent le même nombre d'inversions dans P et P'; et que les éléments de B, comparés entre eux et avec les précédents, présentent aussi un même nombre d'inversions dans P et P'. Mais l'un seul des deux produits $e_\alpha f_\beta$ et $e_\beta f_\alpha$ présente une inversion; par suite, l'une des deux permutations P et P' présente une inversion de plus que l'autre; donc ces deux inversions sont de parités différentes.

Nous en concluons que, si dans une permutation on fait avancer ou reculer un indice d'un rang, la permutation change de parité.

2° Supposons actuellement que, dans la permutation P, on intervertisse les indices des deux éléments e et e', de rang r et r', qui sont séparés par m éléments.

On amènera l'indice de l'élément e au rang r', en le faisant reculer de $m+1$ rangs, ce qui produira $m+1$ changements de parité; puis on amènera l'indice de l'élément e' au rang r, en le faisant avancer de m rangs, ce qui produira encore m changements de parité. Par suite, la permutation P aura subi en tout un nombre $m+1+m$ ou un nombre impair $2m+1$ de changements de parité; donc la permutation résultante sera d'une parité contraire à celle de la permutation P.

5. Composition du déterminant Δ par rapport à la position des n^2 éléments dans le tableau carré (1) de ces éléments. — Il n'est pas difficile de reconnaître que chaque terme du déterminant Δ contient un élément et un seul de chaque colonne dans le tableau carré (1) des n^2 éléments; car chaque permutation, formée au moyen du *terme-type* $a_1 b_2 c_3 \ldots l_n$ par l'inversion des indices, renferme chacune des n lettres $a, b, c, \ldots, l$ et ne la renferme qu'une fois.

Chaque terme de Δ contient aussi un élément et un seul de chaque ligne horizontale du tableau carré (1) des n^2 éléments; car chaque terme, formé au moyen du même terme-type par l'inversion des indices, renferme, comme indice, chacun des n premiers nombres entiers 1, 2, 3, ..., n et ne le renferme qu'une fois.

Réciproquement, tout produit de n facteurs, qui ne contient qu'un élément de chacune des n lignes horizontales du tableau (1) et aussi qu'un élément de chacune des n colonnes verticales de ce tableau, pourra être considéré comme un terme du déterminant Δ, s'il est affecté du signe + ou du signe —, suivant que le nombre des inversions entre les indices y est pair ou impair : car ce produit est nécessairement l'un de ceux obtenus par la permutation, de toutes les manières possibles, des indices dans le produit $a_1 b_2 c_3 \ldots l_n$.

On en conclut que le déterminant peut aussi recevoir la définition suivante, qui nous paraît la plus élémentaire.

6. Définition ordinaire des déterminants. — Étant données n^2 quantités

$$\begin{array}{ccccc} a_1, & b_1, & c_1, & \ldots, & l_1, \\ a_2, & b_2, & c_2, & \ldots, & l_2, \\ a_3, & b_3, & c_3, & \ldots, & l_3, \\ \vdots & \vdots & \vdots & \vdots & \vdots \\ a_n, & b_n, & c_n, & \ldots, & l_n, \end{array}$$

représentées par des *lettres* munies d'*indices*, qui sont disposées en un carré de n colonnes verticales distinguées par les lettres et de n lignes horizontales marquées par les indices, le *déterminant* de ces n^2 quantités ou *éléments* est la somme algébrique de tous les produits possibles que l'on peut former avec ces n^2 éléments, pris n à n, de manière que chaque produit ou *terme* ne contienne qu'un élément de chaque ligne et aussi qu'un élément de chaque colonne.

7. Terme principal du déterminant. — Le produit

$$a_1 b_2 c_3 \ldots l_n$$

des n éléments $a_1, b_2, c_3, \ldots, l_n$, qui sont disposés en diagonale, de gauche à droite, constitue le *terme principal* du déterminant; les lettres s'y suivent dans leur ordre alphabétique et les indices y sont rangés dans leur ordre de grandeur croissante.

Ce terme est ainsi appelé parce qu'il sert à former, en valeur absolue, tous les termes du déterminant, en y maintenant les lettres dans leur ordre alphabétique et en opérant entre les indices toutes les permutations possibles.

Car, de cette manière, chaque terme obtenu, ne renfermant qu'une fois chacune des n lettres $a, b, c, \ldots, l$ et qu'une fois aussi chacun des n indices $1, 2, 3, \ldots, n$, ne contiendra qu'un élément de chaque ligne et aussi qu'un élément de chaque colonne.

De plus, comme nous l'avons déjà prouvé au n° **5**, tous les termes du déterminant auront été formés, puisqu'on aura effectué toutes les permutations possibles entre les n indices $1, 2, 3, \ldots, n$.

On pourrait aussi, dans le terme principal, maintenir les indices dans leur ordre numérique et opérer toutes les permutations possibles entre les n lettres $a, b, c, \ldots, l$.

8. Règle des signes. — Le terme principal d'un déterminant est toujours affecté du signe $+$.

Si les lettres, dans les différents termes, sont maintenues dans leur ordre alphabétique, les autres termes seront affectés du signe $+$ ou du signe $-$, suivant que les indices y présentent un nombre pair ou un nombre impair d'inversions (n° **1**).

Ainsi, si $n = 3$, le déterminant défini au n° **6** sera formé avec 3^2 ou 9 éléments; les produits $a_2 b_3 c_1$ et $a_3 b_2 c_1$ seront deux termes de ce déterminant. Dans le terme $a_2 b_3 c_1$, les indices se trouvant rangés dans l'ordre 2, 3, 1, forment une inversion entre 2 et 1 et une autre inversion entre 3 et 1; ils présentent par suite un nombre pair d'inversions; donc ce terme devra être affecté du signe $+$. Dans le terme $a_3 b_2 c_1$, au contraire, il y a une inversion entre chaque indice et les suivants; il contient, par suite, trois inversions et devra être affecté du signe $-$.

Si, au contraire, les indices se suivent dans leur ordre numérique, les différents termes du déterminant seront affectés du signe + ou du signe —, suivant que les lettres y présentent un nombre pair ou un nombre impair d'inversions.

Ainsi, dans les deux termes $a_2 b_3 c_1$ et $a_3 b_2 c_1$ du déterminant formé avec 3^2 ou 9 éléments, rangeons les indices dans leur ordre numérique; ces deux termes s'écriront $c_1 a_2 b_3$ et $c_1 b_2 a_3$. Le premier $c_1 a_2 b_3$ de ces termes présentera deux inversions, l'une entre c et a, l'autre entre c et b; il sera affecté du signe +. Le second terme $c_1 b_2 a_3$ présentera trois inversions, l'une entre c et b, une autre entre c et a et la troisième entre b et a; il sera affecté du signe —.

9. Définition IV. — Chaque terme du déterminant de n^2 éléments est le produit de n de ces éléments, ou le produit de n facteurs; on dit, pour cela, que le déterminant est du $n^{\text{ième}}$ degré ou du $n^{\text{ième}}$ ordre.

Le déterminant du $n^{\text{ième}}$ ordre contient autant de termes que l'on peut former de permutations avec les n indices 1, 2, 3, ..., n ou avec les n lettres a, b, c, ..., l. Le nombre des termes de ce déterminant est donc égal au produit $1.2.3\ldots n$.

10. Définition V. — Les termes d'un déterminant sont séparés en deux *classes :* la première classe ou la *classe paire* comprend les termes positifs; la seconde classe ou la *classe impaire* renferme les termes négatifs.

Dans un déterminant, le nombre des termes affectés du signe + est égal au nombre des termes affectés du signe —; car, si dans un terme positif on permute entre eux les deux derniers indices, on formera nécessairement un terme qui aura une inversion de plus ou de moins que le précédent; ce terme sera donc négatif.

11. Exemples. — 1° Pour avoir le *déterminant du second ordre*, composé des quatre éléments

$$\begin{matrix} a_1, & b_1, \\ a_2, & b_2, \end{matrix}$$

dans le produit ab on donne aux deux lettres a et b les indices respectifs 1 et 2, puis 2 et 1, tels qu'ils se suivent dans les permutations 12 et 21 que l'on peut former avec les indices 1 et 2; on donne le signe + au premier résultat $a_1 b_2$ et le signe — au second $a_2 b_1$. On trouve ainsi $a_1 b_2 - a_2 b_1$ pour le déterminant demandé.

2° S'il s'agit de former le *déterminant du troisième ordre*, qui est composé des neuf éléments

$$\text{(I)} \qquad \left\{ \begin{matrix} a_1, & b_1, & c_1, \\ a_2, & b_2, & c_2, \\ a_3, & b_3, & c_3, \end{matrix} \right.$$

on écrit la lettre c affectée de l'indice 3 à la droite de chacun des deux termes $a_1 b_2$, $-a_2 b_1$ du déterminant du second ordre, ce qui fournit les deux produits $a_1 b_2 c_3$ et $-a_2 b_1 c_3$; puis on fait avancer l'indice 3 d'un rang dans chacun de ces produits, ainsi que dans les deux produits résultants, et l'on a soin de changer le signe du produit à chaque pas de l'indice 3. On obtient ainsi le déterminant demandé du troisième ordre

$$\text{(II)} \quad a_1 b_2 c_3 - a_1 b_3 c_2 + a_3 b_1 c_2 - a_2 b_1 c_3 + a_2 b_3 c_1 - a_3 b_2 c_1.$$

12. Remarque. — Supposons que les neuf éléments disposés en carré (I), qui composent notre déterminant du troisième ordre (II), soient les coefficients respectifs qui multiplient les inconnues dans un système de trois équations du premier degré à trois inconnues x, y et z; ce système sera nécessairement le suivant:

$$\text{(III)} \qquad \left\{ \begin{array}{l} a_1 x + b_1 y + c_1 z = k_1, \\ a_2 x + b_2 y + c_2 z = k_2, \\ a_3 x + b_3 y + c_3 z = k_3, \end{array} \right.$$

où les termes connus k_1, k_2 et k_3 sont quelconques.

Il est aisé de voir que notre déterminant (II) est précisément le dénominateur commun des valeurs que fournissent pour les inconnues x, y et z les formules générales de *Cramer*. On sait que le géomètre génevois avait donné ces formules, dès 1750, dans son *Introduction à l'Analyse des courbes algébriques*. Aussi la fonction (II) est-elle souvent appelée le *déterminant des premiers membres du système linéaire* (III).

13. Notation ordonnée de Cauchy. — On représente le déterminant de n^2 éléments, en plaçant entre deux traits verticaux, entre deux barres, le tableau carré de ces éléments.

Ainsi le déterminant défini ci-dessus (1, 2, 3 et 4), que nous désignerons toujours par la lettre grecque Δ, sera représenté par la notation

$$\text{(IV)}\qquad \begin{vmatrix} a_1 & b_1 & c_1 & \dots & l_1 \\ a_2 & b_2 & c_2 & \dots & l_2 \\ a_3 & b_3 & c_3 & \dots & l_3 \\ \vdots & \vdots & \vdots & \vdots & \vdots \\ a_n & b_n & c_n & \dots & l_n \end{vmatrix}.$$

Cette notation offre de grands avantages dans l'écriture et la combinaison des formules. Elle a été employée, pour la première fois, par Cauchy dans son Mémoire *Sur le nombre de valeurs qu'une fonction peut acquérir* (*Journal de l'École Polytechnique*, XVIIe Cahier, 1815, p. 52); elle a été suivie depuis par Jacobi dans tous ses écrits (*De formatione et proprietatibus determinantium*, 4, et *Journal de Crelle*, t. 15, p. 115 et suivantes).

D'après cette notation, on a (11)

$$\begin{vmatrix} a_1 & b_1 \\ a_2 & b_2 \end{vmatrix} = a_1 b_2 - a_2 b_1,$$

$$\text{(V)}\qquad \begin{vmatrix} a_1 & b_1 & c_1 \\ a_2 & b_2 & c_2 \\ a_3 & b_3 & c_3 \end{vmatrix} = a_1 b_2 c_3 - a_1 b_3 c_2 + a_3 b_1 c_2 - a_2 b_1 c_3 + a_2 b_3 c_1 - a_3 b_2 c_1.$$

14. Notation à double indice de Leibnitz. — Dans la suite, sauf avis contraire, nous représenterons toujours, comme ci-dessus (1), les éléments de chaque colonne verticale par la même lettre, et nous donnerons le même indice aux lettres d'une même ligne horizontale; l'indice marquera toujours le rang de la ligne.

Ce mode de représentation des éléments se prête avec avantage aux démonstrations élémentaires.

Cependant la notation ordonnée, qui est la plus usitée en Mathématiques supérieures, consiste à représenter tous les éléments par la même lettre, à laquelle on donne un double indice : le premier indice désigne toujours le rang de la ligne horizontale à laquelle appartient l'élément, tandis que le second indice marque le rang de la colonne verticale où se trouve l'élément.

Le déterminant du troisième ordre (13)

$$\text{(V)}\qquad \begin{vmatrix} a_1 & b_1 & c_1 \\ a_2 & b_2 & c_2 \\ a_3 & b_3 & c_3 \end{vmatrix}$$

s'écrira ainsi

$$\text{(VI)}\qquad \begin{vmatrix} a_{11} & a_{12} & a_{13} \\ a_{21} & a_{22} & a_{23} \\ a_{31} & a_{32} & a_{33} \end{vmatrix}.$$

Lorsque le déterminant est d'un ordre supérieur au neuvième, on a soin de séparer par une virgule les deux indices de chaque lettre.

La notation précédente est due à Leibnitz; elle se trouve indiquée dans ses *Œuvres mathématiques,* qui ont été publiées par Gerhardt, t. II, p. 239, et se lit dans la lettre que Leibnitz a écrite à L'Hospital, le 28 avril 1693.

15. Plusieurs auteurs, dans l'emploi de la notation de Leibnitz, placent en exposant l'*indice d'ordre* des colonnes. Ainsi, pour marquer la place d'un élément dans le tableau (IV) de Cauchy, ils affectent de deux indices *superposés* la lettre qui représente les éléments; l'un de ces indices est inférieur et l'autre supérieur. L'indice *inférieur* indique le rang de la *ligne* à laquelle appartient l'élément, tandis que l'indice *supérieur* désigne le *rang* de la colonne où se trouve l'élément.

Le déterminant (VI) du troisième ordre sera ainsi représenté par la notation générale

$$\text{(VII)}\qquad \begin{vmatrix} a_1^1 & a_1^2 & a_1^3 \\ a_2^1 & a_2^2 & a_2^3 \\ a_3^1 & a_3^2 & a_3^3 \end{vmatrix},$$

et le déterminant (IV) du $n^{\text{ième}}$ ordre s'écrira

$$\text{(VIII)}\qquad \Delta = \begin{vmatrix} a_1^1 & a_1^2 & a_1^3 & \dots & a_1^n \\ a_2^1 & a_2^2 & a_2^3 & \dots & a_2^n \\ a_3^1 & a_3^2 & a_3^3 & \dots & a_3^n \\ \vdots & \vdots & \vdots & \vdots & \vdots \\ a_n^1 & a_n^2 & a_n^3 & \dots & a_n^n \end{vmatrix}.$$

Cette manière de représenter les éléments pourrait s'appeler *notation à indices superposés,* tandis que la précédente (14) pourrait se nommer *notation à indices consécutifs.*

16. Formation des termes du déterminant dont les éléments sont à indices superposés. — Le terme principal du déterminant (VIII) est encore le produit

$$a_1^1\, a_2^2\, a_3^3 \ldots a_n^n,$$

ayant pour facteurs les éléments de la diagonale principale.

Ce terme sert toujours à former tous les autres termes du déterminant Δ.

Pour les obtenir en valeur absolue, on peut :

1° Supposer fixes les indices inférieurs et opérer toutes les permutations possibles entre les indices supérieurs ; ou encore,

2° Maintenir à leur place les indices supérieurs, et effectuer toutes les permutations possibles entre les indices inférieurs.

Quant au signe de chaque terme, on intervertit l'ordre des éléments dans ce terme, de manière que les indices inférieurs se suivent dans leur ordre numérique, et l'on donne au terme le signe + ou le signe —, suivant que les indices supérieurs présentent un nombre pair ou un nombre impair d'inversions.

On peut encore amener les indices supérieurs dans leur ordre naturel, en intervertissant l'ordre des facteurs, et évaluer le nombre des inversions que présentent les indices inférieurs.

17. Règle des signes pour les déterminants dont les éléments sont à indices superposés. — *Lorsque les deux séries d'indices se suivent d'une manière quelconque dans un terme, il faut donner à ce terme le signe + ou le signe —, suivant que la permutation des indices inférieurs et la permutation des indices supérieurs sont de même parité ou de parités différentes.*

Soit, en effet,

$$T = a_{u_1}^{v_1}\, a_{u_2}^{v_2}\, a_{u_3}^{v_3} \ldots a_{u_n}^{v_n}$$

la valeur absolue d'un quelconque des termes du déterminant (VIII), chacun des produits $v_1 v_2 v_3 \ldots v_n$, $u_1 u_2 u_3 \ldots u_n$ constitue l'une des n permutations que l'on peut former avec les n premiers nombres entiers $1, 2, 3, \ldots, n$.

Dans ce terme, je permute entre eux les deux éléments

$$a_{u_p}^{v_p}, \quad a_{u_q}^{v_q},$$

et j'appelle T' le produit résultant ; la permutation des indices inférieurs a changé de parité (4), ainsi que celle des indices supérieurs ; donc, si les deux permutations des indices sont de même parité dans T, elles seront encore de même parité dans T′ ; et, si ces deux permutations sont de parités différentes dans T, elles seront aussi de parités différentes dans T′.

Il s'ensuit que, si l'on intervertit d'une manière quelconque l'ordre des facteurs dans T, la parité relative que présentent la permutation des indices inférieurs et celle des indices supérieurs n'est pas altérée.

Or, si l'on ramène les indices inférieurs dans leur ordre naturel, la permutation de ces indices devenant $1.2.3\ldots n$ sera paire ; donc le terme T devra être affecté du signe + ou du signe —, suivant que la permutation résultante des indices supérieurs sera paire ou impaire. Il s'ensuit que le terme T sera positif ou négatif, suivant que les permutations des indices inférieurs et des indices supérieurs sont ou non de même parité.

17 *bis*. Notation abrégée des déterminants. — Afin d'abréger les écritures dans les démonstrations et de simplifier l'expression des formules, on représente souvent les déterminants par le terme principal mis entre parenthèses, et on laisse au lecteur le soin de rétablir les autres termes.

Ainsi les déterminants du $2^{\text{ième}}$, du $3^{\text{ième}}$, ..., du $n^{\text{ième}}$ ordre pourront être désignés par les notations succinctes

$$(a_1 b_2),\quad (a_1 b_2 c_3),\quad \ldots,\quad (a_1 b_2 c_3 \ldots l_n).$$

Cette notation a été suivie par M. Baltzer (¹) et M. Salmon (²).

A cette notation on substitue fréquemment la suivante :

$$\Delta = \Sigma \pm a_1 b_2 c_3 \ldots l_n,$$

qui est usitée en Mathématiques supérieures.

§ II. — Transformation des déterminants.

18. Théorème I. — *Lorsque, dans un déterminant, on change les lignes en colonnes, et* vice versâ, *le déterminant ne change ni de valeur ni de signe.*

(¹) Baltzer, *Théorie et application des déterminants*, p. 26; 1861.

(²) Salmon, *Leçons d'Algèbre supérieure*, p. 1; 1868.

Ainsi, si l'on a

$$\Delta = \begin{vmatrix} a_1 & b_1 & c_1 & d_1 \\ a_2 & b_2 & c_2 & d_2 \\ a_3 & b_3 & c_3 & d_3 \\ a_4 & b_4 & c_4 & d_4 \end{vmatrix} \quad \text{et} \quad \Delta' = \begin{vmatrix} a_1 & a_2 & a_3 & a_4 \\ b_1 & b_2 & b_3 & b_4 \\ c_1 & c_2 & c_3 & c_4 \\ d_1 & d_2 & d_3 & d_4 \end{vmatrix},$$

Δ' sera identiquement égal à Δ.

En effet, considérons un terme quelconque du premier déterminant Δ, par exemple le terme

$$T = -a_3 b_1 c_4 d_2;$$

pour trouver le terme T' dont les éléments occupent dans Δ' les cases que les éléments de T occupent dans Δ, il suffit de remplacer dans T les lettres a, b, c et d par les lettres c, a, d et b, dont le rang dans l'alphabet est marqué par les indices 3, 1, 4 et 2, et de substituer aux indices 3, 1, 4 et 2 de T les indices 1, 2, 3 et 4 qui désignent le rang des lettres a, b, c et d dans l'alphabet. On trouve ainsi que la valeur absolue de T' est $c_1 a_2 d_3 b_4$ ou $a_2 b_4 c_1 d_3$, en ramenant les lettres dans leur ordre alphabétique. Le produit $a_2 b_4 c_1 d_3$ présentant trois inversions doit être affecté du signe $-$; on a donc

$$T' = -a_2 b_4 c_1 d_3.$$

Or il est évident que le terme T' est l'un des produits négatifs que l'on obtient par la permutation, dans le terme principal $a_1 b_2 c_3 d_4$, des indices 1, 2, 3, 4 de toutes les manières possibles; donc le terme T' se trouve dans Δ avec le signe $-$. On prouverait de la même manière que chaque terme de Δ' se trouve avec son signe dans Δ. Puisque les deux déterminants Δ' et Δ sont de même ordre, on en conclut que $\Delta = \Delta'$.

19. Dans l'emploi de la notation à indices superposés, les deux déterminants Δ et Δ' affectent les formes

$$\Delta = \begin{vmatrix} a_1^1 & \underline{a_1^2} & a_1^3 & a_1^4 \\ a_2^1 & a_2^2 & \underline{a_2^3} & a_2^4 \\ \underline{a_3^1} & a_3^2 & a_3^3 & a_3^4 \\ a_4^1 & a_4^2 & a_4^3 & \underline{a_4^4} \end{vmatrix}, \quad \Delta' = \begin{vmatrix} a_1^1 & \underline{a_2^1} & a_3^1 & a_4^1 \\ a_1^2 & a_2^2 & \underline{a_3^2} & a_4^2 \\ \underline{a_1^3} & a_2^3 & a_3^3 & a_4^3 \\ a_1^4 & a_2^4 & a_3^4 & \underline{a_4^4} \end{vmatrix}.$$

Dans le déterminant Δ prenons un terme quelconque

$$T = -a_2^3 a_3^1 a_4^4 a_1^2,$$

composé des éléments soulignés. Dans le déterminant Δ', je souligne les éléments qui occupent les mêmes cases et j'en forme le terme

$$T' = -a_3^2 a_1^3 a_4^4 a_2^1.$$

Ces deux termes sont négatifs, parce que la permutation des indices inférieurs et celle des indices supérieurs y sont de parités différentes.

Le terme T′ est contenu dans le premier déterminant Δ, car il est formé de quatre éléments appartenant à des lignes différentes; d'ailleurs il porte le signe que lui donne la règle du n° **17**.

20. En général, changer dans (VIII) du n° **15** les lignes en colonnes et les colonnes en lignes, c'est permuter les indices supérieurs avec les indices inférieurs; par conséquent, les signes se maintiennent dans les nouveaux termes.

D'ailleurs chaque terme du nouveau déterminant se trouvera dans l'ancien, puisque les deux séries d'indices de ce terme seront deux des permutations que l'on peut former avec les n premiers nombres entiers $1, 2, 3, \ldots, n$.

21. Théorème II. — *Lorsque, dans un déterminant, on permute deux lignes ou deux colonnes, le déterminant conserve sa valeur absolue, mais change de signe* (Laplace, *Histoire de l'Académie de Paris*, t. II, p. 297; Vandermonde, *ibid.*, p. 518).

Considérons les trois équations linéaires (III) à trois inconnues du n° **12**; le déterminant des premiers membres en est

$$(1) \qquad \begin{vmatrix} a_1 & b_1 & c_1 \\ a_2 & b_2 & c_2 \\ a_3 & b_3 & c_3 \end{vmatrix}.$$

Si nous permutons entre elles la première équation et la troisième, ce système prendra la disposition

$$\begin{aligned} a_3 x + b_3 y + c_3 z &= k_3, \\ a_2 x + b_2 y + c_2 z &= k_2, \\ a_1 x + b_1 y + c_1 z &= k_1, \end{aligned}$$

et admettra pour les inconnues les mêmes valeurs que dans le précédent. Par conséquent, le déterminant

$$(2) \qquad \begin{vmatrix} a_3 & b_3 & c_3 \\ a_2 & b_2 & c_2 \\ a_1 & b_1 & c_1 \end{vmatrix}$$

de ce nouveau système, qui est du même degré que (1), a même valeur absolue que ce déterminant (1). Mais le terme principal $a_1 b_2 c_3$ de (1) est positif, tandis que le terme principal $a_3 b_2 c_1$ de (2), positif dans (2), présente trois inversions par rapport à $a_1 b_2 c_3$; il est donc négatif dans (1). Donc les deux déterminants (1) et (2) sont égaux et de signes contraires.

Démonstration générale. — Supposons que, dans le déterminant Δ (IV du n° 13), on permute entre elles les deux colonnes où se trouvent les éléments e et h, et désignons par Δ' le déterminant qui en résulte.

Soit

$$T = \pm A e_\alpha B h_\beta C$$

un quelconque des termes du déterminant donné Δ; si nous y permutons les deux indices α et β, nous obtiendrons aussi un terme T_1 du déterminant Δ; mais, dans les deux termes T et T_1, les permutations des indices sont de parités différentes (n° 4); donc ces deux termes sont affectés de signes contraires. On a par suite

$$T_1 = \mp A e_\beta B h_\alpha C.$$

Cela posé, dans Δ permutons entre elles les deux colonnes e et h; le terme T_1 deviendra

$$T' = \mp A h_\beta B e_\alpha C,$$

ou, en ramenant les lettres dans leur ordre alphabétique,

$$T' = \mp A e_\alpha B h_\beta C.$$

Or les deux termes T et T' sont visiblement égaux et de signes contraires; donc chaque terme T du déterminant Δ correspond à un terme égal et d'un signe contraire dans le déterminant Δ'; donc les deux déterminants Δ et Δ' sont égaux et de signes contraires, ou bien $\Delta = -\Delta'$.

Nous avons vu au n° 18 qu'un déterminant ne change pas lorsqu'on y change les lignes en colonnes et *vice versâ;* par conséquent, *tout déterminant change* aussi *de signe, lorsqu'on y permute entre elles deux lignes quelconques.*

22. Corollaire I. — *Lorsqu'on permute entre elles deux lignes, puis deux colonnes, le déterminant reprend son signe.*

En général, si, dans un déterminant, on fait p changements de deux lignes et q changements de deux colonnes, le déterminant sera multiplié par $(-1)^{p+q}$.

Il s'ensuit que, si l'on permute *circulairement* un certain nombre p de lignes ou de colonnes, le déterminant change ou non de signe, suivant que le nombre des lignes ou colonnes permutées circulairement est pair ou impair.

Car une permutation circulaire de p lignes équivaut à $p-1$ changements de deux colonnes, et a, par conséquent, pour effet de multiplier le déterminant par $(-1)^{p-1}$.

En particulier, si l'on permute circulairement les n lignes d'un déterminant du $n^{\text{ième}}$ degré, celui-ci change ou non de signe, suivant que n est pair ou impair.

23. Corollaire II. — *Un déterminant ne change pas si l'on permute les colonnes et les lignes de telle sorte que les éléments de la diagonale restent les mêmes, quel que soit d'ailleurs l'ordre de ces éléments.*

En effet, supposons qu'on veuille que les éléments de la diagonale soient par ordre

$$a_\alpha^\alpha, \quad a_\beta^\beta, \quad a_\gamma^\gamma, \quad \ldots, \quad a_\lambda^\lambda.$$

On amènera l'élément a_α^α à la première place, au moyen de $\alpha-1$ permutations de deux lignes et de $\alpha-1$ permutations de deux colonnes; ce qui produira $2(\alpha-1)$ changements de signe ou un nombre pair de changements de signe; par suite, le déterminant conserve son signe. On amènera de même l'élément a_β^β à la seconde place de la diagonale par un nombre pair de permutations de deux lignes et de deux colonnes, et ainsi des autres éléments; donc le déterminant conserve sa valeur et son signe.

23 *bis*. **Corollaire III.** — On peut amener au sommet du déterminant un élément a_α^β, en transportant au premier rang la ligne et la colonne qui se croisent à l'élément a_α^β et en multipliant le déterminant par $(-1)^{(\alpha-1)+(\beta-1)}=(-1)^{\alpha+\beta-2}=(-1)^{\alpha+\beta}$.

* **24. Définition.** — *Échanger les diagonales* d'un déterminant, c'est disposer les lignes ou les colonnes de manière que la seconde diagonale (celle qui, en descendant, va de droite à gauche) prenne la place de la première, et *vice versâ*.

Pour échanger les diagonales d'un déterminant, on peut permuter entre elles les lignes extrêmes, en même temps que toutes les lignes équidistantes des extrêmes.

On peut encore échanger entre elles les colonnes extrêmes, en même temps que toutes les colonnes équidistantes des extrêmes.

* 25. **Théorème III.** — *Lorsqu'on échange les diagonales d'un déterminant de l'ordre n, le déterminant conserve sa valeur absolue; mais il change ou non de signe, suivant que le plus grand nombre pair contenu dans son degré n est simplement ou doublement pair.*

Car, si $2p$ est le plus grand nombre pair contenu dans n, on aura opéré p permutations de deux lignes ou de deux colonnes; le déterminant résultant sera par suite égal au déterminant donné multiplié par $(-1)^p$; ce dernier aura donc été multiplié par -1 ou $+1$, suivant que p est impair ou pair, c'est-à-dire suivant que $2p$ est simplement ou doublement pair.

Ainsi l'on a

$$\begin{vmatrix} a & b & c \\ a' & b' & c' \\ a'' & b'' & c'' \end{vmatrix} = - \begin{vmatrix} a'' & b'' & c'' \\ a' & b' & c' \\ a & b & c \end{vmatrix} = - \begin{vmatrix} c & b & a \\ c' & b' & a' \\ c'' & b'' & a'' \end{vmatrix};$$

$$\begin{vmatrix} a_1 & b_1 & c_1 & d_1 \\ a_2 & b_2 & c_2 & d_2 \\ a_3 & b_3 & c_3 & d_3 \\ a_4 & b_4 & c_4 & d_4 \end{vmatrix} = \begin{vmatrix} a_4 & b_4 & c_4 & d_4 \\ a_3 & b_3 & c_3 & d_3 \\ a_2 & b_2 & c_2 & d_2 \\ a_1 & b_1 & c_1 & d_1 \end{vmatrix} = \begin{vmatrix} d_1 & c_1 & b_1 & a_1 \\ d_2 & c_2 & b_2 & a_2 \\ d_3 & c_3 & b_3 & a_3 \\ d_4 & c_4 & b_4 & a_4 \end{vmatrix}.$$

26. **Théorème IV.** — *Lorsque, dans un déterminant, deux lignes ou deux colonnes deviennent identiques, le déterminant se réduit à zéro.* (Vandermonde, *Histoire de l'Académie de Paris*, t. II, p. 552; 1772.)

En effet, si l'on permute entre elles deux lignes, par exemple, le déterminant Δ change de signe (**21**); mais, si les deux lignes sont identiques par leur permutation, la valeur du déterminant Δ ne sera pas altérée; celle-ci restera donc la même en changeant de signe, ce qui exige qu'elle soit égale à zéro.

Autrement, soit Δ le déterminant donné, et désignons par Δ' le nouveau déterminant que l'on obtient en permutant les deux lignes identiques; nous avons (**21**)

$$\Delta = -\Delta';$$

mais, les deux lignes étant identiques, le déterminant ne change pas et l'on a

$$\Delta = \Delta';$$

ajoutant membre à membre, on trouve

$$2\Delta = -\Delta' + \Delta' = 0.$$

Deuxième démonstration. — Considérons un terme $T = \pm A e_\alpha B g_\beta C$ du déterminant Δ, qui contient l'élément e_α de la ligne de rang α et l'élément g_β de la ligne de rang β, où α est plus petit que β. Ce déterminant contiendra aussi le terme $T_1 = \mp A e_\beta B g_\alpha C$, qui sera de signe contraire au précédent (13). Or, si les deux lignes de rang α et de rang β deviennent identiques, on aura $\alpha = \beta$, ce qui transformera nos deux termes dans les suivants :

$$T = \pm A e_\alpha B g_\alpha C \quad \text{et} \quad T_1 = \mp A e_\alpha B g_\alpha C;$$

par suite, il viendra $T = -T_1$. Il s'ensuit que les termes de Δ seront deux à deux égaux et de signes contraires; donc on aura $\Delta = 0$.

Ainsi l'on peut écrire

$$\begin{vmatrix} a_1 & b_1 & c_1 & d_1 \\ a_2 & b_2 & c_2 & d_2 \\ a_1 & b_1 & c_1 & d_1 \\ a_4 & b_4 & c_4 & d_4 \end{vmatrix} = 0.$$

27. Théorème V. — *Lorsqu'on multiplie ou que l'on divise tous les éléments d'une ligne ou d'une colonne par le même facteur, le déterminant est multiplié ou divisé par ce facteur.*

En effet, dans le déterminant donné, chaque terme contient toujours un élément d'une ligne ou d'une colonne et n'en contient qu'un seul (6); tous les termes sont ainsi multipliés ou divisés par ce facteur et ne le sont chacun qu'une fois; par suite, le déterminant est multiplié ou divisé par ce même facteur.

Donc on a

$$\begin{vmatrix} a_1 & mb_1 & c_1 \\ a_2 & mb_2 & c_2 \\ a_3 & mb_3 & c_3 \end{vmatrix} = m \begin{vmatrix} a_1 & b_1 & c_1 \\ a_2 & b_2 & c_2 \\ a_3 & b_3 & c_3 \end{vmatrix}.$$

et

$$\begin{vmatrix} a_1 & b_1 : n & c_1 \\ a_2 & b_2 : n & c_2 \\ a_3 & b_3 : n & c_3 \end{vmatrix} = \frac{1}{n} \begin{vmatrix} a_1 & b_1 & c_1 \\ a_2 & b_2 & c_2 \\ a_3 & b_3 & c_3 \end{vmatrix}.$$

28. Corollaire I. — *Lorsque les éléments d'une ligne ou d'une colonne sont divisibles par un même facteur, on peut supprimer ce facteur commun dans cette ligne ou cette colonne et l'écrire en coefficient hors barres.*

Ainsi l'on peut écrire

$$\begin{vmatrix} a_1 & b_1 & c_1 \\ a_2 & b_2 & c_1^2 \\ a_3 & b_3 & c_1^3 \end{vmatrix} = c_1 \begin{vmatrix} a_1 & b_1 & 1 \\ a_2 & b_2 & c_1 \\ a_3 & b_3 & c_1^2 \end{vmatrix}.$$

29. Simplification de certains déterminants. — La propriété que nous venons d'établir permet de donner à certains déterminants une forme plus avantageuse.

Ainsi, dans le déterminant

$$\Delta = \begin{vmatrix} bc & a & a^2 \\ ca & b & b^2 \\ ab & c & c^2 \end{vmatrix},$$

multiplions les trois lignes respectivement par a, b, c; le déterminant sera multiplié par le produit $a.b.c = abc$, et il viendra

$$abc\Delta = \begin{vmatrix} abc & a^2 & a^3 \\ abc & b^2 & b^3 \\ abc & c^2 & c^3 \end{vmatrix};$$

divisant actuellement la première colonne par abc, on divise le déterminant $abc\Delta$ par abc, et l'on obtient

$$\Delta \text{ ou } \begin{vmatrix} bc & a & a^2 \\ ca & b & b^2 \\ ab & c & c^2 \end{vmatrix} = \begin{vmatrix} 1 & a^2 & a^3 \\ 1 & b^2 & b^3 \\ 1 & c^2 & c^3 \end{vmatrix}.$$

On verrait de même que

$$\begin{vmatrix} bcd & a & a^2 & a^3 \\ cda & b & b^2 & b^3 \\ dab & c & c^2 & c^3 \\ abc & d & d^2 & d^3 \end{vmatrix} = \begin{vmatrix} 1 & a^2 & a^3 & a^4 \\ 1 & b^2 & b^3 & b^4 \\ 1 & c^2 & c^3 & c^4 \\ 1 & d^2 & d^3 & d^4 \end{vmatrix}.$$

30. Corollaire II. — *Lorsque les éléments de deux lignes ou de deux colonnes ne diffèrent que par un facteur constant, le déterminant est nul.*

Car, d'après les nos 28 et 26, on a

$$\begin{vmatrix} a_1 & ma_1 & c_1 \\ a_2 & ma_2 & c_2 \\ a_3 & ma_3 & c_3 \end{vmatrix} = m \begin{vmatrix} a_1 & a_1 & c_1 \\ a_2 & a_2 & c_2 \\ a_3 & a_3 & c_3 \end{vmatrix} = m \times 0 = 0.$$

Il s'ensuit que

$$\begin{vmatrix} 1 & \alpha & \alpha^2 \\ \alpha & \alpha^2 & \alpha^3 \\ \alpha^2 & \alpha^3 & \alpha^4 \end{vmatrix} = \alpha \begin{vmatrix} 1 & 1 & \alpha^2 \\ \alpha & \alpha & \alpha^3 \\ \alpha^2 & \alpha^2 & \alpha^4 \end{vmatrix} = \alpha \times 0 = 0,$$

$$\begin{vmatrix} a & 1 & \alpha^n \\ b & \alpha & \alpha^{n+1} \\ c & \alpha^2 & \alpha^{n+2} \end{vmatrix} = \alpha^n \begin{vmatrix} a & 1 & 1 \\ b & \alpha & \alpha \\ c & \alpha^2 & \alpha^2 \end{vmatrix} = \alpha^n \times 0 = 0.$$

31. Corollaire III. — *Lorsque l'on change le signe de tous les éléments d'une ligne ou d'une colonne, le déterminant change de signe.*

Car cela revient à multiplier le déterminant par -1 (27). Ainsi il vient

$$\begin{vmatrix} 1 & 4 & -7 \\ -2 & -5 & 8 \\ 3 & 6 & -9 \end{vmatrix} = - \begin{vmatrix} 1 & 4 & -7 \\ 2 & 5 & -8 \\ 3 & 6 & -9 \end{vmatrix} = \begin{vmatrix} 1 & 4 & 7 \\ 2 & 5 & 8 \\ 3 & 6 & 9 \end{vmatrix}.$$

Dans le premier déterminant on a changé les signes des éléments de la seconde ligne, et dans le second les signes des éléments de la troisième colonne.

32. Remarque. — *Lorsqu'un déterminant est égal à zéro, on peut donc multiplier ou diviser les lignes et les colonnes par des quantités constantes, positives ou négatives, sans altérer l'équation que l'on obtient en égalant à zéro le déterminant donné.*

33. Au nº 29, nous avons transformé un déterminant en un autre équivalent de même ordre, dans lequel les éléments de la première colonne sont égaux à l'unité. Cette transformation est toujours possible. En général :

Théorème V. — *Tout déterminant est égal, à un facteur près, à un déterminant de même ordre, dans lequel les éléments d'une ligne ou d'une colonne quelconque sont égaux à l'unité.*

Considérons le déterminant

$$\Delta = \begin{vmatrix} a & b & c \\ a' & b' & c' \\ a'' & b'' & c'' \end{vmatrix},$$

et supposons qu'il s'agisse d'y transformer la première ligne.

Multiplions chaque colonne par le produit des éléments de la première ligne qui appartiennent aux autres colonnes; en d'autres termes, multiplions les trois colonnes par les produits respectifs bc, ca et ab; le déterminant sera multiplié par le produit $bc.ca.ab = a^2b^2c^2$ (27); il vient par suite

$$a^2b^2c^2\Delta = \begin{vmatrix} abc & bca & cab \\ a'bc & b'ca & c'ab \\ a''bc & b''ca & c''ab \end{vmatrix};$$

divisons maintenant la première ligne par le facteur commun abc; le déterminant sera divisé par abc (28), de sorte que l'on a

$$abc\Delta = \begin{vmatrix} 1 & 1 & 1 \\ a'bc & b'ca & c'ab \\ a''bc & b''ca & c''ab \end{vmatrix};$$

donc on trouve que

$$\begin{vmatrix} a & b & c \\ a' & b' & c' \\ a'' & b'' & c'' \end{vmatrix} = \frac{1}{abc} \begin{vmatrix} 1 & 1 & 1 \\ a'\,bc & b'\,ca & c'\,ab \\ a''\,bc & b''\,ca & c''\,ab \end{vmatrix}.$$

34. **Remarque I.** — Il est aisé de voir que, si le déterminant est du $n^{\text{ième}}$ degré, le diviseur du nouveau déterminant sera $a^{n-1}b^{n-2}c^{n-2}\ldots l^{n-2}$.

35. **Remarque II.** — Si les éléments de la ligne ou de la colonne à transformer avaient des facteurs communs, on prendrait pour élément commun le plus petit commun multiple des éléments de cette ligne ou de cette colonne.

Ainsi l'on aurait

$$\begin{vmatrix} 3 & 6 & 1 & \\ 7 & 5 & 3 & \\ 1 & 8 & 5 & \\ 5 & 7 & 2 & \end{vmatrix} = \frac{1}{3.4.2.12} \begin{vmatrix} 12 & 12 & 12 & 12 \\ 6 & 28 & 10 & 36 \\ 18 & 4 & 16 & 60 \\ 24 & 20 & 4 & 24 \end{vmatrix} = \frac{1}{24} \begin{vmatrix} 1 & 1 & 1 & 1 \\ 6 & 28 & 10 & 36 \\ 18 & 4 & 16 & 60 \\ 24 & 20 & 4 & 24 \end{vmatrix}.$$

Le plus petit commun multiple des éléments de la première ligne étant 12, on a multiplié les quatre colonnes par 3, 4, 2 et 12.

Le dernier déterminant peut encore être simplifié : il suffit d'y diviser les trois dernières lignes chacune par 2 et de multiplier hors barres par le produit $2.2.2 = 2^3$; on trouve qu'il se réduit à

$$\frac{1}{3} \begin{vmatrix} 1 & 1 & 1 & 1 \\ 3 & 14 & 5 & 18 \\ 9 & 2 & 8 & 15 \\ 12 & 10 & 2 & 12 \end{vmatrix}.$$

36. Le théorème précédent et la remarque II ont une grande importance; on en fait presque toujours usage dans l'évaluation des déterminants tant numériques qu'algébriques.

§ III. — Les déterminants mineurs.

37. Définition I. — On appelle *déterminant mineur* d'un déterminant donné celui que forment les éléments conservés, lorsqu'on supprime, dans ce déterminant donné, un certain nombre de lignes et le même nombre de colonnes.

38. Définition II. — Les déterminants mineurs, que l'on obtient par la suppression d'une ligne et d'une colonne, sont dits *du premier ordre;* ceux que donne l'omission de deux lignes et de deux colonnes sont appelés *du second ordre;* et ainsi de suite.

39. Un déterminant du $n^{\text{ième}}$ degré a n^2 déterminants mineurs du premier ordre; $\frac{n^2(n-1)^2}{1.4}$ déterminants mineurs du deuxième ordre, etc.

40. Notation. — Nous désignerons par Δ_{e_i} le déterminant mineur du premier ordre qui est relatif à l'élément e_i, c'est-à-dire le déterminant mineur que l'on obtient en supprimant, dans le déterminant Δ, la ligne de rang i et la colonne qui contient les éléments représentés par la lettre e.

41. Propriété essentielle des déterminants. — Chaque terme d'un déterminant contient toujours un élément d'une ligne et d'une colonne et n'en contient qu'un seul (6). Par conséquent :

Le déterminant Δ est une fonction linéaire et homogène des éléments d'une même ligne et d'une même colonne.

42. Développement d'un déterminant suivant les éléments de la première colonne. — Considérons le déterminant du quatrième ordre

$$\Delta^{(4)} = \begin{vmatrix} a_1 & b_1 & c_1 & d_1 \\ a_2 & b_2 & c_2 & d_2 \\ a_3 & b_3 & c_3 & d_3 \\ a_4 & b_4 & c_4 & d_4 \end{vmatrix},$$

et proposons-nous de le développer suivant les éléments a_1, a_2, a_3 et a_4 de la première colonne.

Dans ce déterminant, un certain nombre de termes contiennent l'élément a_1 et ne le contiennent qu'une fois (41); soit P_1 l'ensemble de ces termes et dans le polynôme P_1 mettons le facteur commun a_1 en évidence. Si nous appelons A_1 le quotient de P_1 par a_1, nous aurons $P_1 = A_1 a_1$ et le quotient A_1 ne contiendra aucun des autres éléments a_2, a_3, a_4 de la première colonne.

Si nous représentons de même par A_2, A_3 et A_4 les coefficients des trois autres éléments a_2, a_3 et a_4 de la première colonne, nous aurons

$$\Delta^{(4)} = A_1 a_1 + A_2 a_2 + A_3 a_3 + A_4 a_4.$$

Il s'agit de déterminer les expressions des coefficients A_1, A_2, A_3 et A_4. Or je dis que le coefficient A_1 est précisément le déterminant mineur

$$\Delta_{a_1} = \begin{vmatrix} b_2 & c_2 & d_2 \\ b_3 & c_3 & d_3 \\ b_4 & c_4 & d_4 \end{vmatrix},$$

que l'on obtient en supprimant dans le déterminant $\Delta^{(4)}$ la ligne a_1, b_1, c_1, d_1 et la colonne a_1, a_2, a_3, a_4 qui contiennent l'élément a_1.

En effet, tout terme du déterminant Δ_{a_1}, étant multiplié par a_1, fournira un produit qui se trouvera dans le déterminant $\Delta^{(4)}$; de plus, ce produit s'y trouvera avec le signe qu'il a dans le déterminant $\Delta^{(4)}$, puisque, en plaçant l'élément a_1 devant ce terme de Δ_{a_1}, on n'y introduit aucune inversion.

Nous avons donc $A_1 = \Delta_{a_1}$.

Nous obtiendrons la valeur du coefficient A_2 de l'élément a_2, en amenant cet élément a_2 à la première place par la permutation des deux premières lignes. Cette permutation donne

$$-\Delta^{(4)} = \begin{vmatrix} a_2 & b_2 & c_2 & d_2 \\ a_1 & b_1 & c_1 & d_1 \\ a_3 & b_3 & c_3 & d_3 \\ a_4 & b_4 & c_4 & d_4 \end{vmatrix},$$

et ici le coefficient de a_2 dans le second membre sera

$$\Delta_{a_2} = \begin{vmatrix} b_1 & c_1 & d_1 \\ b_3 & c_3 & d_3 \\ b_4 & c_4 & d_4 \end{vmatrix};$$

on a donc

$$A_2 = -\Delta_{a_2}.$$

On verrait de même que

$$A_3 = +\Delta_{a_3} \quad \text{et} \quad A_4 = -\Delta_{a_4};$$

donc nous avons

$$\Delta^{(4)} = a_1\Delta_{a_1} - a_2\Delta_{a_2} + a_3\Delta_{a_3} - a_4\Delta_{a_4}.$$

L'inspection de ce développement nous fait voir que :

Théorème I. — *Le coefficient d'un élément quelconque de la première colonne est égal au déterminant mineur que l'on obtient en supprimant dans le déterminant donné la ligne et la colonne qui contiennent cet élément. Le déterminant mineur devra être affecté du signe + ou du signe —, suivant que l'élément est de rang impair ou de rang pair.*

Démonstration générale de ce théorème. — Supposons que le déterminant Δ (IV) du n° 13 soit développé.

Nous pouvons grouper ensemble les termes qui contiennent l'élément a_1 de la première colonne et y mettre cet élément en facteur commun ; nous pouvons de même mettre en évidence l'élément a_2 dans l'ensemble des termes qui le contiennent; puis en faire autant pour les autres éléments de la première colonne.

Si nous désignons par A_1, A_2, A_3, ..., A_n les coefficients respectifs de ces éléments a_1, a_2, a_3, ..., a_n, ces coefficients ne contiendront aucun des éléments de la première colonne, et nous aurons

$$(1) \qquad \Delta = A_1 a_1 + A_2 a_2 + A_3 a_3 + \ldots + A_n a_n.$$

Puisque $\Delta = \Sigma \pm a_1 b_2 c_3 \ldots l_n$, il est évident que cette formule donnera la partie $A_1 a_1$ du second membre précédent, si l'on suppose que l'élément a_1 reste invariable dans le terme principal $a_1 b_2 c_3 \ldots l_n$ et que l'on n'y fasse porter les permutations que sur les indices 2, 3, ..., n des autres lettres b, c, ..., l : car aucun des produits résultants ne contiendra aucun des éléments a_1, a_3, ..., a_n. On a dans ce cas

$$A_1 a_1 = a_1 \Sigma \pm b_2 c_3 \ldots l_n,$$

d'où l'on tire

$$A_1 = \Sigma \pm b_2 c_3 \ldots l_n = \begin{vmatrix} b_2 & c_2 & \ldots & l_2 \\ b_3 & c_3 & \ldots & l_3 \\ \vdots & \vdots & \vdots & \vdots \\ b_n & c_n & \ldots & l_n \end{vmatrix}$$

ou bien

$$A_1 = \Delta_{a_1}.$$

Dans le déterminant Δ permutons entre elles les deux premières lignes, ce qui revient à permuter entre eux les deux indices 1 et 2 : le déterminant Δ change de signe, et notre formule devient

$$(2) \qquad \Delta = -\Sigma \pm a_2 b_1 c_3 \ldots l_n;$$

celle-ci donnera la partie $A_2 a_2$, si l'on y suppose a_2 constant et que l'on ne fasse porter les permutations que sur les indices 1, 3, ..., n des lettres b, c, ..., l. On trouve ainsi que

$$A_2 a_2 = -a_2 \Sigma \pm b_1 c_3 \ldots l_n;$$

d'où l'on tire

$$\Delta_2 = -\begin{vmatrix} b_1 & c_1 & \ldots & l_1 \\ b_3 & c_3 & \ldots & l_3 \\ \vdots & \vdots & \vdots & \vdots \\ b_n & c_n & \ldots & l_n \end{vmatrix} = -\Delta_{a_2}.$$

Dans la formule (2), transposons les indices 2 et 3 ; le second nombre change de signe et la formule devient

$$\Delta = \Sigma \pm a_3 b_1 c_2 d_4 \ldots l_n;$$

celle-ci donnera la partie $A_3 a_3$ de (1), si l'on suppose que l'élément a_3 reste invariable et que l'on ne fasse porter les permutations que sur les indices 1, 2, 4, ..., n des autres lettres b, c, d, ..., l. On a donc

$$A_3 a_3 = a_3 \Sigma \pm b_1 c_2 d_4 \ldots l_n;$$

d'où l'on tire

$$A_3 = \begin{vmatrix} b_1 & c_1 & d_1 & \ldots & l_1 \\ b_2 & c_2 & d_2 & \ldots & l_2 \\ b_4 & c_4 & d_4 & \ldots & l_4 \\ \vdots & \vdots & \vdots & \vdots & \vdots \\ b_n & c_n & d_n & \ldots & l_n \end{vmatrix} = \Delta_{a_3}.$$

En continuant de la sorte, on trouve en général que

$$A_i = (-1)^{i-1} = \begin{vmatrix} b_1 & c_1 & \dots & l_1 \\ b_2 & c_2 & \dots & l_2 \\ \vdots & \vdots & \vdots & \vdots \\ b_{i+1} & c_{i+1} & \dots & l_{i+1} \\ b_{i-1} & c_{i-1} & \dots & l_{i-1} \\ \vdots & \vdots & \vdots & \vdots \\ b_n & c_n & \dots & l_n \end{vmatrix} = (-1)^{i-1}\Delta_{a_i}.$$

Substituons les valeurs de tous ces coefficients dans l'égalité (1), nous obtenons pour le déterminant Δ l'expression

$$\Delta = a_1\Delta_{a_1} - a_2\Delta_{a_2} + a_3\Delta_{a_3} - \ldots + (-1)^{n-1}a_n\Delta_{a_n}.$$

43. Corollaire. — Puisque, dans un déterminant, on peut changer les lignes en colonnes et *vice versâ*, il s'ensuit que *le coefficient d'un élément de la première ligne se détermine de la même manière que le coefficient d'un élément de la première colonne*. Ainsi l'on a

$$\Delta^{(4)} = a_1\Delta_{a_1} - b_1\Delta_{b_1} + c_1\Delta_{c_1} - d_1\Delta_{d_1}.$$

44. Calcul du coefficient d'un élément quelconque du déterminant. — Proposons-nous de calculer le coefficient D_3 de l'élément d_3 qui, dans le déterminant du quatrième ordre (42), se trouve à l'intersection de la troisième ligne et de la quatrième colonne.

Nous pouvons amener la troisième ligne au premier rang, en la faisant permuter d'abord avec la seconde ligne, puis avec la première; nous effectuons ainsi 2 ou $3-1$ permutations de deux lignes consécutives, et produisons par suite $3-1$ changements de signe dans le déterminant $\Delta^{(4)}$ (42). De même, dans le nouveau déterminant $\Delta'^{(4)}$, nous amènerons la quatrième colonne au premier rang par $4-1$ permutations de deux colonnes consécutives, ce qui produira aussi $4-1$ changements de signe dans $\Delta'^{(4)}$.

L'élément d_3 se trouve donc amené à la première place par $(3-1)+(4-1)$ ou $3+4-2$ ou, ce qui revient au même, par $3+4$ changements de signe; donc le coefficient D_3 de d_3

est égal au déterminant mineur qui lui correspond, multiplié par $(-1)^{3+4}$; il est égal à $-\Delta_{d_3}^{(4)}$.

Nous en concluons en général que :

Théorème II. — *Le coefficient de l'élément qui occupe la $\alpha^{ième}$ place dans la $\beta^{ième}$ colonne est égal au produit de $(-1)^{\alpha+\beta}$ par le déterminant mineur que l'on obtient en supprimant la ligne de rang α et la colonne de rang β.*

45. Démonstration directe de ce théorème. — Soit en effet c_α l'élément qui se trouve à l'intersection de la ligne de rang α et de la colonne de rang β.

On amènera la $\alpha^{ième}$ ligne au premier rang, en la permutant d'abord avec la ligne qui la précède immédiatement, puis avec la ligne qui la précède encore d'un rang, ..., enfin avec la première ligne; on aura ainsi effectué $\alpha-1$ permutations de deux lignes consécutives, ce qui aura produit $\alpha-1$ changements de signe dans le déterminant Δ, de sorte que ce déterminant Δ est égal au nouveau déterminant Δ' multiplié par $(-1)^{\alpha-1}$, c'est-à-dire que

$$\Delta=(-1)^{\alpha-1}\Delta'=(-1)^{\alpha-1}\left[a_\alpha\Delta_{a_\alpha}-b_\alpha\Delta_{b_\alpha}+c_\alpha\Delta_{c_\alpha}-\ldots+(-1)^{n-1}l_\alpha\Delta_{l_\alpha}\right].$$

Dans le déterminant Δ' nous pouvons aussi amener la $\beta^{ième}$ colonne au premier rang par $\beta-1$ permutations de deux colonnes consécutives, ce qui produit encore $\beta-1$ changements de signe. Le déterminant Δ'' qui en résulte sera par suite égal au déterminant Δ' multiplié par $(-1)^{\beta-1}$.

Dans le déterminant Δ'' l'élément c_α occupe la première place.

Mais, puisque $\Delta=(-1)^{\alpha-1}\Delta'$ et $\Delta'=(-1)^{\beta-1}\Delta''$, il vient

$$\Delta=(-1)^{\alpha-1}(-1)^{\beta-1}\Delta''=(-1)^{\alpha+\beta-2}\Delta'',$$

ou

$$\Delta=(-1)^{\alpha+\beta}\Delta''.$$

Donc le coefficient de c_α est égal à

$$(-1)^{\alpha+\beta}\Delta_{c_\alpha}.$$

46. Règle pratique pour déterminer le signe du coefficient d'un élément. — On peut se dispenser de calculer le signe de la puissance $(-1)^{\alpha+\beta}$, en procédant de la manière suivante :

Partant du premier élément principal $\Delta^{(4)}$ du n° **42**, on chemine sur la première ligne jusqu'à la colonne de d_3, et, en commençant par le signe +, on change le signe en passant de chaque colonne à la suivante. On dira ainsi + sur a_1, — sur b_1, + sur c_1, — sur d_1; puis, partant de ce dernier signe, on descend vers d_3, en changeant le signe au passage de chaque ligne à la suivante, en disant + sur d_2, — sur d_3. Le coefficient de d_3 devra donc être pris avec le signe —.

On serait arrivé au même résultat en descendant d'abord sur la première colonne jusqu'à la ligne qui contient d_3, puis en cheminant sur cette ligne jusqu'à l'élément d_3.

47. Théorème III. — *Lorsqu'on multiplie les éléments d'une ligne ou d'une colonne par les déterminants mineurs, pris alternativement avec le signe + et le signe —, qui sont relatifs aux éléments correspondants d'une autre ligne ou colonne, la somme algébrique des produits obtenus est égale à zéro.*

En effet, supposons que, dans le déterminant du quatrième ordre $\Delta^{(4)}$ du n° 42, nous remplacions la quatrième colonne des d par la deuxième des b, le nouveau déterminant aura deux colonnes identiques et sera égal à zéro (26).

Or, si l'on ordonne $\Delta^{(4)}$ par rapport aux éléments de la quatrième colonne, on aura

$$\Delta^{(4)} = -d_1 D_1 + d_2 D_2 - d_3 D_3 + d_4 D_4,$$

et, comme la substitution des b aux d change ce développement en

$$-b_1 D_1 + b_2 D_2 - b_3 D_3 + b_4 D_4,$$

on voit que

$$b_1 D_1 - b_2 D_2 + b_3 D_3 - b_4 D_4 = 0$$

ou

$$b_1 \begin{vmatrix} a_2 & b_2 & c_2 \\ a_3 & b_3 & c_3 \\ a_4 & b_4 & c_4 \end{vmatrix} b_2 - \begin{vmatrix} a_1 & b_1 & c_1 \\ a_3 & b_3 & c_3 \\ a_4 & b_4 & c_4 \end{vmatrix} + b_3 \begin{vmatrix} a_1 & b_1 & c_1 \\ a_2 & b_2 & c_2 \\ a_4 & b_4 & c_4 \end{vmatrix} - b_4 \begin{vmatrix} a_1 & b_1 & c_1 \\ a_2 & b_2 & c_2 \\ a_3 & b_3 & c_3 \end{vmatrix} = 0.$$

Cette identité est immédiatement évidente pour le déterminant du troisième ordre (V) du n° 13; car, si nous y multiplions les éléments de la première colonne par les déterminants mineurs relatifs aux éléments de la troisième colonne, pris alternativement avec le signe + et avec le signe —, nous obtenons l'expression

$$a_1 \begin{vmatrix} a_2 & b_2 \\ a_3 & b_3 \end{vmatrix} - a_2 \begin{vmatrix} a_1 & b_1 \\ a_3 & b_3 \end{vmatrix} + a_3 \begin{vmatrix} a_1 & b_1 \\ a_2 & b_2 \end{vmatrix}$$
$$= a_1(a_2 b_3 - a_3 b_2) - a_2(a_1 b_3 - a_3 b_1) + a_3(a_1 b_2 - a_2 b_1),$$

qui s'annule d'elle-même.

Nous trouverons une application de ce théorème dans la résolution des systèmes d'équations linéaires à plusieurs inconnues (**121**).

48. En général, considérons le déterminant du $n^{\text{ième}}$ ordre Δ du n° **1**, et développons-le suivant les éléments de la ligne de rang α; nous avons (**45**)

$$\Delta = (-1)^{\alpha-1}[a_\alpha \Delta_{a_\alpha} - b_\alpha \Delta_{b_\alpha} + c_\alpha \Delta_{c_\alpha} - \ldots + (-1)^{n-1} l_\alpha \Delta_{l_\alpha}].$$

Dans ce développement, remplaçons les éléments en évidence a_α, b_α, c_α, ..., l_α de la ligne de rang α par les éléments correspondants a_β, b_β, c_β, ...; l_β de la ligne de rang β; les deux lignes de rangs α et β deviendront identiques dans Δ; par suite, ce déterminant s'annulera; donc la valeur

$$a_\beta \Delta_{a_\alpha} - b_\beta \Delta_{b_\alpha} + c_\beta \Delta_{c_\alpha} - \ldots + (-1)^{n-1} l_\beta \Delta_{l_\alpha}$$

que prendra son développement devra aussi se réduire à zéro.

§ IV. — Développement des déterminants.

49. Définition. — *Développer un déterminant,* c'est former la suite des termes composant le polynôme qui est égal au déterminant.

50. Méthode pour développer les déterminants. — Pour développer un déterminant, le moyen le plus simple qui se présente à l'esprit consiste à ordonner ce déterminant par rapport aux éléments de la première colonne (**42**).

Les coefficients de ces éléments sont eux-mêmes des déterminants; on peut aussi les ordonner chacun par rapport aux éléments de leurs premières colonnes.

En continuant de la sorte, on finira par arriver à des coefficients qui sont des déterminants du second ordre. Ces déterminants, étant des binômes, se développent immédiatement.

Il suffira ensuite d'effectuer les multiplications indiquées, pour avoir le déterminant développé en polynôme.

Ainsi l'on a (42)

$$\begin{vmatrix} a_1 & b_1 & c_1 \\ a_2 & b_2 & c_2 \\ a_3 & b_3 & c_3 \end{vmatrix} = a_1 \begin{vmatrix} b_2 & c_2 \\ b_3 & c_3 \end{vmatrix} - a_2 \begin{vmatrix} b_1 & c_1 \\ b_3 & c_3 \end{vmatrix} + a_3 \begin{vmatrix} b_1 & c_1 \\ b_2 & c_2 \end{vmatrix}$$

$$= a_1(b_2c_3 - b_3c_2) - a_2(b_1c_3 - b_3c_1) + a_3(b_1c_2 - b_2c_1)$$

$$= a_1b_2c_3 - a_1b_3c_2 - a_2b_1c_3 + a_2b_3c_1 + a_3b_1c_2 - a_3b_2c_1.$$

En appliquant la même règle au déterminant du quatrième degré du n° 42, on trouve qu'il peut s'écrire

$$a_1\Delta_{a_1} - a_2\Delta_{a_2} + a_3\Delta_{a_3} - a_4\Delta_{a_4},$$

où

$$\Delta_{a_1} = \begin{vmatrix} b_2 & c_2 & d_2 \\ b_3 & c_3 & d_3 \\ b_4 & c_4 & d_4 \end{vmatrix} = \begin{cases} b_2c_3d_4 + b_3c_4d_2 + b_4c_2d_3 \\ -b_2c_4d_3 - b_3c_2d_4 - b_4c_3d_2, \end{cases}$$

$$\Delta_{a_2} = \begin{vmatrix} b_1 & c_1 & d_1 \\ b_3 & c_3 & d_3 \\ b_4 & c_4 & d_4 \end{vmatrix} = \begin{cases} b_1c_3d_4 + b_3c_4d_1 + b_4c_1d_3 \\ -b_1c_4d_3 - b_3c_1d_4 - b_4c_3d_1, \end{cases}$$

$$\Delta_{a_3} = \begin{vmatrix} b_1 & c_1 & d_1 \\ b_2 & c_2 & d_2 \\ b_4 & c_4 & d_4 \end{vmatrix} = \begin{cases} b_1c_2d_4 + b_2c_4d_1 + b_4c_1d_2 \\ -b_1c_4d_2 - b_2c_1d_4 - b_4c_2d_1, \end{cases}$$

$$\Delta_{a_4} = \begin{vmatrix} b_1 & c_1 & d_1 \\ b_2 & c_2 & d_2 \\ b_3 & c_3 & d_3 \end{vmatrix} = \begin{cases} b_1c_2d_3 + b_2c_3d_1 + b_3c_1d_2 \\ -b_1c_3d_2 - b_2c_1d_3 - b_3c_2d_1. \end{cases}$$

Nous voyons ainsi que le déterminant

$$\begin{vmatrix} a_1 & b_1 & c_1 & d_1 \\ a_2 & b_2 & c_2 & d_2 \\ a_3 & b_3 & c_3 & d_3 \\ a_4 & b_4 & c_4 & d_4 \end{vmatrix}$$

$$= a_1 b_2 c_3 d_4 - a_1 b_2 c_4 d_3 + a_1 b_3 c_4 d_2 - a_1 b_3 c_2 d_4 + a_1 b_4 c_2 d_3$$
$$- a_1 b_4 c_3 d_2 - a_2 b_1 c_3 d_4 + a_2 b_1 c_4 d_3 - a_2 b_3 c_4 d_1 + a_2 b_3 c_1 d_4$$
$$- a_2 b_4 c_1 d_3 + a_2 b_4 c_3 d_1 + a_3 b_1 c_2 d_4 - a_3 b_1 c_4 d_2 + a_3 b_2 c_4 d_1$$
$$- a_3 b_2 c_1 d_4 + a_3 b_4 c_1 d_2 - a_3 b_4 c_2 d_1 - a_4 b_1 c_2 d_3 + a_2 b_1 c_3 d_4$$
$$- a_4 b_2 c_3 d_1 + a_4 b_2 c_1 d_3 - a_4 b_3 c_1 d_2 + a_4 b_3 c_2 d_1.$$

51. Comme exercice, nous appliquerons la méthode précédente aux exemples ci-dessous :

I. $$\begin{vmatrix} 1 & 2 & 3 \\ 2 & 3 & 4 \\ 3 & 4 & 5 \end{vmatrix} = 1 \begin{vmatrix} 3 & 4 \\ 4 & 5 \end{vmatrix} - 2 \begin{vmatrix} 2 & 3 \\ 4 & 5 \end{vmatrix} + 3 \begin{vmatrix} 2 & 3 \\ 3 & 4 \end{vmatrix}$$
$$= 1(15 - 16) - 2(10 - 12) + 3(8 - 9)$$
$$= -1 + 4 - 3 = 0.$$

II. $$\begin{vmatrix} 4 & 9 & 2 \\ 3 & 5 & 7 \\ 8 & 1 & 6 \end{vmatrix} = 4 \begin{vmatrix} 5 & 7 \\ 1 & 6 \end{vmatrix} - 3 \begin{vmatrix} 9 & 2 \\ 1 & 6 \end{vmatrix} + 8 \begin{vmatrix} 9 & 2 \\ 5 & 7 \end{vmatrix}$$
$$= 4.23 - 3.52 + 8.53 = 92 - 156 + 424 = 360.$$

III. $$\begin{vmatrix} 1 & x & y \\ 1 & x' & y' \\ 1 & x'' & y'' \end{vmatrix} = \begin{vmatrix} x' & y' \\ x'' & y'' \end{vmatrix} - \begin{vmatrix} x & y \\ x'' & y'' \end{vmatrix} + \begin{vmatrix} x & y \\ x' & y' \end{vmatrix}$$
$$= x'y'' - y'x'' + x''y - y''x + xy' - yx'.$$

IV. $$\begin{vmatrix} 1 & a & -b \\ -a & 1 & c \\ b & -c & 1 \end{vmatrix} = \begin{vmatrix} 1 & c \\ -c & 1 \end{vmatrix} + a \begin{vmatrix} a & -b \\ -c & 1 \end{vmatrix} + b \begin{vmatrix} a & -b \\ 1 & c \end{vmatrix}$$
$$= 1 + c^2 + a(a - bc) + b(ac + b)$$
$$= 1 + a^2 + b^2 + c^2.$$

$$\text{V.}\quad \begin{vmatrix} a & b'' & b' \\ b'' & a' & b \\ b' & b & a'' \end{vmatrix} = aa'a'' + 2bb'b'' - ab^2 - a'b'^2 - a''b''^2.$$

$$\text{VI.}\quad \begin{vmatrix} 1 & a & b & c \\ -a & 1 & c' & -b' \\ -b & -c' & 1 & a' \\ -c & b' & -a' & 1 \end{vmatrix} = 1 + a^2 + b^2 + c^2 + (aa' + bb' + cc')^2.$$

$$\text{VII.}\quad \begin{vmatrix} \omega & \lambda & \mu & \nu \\ -\lambda & \omega & \nu' & -\mu' \\ -\mu & -\nu' & \omega & \lambda' \\ -\nu & \mu' & -\lambda' & \omega \end{vmatrix}$$
$$= (\omega^2 + \lambda^2 + \mu^2 + \nu^2 + \lambda'^2 + \mu'^2 + \nu'^2 + \theta^2)\,\omega^2,$$

où $\omega\theta = \lambda\lambda' + \mu\mu' + \nu\nu'$.

$$\text{VIII.}\quad \begin{vmatrix} -a & b & c & d \\ b & -a & d & c \\ c & d & -a & b \\ d & c & b & -a \end{vmatrix} = \left\{ \begin{aligned} & a^4 + b^4 + c^4 + d^4 - 8abcd \\ & \quad - 2a^2b^2 - 2a^2c^2 - 2a^2d^2 \\ & \quad - 2b^2c^2 - 2b^2d^2 - 2c^2d^2. \end{aligned} \right.$$

$$\text{IX.}\quad \begin{vmatrix} 1 & a & b & c \\ 1 & a' & b' & c' \\ 1 & a'' & b'' & c'' \\ 1 & a''' & b''' & c''' \end{vmatrix} = -\left\{ \begin{aligned} & ab'c'' - ac'b'' + a'b''c - a'c''b \\ & + a''bc' - a''cb' + a'b''c''' - a'c''b''' \\ & + a''b'''c' - a''c'''b' + a'''b'c'' - a'''c'b'' \\ & + a''b'''c - a''c'''b + a'''bc'' - a'''cb'' \\ & + ab''c''' - ac''b''' + a'''bc' - a'''cb' \\ & + ab'c''' - ac'b''' + a'b'''c - a'c'''b. \end{aligned} \right.$$

$$\text{X.}\quad \begin{vmatrix} 1 & c & c' & c'' \\ c & a & b'' & b' \\ c' & b'' & a' & b \\ c'' & b' & b & a'' \end{vmatrix} = \left\{ \begin{aligned} & aa'a'' + 2bb'b'' - ab^2 - a'b'^2 - a''b''^2 \\ & + c^2(b^2 - a'a'') + c'^2(b'^2 - a''a) \\ & + c''^2(b''^2 - aa') + 2c'c''(ab - b'b'') \\ & + 2c''c(a'b' - b''b) + 2cc'(a''b'' - bb'). \end{aligned} \right.$$

52. Règle de Sarrus pour développer les déterminants du troisième degré. — Le savant et modeste professeur de la

Faculté de Strasbourg a imaginé un moyen pratique d'écrire immédiatement le développement des déterminants du troisième ordre. Son procédé, fort simple, se trouve exposé dans les *Éléments d'Algèbre* de FINCK, 2ᵉ édition, 1846, nº 52, p. 95. Nous le ferons comprendre, en l'appliquant au déterminant

$$\begin{vmatrix} a_1 & b_1 & c_1 \\ a_2 & b_2 & c_2 \\ a_3 & b_3 & c_3 \end{vmatrix}.$$

Sous les trois lignes de ce déterminant, on répète d'abord la première, puis la seconde ligne; on obtient ainsi le tableau suivant :

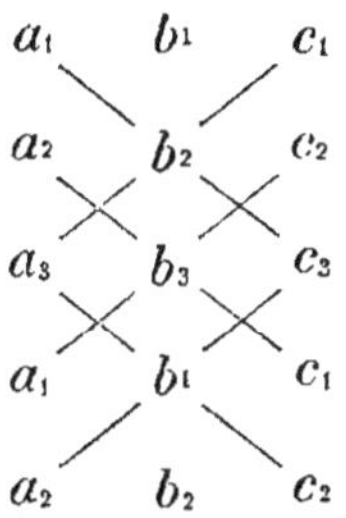

On forme ensuite les six produits des éléments disposés trois par trois en diagonale, en prenant avec leurs signes les trois produits dont les diagonales vont, en descendant, de gauche à droite, et avec un signe contraire les trois produits dont les diagonales vont, en descendant, de droite à gauche. On trouve ainsi le polynôme

$$a_1 b_2 c_3 + a_2 b_3 c_1 + a_3 b_1 c_2 - c_1 b_2 a_3 - c_2 b_3 a_1 - c_3 b_1 a_2,$$

qui n'est autre que le développement

$$a_1 b_2 c_3 - a_1 b_3 c_2 + a_2 b_3 c_1 - a_2 b_1 c_3 + a_3 b_1 c_2 - a_3 b_2 c_1$$

du déterminant proposé.

53. Par ce moyen, on verra que

$$\begin{vmatrix} 1 & 1 & 1 \\ \alpha & \beta & \gamma \\ \alpha^2 & \beta^2 & \gamma^2 \end{vmatrix} = \beta\gamma^2 + \alpha\beta^2 + \gamma\alpha^2 - \beta\alpha^2 - \gamma\beta^2 - \alpha\gamma^2$$

$$= \beta\gamma(\gamma - \beta) + \gamma\alpha(\alpha - \gamma) + \alpha\beta(\beta - \alpha)$$
$$= (\alpha - \beta)(\beta - \gamma)(\gamma - \alpha).$$

54. L'application de la même règle donne encore

$$\begin{vmatrix} 0 & 1 & 1 \\ 1 & 0 & 1 \\ 1 & 1 & 0 \end{vmatrix} = 2, \qquad \begin{vmatrix} -1 & 1 & 1 \\ 1 & -1 & 1 \\ 1 & 1 & -1 \end{vmatrix} = 2^2,$$

$$\begin{vmatrix} 0 & a & a \\ a & 0 & a \\ a & a & 0 \end{vmatrix} = 2a^3, \qquad \begin{vmatrix} -a & a & a \\ a & -a & a \\ a & a & -a \end{vmatrix} = 2^2 a^3,$$

$$\begin{vmatrix} 0 & a & b \\ a & 1 & \cos c \\ b & \cos c & 1 \end{vmatrix} = -(a^2 + b^2 - 2ab\cos c),$$

$$\begin{vmatrix} 1 & x & y \\ 1 & x' & y' \\ 1 & x'' & y'' \end{vmatrix} = (x'y'' - y'x'') + (x''y - y''x) + (xy' - yx').$$

55. Décomposition d'un déterminant du $n^{\text{ième}}$ ordre en une somme de produits, formés chacun d'un déterminant du $p^{\text{ième}}$ ordre et d'un déterminant du $(n-p)^{\text{ième}}$ ordre. — Au lieu de développer un déterminant suivant les éléments d'une ligne ou d'une colonne, on peut, d'après Laplace (¹), le développer suivant les déterminants mineurs compris dans p lignes ou p colonnes quelconques.

Pour fixer les idées par un exemple, considérons le déterminant du quatrième ordre

$$\Delta = \begin{vmatrix} a_1 & b_1 & c_1 & d_1 \\ a_2 & b_2 & c_2 & d_2 \\ a_3 & b_3 & c_3 & d_3 \\ a_4 & b_4 & c_4 & d_4 \end{vmatrix},$$

et proposons-nous de le développer suivant les déterminants mineurs compris dans les deux premières colonnes.

On prendra chacun des déterminants formés par deux lignes quelconques de ces deux colonnes, et on le multipliera par

(¹) Laplace, *Histoire de l'Académie de Paris*, t. II, p. 294.

le déterminant que forment les autres lignes et colonnes. On donnera à chaque produit le signe + ou le signe —, suivant que les éléments de chacun des facteurs sont séparés par un nombre pair ou un nombre impair de lignes.

Ainsi l'on a

$$\Delta = \begin{vmatrix} a_1 & b_1 \\ a_2 & b_2 \end{vmatrix} \cdot \begin{vmatrix} c_3 & d_3 \\ c_4 & d_4 \end{vmatrix} - \begin{vmatrix} a_1 & b_1 \\ a_3 & b_3 \end{vmatrix} \cdot \begin{vmatrix} c_2 & d_2 \\ c_4 & d_4 \end{vmatrix} + \begin{vmatrix} a_1 & b_1 \\ a_4 & b_4 \end{vmatrix} \cdot \begin{vmatrix} c_2 & d_2 \\ c_3 & d_3 \end{vmatrix}$$
$$+ \begin{vmatrix} a_2 & b_2 \\ a_3 & b_3 \end{vmatrix} \cdot \begin{vmatrix} c_1 & d_1 \\ c_4 & d_4 \end{vmatrix} - \begin{vmatrix} a_2 & b_2 \\ a_4 & b_4 \end{vmatrix} \cdot \begin{vmatrix} c_1 & d_1 \\ c_3 & d_3 \end{vmatrix} + \begin{vmatrix} a_3 & b_3 \\ a_4 & b_4 \end{vmatrix} \cdot \begin{vmatrix} c_1 & d_1 \\ c_2 & d_2 \end{vmatrix},$$

ce qu'il est aisé de vérifier.

CHAPITRE II.

COMBINAISON ET PROPRIÉTÉS DES DÉTERMINANTS SATISFAISANT A CERTAINES CONDITIONS.

§ I. Addition et soustraction des déterminants. — § II. Propriétés des déterminants ayant un ou plusieurs éléments égaux à zéro. — § III. Calcul abrégé des déterminants numériques et algébriques.

§ I. — Addition et soustraction des déterminants.

56. Théorème I. — *Dans un déterminant, lorsque les éléments d'une ligne ou d'une colonne sont chacun la somme de deux éléments, le déterminant peut se décomposer en une somme de deux déterminants.*

En effet, le déterminant

$$\Delta = \begin{vmatrix} a_1+\alpha_1 & b_1 & c_1 \\ a_2+\alpha_2 & b_2 & c_2 \\ a_3+\alpha_3 & b_3 & c_3 \end{vmatrix},$$

étant ordonné suivant les éléments de la première colonne, peut s'écrire (42)

$$\Delta = (a_1+\alpha_1)(b_2 c_3) - (a_2+\alpha_2)(b_1 c_3) + (a_3+\alpha_3)(b_1 c_2);$$

or le second membre peut se décomposer dans les deux parties

$$a_1(b_2 c_3) - a_2(b_1 c_3) + a_3(b_1 c_2)$$

et

$$\alpha_1(b_2 c_3) - \alpha_2(b_1 c_3) + \alpha_3(b_1 c_2),$$

qui sont respectivement égales aux deux déterminants

$$\begin{vmatrix} a_1 & b_1 & c_1 \\ a_2 & b_2 & c_2 \\ a_3 & b_3 & c_3 \end{vmatrix} \text{ et } \begin{vmatrix} \alpha_1 & b_1 & c_1 \\ \alpha_2 & b_2 & c_2 \\ \alpha_3 & b_3 & c_3 \end{vmatrix};$$

donc on a

$$\Delta = \begin{vmatrix} a_1+\alpha_1 & b_1 & c_1 \\ a_2+\alpha_2 & b_2 & c_2 \\ a_3+\alpha_3 & b_3 & c_3 \end{vmatrix} = \begin{vmatrix} a_1 & b_1 & c_1 \\ a_2 & b_2 & c_2 \\ a_3 & b_5 & c_3 \end{vmatrix} + \begin{vmatrix} \alpha_1 & b_1 & c_1 \\ \alpha_2 & b_2 & c_2 \\ \alpha_3 & b_3 & c_5 \end{vmatrix}.$$

La décomposition se ferait d'une manière analogue, si les éléments de toute autre colonne que la première, ou si ceux d'une ligne quelconque étaient chacun la somme de deux éléments.

Si les éléments d'une ligne ou d'une colonne étaient chacun la différence de deux éléments, le déterminant pourrait se décomposer en une différence de deux déterminants.

57. On verrait de même que

$$\begin{vmatrix} a_1+\alpha_1-\alpha'_1 & b_1 & c_1 \\ a_2+\alpha_2-\alpha'_2 & b_2 & c_2 \\ a_3+\alpha_3-\alpha'_3 & b_3 & c_3 \end{vmatrix}$$
$$= \begin{vmatrix} a_1 & b_1 & c_1 \\ a_2 & b_2 & c_2 \\ a_3 & b_3 & c_3 \end{vmatrix} + \begin{vmatrix} \alpha_1 & b_1 & c_1 \\ \alpha_2 & b_2 & c_2 \\ \alpha_3 & b_3 & c_3 \end{vmatrix} - \begin{vmatrix} \alpha'_1 & b_1 & c_1 \\ \alpha'_2 & b_2 & c_2 \\ \alpha'_3 & b_3 & c_3 \end{vmatrix},$$

et que

$$\begin{vmatrix} a_1+\alpha_1 & b_1-\beta_1 & c_1 \\ a_2+\alpha_2 & b_2-\beta_2 & c_2 \\ a_3+\alpha_3 & b_3-\beta_3 & c_3 \end{vmatrix} = \begin{vmatrix} a_1 & b_1 & c_1 \\ a_2 & b_2 & c_2 \\ a_3 & b_3 & c_3 \end{vmatrix} + \begin{vmatrix} \alpha_1 & b_1 & c_1 \\ \alpha_2 & b_2 & c_2 \\ \alpha_3 & b_3 & c_3 \end{vmatrix}$$
$$- \begin{vmatrix} a_1 & \beta_1 & c_1 \\ a_2 & \beta_2 & c_2 \\ a_3 & \beta_3 & c_3 \end{vmatrix} - \begin{vmatrix} \alpha_1 & \beta_1 & c_1 \\ \alpha_2 & \beta_2 & c_2 \\ \alpha_3 & \beta_3 & c_3 \end{vmatrix}.$$

58. Théorème II. — *Réciproquement, lorsque deux déterminants ne diffèrent que par une ligne ou par une colonne,* *ces deux déterminants peuvent se composer en un seul déterminant.*

Considérons les deux déterminants

$$\Delta = \begin{vmatrix} a_1 & b_1 & c_1 \\ a_2 & b_2 & c_2 \\ a_3 & b_3 & c_3 \end{vmatrix}, \quad \Delta' = \begin{vmatrix} \alpha_1 & \beta_1 & \gamma_1 \\ a_2 & b_2 & c_2 \\ a_3 & b_3 & c_3 \end{vmatrix},$$

qui ne diffèrent que par leurs premières lignes; on peut les ordonner suivant les éléments de ces premières lignes (**42**) et les écrire

$$\Delta = a_1(b_2c_3) - b_1(a_2c_3) + c_1(a_2b_3),$$
$$\Delta' = \alpha_1(b_2c_3) - \beta_1(a_2c_3) + \gamma_1(a_2b_3).$$

Ajoutant ces deux expressions dans le sens vertical, on obtient

$$\Delta + \Delta' = (a_1 + \alpha_1)(b_2c_3) - (b_1 + \beta_1)(a_2c_3) + (c_1 + \gamma_1)(a_2b_3),$$

ou le déterminant

$$\Delta + \Delta' = \begin{vmatrix} a_1 + \alpha_1 & b_1 + \beta_1 & c_1 + \gamma_1 \\ a_2 & b_2 & c_2 \\ a_3 & b_3 & c_3 \end{vmatrix};$$

ce dernier est donc égal à la somme des deux déterminants proposés.

La différence des deux déterminants donnés Δ et Δ' serait de même

$$\Delta - \Delta' = \begin{vmatrix} a_1 - \alpha_1 & b_1 - \beta_1 & c_1 - \gamma_1 \\ a_2 & b_2 & c_2 \\ a_3 & b_3 & c_3 \end{vmatrix}.$$

On reconnaît, à l'aide de ce principe, que les deux déterminants

$$\Delta = \begin{vmatrix} a & a & b \\ 0 & a' & b' \\ 0 & a'' & b'' \end{vmatrix}, \quad \Delta' = \begin{vmatrix} 0 & a & b \\ a' & a' & b' \\ a'' & a'' & b'' \end{vmatrix}$$

sont égaux et de signes contraires; car on a, en ajoutant les premières colonnes,

$$\Delta + \Delta' = \begin{vmatrix} a & a & b \\ a' & a' & b' \\ a'' & a'' & b'' \end{vmatrix} = 0,$$

d'où l'on tire $\Delta = -\Delta'$.

De même les deux déterminants

$$\Delta = \begin{vmatrix} a_1 & a_1 & b_1 & c_1 \\ a_2 & a_2 & b_2 & c_2 \\ 0 & a_3 & b_3 & c_3 \\ 0 & a_4 & b_4 & c_4 \end{vmatrix}, \quad \Delta' = \begin{vmatrix} a_1 & b_1 & c_1 & 0 \\ a_2 & b_2 & c_2 & 0 \\ a_3 & b_3 & c_3 & a_3 \\ a_4 & b_4 & c_4 & a_4 \end{vmatrix}$$

sont égaux et de même signe; car, puisque

$$\Delta' = - \begin{vmatrix} 0 & a_1 & b_1 & c_1 \\ 0 & a_2 & b_2 & c_2 \\ a_3 & a_3 & b_3 & c_3 \\ a_4 & a_4 & b_4 & c_4 \end{vmatrix},$$

il vient

$$\Delta - \Delta' = \begin{vmatrix} a_1 & a_1 & b_1 & c_1 \\ a_2 & a_2 & b_2 & c_2 \\ a_3 & a_3 & b_3 & c_3 \\ a_4 & a_4 & b_4 & c_4 \end{vmatrix} = 0,$$

d'où l'on tire $\Delta = \Delta'$.

59. **Théorème III.** — *Lorsque les éléments d'une ligne ou d'une colonne sont égaux à la somme des éléments correspondants de deux ou de plusieurs lignes ou colonnes, multipliées respectivement par des facteurs constants, le déterminant se réduit à zéro.*

En effet, on a, par exemple (56),

$$\begin{vmatrix} ma_1 + nb_1 & a_1 & b_1 \\ ma_3 + nb_2 & a_2 & b_2 \\ ma_3 + nb_3 & a_3 & b_3 \end{vmatrix} = \begin{vmatrix} ma_1 & a_1 & b_1 \\ ma_2 & a_2 & b_2 \\ ma_3 & a_3 & b_3 \end{vmatrix} + \begin{vmatrix} nb_1 & a_1 & b_1 \\ nb_2 & a_2 & b_2 \\ nb_3 & a_3 & b_3 \end{vmatrix};$$

or on sait que (26)

$$\begin{vmatrix} ma_1 & a_1 & b_1 \\ ma_2 & a_2 & b_2 \\ ma_3 & a_3 & b_3 \end{vmatrix} = m \begin{vmatrix} a_1 & a_1 & b_1 \\ a_2 & a_2 & b_2 \\ a_3 & a_3 & b_3 \end{vmatrix} = m \times 0 = 0,$$

$$\begin{vmatrix} nb_1 & a_1 & b_1 \\ nb_2 & a_2 & b_2 \\ nb_3 & a_3 & b_3 \end{vmatrix} = n \begin{vmatrix} b_1 & a_1 & b_1 \\ b_2 & a_2 & b_2 \\ b_3 & a_3 & b_3 \end{vmatrix} = n \times 0 = 0;$$

donc le déterminant proposé, qui est la somme de ces deux déterminants, se réduit à zéro.

60. Théorème IV. — *Un déterminant ne change pas, lorsqu'on ajoute à chaque élément d'une ligne ou d'une colonne ceux de plusieurs autres lignes ou colonnes, multipliées respectivement par des facteurs constants.* (Jacobi, *Journal de Crelle*, t. 22, p. 371.)

Car les deux déterminants

$$\begin{vmatrix} a_1 & b_1 & c_1 \\ a_2 & b_2 & c_2 \\ a_3 & b_3 & c_3 \end{vmatrix}, \quad \begin{vmatrix} a_1 + mb_1 + nc_1 & b_1 & c_1 \\ a_2 + mb_2 + nc_2 & b_2 & c_2 \\ a_3 + mb_3 + nc_3 & b_3 & c_3 \end{vmatrix},$$

ayant pour différence le déterminant (56)

$$\begin{vmatrix} mb_1 + nc_1 & b_1 & c_1 \\ mb_2 + nc_2 & b_2 & c_2 \\ mb_3 + nc_3 & b_3 & c_3 \end{vmatrix},$$

qui est nul en vertu du théorème précédent, sont égaux entre eux.

Si les éléments de la colonne ou de la ligne que l'on remplace avaient été multipliés par un facteur k avant leur augmentation, le déterminant eût été multiplié par k (27).

61. Corollaire I. — D'après cela, on a

$$\Delta = \begin{vmatrix} 1 & a & b+c \\ 1 & b & c+a \\ 1 & c & a+b \end{vmatrix} = 0;$$

car nous pouvons ajouter la seconde colonne à la troisième, puis diviser celle-ci par $a+b+c$: nous trouvons ainsi que (59 et 27)

$$\Delta = \begin{vmatrix} 1 & a & a+b+c \\ 1 & b & a+b+c \\ 1 & c & a+b+c \end{vmatrix}$$

$$= (a+b+c)\begin{vmatrix} 1 & a & 1 \\ 1 & b & 1 \\ 1 & c & 1 \end{vmatrix} = (a+b+c)\times 0 = 0.$$

62. **Corollaire II.** — L'égalité précédente nous permet de mettre en évidence un facteur du déterminant

$$\Delta = \begin{vmatrix} 1 & a^2 & a^3 \\ 1 & b^2 & b^3 \\ 1 & c^2 & c^3 \end{vmatrix}.$$

En effet, nous avons trouvé au n° 29 que

$$\begin{vmatrix} 1 & a^2 & a^3 \\ 1 & b^2 & b^3 \\ 1 & c^2 & c^3 \end{vmatrix} = \begin{vmatrix} bc & a & a^2 \\ ca & b & b^2 \\ ab & c & c^2 \end{vmatrix}.$$

Si nous ajoutons au second membre le déterminant du n° **61**, qui est nul, après avoir multiplié les trois lignes respectivement par a, b, c, nous obtiendrons l'égalité

$$\begin{vmatrix} 1 & a^2 & a^3 \\ 1 & b^2 & b^3 \\ 1 & c^2 & c^3 \end{vmatrix} = \begin{vmatrix} bc & a & a^2 \\ ca & b & b^2 \\ ab & c & c^2 \end{vmatrix} + \begin{vmatrix} a & a^2 & ab+ca \\ b & b^2 & bc+ab \\ c & c^2 & ca+bc \end{vmatrix}$$

$$= \begin{vmatrix} bc & a & a^2 \\ ca & b & b^2 \\ ab & c & c^2 \end{vmatrix} + \begin{vmatrix} ab+ca & a & a^2 \\ bc+ab & b & b^2 \\ ca+bc & c & c^2 \end{vmatrix}$$

$$= \begin{vmatrix} bc+ca+ab & a & a^2 \\ bc+ca+ab & b & b^2 \\ bc+ca+ab & c & c^2 \end{vmatrix};$$

nous en tirons l'égalité

$$\Delta = \begin{vmatrix} 1 & a^2 & a^3 \\ 1 & b^2 & b^3 \\ 1 & c^2 & c^3 \end{vmatrix} = (bc + ca + ab) \begin{vmatrix} 1 & a & a^2 \\ 1 & b & b^2 \\ 1 & c & c^2 \end{vmatrix}.$$

§ II. — Propriétés des déterminants ayant un ou plusieurs éléments égaux a zéro.

63. Dans l'évaluation des déterminants, on rencontre des exemples dans lesquels un ou plusieurs éléments sont égaux à zéro. Cette particularité permet de simplifier leur développement et d'en calculer la valeur avec plus de rapidité. On s'appuie dans ce but sur les principes suivants.

64. Théorème I. — *Lorsque, dans un déterminant, tous les éléments, moins un, d'une ligne ou d'une colonne viennent à s'annuler, le déterminant se réduit au produit de l'élément conservé, pris avec le signe convenable* (**44**), *par le déterminant mineur, que l'on obtient en supprimant la ligne et la colonne qui contiennent cet élément.*

En effet, nous avons trouvé au n° **42** que le déterminant $\Delta^{(4)}$ du quatrième ordre, étant ordonné par rapport aux éléments de la première colonne, peut s'écrire

$$\Delta^{(4)} = a_1 \Delta_{a_1} - a_2 \Delta_{a_2} + a_3 \Delta_{a_3} - a_4 \Delta_{a_4};$$

si les éléments de la première colonne se réduisent à zéro, sauf l'élément a_1, on aura $a_2 = 0$, $a_3 = 0$ et $a_4 = 0$; il viendra donc

$$\Delta^{(4)} = a_1 \Delta_{a_1}.$$

Si l'élément, qui est seul différent de zéro dans une colonne ou dans une ligne dont tous les autres éléments sont nuls, n'est pas le premier élément du déterminant, on peut le ramener à la première place par des permutations successives de deux lignes et de deux colonnes (**21**).

Ainsi l'on a

$$\begin{vmatrix} a_1 & b_1 & c_1 \\ a_2 & b_2 & c_2 \\ 0 & b_3 & 0 \end{vmatrix} = \begin{vmatrix} 0 & b_3 & 0 \\ a_1 & b_1 & c_1 \\ a_2 & b_2 & c_2 \end{vmatrix}$$

$$= - \begin{vmatrix} b_3 & 0 & 0 \\ b_1 & a_1 & c_1 \\ b_2 & a_2 & c_2 \end{vmatrix} = - b_3 \begin{vmatrix} a_1 & c_1 \\ a_2 & c_2 \end{vmatrix}.$$

On peut encore déterminer le signe du coefficient de l'élément conservé, en faisant usage de la règle pratique, qui se trouve exposée au n° 46.

Le théorème précédent est de la plus haute importance dans le calcul des déterminants; il est d'une application constante. Il a été énoncé et démontré pour la première fois par JACOBI, dans le *Journal de Crelle*, t. 22, n° 11.

65. **Exemples :**

I. $$\begin{vmatrix} 1 & a_1 & b_1 & c_1 \\ 0 & a_2 & b_2 & c_2 \\ 0 & a_3 & b_3 & c_3 \\ 0 & a_4 & b_4 & c_4 \end{vmatrix} = \begin{vmatrix} a_2 & b_2 & c_2 \\ a_3 & b_3 & c_3 \\ a_4 & b_4 & c_4 \end{vmatrix}.$$

II. $$\begin{vmatrix} a_1 & b_1 & c_1 & d_1 \\ a_2 & b_2 & c_2 & d_2 \\ 0 & 0 & 0 & d_3 \\ a_4 & b_4 & c_4 & d_4 \end{vmatrix} = - d_3 \begin{vmatrix} a_1 & b_1 & c_1 \\ a_2 & b_2 & c_2 \\ a_4 & b_4 & c_4 \end{vmatrix}.$$

III. $$\begin{vmatrix} 1 & \lambda & \lambda & \lambda \\ 0 & a & \lambda & \lambda \\ 0 & \lambda & b & \lambda \\ 0 & \lambda & \lambda & c \end{vmatrix} = \begin{vmatrix} a & \lambda & \lambda \\ \lambda & b & \lambda \\ \lambda & \lambda & c \end{vmatrix} = abc - (a+b+c)\lambda^2 + 2\lambda^3.$$

66. **Théorème II.** — *Lorsque, dans un déterminant, les éléments de la première ligne sont égaux à l'unité, et que chaque élément de toute autre ligne est égal à la somme des éléments qui, dans la ligne précédente, sont au-dessus et à gauche de cet élément, ce déterminant est égal à l'unité.*

Dans le déterminant

$$\Delta = \begin{vmatrix} 1 & 1 & 1 & 1 & 1 \\ 1 & 2 & 3 & 4 & 5 \\ 1 & 3 & 6 & 10 & 15 \\ 1 & 4 & 10 & 20 & 35 \\ 1 & 5 & 15 & 35 & 70 \end{vmatrix},$$

qui satisfait à ces conditions, retranchons chaque ligne de la suivante, et faisons de même pour chacun des déterminants qui en résultent; nous obtiendrons successivement.

$$\Delta = \begin{vmatrix} 1 & 2 & 3 & 4 \\ 1 & 3 & 6 & 10 \\ 1 & 4 & 10 & 20 \\ 1 & 5 & 15 & 35 \end{vmatrix} = \begin{vmatrix} 1 & 2 & 3 & 4 \\ 0 & 1 & 3 & 6 \\ 0 & 1 & 4 & 10 \\ 0 & 1 & 5 & 15 \end{vmatrix} = \begin{vmatrix} 1 & 3 & 6 \\ 1 & 4 & 10 \\ 1 & 5 & 15 \end{vmatrix} = \begin{vmatrix} 1 & 3 & 6 \\ 0 & 1 & 4 \\ 0 & 1 & 5 \end{vmatrix},$$

d'où

$$\Delta = \begin{vmatrix} 1 & 4 \\ 1 & 5 \end{vmatrix} = \begin{vmatrix} 1 & 4 \\ 0 & 1 \end{vmatrix} = 1.$$

67. Théorème III. — *Tout déterminant peut être mis sous la forme d'un déterminant plus élevé.*

Car, en vertu du théorème précédent, on a évidemment

$$\begin{vmatrix} a_1 & b_1 & c_1 \\ a_2 & b_2 & c_2 \\ a_3 & b_3 & c_3 \end{vmatrix} = \begin{vmatrix} 1 & 0 & 0 & 0 \\ x_1 & a_1 & b_1 & c_1 \\ x_2 & a_2 & b_2 & c_2 \\ x_3 & a_3 & b_3 & c_3 \end{vmatrix}$$

$$= \begin{vmatrix} a_1 & b_1 & c_1 & y_1 \\ a_2 & b_2 & c_2 & y_2 \\ a_3 & b_3 & c_3 & y_3 \\ 0 & 0 & 0 & 1 \end{vmatrix} = \begin{vmatrix} a_1 & b_1 & c_1 & u_1 & v_1 \\ a_2 & b_2 & c_2 & u_2 & v_2 \\ a_3 & b_3 & c_3 & u_3 & v_3 \\ 0 & 0 & 0 & 1 & v_4 \\ 0 & 0 & 0 & 0 & 1 \end{vmatrix}.$$

Les éléments x_1, x_2, x_3; y_1, y_2, y_3; u_1, u_2, u_3 et v_1, v_2, v_3, v_4, qui ne se trouvaient pas dans le déterminant primitif, peuvent recevoir des valeurs quelconques.

68. **Théorème IV.** — *Lorsque tous les éléments situés d'un même côté de la diagonale s'évanouissent, le déterminant se réduit à son terme principal.*

Considérons, par exemple, le déterminant du quatrième ordre

$$\Delta = \begin{vmatrix} a_1 & b_1 & c_1 & d_1 \\ 0 & b_2 & c_2 & d_2 \\ 0 & 0 & c_3 & d_3 \\ 0 & 0 & 0 & c_4 \end{vmatrix}.$$

Tous les éléments, moins un, étant nuls dans la première colonne, on a (64)

$$\Delta = a_1 \begin{vmatrix} b_2 & c_2 & d_2 \\ 0 & c_3 & d_3 \\ 0 & 0 & d_4 \end{vmatrix} = a_1 \Delta_{a_1}.$$

Dans le déterminant Δ_{a_1}, tous les éléments, moins un, de la première colonne étant aussi égaux à zéro, il vient de même

$$\Delta_{a_1} = \begin{vmatrix} b_2 & c_2 & d_2 \\ 0 & c_3 & d_3 \\ 0 & 0 & d_4 \end{vmatrix} = b_2 \begin{vmatrix} c_3 & d_3 \\ 0 & d_4 \end{vmatrix};$$

mais

$$\begin{vmatrix} c_3 & d_3 \\ 0 & d_4 \end{vmatrix} = c_3 d_4;$$

par suite, on obtient $\Delta_{a_1} = b_2 c_3 d_4$; donc on a

$$\Delta = a_1 b_2 c_3 d_4.$$

* 69. **Théorème V.** — *Lorsque, dans un déterminant, les éléments de la première ligne sont respectivement égaux aux éléments correspondants de la diagonale et qu'en même temps tous les éléments situés au-dessous de la diagonale sont égaux et de signes contraires aux éléments respectifs de cette diagonale, le double déterminant est égal au produit des éléments de la diagonale, multiplié par une puissance de 2 marquée par le degré du déterminant.* (Dostor, *Archiv der Mathematik una Physik*, t. LVI, p. 239.)

Soit le déterminant du quatrième ordre

$$\Delta = \begin{vmatrix} a & b & c & d \\ -a & b & \alpha & \beta \\ -a & -b & c & \gamma \\ -a & -b & -c & d \end{vmatrix}$$

qui remplit ces conditions, et où les éléments α, β et γ sont des quantités quelconques.

Conservons la première ligne, puis ajoutons cette ligne à chacune des trois suivantes; le déterminant ne change ni de valeur ni de signe (60), et il vient encore

$$\Delta = \begin{vmatrix} a & b & c & d \\ 0 & 2b & c+\alpha & d+\beta \\ 0 & 0 & 2c & d+\gamma \\ 0 & 0 & 0 & 2d \end{vmatrix}.$$

Dans ce déterminant, tous les éléments situés au-dessous de la diagonale sont égaux à zéro; par suite, le déterminant se réduit à son terme principal (68); donc il vient

$$2\Delta = 2a.2b.2c.2d = 2^4.abcd.$$

70. Théorème VI. — *Lorsque, dans un déterminant, un élément est égal à zéro, ce déterminant est égal, à un facteur près, à un déterminant de même degré, dans lequel les autres éléments de la ligne et de la colonne qui contiennent ce zéro sont égaux à l'unité.*

En effet, nous avons d'abord (27 et 28), en multipliant la seconde et la troisième ligne par a_3 et a_2, puis en divisant la première colonne par $a_2 a_3$,

$$\Delta = \begin{vmatrix} 0 & b_1 & c_1 \\ a_2 & b_2 & c_2 \\ a_3 & b_3 & c_3 \end{vmatrix}$$

$$= \frac{1}{a_2 a_3} \begin{vmatrix} 0 & b_1 & c_1 \\ a_2 a_3 & a_3 b_2 & a_3 c_2 \\ a_2 a_3 & a_2 b_3 & a_2 c_3 \end{vmatrix} = \begin{vmatrix} 0 & b_1 & c_1 \\ 1 & a_3 b_2 & a_3 c_2 \\ 1 & a_2 b_3 & a_2 c_3 \end{vmatrix} = \Delta_1;$$

multipliant actuellement la seconde et la troisième colonne

par c_1 et b_1, puis divisant la première ligne par $b_1 c_1$, on obtient

$$\Delta_1 = \begin{vmatrix} 0 & b_1 & c_1 \\ 1 & a_3 b_2 & a_3 c_2 \\ 1 & a_2 b_3 & a_2 c_3 \end{vmatrix}$$

$$= \frac{1}{b_1 c_1} \begin{vmatrix} 0 & b_1 c_1 & b_1 c_1 \\ 1 & a_3 b_2 c_1 & a_3 b_1 c_2 \\ 1 & a_2 b_3 c_1 & a_2 b_1 c_3 \end{vmatrix} = \begin{vmatrix} 0 & 1 & 1 \\ 1 & a_3 b_2 c_1 & a_3 b_1 c_2 \\ 1 & a_2 b_3 c_1 & a_2 b_1 c_3 \end{vmatrix} = \Delta_2 ;$$

donc il vient $\Delta = \Delta_2$.

Si le déterminant avait été du quatrième ordre, on aurait trouvé que

$$\begin{vmatrix} 0 & b_1 & c_1 & d_1 \\ a_2 & b_2 & c_2 & d_2 \\ a_3 & b_3 & c_3 & d_3 \\ a_4 & b_4 & c_4 & d_4 \end{vmatrix}$$

$$= \frac{1}{a_2 a_3 a_4 b_1 c_1 d_1} \begin{vmatrix} 0 & 1 & 1 & 1 \\ 1 & a_3 a_4 b_2 c_1 d_1 & a_3 a_4 b_1 c_2 d_1 & a_3 a_4 b_1 c_1 d_2 \\ 1 & a_2 a_4 b_3 c_1 d_1 & a_2 a_4 b_1 c_3 d_1 & a_2 a_4 b_1 c_1 d_3 \\ 1 & a_2 a_3 b_4 c_1 d_1 & a_2 a_3 b_1 c_4 d_1 & a_2 a_3 b_1 c_4 d_1 \end{vmatrix} .$$

Il est aisé de deviner la manière d'opérer qui fournit ce dernier résultat. On pourrait aussi facilement en déduire une règle générale pour transformer de la sorte un déterminant d'un ordre quelconque ayant un élément nul.

71. Définition I. — Dans un déterminant, deux éléments sont dits *conjugués*, lorsque chacun d'eux occupe, dans les lignes horizontales, la même place que l'autre dans les colonnes verticales, et réciproquement.

Ainsi, dans le déterminant

$$\begin{vmatrix} a_1 & b_1 & c_1 \\ a_2 & b_2 & c_2 \\ a_3 & b_3 & c_3 \end{vmatrix} ,$$

les éléments a_2 et b_1 sont conjugués; il en est de même des éléments a_3 et c_1, b_3 et c_2.

72. Définition II. — Un déterminant est *symétrique*, lorsque les éléments conjugués y sont égaux. Tel est le déterminant

$$\begin{vmatrix} \alpha & b & c \\ b & \beta & a \\ c & a & \gamma \end{vmatrix}.$$

73. Théorème VII. — *Lorsque, dans un déterminant, les éléments du terme principal sont des zéros, et que les éléments de la première ligne sont respectivement égaux à leurs éléments conjugués de la première colonne, ce déterminant peut se transformer* exactement *en un autre de même ordre, dans lequel, les éléments de la diagonale étant nuls, les autres éléments de la première ligne et de la première colonne sont tous égaux à l'unité.*

En effet, nous avons d'abord (70)

$$\Delta = \begin{vmatrix} 0 & a & b & c \\ a & 0 & z' & y \\ b & z & 0 & x' \\ c & y' & x & 0 \end{vmatrix} = \frac{1}{abc} \begin{vmatrix} 0 & 1 & 1 & 1 \\ a & 0 & caz' & aby \\ b & bcz & 0 & abx' \\ c & bcy' & cax & 0 \end{vmatrix} = \frac{\Delta_1}{abc},$$

où nous avons multiplié les trois dernières colonnes par les produits respectifs bc, ca, ab; divisé la première ligne résultante par abc; puis divisé hors barres par abc.

Dans le second déterminant Δ_1, divisons les trois dernières lignes respectivement par a, b, c et multiplions hors barres par le produit abc; nous aurons

$$\Delta_1 = abc \begin{vmatrix} 0 & 1 & 1 & 1 \\ 1 & 0 & cz' & by \\ 1 & cz & 0 & ax' \\ 1 & by' & ax & 0 \end{vmatrix};$$

donc il vient

$$(\mathrm{I})\qquad \begin{vmatrix} 0 & a & b & c \\ a & 0 & z' & y \\ b & z & 0 & x' \\ c & y' & x & 0 \end{vmatrix} = \begin{vmatrix} 0 & 1 & 1 & 1 \\ 1 & 0 & cz' & by \\ 1 & cz & 0 & ax' \\ 1 & by' & ax & 0 \end{vmatrix}.$$

On verrait de même que

$$(\mathrm{II})\quad \begin{vmatrix} 0 & a^2 & b^2 & c^2 \\ a^2 & 0 & c'^2 & b'^2 \\ b^2 & c'^2 & 0 & a'^2 \\ c^2 & b'^2 & a'^2 & 0 \end{vmatrix} = \begin{vmatrix} 0 & 1 & 1 & 1 \\ 1 & 0 & c^2c'^2 & b^2b'^2 \\ 1 & c^2c'^2 & 0 & a^2a'^2 \\ 1 & b^2b'^2 & a^2a'^2 & 0 \end{vmatrix} = \begin{vmatrix} 0 & aa' & bb' & cc' \\ aa' & 0 & cc' & bb' \\ bb' & cc' & 0 & aa' \\ cc' & bb' & aa' & 0 \end{vmatrix}.$$

74. Corollaire. — Dans l'égalité (I), posons

$$x = x' = a, \quad y = y' = b, \quad z = z' = c;$$

elle deviendra

$$(\mathrm{III})\qquad \begin{vmatrix} 0 & a & b & c \\ a & 0 & c & b \\ b & c & 0 & a \\ c & b & a & 0 \end{vmatrix} = \begin{vmatrix} 0 & 1 & 1 & 1 \\ 1 & 0 & c^2 & b^2 \\ 1 & c^2 & 0 & a^2 \\ 1 & b^2 & a^2 & 0 \end{vmatrix}.$$

75. Définition III. — Dans un déterminant, la diagonale qui contient les éléments du terme principal est dite *vide* ou *pleine*, suivant que ces éléments sont nuls ou différents de zéro.

76. Théorème VIII. — *Tout déterminant, à diagonale pleine, peut se décomposer en déterminants à diagonale vide.*

Dans le déterminant Δ du n° 13, remplaçons les éléments principaux $a_1, b_2, c_3, \ldots, l_n$ par autant de zéros; nous obtenons le nouveau déterminant

$$\Delta_0^{(n)} = \begin{vmatrix} 0 & b_1 & c_1 & \ldots & l_1 \\ a_2 & 0 & c_2 & \ldots & l_2 \\ a_3 & b_2 & 0 & \ldots & l_3 \\ \vdots & \vdots & \vdots & \vdots & \vdots \\ a_n & b_n & c_n & \ldots & 0 \end{vmatrix},$$

où manquent tous les termes qui contiennent, comme facteurs, un ou plusieurs des éléments a_1, b_2, c_3, ..., l_n de la diagonale.

Appelons C_i l'une des combinaisons i à i de ces n éléments évanouis et $\Delta_0^{(n-i)}$ le déterminant mineur à diagonale vide qui lui correspond; il est évident que $C_i\Delta_0^{(n-i)}$ sera l'un des termes supprimés. Par conséquent, l'ensemble des termes supprimés sera la somme $\Sigma C_i\Delta_0^{(n-i)}$, où il faudra donner à i successivement les valeurs 1, 2, 3, ..., n.

On obtient ainsi la formule

$$\Delta^{(n)} = \Delta_0^{(n)} + \Sigma C_1\Delta_0^{(n-1)} + \Sigma C_2\Delta_0^{(n-2)} + \Sigma C_3\Delta_0^{(n-3)} + \ldots + \Sigma C_{n-2}\Delta_0^{(2)} + C_n,$$

attendu que $\Delta_0^{(1)} = 0$.

Si nous appliquons cette formule au déterminant du troisième ordre, nous voyons que

$$\begin{vmatrix} a_1 & b_1 & c_1 \\ a_2 & b_2 & c_2 \\ a_3 & b_3 & c_3 \end{vmatrix} = \begin{vmatrix} 0 & b_1 & c_1 \\ a_2 & 0 & c_2 \\ a_3 & b_3 & 0 \end{vmatrix}$$

$$+ a_1 \begin{vmatrix} 0 & c_2 \\ b_3 & 0 \end{vmatrix} + b_2 \begin{vmatrix} 0 & c_1 \\ a_3 & 0 \end{vmatrix} + c_3 \begin{vmatrix} 0 & b_1 \\ a_2 & 0 \end{vmatrix} + a_1 b_2 c_3.$$

77. Les déterminants à diagonale vide se présentent dans un grand nombre de formules. Nous donnons ici plusieurs d'entre eux, que nous retrouverons plus loin dans les applications.

I. $$\begin{vmatrix} 0 & a & b \\ a & 0 & c \\ b & c & 0 \end{vmatrix} = 2abc,$$

II. $$\begin{vmatrix} 0 & 1 & 1 & 1 \\ 1 & 0 & 1 & 1 \\ 1 & 1 & 0 & 1 \\ 1 & 1 & 1 & 0 \end{vmatrix} = -3.$$

III. $$\begin{vmatrix} 0 & 1 & 1 & 1 \\ 1 & 0 & c^2 & b^2 \\ 1 & c^2 & 0 & a^2 \\ 1 & b^2 & a^2 & 0 \end{vmatrix} = a^4 + b^4 + c^4 - 2b^2c^2 - 2c^2a^2 - 2a^2b^2.$$

IV. $$\begin{vmatrix} 0 & a & b & c \\ a & 0 & c' & b' \\ b & c' & 0 & a' \\ c & b' & a' & 0 \end{vmatrix} = \left\{ \begin{array}{l} a^2a'^2 + b^2b'^2 + c^2c'^2 \\ \quad - 2bb'cc' - 2cc'aa' - 2aa'bb'. \end{array} \right.$$

V. $$\begin{vmatrix} 0 & aa' & bb' & cc' \\ aa' & 0 & cc' & bb' \\ bb' & cc' & 0 & aa' \\ cc' & bb' & aa' & 0 \end{vmatrix} = \left\{ \begin{array}{l} a^4a'^4 + b^4b'^4 + c^4c'^4 - 2b^2b'^2c^2c'^2 \\ \quad - 2c^2c'^2a^2a'^2 - 2a^2a'^2b^2b'^2. \end{array} \right.$$

78. **Théorème IX.** — *Dans un déterminant, lorsque le premier élément est zéro et que les autres éléments de la première ligne et de la première colonne sont égaux à l'unité, on peut augmenter ou diminuer d'une même quantité les éléments de chaque ligne dans le déterminant mineur, que l'on obtient par la suppression de la première ligne et de la première colonne* (SYLVESTER, *Philosophical Magazine*, 1852).

En effet, dans le déterminant

$$\Delta = \begin{vmatrix} 0 & 1 & 1 & 1 \\ 1 & a & b & c \\ 1 & a' & b' & c' \\ 1 & a'' & b'' & c'' \end{vmatrix},$$

multiplions la première ligne successivement par les trois quantités λ, λ', λ'', et ajoutons les produits respectifs aux trois autres lignes; nous obtenons le déterminant

$$\begin{vmatrix} 0 & 1 & 1 & 1 \\ 1 & a+\lambda & b+\lambda & c+\lambda \\ 1 & a'+\lambda' & b'+\lambda' & c'+\lambda' \\ 1 & a''+\lambda'' & b''+\lambda'' & c''+\lambda'' \end{vmatrix}$$

qui est équivalent au déterminant Δ.

79. **Corollaire I.** — *On peut* de même *augmenter ou diminuer d'une même quantité les éléments de chaque colonne du déterminant mineur*, c'est-à-dire que

$$\begin{vmatrix} 0 & 1 & 1 & 1 \\ 1 & a & b & c \\ 1 & a' & b' & c' \\ 1 & a'' & b'' & c'' \end{vmatrix} = \begin{vmatrix} 0 & 1 & 1 & 1 \\ 1 & a+\alpha & b+\beta & c+\gamma \\ 1 & a'+\alpha & b'+\beta & c'+\gamma \\ 1 & a''+\alpha & b''+\beta & c''+\gamma \end{vmatrix}.$$

80. Corollaire II. — On en conclut que

$$\begin{vmatrix} 0 & 1 & 1 & 1 \\ 1 & a & b & c \\ 1 & a' & b' & c' \\ 1 & a'' & b'' & c'' \end{vmatrix} = \begin{vmatrix} 0 & 1 & 1 & 1 \\ 1 & a+\alpha+\lambda & b+\beta+\lambda & c+\gamma+\lambda \\ 1 & a'+\alpha+\lambda' & b'+\beta+\lambda' & c'+\gamma+\lambda' \\ 1 & a''+\alpha+\lambda'' & b''+\beta+\lambda'' & c''+\gamma+\lambda'' \end{vmatrix}.$$

§ III. — Calcul abrégé des déterminants numériques et algébriques.

81. Nous avons indiqué au n° 50 la méthode générale, au moyen de laquelle on peut développer les déterminants. Cette méthode, dans la pratique, est souvent trop laborieuse pour être employée.

Un procédé bien plus simple consiste à ramener le déterminant à un autre de degré moindre; on traite ce nouveau déterminant de la même manière; et ainsi de suite.

Pour ramener un déterminant à un autre dont l'ordre soit abaissé d'une unité, on le transforme en un déterminant équivalent, dans lequel les éléments d'une ligne ou d'une colonne soient égaux à l'unité; il suffit, pour cela, d'opérer comme aux n°s 33 et 35.

Dans le déterminant obtenu, d'une ligne ou d'une colonne on retranche toutes les autres; on arrive ainsi à un déterminant dans lequel une ligne ou une colonne a un élément égal à l'unité et les autres égaux à zéro; ce déterminant est égal à *plus* ou *moins* le déterminant mineur qui a cette unité pour coefficient (64).

Pour mieux faire comprendre ce procédé, nous allons l'appliquer à une série d'exemples tant numériques qu'algébriques.

82. Exemple I. — On a successivement

$$\begin{vmatrix} 7 & 10 & 3 \\ 30 & 38 & 12 \\ 37 & 50 & 15 \end{vmatrix} = \begin{vmatrix} 1 & 1 & 3 \\ 6 & 2 & 12 \\ 7 & 5 & 15 \end{vmatrix} = \begin{vmatrix} 1 & 1 & 1 \\ 6 & 2 & 4 \\ 7 & 5 & 3 \end{vmatrix} = \begin{vmatrix} 1 & 0 & 0 \\ 6 & 4 & 2 \\ 7 & 2 & 4 \end{vmatrix}.$$

Le second déterminant se déduit du premier, en retranchant des éléments de la première colonne, puis de ceux de la seconde, *deux* fois, puis *trois* fois les éléments correspondants de la troisième.

Le troisième déterminant s'obtient au moyen du second, en retranchant la somme des deux premières colonnes de la troisième.

Enfin le quatrième déterminant se déduit du troisième, en retranchant la première colonne de chacune des deux suivantes, et en changeant les signes des deux dernières colonnes résultantes.

Le déterminant donné est donc égal à

$$\begin{vmatrix} 1 & 0 & 0 \\ 6 & 4 & 2 \\ 7 & 2 & 4 \end{vmatrix} = \begin{vmatrix} 4 & 2 \\ 2 & 4 \end{vmatrix} = 16 - 4 = 12.$$

On aurait pu arriver au même résultat, d'une manière plus rapide, en opérant comme il suit :

On remarque de suite que les deux dernières colonnes sont divisibles l'une par 2 et l'autre par 3; effectuant ces divisions, on trouve que (28)

$$\begin{vmatrix} 7 & 10 & 3 \\ 30 & 38 & 12 \\ 37 & 50 & 15 \end{vmatrix} = 6 \begin{vmatrix} 7 & 5 & 1 \\ 30 & 19 & 4 \\ 37 & 25 & 5 \end{vmatrix}.$$

Dans le second déterminant, on retranche 7 fois et 5 fois la dernière colonne des deux précédentes; on voit ainsi que le déterminant donné revient à

$$6 \begin{vmatrix} 0 & 0 & 1 \\ 2 & -1 & 4 \\ 2 & 0 & 5 \end{vmatrix} = 6 \begin{vmatrix} 2 & -1 \\ 2 & 0 \end{vmatrix} = 12.$$

83. Exemple II. — On trouve par les mêmes procédés que

$$\Delta = \begin{vmatrix} 12 & 16 & 24 & 33 \\ 20 & 25 & 35 & 45 \\ 20 & 27 & 36 & 55 \\ 28 & 38 & 51 & 78 \end{vmatrix} = 20 \begin{vmatrix} 3 & 16 & 24 & 33 \\ 1 & 5 & 7 & 9 \\ 5 & 27 & 36 & 55 \\ 7 & 38 & 51 & 78 \end{vmatrix} = 20 \begin{vmatrix} 0 & 1 & 3 & 6 \\ 1 & 5 & 7 & 9 \\ 0 & 2 & 1 & 10 \\ 0 & 3 & 2 & 15 \end{vmatrix}.$$

Le second déterminant s'obtient en divisant, dans le premier, la première colonne par 4 et la seconde ligne par 5.

Le troisième déterminant se déduit du second, en retranchant, dans celui-ci, 3 fois, 5 fois et 7 fois la seconde ligne des trois autres. Il vient ainsi

$$\Delta = -20 \begin{vmatrix} 1 & 3 & 6 \\ 2 & 1 & 10 \\ 3 & 2 & 15 \end{vmatrix}.$$

Retranchant maintenant 2 fois et 3 fois la première ligne des deux autres, on obtient

$$\Delta = -20 \begin{vmatrix} 1 & 3 & 6 \\ 0 & -5 & -2 \\ 0 & -7 & -3 \end{vmatrix}$$

$$= -20 \begin{vmatrix} 5 & 2 \\ 7 & 3 \end{vmatrix} = -20(15-14) = -20.$$

84. Exemple III. — Il est aisé de voir que l'on a

$$\begin{vmatrix} -1 & 1 & 1 \\ 1 & -1 & 1 \\ 1 & 1 & -1 \end{vmatrix} = \begin{vmatrix} -1 & 1 & 1 \\ 0 & 0 & 2 \\ 0 & 2 & 0 \end{vmatrix} = - \begin{vmatrix} 0 & 2 \\ 2 & 0 \end{vmatrix} = 4.$$

Dans le premier déterminant, on a ajouté la première ligne à chacune des deux suivantes.

85. Exemple IV. — En opérant de la même manière, on trouve que

$$\begin{vmatrix} -1 & 1 & 1 & 1 \\ 1 & -1 & 1 & 1 \\ 1 & 1 & -1 & 1 \\ 1 & 1 & 1 & -1 \end{vmatrix} = \begin{vmatrix} -1 & 1 & 1 & 1 \\ 0 & 0 & 2 & 2 \\ 0 & 2 & 0 & 2 \\ 0 & 2 & 2 & 0 \end{vmatrix} = - \begin{vmatrix} 0 & 2 & 2 \\ 2 & 0 & 2 \\ 2 & 2 & 0 \end{vmatrix}$$

$$= - \begin{vmatrix} 0 & 2 & 2 \\ 0 & -2 & 2 \\ 2 & 2 & 0 \end{vmatrix} = -2 \begin{vmatrix} 2 & 2 \\ -2 & 2 \end{vmatrix}$$

$$= -2 \begin{vmatrix} 2 & 2 \\ 0 & 4 \end{vmatrix} = -2(2.4) = -16.$$

Dans le premier déterminant, on a ajouté la première ligne à chacune des trois autres; on a ainsi obtenu le second déterminant, qui, en vertu de n° 64, revient au troisième.

Dans celui-ci, on a retranché la troisième ligne de la deuxième; on a ainsi trouvé le quatrième déterminant qui, par suite de n° 64, est égal au cinquième multiplié par 2.

86. Exercices numériques.

$$\begin{vmatrix} 1 & 2 & 5 \\ 3 & 4 & 7 \\ 6 & 8 & 9 \end{vmatrix} = 10, \quad \begin{vmatrix} 1 & 3 & 8 \\ 2 & 4 & 9 \\ 3 & 5 & 11 \end{vmatrix} = -2, \quad \begin{vmatrix} 2 & -1 & 3 \\ -4 & 2 & 5 \\ 6 & -3 & 7 \end{vmatrix} = 0,$$

$$\begin{vmatrix} 8 & 7 & 6 \\ 7 & 5 & 3 \\ 4 & 5 & 6 \end{vmatrix} = 0, \quad \begin{vmatrix} 2 & 3 & 8 \\ 4 & 6 & 4 \\ 6 & 12 & 4 \end{vmatrix} = 72, \quad \begin{vmatrix} 2 & 3 & 4 \\ 0 & 5 & 6 \\ 0 & 0 & 7 \end{vmatrix} = 70,$$

$$\left. \begin{matrix} 2 & 1 \\ 3 & 2 \\ 5 & 7 \end{matrix} \right| = -29, \quad \begin{vmatrix} 1 & 5 & 3 \\ -32 & -35 & 34 \\ 5 & -10 & 11 \end{vmatrix} = -1050, \quad \begin{vmatrix} 17 & 15 & 11 \\ 13 & 13 & 12 \\ 9 & 9 & 9 \end{vmatrix} = 18,$$

$$\begin{vmatrix} 1 & 2 & 2 & 4 \\ 2 & 3 & 2 & 8 \\ 4 & 2 & 4 & 13 \\ 2 & 8 & 4 & 11 \end{vmatrix} = 0, \quad \begin{vmatrix} 25 & -15 & 23 & -5 \\ -15 & -10 & 19 & 5 \\ 23 & 19 & -15 & 9 \\ 5 & 5 & 9 & -5 \end{vmatrix} = 19440.$$

87. Carrés magiques (¹). — Les règles que nous venons d'employer s'appliquent avec avantage aux déterminants dont les éléments sont les n^2 premiers nombres entiers, disposés en *carré magique*. Dans ces déterminants, les sommes des éléments appartenant aux mêmes colonnes, aux mêmes lignes et aux mêmes diagonales sont égales entre elles et à $\frac{n}{2}(n^2+1)$.

(¹) *Voir* les *Problèmes plaisants et délectables* de Bachet de Méziriac, 3e édition, revue par A. Labosne, p. 88 et suiv. Paris, chez Gauthier-Villars.

Ainsi on trouve facilement que

$$\begin{vmatrix} 4 & 9 & 2 \\ 3 & 5 & 7 \\ 8 & 1 & 6 \end{vmatrix} = 15 \begin{vmatrix} 1 & 9 & 2 \\ 1 & 5 & 7 \\ 1 & 1 & 6 \end{vmatrix}$$

$$= 15 \begin{vmatrix} 1 & 9 & 2 \\ 0 & -4 & 5 \\ 0 & -8 & 4 \end{vmatrix} = -15 \begin{vmatrix} 4 & 5 \\ 8 & 4 \end{vmatrix}$$

$$= -15.4.2 \begin{vmatrix} 1 & 5 \\ 1 & 2 \end{vmatrix} = -15.8(2.5) = 360.$$

Dans le premier déterminant, à la première colonne, on a ajouté la somme des deux autres et l'on a divisé le résultat par 15; puis, dans le second déterminant, on a retranché la première ligne de chacune des deux suivantes.

88. Considérons, en second lieu, le déterminant

$$\Delta = \begin{vmatrix} 1 & 15 & 14 & 4 \\ 12 & 6 & 7 & 9 \\ 8 & 10 & 11 & 5 \\ 13 & 3 & 2 & 16 \end{vmatrix},$$

qui est formé par les 4^2 ou 16 premiers nombres entiers, disposés en carré magique.

Pour en calculer la valeur numérique, de la première ligne retranchons la quatrième, et de la deuxième retranchons la troisième; il nous vient

$$\Delta = \begin{vmatrix} -12 & 12 & 12 & -12 \\ 4 & -4 & -4 & 4 \\ 8 & 10 & 11 & 5 \\ 13 & 3 & 2 & 16 \end{vmatrix} = -12.4 \begin{vmatrix} 1 & -1 & -1 & 1 \\ 1 & -1 & -1 & 1 \\ 8 & 10 & 11 & 5 \\ 13 & 3 & 2 & 16 \end{vmatrix},$$

où nous avons divisé les deux premières lignes, l'une par -12 et l'autre par 4.

Or le dernier déterminant est évidemment nul, puisque les deux premières lignes y sont identiques; donc on a $\Delta = 0$.

89. Soit encore à calculer la valeur numérique du déterminant

$$\Delta = \begin{vmatrix} 10 & 18 & 1 & 14 & 22 \\ 4 & 12 & 25 & 8 & 16 \\ 23 & 6 & 19 & 2 & 15 \\ 17 & 5 & 13 & 21 & 9 \\ 11 & 24 & 7 & 20 & 3 \end{vmatrix},$$

qui est formé par les 25 premiers nombres entiers, disposés en carré magique.

A la première colonne ajoutons les quatre suivantes, puis retranchons la première ligne des quatre suivantes, nous obtenons successivement

$$\Delta = 65 \begin{vmatrix} 1 & 18 & 1 & 14 & 22 \\ 1 & 12 & 25 & 8 & 16 \\ 1 & 6 & 19 & 2 & 15 \\ 1 & 5 & 13 & 21 & 9 \\ 1 & 24 & 7 & 20 & 3 \end{vmatrix}$$

$$= 65 \begin{vmatrix} 1 & 18 & 1 & 14 & 22 \\ 0 & -6 & 24 & -6 & -6 \\ 0 & -12 & 18 & -12 & -7 \\ 0 & -13 & 12 & 7 & -13 \\ 0 & 6 & 6 & 6 & -19 \end{vmatrix} = 65 \begin{vmatrix} -6 & 24 & -6 & -6 \\ -12 & 18 & -12 & -7 \\ -13 & 12 & 7 & -13 \\ 6 & 6 & 6 & -19 \end{vmatrix}.$$

Nous pouvons actuellement diviser la première ligne par -6 et la seconde colonne par 2; il nous viendra, en changeant les signes dans la dernière colonne,

$$\Delta = 65.6.2 \begin{vmatrix} 1 & -2 & 1 & -1 \\ -12 & 9 & -12 & 7 \\ -13 & 6 & 7 & 13 \\ 6 & 3 & 9 & 19 \end{vmatrix}$$

$$= 780 \begin{vmatrix} 1 & 0 & 0 & 0 \\ -12 & -15 & 0 & -5 \\ -13 & -20 & 20 & 0 \\ 6 & 15 & 0 & 25 \end{vmatrix} = 780 \begin{vmatrix} 15 & 0 & 5 \\ 20 & 20 & 0 \\ 15 & 0 & 15 \end{vmatrix}.$$

Dans le premier de ces déterminants, nous avons ajouté 2 fois la première colonne à la seconde, nous l'avons retranchée de la troisième et ajoutée à la quatrième; puis nous avons changé les signes de la seconde et de la troisième ligne dans le troisième déterminant.

Dans celui-ci tous les éléments, moins un, sont nuls à la seconde colonne; par suite il vient

$$\Delta = 780 \times -20 \begin{vmatrix} 15 & 5 \\ 15 & 25 \end{vmatrix}$$

$$= -780.20.15.5 \begin{vmatrix} 1 & 1 \\ 1 & 5 \end{vmatrix} = -780.20.15.5.4 = -4680000.$$

90. Les *déterminants algébriques* peuvent se développer suivant les mêmes règles. Nous allons en fournir plusieurs exemples.

Exemple I. — On a successivement

$$\begin{vmatrix} 0 & 1 & 1 & 1 \\ 1 & 0 & a & b \\ 1 & a & 0 & c \\ 1 & b & c & 0 \end{vmatrix} = \begin{vmatrix} 0 & 0 & 0 & 1 \\ 1 & -b & a-b & b \\ 1 & a-c & -c & c \\ 1 & b & c & 0 \end{vmatrix}$$

$$= -\begin{vmatrix} 1 & -b & a-b \\ 1 & a-c & -c \\ 1 & b & c \end{vmatrix}$$

$$= -\begin{vmatrix} 1 & -b & a-b \\ 0 & a+b-c & b-c-a \\ 0 & 2b & b+c-a \end{vmatrix}$$

$$= \begin{vmatrix} a+b-c & c+a-b \\ 2b & a-b-c \end{vmatrix}$$

$$= (a+b-c)(a-b-c) - 2b(c+a-b)$$

$$= a^2 + b^2 + c^2 - 2bc - 2ca - 2ab.$$

Dans le premier déterminant, on a retranché la dernière colonne de chacune des deux précédentes; on a ainsi obtenu le second déterminant, qui, en vertu du n° 64, se réduit au troisième. Dans celui-ci, on a retranché la première ligne de chacune des deux suivantes; on est ainsi arrivé au quatrième déterminant, qui se réduit au cinquième.

91. Exemple II.

$$\begin{vmatrix} 0 & 1 & 1 & 1 \\ 1 & 0 & a^2 & b^2 \\ 1 & a^2 & 0 & c^2 \\ 1 & b^2 & c^2 & 0 \end{vmatrix} = \begin{vmatrix} 0 & 1 & 0 & 0 \\ 1 & 0 & a^2 & b^2 \\ 1 & a^2 & -a^2 & c^2-a^2 \\ 1 & b^2 & c^2-b^2 & -b^2 \end{vmatrix}$$

$$= -\begin{vmatrix} 1 & a^2 & b^2 \\ 1 & -a^2 & c^2-a^2 \\ 1 & c^2-b^2 & -b^2 \end{vmatrix}$$

$$= -\begin{vmatrix} 1 & a^2 & b^2 \\ 0 & -2a^2 & c^2-a^2-b^2 \\ 0 & c^2-a^2-b^2 & -2b^2 \end{vmatrix}$$

$$= -\begin{vmatrix} 2a^2 & a^2+b^2-c^2 \\ a^2+b^2-c^2 & 2b^2 \end{vmatrix}$$

$$= (a^2+b^2-c^2)^2 - 4a^2b^2$$

$$= (a^2+b^2-c^2+2ab)(a^2+b^2-c^2-2ab)$$

$$= [(a+b)^2-c^2][(a-b)^2-c^2]$$

$$= -(a+b+c)(b+c-a)(c+a-b)(a+b-c).$$

On retranche la seconde colonne du premier déterminant de chacune des deux suivantes; on obtient ainsi le second déterminant, qui se réduit au troisième. Dans celui-ci, on retranche la première ligne de chacune des deux suivantes; on trouve ainsi le quatrième déterminant, qui se réduit au cinquième.

92. Exemple III.

$$\Delta = \begin{vmatrix} 0 & a & b & c \\ a & 0 & c & b \\ b & c & 0 & a \\ c & b & a & 0 \end{vmatrix} = (a+b+c) \begin{vmatrix} 1 & 1 & 1 & 1 \\ a & 0 & c & b \\ b & c & 0 & a \\ c & b & a & 0 \end{vmatrix}$$

$$= (a+b+c)(b+c-a) \begin{vmatrix} 0 & 1 & 1 & 1 \\ -1 & 0 & c & b \\ 1 & c & 0 & a \\ 1 & b & a & 0 \end{vmatrix}$$

$$= (a+b+c)(b+c-a)\Delta'.$$

Dans le premier déterminant, on ajoute toutes les lignes; la première ligne devient ainsi divisible par $a+b+c$, qu'on met en facteur commun hors barres.

Dans le second déterminant, de la somme des deux premières colonnes on retranche la somme des deux dernières; la première colonne devient divisible par $b+c-a$, qu'on met en évidence hors barres.

Dans le dernier déterminant, que nous représentons par Δ', ajoutons la seconde ligne à chacune des deux dernières, nous obtenons

$$\Delta' = \begin{vmatrix} 0 & 1 & 1 & 1 \\ -1 & 0 & c & b \\ 0 & c & c & a+b \\ 0 & b & a+c & b \end{vmatrix}$$

$$= \begin{vmatrix} 1 & 1 & 1 \\ c & c & a+b \\ b & a+c & b \end{vmatrix} = \begin{vmatrix} 1 & 0 & 0 \\ c & 0 & a+b-c \\ b & c+a-b & 0 \end{vmatrix},$$

d'où nous tirons

$$\Delta' = \begin{vmatrix} 0 & a+b-c \\ c+a-b & 0 \end{vmatrix} = -(c+a-b)(a+b-c).$$

On a donc

$$\begin{vmatrix} 0 & a & b & c \\ a & 0 & c & b \\ b & c & 0 & a \\ c & b & a & 0 \end{vmatrix} = -(a+b+c)(b+c-a)(c+a-b)(a+b-c).$$

93. Exémple IV.

$$\Delta = \begin{vmatrix} (a+b)^2 & c^2 & c^2 \\ a^2 & (b+c)^2 & a^2 \\ b^2 & b^2 & (c+a)^2 \end{vmatrix} = \begin{vmatrix} (a+b)^2-c^2 & 0 & c^2 \\ 0 & (b+c)^2-a^2 & a^2 \\ b^2-(c+a)^2 & b^2-(c+a)^2 & (c+a)^2 \end{vmatrix}$$

$$= (a+b+c)^2 \begin{vmatrix} a+b-c & 0 & c^2 \\ 0 & b+c-a & a^2 \\ b-c-a & b-c-a & (c+a)^2 \end{vmatrix}$$

$$= -2(a+b+c)^2 \begin{vmatrix} a+b-c & 0 & c^2 \\ 0 & b+c-a & a^2 \\ a & c & -ac \end{vmatrix}.$$

Dans le premier déterminant, on a retranché la dernière colonne de chacune des deux précédentes, ce qui a fourni le second déterminant, dont les deux premières colonnes sont divisibles par $a+b+c$.

Dans le troisième déterminant, on a retranché la somme des deux premières lignes de la troisième, et l'on a divisé la troisième ligne résultante par -2.

Dans le quatrième déterminant, que nous représenterons par Δ', ajoutons la troisième colonne aux deux précédentes multipliées respectivement par c et a; nous obtenons

$$ac\Delta' = \begin{vmatrix} (a+b)c & c^2 & c^2 \\ a^2 & (b+c)a & a^2 \\ 0 & 0 & -ac \end{vmatrix} = -ac \begin{vmatrix} (a+b)c & c^2 \\ a^2 & (b+c)a \end{vmatrix}$$

$$= -a^2c^2 \begin{vmatrix} a+b & c \\ a & b+c \end{vmatrix} = -a^2c^2 \begin{vmatrix} a+b+c & c \\ a+b+c & b+c \end{vmatrix}$$

$$= -a^2c^2(a+b+c) \begin{vmatrix} 1 & c \\ 1 & b+c \end{vmatrix} = -a^2bc^2(a+b+c).$$

Donc il vient

$$\begin{vmatrix} (a+b)^2 & c^2 & c^2 \\ a^2 & (b+c)^2 & a^2 \\ b^2 & b^2 & (c+a)^2 \end{vmatrix} = 2abc(a+b+c)^3.$$

94. Exemple V.

$$\Delta = \begin{vmatrix} bb'+cc' & ba' & ca' \\ ab' & cc'+aa' & cb' \\ ac' & bc' & aa'+bb' \end{vmatrix} = \frac{1}{abc}\begin{vmatrix} abb'+acc' & baa' & caa' \\ abb' & bcc'+baa' & cbb' \\ acc' & bcc' & caa'+cbb' \end{vmatrix}$$

$$= \frac{1}{abc}\begin{vmatrix} 0 & -2bcc' & -2cbb' \\ -2acc' & 0 & -2caa' \\ -2abb' & -2baa' & 0 \end{vmatrix}.$$

$$= -8abc\begin{vmatrix} 0 & c' & b' \\ c' & 0 & a' \\ b' & a' & 0 \end{vmatrix} = 16aa'.bb'.cc'.$$

Le second déterminant se déduit du premier, en multipliant les trois lignes respectives par a, b et c et en divisant hors barres par le produit $a.b.c = abc$; le troisième se tire du deuxième, en retranchant de chaque ligne la somme des deux autres; le quatrième s'obtient au moyen du troisième, en divisant les trois lignes respectivement par $-2bc$, $-2ca$ et $-2ab$ et en multipliant hors barres par leur produit $-8a^2b^2c^2$. La valeur du quatrième déterminant étant égale à $-2a'b'c'$, on trouve que $\Delta = 16abc.a'b'c'$.

95. Exercices algébriques.

I. $$\begin{vmatrix} a+b\sqrt{-1} & -c+d\sqrt{-1} \\ c+d\sqrt{-1} & a-b\sqrt{-1} \end{vmatrix} = a^2+b^2+c^2+d^2.$$

II. $$-\begin{vmatrix} 0 & -1 & b \\ -1 & 0 & a \\ A & B & C \end{vmatrix} = Aa+Bb+C.$$

III. $$-\begin{vmatrix} 0 & a' & b' \\ a & 1 & \cos\theta \\ b & \cos\theta & 1 \end{vmatrix} = aa'+bb'-(ab'+ba')\cos\theta.$$

IV. $$\begin{vmatrix} 1 & x-a & y-b \\ 1 & x'-a & y'-b \\ 1 & x''-a & y''-b \end{vmatrix} = \begin{vmatrix} 1 & x & y \\ 1 & x' & y' \\ 1 & x'' & y'' \end{vmatrix}.$$

$$\text{V.}\quad \begin{vmatrix} 1 & a & a^3 \\ 1 & b & b^3 \\ 1 & c & c^3 \end{vmatrix} = (a+b+c)(a-b)(b-c)(c-a).$$

$$\text{VI.}\quad \frac{1}{\sin^2 A}\begin{vmatrix} a^2 & b\sin A & c\sin A \\ b\sin A & 1 & \cos A \\ c\sin A & \cos A & 1 \end{vmatrix} = a^2 - (b^2 + c^2 - 2bc\cos A).$$

$$\text{VII.}\quad \begin{vmatrix} b^2+c^2 & ab & ca \\ ab & c^2+a^2 & bc \\ ca & bc & a^2+b^2 \end{vmatrix} = 16a^2b^2c^2.$$

$$\text{VIII.}\quad \begin{vmatrix} 1 & 0 & a & a^2 \\ 0 & 1 & b & b^2 \\ 1 & 0 & c & c^2 \\ 0 & 1 & d & d^2 \end{vmatrix} = (a-c)(b-d)(a-b+c-d).$$

$$\text{IX.}\quad \begin{vmatrix} 0 & 1 & 1 & 1 \\ 1 & -1 & a & b \\ 1 & a & -1 & c \\ 1 & b & c & -1 \end{vmatrix} = \left\{ \begin{aligned} & a^2 - 2bc - a - 1 \\ & + b^2 - 2ca - b - 1 \\ & + c^2 - 2ab - c - 1. \end{aligned} \right.$$

$$\text{X.}\quad \begin{vmatrix} 1 & 0 & a & p \\ 0 & 1 & b & q \\ 1 & 0 & a' & p' \\ 0 & 1 & b' & q' \end{vmatrix} = (a-a')(q-q') - (b-b')(p-p').$$

$$\text{XI.}\quad \begin{vmatrix} 1 & 0 & a & b \\ 0 & 1 & a' & b' \\ 1 & 0 & a'' & b'' \\ 0 & 1 & a''' & b''' \end{vmatrix} = \left\{ \begin{aligned} & ab' - ba' + a'b'' - b'a'' \\ & + a''b''' - b''a''' + a'''b - b'''a. \end{aligned} \right.$$

$$\text{XII.}\quad \begin{vmatrix} \lambda & a & b & c \\ a & \lambda & 0 & 0 \\ b & 0 & \lambda & 0 \\ c & 0 & 0 & \lambda \end{vmatrix} = \lambda^2(\lambda^2 - a^2 - b^2 - c^2).$$

$$\text{XIII.}\quad \begin{vmatrix} 1 & 1 & 1 & 1 \\ a & b & c & d \\ a^2 & b^2 & c^2 & d^2 \\ a^3 & b^3 & c^3 & d^3 \end{vmatrix} = (a-b)(a-c)(a-d)(b-c)(b-d)(c-d).$$

$$\text{XIV.}\quad \begin{vmatrix} 1 & 1 & 1 & 1 \\ a & b & c & d \\ a^2 & b^2 & c^2 & d^2 \\ a^4 & b^4 & c^4 & d^4 \end{vmatrix} = \left\{ \begin{array}{l} (a+b+c+d) \\ \quad \times (a-b)(a-c)(a-d) \\ \quad \times (b-c)(b-d)(c-d). \end{array} \right.$$

$$\text{XV.}\quad \begin{vmatrix} 1 & 1 & 1 & 1 \\ a & b & c & d \\ a^3 & b^3 & c^3 & d^3 \\ a^4 & b^4 & c^4 & d^4 \end{vmatrix} = \left\{ \begin{array}{l} (ab+ac+ad+bc+bd+cd) \\ \times (a-b)(a-c)(a-d)(b-c)(b-d)(c-d). \end{array} \right.$$

$$\text{XVI.}\quad \begin{vmatrix} 1 & 1 & 1 & 1 \\ a^2 & b^2 & c^2 & d^2 \\ a^3 & b^3 & c^3 & d^3 \\ a^4 & b^4 & c^4 & d^4 \end{vmatrix} = \left\{ \begin{array}{l} (abc+abd+acd+bcd) \\ \times (a-b)(a-c)(a-d)(b-c)(b-d)(c-d). \end{array} \right.$$

CHAPITRE III.

PRODUIT DE DEUX DÉTERMINANTS.

§ I. Multiplication de deux déterminants. — § II. Carré des déterminants. — § III. Les déterminants multiples.

§ I. — Multiplication de deux déterminants.

96. Lemme. — *Lorsqu'un déterminant de degré pair 2n est décomposé en quatre déterminants de degré n par deux traits, l'un horizontal et l'autre vertical, menés par le milieu, si les éléments de l'un de ces quatre déterminants sont égaux à zéro, le déterminant proposé sera égal au produit des deux déterminants mineurs qui sont adjacents au déterminant mineur à éléments nuls.*

Il s'agit de prouver qu'on a, par exemple,

$$\Delta = \begin{vmatrix} a_1 & b_1 & 0 & 0 \\ a_2 & b_2 & 0 & 0 \\ a_3 & b_3 & \alpha_3 & \beta_3 \\ a_4 & b_4 & \alpha_4 & \beta_4 \end{vmatrix} = \begin{vmatrix} a_1 & b_1 \\ a_2 & b_2 \end{vmatrix} \times \begin{vmatrix} \alpha_3 & \beta_3 \\ \alpha_4 & \beta_4 \end{vmatrix}.$$

Pour cela, permutons entre eux les éléments de la première et de la troisième colonne, puis ceux de la deuxième et de la quatrième, le déterminant conserve son signe (21), et l'on a encore

$$\Delta = \begin{vmatrix} 0 & 0 & a_1 & b_1 \\ 0 & 0 & a_2 & b_2 \\ \alpha_3 & \beta_3 & a_3 & b_3 \\ \alpha_4 & \beta_4 & a_4 & b_4 \end{vmatrix}.$$

Si nous ordonnons ce déterminant par rapport aux éléments de la première colonne, nous obtiendrons

$$\Delta = \alpha_3 \begin{vmatrix} 0 & a_1 & b_1 \\ 0 & a_2 & b_2 \\ \beta_4 & a_4 & b_4 \end{vmatrix} - \alpha_4 \begin{vmatrix} 0 & a_1 & b_1 \\ 0 & a_2 & b_2 \\ \beta_3 & a_3 & b_3 \end{vmatrix},$$

ou (64)

$$\Delta = \alpha_3\beta_4 \begin{vmatrix} a_1 & b_1 \\ a_2 & b_2 \end{vmatrix} - \alpha_4\beta_3 \begin{vmatrix} a_1 & b_1 \\ a_2 & b_2 \end{vmatrix} = (\alpha_3\beta_4 - \alpha_4\beta_3) \begin{vmatrix} a_1 & b_1 \\ a_2 & b_2 \end{vmatrix};$$

donc il vient

$$\Delta = \begin{vmatrix} \alpha_3 & \beta_3 \\ \alpha_4 & \beta_4 \end{vmatrix} \times \begin{vmatrix} a_1 & b_1 \\ a_2 & b_2 \end{vmatrix},$$

ce qu'il fallait prouver.

97. On verrait de même que

$$\Delta = \begin{vmatrix} a_1 & b_1 & c_1 & 0 & 0 & 0 \\ a_2 & b_2 & c_2 & 0 & 0 & 0 \\ a_3 & b_3 & c_3 & 0 & 0 & 0 \\ a_4 & b_4 & c_4 & \alpha_4 & \beta_4 & \gamma_4 \\ a_5 & b_5 & c_5 & \alpha_5 & \beta_5 & \gamma_5 \\ a_6 & b_6 & c_6 & \alpha_6 & \beta_6 & \gamma_6 \end{vmatrix} = \begin{vmatrix} a_1 & b_1 & c_1 \\ a_2 & b_2 & c_2 \\ a_3 & b_3 & c_3 \end{vmatrix} \times \begin{vmatrix} \alpha_4 & \beta_4 & \gamma_4 \\ \alpha_5 & \beta_5 & \gamma_5 \\ \alpha_6 & \beta_6 & \gamma_6 \end{vmatrix} = \mathrm{P} \times \mathrm{Q},$$

en représentant ces deux derniers déterminants l'un par P et l'autre par Q.

Ordonnons le déterminant du sixième ordre par rapport aux éléments de la quatrième colonne; il nous vient

$$\Delta = \alpha_4 \begin{vmatrix} a_1 & b_1 & c_1 & 0 & 0 \\ a_2 & b_2 & c_2 & 0 & 0 \\ a_3 & b_3 & c_3 & 0 & 0 \\ a_5 & b_5 & c_5 & \beta_5 & \gamma_5 \\ a_6 & b_6 & c_6 & \beta_6 & \gamma_6 \end{vmatrix} - \alpha_5 \begin{vmatrix} a_1 & b_1 & c_1 & 0 & 0 \\ a_2 & b_2 & c_2 & 0 & 0 \\ a_3 & b_3 & c_3 & 0 & 0 \\ a_4 & b_4 & c_4 & \beta_4 & \gamma_4 \\ a_6 & b_6 & c_6 & \beta_6 & \gamma_6 \end{vmatrix}$$

$$+ \alpha_6 \begin{vmatrix} a_1 & b_1 & c_1 & 0 & 0 \\ a_2 & b_2 & c_2 & 0 & 0 \\ a_3 & b_3 & c_3 & 0 & 0 \\ a_4 & b_4 & c_4 & \beta_4 & \gamma_4 \\ a_5 & b_5 & c_5 & \beta_5 & \gamma_5 \end{vmatrix},$$

ou

$$(1)\qquad \Delta = \alpha_4 \Delta_{\alpha_4} - \alpha_5 \Delta_{\alpha_5} + \alpha_6 \Delta_{\alpha_6}.$$

Les trois déterminants mineurs Δ_{α_4}, Δ_{α_5}, Δ_{α_6} peuvent aussi être ordonnés par rapport aux éléments de leurs quatrièmes colonnes ; on trouve ainsi, pour le premier de ces déterminants,

$$\Delta_{\alpha_4} = \beta_5 \begin{vmatrix} a_1 & b_1 & c_1 & 0 \\ a_2 & b_2 & c_2 & 0 \\ a_3 & b_3 & c_3 & 0 \\ a_6 & b_6 & c_6 & \gamma_6 \end{vmatrix} - \beta_6 \begin{vmatrix} a_1 & b_1 & c_1 & 0 \\ a_2 & b_2 & c_2 & 0 \\ a_3 & b_3 & c_3 & 0 \\ a_5 & b_5 & c_5 & \gamma_5 \end{vmatrix}$$

$$= \beta_5\gamma_6 \begin{vmatrix} a_1 & b_1 & c_1 \\ a_2 & b_2 & c_2 \\ a_3 & b_3 & c_3 \end{vmatrix} - \beta_6\gamma_5 \begin{vmatrix} a_1 & b_1 & c_1 \\ a_2 & b_2 & c_2 \\ a_3 & b_3 & c_3 \end{vmatrix}$$

ou

$$\Delta_{\alpha_4} = (\beta_5\gamma_6 - \beta_6\gamma_5) \begin{vmatrix} a_1 & b_1 & c_1 \\ a_2 & b_2 & c_2 \\ a_3 & b_3 & c_3 \end{vmatrix} = \mathrm{P}(\beta_5\gamma_6 - \beta_6\gamma_5) = \mathrm{P} \begin{vmatrix} \beta_5 & \gamma_5 \\ \beta_6 & \gamma_6 \end{vmatrix}.$$

On verrait de même que

$$\Delta_{\alpha_5} = \mathrm{P} \begin{vmatrix} \beta_4 & \gamma_4 \\ \beta_6 & \gamma_6 \end{vmatrix} \quad \text{et} \quad \Delta_{\alpha_6} = \mathrm{P} \begin{vmatrix} \beta_4 & \gamma_4 \\ \beta_5 & \gamma_5 \end{vmatrix}.$$

Si nous substituons ces valeurs dans l'égalité (1), il nous viendra

$$\Delta = \mathrm{P} \left\{ \alpha_4 \begin{vmatrix} \beta_5 & \gamma_5 \\ \beta_6 & \gamma_6 \end{vmatrix} - \alpha_5 \begin{vmatrix} \beta_4 & \gamma_4 \\ \beta_6 & \gamma_6 \end{vmatrix} + \alpha_6 \begin{vmatrix} \beta_4 & \gamma_4 \\ \beta_5 & \gamma_5 \end{vmatrix} \right\}$$

ou

$$\Delta = \mathrm{P} \times \begin{vmatrix} \alpha_4 & \beta_4 & \gamma_4 \\ \alpha_5 & \beta_5 & \gamma_5 \\ \alpha_6 & \beta_6 & \gamma_6 \end{vmatrix} = \mathrm{P} \times \mathrm{Q},$$

ce qu'il fallait prouver.

Il est facile d'étendre cette démonstration à un déterminant de degré pair quelconque, satisfaisant à l'énoncé.

98. Théorème. — *Le produit de deux déterminants de même ordre peut se mettre sous la forme d'un déterminant de cet ordre. Les éléments des produits sont les sommes des produits que l'on obtient, en multipliant les éléments de* *chaque colonne dans l'un des déterminants par les éléments correspondants de toutes les colonnes successives de l'autre.*

Ainsi l'on a le produit de deux déterminants du second ordre

$$(I)\quad \Delta = \begin{vmatrix} a_1 & b_1 \\ a_2 & b_2 \end{vmatrix} \times \begin{vmatrix} \alpha_1 & \beta_1 \\ \alpha_2 & \beta_2 \end{vmatrix} = \begin{vmatrix} a_1\alpha_1 + a_2\alpha_2 & b_1\alpha_1 + b_2\alpha_2 \\ a_1\beta_1 + a_2\beta_2 & b_1\beta_1 + b_2\beta_2 \end{vmatrix}.$$

Pour le démontrer, prenons l'identité

$$\Delta = \begin{vmatrix} a_1 & b_1 \\ a_2 & b_2 \end{vmatrix} \times \begin{vmatrix} \alpha_1 & \beta_1 \\ \alpha_2 & \beta_2 \end{vmatrix} = \begin{vmatrix} a_1 & b_1 & -1 & 0 \\ a_2 & b_2 & 0 & -1 \\ 0 & 0 & \alpha_1 & \alpha_2 \\ 0 & 0 & \beta_1 & \beta_2 \end{vmatrix}.$$

Dans ce dernier déterminant, à la première colonne, ajoutons a_1 fois la troisième plus a_2 fois la quatrième; puis à la deuxième ajoutons b_1 fois la troisième plus b_2 fois la quatrième colonne; nous obtenons

$$\Delta = \begin{vmatrix} 0 & 0 & -1 & 0 \\ 0 & 0 & 0 & -1 \\ a_1\alpha_1 + a_2\alpha_2 & b_1\alpha_1 + b_2\alpha_2 & \alpha_1 & \alpha_2 \\ a_1\beta_1 + a_2\beta_2 & b_1\beta_1 + b_2\beta_2 & \beta_1 & \beta_2 \end{vmatrix};$$

mais ce déterminant est égal au produit des deux déterminants (96)

$$\begin{vmatrix} a_1\alpha_1 + a_2\alpha_2 & b_1\alpha_1 + b_2\alpha_2 \\ a_1\beta_1 + a_2\beta_2 & b_1\beta_1 + b_2\beta_2 \end{vmatrix}, \quad \begin{vmatrix} -1 & 0 \\ 0 & -1 \end{vmatrix},$$

dont le dernier est égal à 1; donc on a

$$\Delta = \begin{vmatrix} a_1\alpha_1 + a_2\alpha_2 & b_1\alpha_1 + b_2\alpha_2 \\ a_1\beta_1 + a_2\beta_2 & b_1\beta_1 + b_2\beta_2 \end{vmatrix},$$

ce qu'il fallait prouver.

99. On obtiendra le produit des deux déterminants du troisième ordre,

$$\begin{vmatrix} a_1 & b_1 & c_1 \\ a_2 & b_2 & c_2 \\ a_3 & b_3 & c_3 \end{vmatrix}, \quad \begin{vmatrix} \alpha_1 & \beta_1 & \gamma_1 \\ \alpha_2 & \beta_2 & \gamma_2 \\ \alpha_3 & \beta_3 & \gamma_3 \end{vmatrix},$$

en opérant d'une manière analogue sur le déterminant équivalent à ce produit

$$\Delta = \begin{vmatrix} a_1 & b_1 & c_1 & -1 & 0 & 0 \\ a_2 & b_2 & c_2 & 0 & -1 & 0 \\ a_3 & b_3 & c_3 & 0 & 0 & -1 \\ 0 & 0 & 0 & \alpha_1 & \alpha_2 & \alpha_3 \\ 0 & 0 & 0 & \beta_1 & \beta_2 & \beta_3 \\ 0 & 0 & 0 & \gamma_1 & \gamma_2 & \gamma_3 \end{vmatrix},$$

qui est du sixième ordre.

On ajoutera à la première colonne la somme des produits des trois dernières colonnes par les éléments respectifs a_1, a_2, a_3; à la seconde colonne la somme des produits des trois dernières colonnes par les éléments respectifs b_1, b_2, b_3; à la troisième colonne la somme des produits des trois dernières colonnes par les éléments respectifs c_1, c_2, c_3. On obtiendra ainsi le déterminant équivalent

$$\begin{vmatrix} 0 & 0 & 0 & -1 & 0 & 0 \\ 0 & 0 & 0 & 0 & -1 & 0 \\ 0 & 0 & 0 & 0 & 0 & -1 \\ a_1\alpha_1 + a_2\alpha_2 + a_3\alpha_3 & b_1\alpha_1 + b_2\alpha_2 + b_3\alpha_3 & c_1\alpha_1 + c_2\alpha_2 + c_3\alpha_3 & \alpha_1 & \alpha_2 & \alpha_3 \\ a_1\beta_1 + a_2\beta_2 + a_3\beta_3 & b_1\beta_1 + b_2\beta_2 + b_3\beta_3 & c_1\beta_1 + c_2\beta_2 + c_3\beta_3 & \beta_1 & \beta_2 & \beta_3 \\ a_1\gamma_1 + a_2\gamma_2 + a_3\gamma_3 & b_1\gamma_1 + b_2\gamma_2 + b_3\gamma_3 & c_1\gamma_1 + c_2\gamma_2 + c_3\gamma_3 & \gamma_1 & \gamma_2 & \gamma_3 \end{vmatrix}.$$

Or ce déterminant est égal au produit négatif des deux déterminants mineurs du troisième degré, disposés en diagonale (97), dont l'un

$$\begin{vmatrix} -1 & 0 & 0 \\ 0 & -1 & 0 \\ 0 & 0 & -1 \end{vmatrix}$$

est égal à -1; donc on a encore

$$(1)\quad \left\{ \begin{aligned} &\begin{vmatrix} a_1 & b_1 & c_1 \\ a_2 & b_2 & c_2 \\ a_3 & b_3 & c_3 \end{vmatrix} \times \begin{vmatrix} \alpha_1 & \beta_1 & \gamma_1 \\ \alpha_2 & \beta_2 & \gamma_2 \\ \alpha_3 & \beta_3 & \gamma_3 \end{vmatrix} \\ &= \begin{vmatrix} a_1\alpha_1 + a_2\alpha_2 + a_3\alpha_3 & b_1\alpha_1 + b_2\alpha_2 + b_3\alpha_3 & c_1\alpha_1 + c_2\alpha_2 + c_3\alpha_3 \\ a_1\beta_1 + a_2\beta_2 + a_3\beta_3 & b_1\beta_1 + b_2\beta_2 + b_3\beta_3 & c_1\beta_1 + c_2\beta_2 + c_3\beta_3 \\ a_1\gamma_1 + a_2\gamma_2 + a_3\gamma_3 & b_1\gamma_1 + b_2\gamma_2 + b_3\gamma_3 & c_1\gamma_1 + c_2\gamma_2 + c_3\gamma_3 \end{vmatrix}. \end{aligned} \right.$$

100. Binet et Cauchy ont déduit cette proposition des cas particuliers qu'avaient donnés Lagrange, dans les *Mémoires de* *l'Académie de Berlin*, 1773, p. 285, et Gauss dans ses *Disquisitiones arithmeticæ*, 157, 158 et 268; ils l'ont énoncée et démontrée dans des Mémoires qui ont été publiés en même temps dans le *Journal de l'École Polytechnique*, XVIe Cahier, p. 286, et XVIIe Cahier, p. 81 et 107.

101. Remarque I. — Le produit Δ de deux déterminants d et δ peut s'écrire sous quatre formes, en général différentes (Cauchy, *Journal de l'École Polytechnique*, XVIIe Cahier, 1815, p. 83).

En effet, on peut composer :

1° Les éléments de chaque ligne de δ avec les éléments de toutes les lignes de d;

2° Les éléments de chaque ligne de δ avec les éléments de toutes les colonnes de d;

3° Les éléments de chaque colonne de δ avec les éléments de toutes les lignes de d;

4° Les éléments de chaque colonne de δ avec les éléments de toutes les colonnes de d.

Ainsi l'on a le produit des deux déterminants du second ordre

$$\text{(III)}\quad\left\{\begin{aligned}\begin{vmatrix} a_1 & b_1 \\ a_2 & b_2 \end{vmatrix} \times \begin{vmatrix} \alpha_1 & \beta_1 \\ \alpha_2 & \beta_2 \end{vmatrix} &= \begin{vmatrix} a_1\alpha_1 + b_1\beta_1 & a_1\alpha_2 + b_1\beta_2 \\ a_2\alpha_1 + b_2\beta_1 & a_2\alpha_2 + b_2\beta_2 \end{vmatrix} \\ &= \begin{vmatrix} a_1\alpha_1 + a_2\beta_1 & a_1\alpha_2 + a_2\beta_2 \\ b_1\alpha_1 + b_2\beta_1 & b_1\alpha_2 + b_2\beta_2 \end{vmatrix} \\ &= \begin{vmatrix} a_1\alpha_1 + b_1\alpha_2 & a_1\beta_1 + b_1\beta_2 \\ a_2\alpha_1 + b_2\alpha_2 & a_2\beta_1 + b_2\beta_2 \end{vmatrix} \\ &= \begin{vmatrix} a_1\alpha_1 + a_2\alpha_2 & a_1\beta_1 + a_2\beta_2 \\ b_1\alpha_1 + b_2\alpha_2 & b_1\beta_1 + b_2\beta_2 \end{vmatrix}.\end{aligned}\right.$$

Si l'on effectue et qu'on développe ces quatre produits et que l'on supprime dans chacun d'eux les termes égaux et de signes contraires, on trouve la même quantité

$$\begin{aligned}&a_1\alpha_1 b_2\beta_2 + a_2\alpha_2 b_1\beta_1 - a_2\alpha_1 b_1\beta_2 - a_1\alpha_2 b_2\beta_1 \\ &\quad = a_1 b_2(\alpha_1\beta_2 - \alpha_2\beta_1) - a_2 b_1(\alpha_1\beta_2 - \alpha_2\beta_1) \\ &\quad = (a_1 b_2 - a_2 b_1)(\alpha_1\beta_2 - \alpha_2\beta_1).\end{aligned}$$

102. Remarque II. — Si l'on avait à faire le produit de deux déterminants d'ordres différents, on transformerait celui de moindre degré en un déterminant de même ordre que l'autre (67).

Ainsi l'on a

$$\begin{vmatrix} a_1 & b_1 & c_1 \\ a_2 & b_2 & c_2 \\ a_3 & b_3 & c_3 \end{vmatrix} \times \begin{vmatrix} \alpha_1 & \beta_1 \\ \alpha_2 & \beta_2 \end{vmatrix} = \begin{vmatrix} a_1 & b_1 & c_1 \\ a_2 & b_2 & c_2 \\ a_3 & b_3 & c_3 \end{vmatrix} \times \begin{vmatrix} 1 & 0 & 0 \\ 0 & \alpha_1 & \beta_1 \\ 0 & \alpha_2 & \beta_2 \end{vmatrix}$$

$$= \begin{vmatrix} a_1 & b_1\alpha_1 + c_1\beta_1 & b_1\alpha_2 + c_1\beta_2 \\ a_2 & b_2\alpha_1 + c_2\beta_1 & b_2\alpha_2 + c_2\beta_2 \\ a_3 & b_3\alpha_1 + c_3\beta_1 & b_3\alpha_3 + c_3\beta_3 \end{vmatrix}.$$

103. Exemples. — Nous donnons ici, comme exercices, quelques produits de deux déterminants :

$$\begin{vmatrix} x & y & 1 \\ x' & y' & 1 \\ x'' & y'' & 1 \end{vmatrix} \times \begin{vmatrix} A & B & C \\ A' & B' & C' \\ A'' & B'' & C'' \end{vmatrix}$$

$$= \begin{vmatrix} Ax + By + C & A'x + B'y + C' & A''x + B''y + C'' \\ Ax' + By' + C' & A'x' + B'y' + C' & A''x' + B''y' + C'' \\ Ax'' + By'' + C'' & A'x'' + B'y'' + C' & A''x'' + B''y'' + C'' \end{vmatrix}.$$

$$\begin{vmatrix} 1 & 0 & 0 & 0 \\ 0 & 1 & a & \alpha \\ 0 & 1 & b & \beta \\ 0 & 1 & c & \gamma \end{vmatrix} \times \begin{vmatrix} 0 & 1 & 0 & 0 \\ 1 & 0 & a & \alpha \\ 1 & 0 & b & \beta \\ 1 & 0 & c & \gamma \end{vmatrix} = \begin{vmatrix} 0 & 1 & 1 & 1 \\ 1 & a^2 + \alpha^2 & ab + \alpha\beta & ac + \alpha\gamma \\ 1 & ab + \alpha\beta & b^2 + \beta^2 & bc + \beta\gamma \\ 1 & ac + \alpha\gamma & bc + \beta\gamma & c^2 + \gamma^2 \end{vmatrix}.$$

$$\begin{vmatrix} 1 & 0 & 0 & 0 \\ 0 & 1 & a & \alpha \\ 0 & 1 & b & \beta \\ 0 & 1 & c & \gamma \end{vmatrix} \times \begin{vmatrix} 0 & 1 & 0 & 0 \\ 1 & 0 & a' & \alpha' \\ 1 & 0 & b' & \beta' \\ 1 & 0 & c' & \gamma' \end{vmatrix} = \begin{vmatrix} 0 & 1 & 1 & 1 \\ 1 & aa' + \alpha\alpha' & ba' + \beta\alpha' & ca' + \gamma\alpha' \\ 1 & ab' + \alpha\beta' & bb' + \beta\beta' & cb' + \gamma\beta' \\ 1 & ac' + \alpha\gamma' & bc' + \beta\gamma' & cc' + \gamma\gamma' \end{vmatrix}.$$

$$\begin{vmatrix} 1 & a^2 + \alpha^2 & -2a & -2\alpha \\ 1 & b^2 + \beta^2 & -2b & -2\beta \\ 1 & c^2 + \gamma^2 & -2c & -2\gamma \\ 1 & d^2 + \delta^2 & -2d & -2\delta \end{vmatrix} \times \begin{vmatrix} a^2 + \alpha^2 & 1 & a & \alpha \\ b^2 + \beta^2 & 1 & b & \beta \\ c^2 + \gamma^2 & 1 & c & \gamma \\ d^2 + \delta^2 & 1 & d & \delta \end{vmatrix}$$

$$= \begin{vmatrix} 0 & (a-b)^2 + (\alpha-\beta)^2 & (a-c)^2 + (\alpha-\gamma)^2 & (a-d)^2 + (\alpha-\delta)^2 \\ (a-b)^2 + (\alpha-\beta)^2 & 0 & (b-c)^2 + (\beta-\gamma)^2 & (b-d)^2 + (\beta-\delta)^2 \\ (a-c)^2 + (\alpha-\gamma)^2 & (b-c)^2 + (\beta-\gamma)^2 & 0 & (c-d)^2 + (\gamma-\delta)^2 \\ (a-d)^2 + (\alpha-\delta)^2 & (b-d)^2 + (\beta-\delta)^2 & (c-d)^2 + (\gamma-\delta)^2 & 0 \end{vmatrix}.$$

$$
\text{V.}\quad \begin{vmatrix} -a & b & c & d \\ b & -a & d & c \\ c & d & -a & b \\ d & c & b & -a \end{vmatrix} \times \begin{vmatrix} 1 & 1 & 1 & 1 \\ -1 & -1 & 1 & 1 \\ -1 & 1 & -1 & 1 \\ -1 & 1 & 1 & -1 \end{vmatrix}
$$

$$
= \begin{vmatrix} -a+b+c+d & a-b+c+d & a+b-c+d & a+b+c-d \\ b-a+d+c & -b+a+d+c & -b-a-d+c & -b-a+d-c \\ c+d-a+b & -c-d-a+b & -c+d+a+b & -c+d-a-b \\ d+c+b-a & -d-c+b-a & -d+c-b-a & -d+c+b+a \end{vmatrix}
$$

$$
= \begin{vmatrix} (b+c+d-a) & (c+d+a-b) & (d+a+b-c) & (a+b+c-d) \\ (b+c+d-a) & (c+d+a-b) & -(d+a+b-c) & -(a+b+c-d) \\ (b+c+d-a) & -(c+d+a-b) & (d+a+b-c) & -(a+b+c-d) \\ (b+c+d-a) & -(c+d+a-b) & -(d+a+b-c) & (a+b+c-d) \end{vmatrix}
$$

$$
= (b+c+d-a)(c+d+a-b)(d+a+b-c)(a+b+c-d) \begin{vmatrix} 1 & 1 & 1 & 1 \\ 1 & 1 & -1 & -1 \\ 1 & -1 & 1 & -1 \\ 1 & -1 & -1 & 1 \end{vmatrix}
$$

$$
= -(b+c+d-a)(c+d+a-b)(d+a+b-c)(a+b+c-d) \begin{vmatrix} 1 & -1 & -1 & -1 \\ 1 & -1 & 1 & 1 \\ 1 & 1 & -1 & 1 \\ 1 & 1 & 1 & -1 \end{vmatrix}
$$

Dans l'avant-dernier déterminant, on a changé les signes des trois dernières lignes, ce qui change le signe du déterminant.

Le second et le dernier déterminant étant identiques, on en conclut que

$$
\begin{vmatrix} -a & b & c & d \\ b & -a & d & c \\ c & d & -a & b \\ d & c & b & -a \end{vmatrix} = \left\{ \begin{array}{l} (b+c+d-a) \\ \quad \times (c+d+a-b) \\ \quad \times (d+a+b-c) \\ \quad \times (a+b+c-d). \end{array} \right.
$$

104. Application. — Nous pouvons appliquer la règle de la multiplication de deux déterminants du second ordre à la démonstration d'un théorème d'Euler.

Dans l'identité (I) du n° 98, posons

$$a_1 = +a + b\sqrt{-1}, \quad \alpha_1 = +a' - b'\sqrt{-1},$$
$$a_2 = +c - d\sqrt{-1}, \quad \alpha_2 = +c' + d'\sqrt{-1},$$
$$b_1 = -c + d\sqrt{-1}, \quad \beta_1 = -c' + d'\sqrt{-1},$$
$$b_2 = +a - b\sqrt{-1}, \quad \beta_2 = +a' - b'\sqrt{-1};$$

nous aurons, pour les deux facteurs du premier membre,

$$\begin{vmatrix} a_1 & b_1 \\ a_2 & b_2 \end{vmatrix} = \begin{vmatrix} a + b\sqrt{-1} & -c + d\sqrt{-1} \\ c + d\sqrt{-1} & a - b\sqrt{-1} \end{vmatrix} = a^2 + b^2 + c^2 + d^2,$$

$$\begin{vmatrix} \alpha_1 & \beta_1 \\ \alpha_2 & \beta_2 \end{vmatrix} = \begin{vmatrix} a' + b'\sqrt{-1} & -c' + d'\sqrt{-1} \\ c' + d'\sqrt{-1} & a' - b'\sqrt{-1} \end{vmatrix} = a'^2 + b'^2 + c'^2 + d'^2,$$

tandis que le déterminant du second membre aura pour éléments

$$a_1\alpha_1 + a_2\alpha_2 = (\ \ a + b\sqrt{-1})(\ \ a' + b'\sqrt{-1}) + (c + d\sqrt{-1})(c' + d'\sqrt{-1}),$$
$$a_1\beta_1 + a_2\beta_2 = (\ \ a + b\sqrt{-1})(-c' + d'\sqrt{-1}) + (c + d\sqrt{-1})(a' - b'\sqrt{-1}),$$
$$b_1\alpha_1 + b_2\alpha_2 = (-c + d\sqrt{-1})(\ \ a' + b'\sqrt{-1}) + (a - b\sqrt{-1})(c' + d'\sqrt{-1}),$$
$$b_1\beta_1 + b_2\beta_2 = (-c + d\sqrt{-1})(-c' + d'\sqrt{-1}) + (a - b\sqrt{-1})(a' - b'\sqrt{-1})$$

ou bien

$$a_1\alpha_1 + a_2\alpha_2 = \quad (aa' - bb' + cc' - dd') + (ab' + ba' + cd' + dc')\sqrt{-1},$$
$$a_1\beta_1 + a_2\beta_2 = -(ac' + bd' - ca' - db') + (ad' - bc' - cb' + da')\sqrt{-1},$$
$$b_1\alpha_1 + b_2\alpha_2 = \quad (ac' + bd' - ca' - db') + (ad' - bc' - cb' + da')\sqrt{-1},$$
$$b_1\beta_1 + b_2\beta_2 = \quad (aa' - bb' + cc' - dd') - (ab' + ba' + cd' + dc')\sqrt{-1}.$$

Ce déterminant sera par suite

$$\begin{vmatrix} A + B\sqrt{-1} & C + D\sqrt{-1} \\ -C + D\sqrt{-1} & A - B\sqrt{-1} \end{vmatrix} = A^2 + B^2 + C^2 + D^2,$$

où

$$A = aa' - bb' + cc' - dd', \quad B = ab' + ba' + cd' + dc',$$
$$C = ac' + bd' - ca' - db', \quad D = ad' - bc' - cb' + da'.$$

Notre identité deviendra ainsi

$$(a^2+b^2+c^2+d^2)(a'^2+b'^2+c'^2+d'^2)$$
$$=(aa'-bb'+cc'-dd')^2+(ab'+ba'+cd'+dc')^2$$
$$+(ac'+bd'-ca'-db')^2+(ad'-bc'-cb'+da')^2,$$

ce qui démontre le théorème suivant :

Le produit de deux sommes de quatre carrés est lui-même la somme de quatre carrés (¹).

Il reste à remarquer que l'égalité précédente peut s'écrire de plusieurs manières; car on a évidemment le droit de changer le signe de l'une quelconque ou de plusieurs des huit quantités $a, b, c, d; a', b', c', d'$.

Ainsi, en y changeant les signes de b et de d', elle devient

$$(a^2+b^2+c^2+d^2)(a'^2+b'^2+c'^2+d'^2)$$
$$=(aa'+bb'+cc'+dd')^2+(ab'-ba'-cd'+dc')^2$$
$$+(ac'+bd'-ca'-db')^2+(ad'-bc'+cb'-da')^2.$$

§ II. — Carré des déterminants.

105. Dans la formule (I) du n° 98 posons

(1) $$\alpha_1=a_1,\quad \beta_1=b_1,\quad \alpha_2=a_2,\quad \beta_2=b_2;$$

nous trouvons ainsi le carré du déterminant du second degré

$$\begin{vmatrix} a_1 & b_1 \\ a_2 & b_2 \end{vmatrix}^2=\begin{vmatrix} a_1^2+a_2^2 & a_1b_1+a_2b_2 \\ a_1b_1+a_2b_2 & b_1^2+b_2^2 \end{vmatrix}$$

ou

$$(a_1b_2-a_2b_1)^2=(a_1^2+a_2^2)(b_1^2+b_2^2)-(a_1b_1+a_2b_2)^2.$$

Ce résultat, qu'on peut écrire

$$(a_1^2+a_2^2)(b_1^2+b_2^2)=(a_1b_2-a_2b_1)^2+(a_1b_1+a_2b_2)^2,$$

prouve que :

Le produit de deux sommes de deux carrés est lui-même la somme de deux carrés.

(¹) *Voir* les *Propositions relatives à la théorie des nombres,* par M. E. Catalan (*Nouvelles Annales de Mathématiques,* 2ᵉ série, 1874, t. XIII, p. 522).

106. Si nous introduisons nos mêmes hypothèses dans les formules (III) du n° 101, nous verrons que le carré du déterminant du second ordre peut se mettre sous les trois formes suivantes :

$$\begin{vmatrix} a_1 & b_1 \\ a_2 & b_2 \end{vmatrix}^2 = \begin{vmatrix} a_1^2 + b_1^2 & a_1 a_2 + b_1 b_2 \\ a_1 a_2 + b_1 b_2 & a_2^2 + b_2^2 \end{vmatrix}$$

$$= \begin{vmatrix} a_1^2 + a_2 b_1 & a_1 a_2 + a_2 b_2 \\ a_1 b_1 + b_1 b_2 & a_2 b_1 + b_2^2 \end{vmatrix}$$

$$= \begin{vmatrix} a_1^2 + a_2^2 & a_1 b_1 + a_2 b_2 \\ a_1 b_1 + a_2 b_2 & b_1^2 + b_2^2 \end{vmatrix}.$$

107. Le carré du déterminant du troisième ordre s'obtient de même par la formule (II) du n° 99, en y posant

$$\begin{aligned} \alpha_1 &= a_1, & \beta_1 &= b_1, & \gamma_1 &= c_1, \\ \alpha_2 &= a_2, & \beta_2 &= b_2, & \gamma_2 &= c_2, \\ \alpha_3 &= a_3, & \beta_3 &= b_3, & \gamma_3 &= c_3. \end{aligned}$$

Il vient, par suite,

$$\begin{vmatrix} a_1 & b_1 & c_1 \\ a_2 & b_2 & c_2 \\ a_3 & b_3 & c_3 \end{vmatrix}^2 = \begin{vmatrix} a_1^2 + b_1^2 + c_1^2 & a_1 a_2 + b_1 b_2 + c_1 c_2 & a_1 a_3 + b_1 b_3 + c_1 c_3 \\ a_1 a_2 + b_1 b_2 + c_1 c_2 & a_2^2 + b_2^2 + c_2^2 & a_2 a_3 + b_2 b_3 + c_2 c_3 \\ a_1 a_3 + b_1 b_3 + c_1 c_3 & a_2 a_3 + b_2 b_3 + c_2 c_3 & a_3^2 + b_3^2 + c_3^2 \end{vmatrix}.$$

Nous voyons, par ces résultats, que le carré d'un déterminant est un déterminant symétrique.

§ III. — Les déterminants multiples.

108. Lorsque, dans un déterminant, tous les éléments de la première ligne ou de la première colonne sont égaux à l'unité, on peut en simplifier la notation par la suppression de cette ligne ou de cette colonne et par le dédoublement de chacune des deux barres qui comprennent le déterminant.

Ainsi les deux notations

$$\text{(I)} \qquad \begin{vmatrix} 1 & 1 & 1 \\ a_1 & b_1 & c_1 \\ a_2 & b_2 & c_2 \end{vmatrix}, \qquad \left\Vert \begin{matrix} a_1 & b_1 & c_1 \\ a_2 & b_2 & c_2 \end{matrix} \right\Vert$$

représentent chacune la somme des trois déterminants

$$\begin{vmatrix} b_1 & c_1 \\ b_2 & c_2 \end{vmatrix}, \quad \begin{vmatrix} c_1 & a_1 \\ c_2 & a_2 \end{vmatrix}, \quad \begin{vmatrix} a_1 & b_1 \\ a_2 & b_2 \end{vmatrix}.$$

Ces trois déterminants sont liés entre eux par les deux relations

$$a_1 \begin{vmatrix} b_1 & c_1 \\ b_2 & c_2 \end{vmatrix} + b_1 \begin{vmatrix} c_1 & a_1 \\ c_2 & a_2 \end{vmatrix} + c_1 \begin{vmatrix} a_1 & b_1 \\ a_2 & b_2 \end{vmatrix} = 0,$$

$$a_2 \begin{vmatrix} b_1 & c_1 \\ b_2 & c_2 \end{vmatrix} + b_2 \begin{vmatrix} c_1 & a_1 \\ c_2 & a_2 \end{vmatrix} + c_2 \begin{vmatrix} a_1 & b_1 \\ a_2 & b_2 \end{vmatrix} = 0,$$

qui reviennent aux égalités évidentes

$$\begin{vmatrix} a_1 & b_1 & c_1 \\ a_1 & b_1 & c_1 \\ a_2 & b_2 & c_2 \end{vmatrix} = 0, \quad \begin{vmatrix} a_2 & b_2 & c_2 \\ a_1 & b_1 & c_1 \\ a_2 & b_2 & c_2 \end{vmatrix} = 0.$$

109. De même les quatre déterminants

$$(b_1 c_2 d_3), \quad -(a_1 c_2 d_3), \quad (a_1 b_2 d_3), \quad -(a_1 b_2 c_3),$$

compris dans la notation

$$\text{(II)} \qquad \left\| \begin{matrix} a_1 & b_1 & c_1 & d_1 \\ a_2 & b_2 & c_2 & d_2 \\ a_3 & b_3 & c_3 & d_3 \end{matrix} \right\|,$$

sont liés entre eux par quatre relations, dont la première, par exemple,

$$a_1(b_1 c_2 d_3) - b_1(a_1 c_2 d_3) + c_1(a_1 b_2 d_3) - d_1(a_1 b_2 c_3) = 0$$

exprime qu'on a

$$\begin{vmatrix} a_1 & b_1 & c_1 & d_1 \\ a_1 & b_1 & c_1 & d_1 \\ a_2 & b_2 & c_2 & d_2 \\ a_3 & b_3 & c_3 & d_3 \end{vmatrix} = 0,$$

ce qui est évident.

110. Définition. — De pareils déterminants peuvent se désigner par la dénomination de *déterminants multiples*.

Une notation, analogue à (I) et (II), peut être employée pour représenter $n+1$ déterminants du $n^{\text{ième}}$ ordre, dont chacun ne diffère de tous les autres que par une ligne ou par une colonne.

111. La règle donnée au n° 98 pour la multiplication des déterminants ordinaires peut aussi s'appliquer au produit des déterminants multiples.

Ainsi la somme des trois produits de déterminants que l'on peut former, en multipliant chacun des déterminants de la série

$$\begin{Vmatrix} a_1 & b_1 & c_1 \\ a_2 & b_2 & c_2 \end{Vmatrix}$$

par le déterminant correspondant de la série

$$\begin{Vmatrix} \alpha_1 & \beta_1 & \gamma_1 \\ \alpha_2 & \beta_2 & \gamma_2 \end{Vmatrix},$$

c'est-à-dire la somme

$$\begin{vmatrix} b_1 & c_1 \\ b_2 & c_2 \end{vmatrix} \cdot \begin{vmatrix} \beta_1 & \gamma_1 \\ \beta_2 & \gamma_2 \end{vmatrix} + \begin{vmatrix} c_1 & a_1 \\ c_2 & a_2 \end{vmatrix} \cdot \begin{vmatrix} \gamma_1 & \alpha_1 \\ \gamma_2 & \alpha_2 \end{vmatrix} + \begin{vmatrix} a_1 & b_1 \\ a_2 & b_2 \end{vmatrix} \cdot \begin{vmatrix} \alpha_1 & \beta_1 \\ \alpha_2 & \beta_2 \end{vmatrix},$$

est égale au déterminant

$$\begin{vmatrix} a_1\alpha_1 + b_1\beta_1 + c_1\gamma_1 & a_2\alpha_1 + b_2\beta_1 + c_2\gamma_1 \\ a_1\alpha_2 + b_1\beta_2 + c_1\gamma_2 & a_2\alpha_2 + b_2\beta_2 + c_2\gamma_2 \end{vmatrix}.$$

En effet, considérons le déterminant du cinquième ordre

$$(1) \qquad \Delta = -\begin{vmatrix} a_1 & a_2 & -1 & 0 & 0 \\ b_1 & b_2 & 0 & -1 & 0 \\ c_1 & c_2 & 0 & 0 & -1 \\ 0 & 0 & \alpha_1 & \beta_1 & \gamma_1 \\ 0 & 0 & \alpha_2 & \beta_2 & \gamma_2 \end{vmatrix};$$

nous pouvons le décomposer en produits de deux déterminants, dont l'un est du second et l'autre du troisième ordre. Nous trouvons ainsi que

$$-\begin{vmatrix} a_1 & a_2 \\ b_1 & b_2 \end{vmatrix} \cdot \begin{vmatrix} 0 & 0 & -1 \\ \alpha_1 & \beta_1 & \gamma_1 \\ \alpha_2 & \beta_2 & \gamma_2 \end{vmatrix} + \begin{vmatrix} a_1 & a_2 \\ c_1 & c_2 \end{vmatrix} \cdot \begin{vmatrix} 0 & -1 & 0 \\ \alpha_1 & \beta_1 & \gamma_1 \\ \alpha_2 & \beta_2 & \gamma_2 \end{vmatrix} - \begin{vmatrix} b_1 & b_2 \\ c_1 & c_2 \end{vmatrix} \cdot \begin{vmatrix} -1 & 0 & 0 \\ \alpha_1 & \beta_1 & \gamma_1 \\ \alpha_2 & \beta_2 & \gamma_2 \end{vmatrix}.$$

Si nous ordonnons les déterminants du troisième ordre suivant les éléments de la première ligne, nous verrons que

$$\Delta = \begin{vmatrix} a_1 & a_2 \\ b_1 & b_2 \end{vmatrix} \cdot \begin{vmatrix} \alpha_1 & \beta_1 \\ \alpha_2 & \beta_2 \end{vmatrix} + \begin{vmatrix} a_1 & a_2 \\ c_1 & c_2 \end{vmatrix} \cdot \begin{vmatrix} \alpha_1 & \gamma_1 \\ \alpha_2 & \gamma_2 \end{vmatrix} + \begin{vmatrix} b_1 & b_2 \\ c_1 & c_2 \end{vmatrix} \cdot \begin{vmatrix} \beta_1 & \gamma_1 \\ \beta_2 & \gamma_2 \end{vmatrix}.$$

Changeant les lignes en colonnes dans les premiers facteurs, on a enfin

$$(2)\quad \Delta = \begin{vmatrix} a_1 & b_1 \\ a_2 & b_2 \end{vmatrix} . \begin{vmatrix} \alpha_1 & \beta_1 \\ \alpha_2 & \beta_2 \end{vmatrix} + \begin{vmatrix} a_1 & c_1 \\ a_2 & c_2 \end{vmatrix} . \begin{vmatrix} \alpha_1 & \gamma_1 \\ \alpha_2 & \gamma_2 \end{vmatrix} + \begin{vmatrix} b_1 & c_1 \\ b_2 & c_2 \end{vmatrix} . \begin{vmatrix} \beta_1 & \gamma_1 \\ \beta_2 & \gamma_2 \end{vmatrix}$$

Nous pouvons obtenir une autre forme par l'expression de Δ. Dans le déterminant (1), aux deux premières colonnes, ajoutons les sommes des trois dernières colonnes multipliées, d'abord par a_1, b_1, c_1, ensuite par a_2, b_2, c_2; nous trouvons que

$$\Delta = - \begin{vmatrix} 0 & 0 & -1 & 0 & 0 \\ 0 & 0 & 0 & -1 & 0 \\ 0 & 0 & 0 & 0 & -1 \\ a_1\alpha_1 + b_1\beta_1 + c_1\gamma_1 & a_2\alpha_1 + b_2\beta_1 + c_2\gamma_1 & \alpha_1 & \beta_1 & \gamma_1 \\ a_1\alpha_2 + b_1\beta_2 + c_1\gamma_1 & a_2\alpha_2 + b_2\beta_2 + c_2\gamma_2 & \alpha_2 & \beta_2 & \gamma_2 \end{vmatrix},$$

ou

$$\Delta = \begin{vmatrix} a_1\alpha_1 + b_1\beta_1 + c_1\gamma_1 & a_1\alpha_2 + b_2\beta_1 + c_2\gamma_1 \\ a_1\alpha_2 + b_1\beta_2 + c_1\gamma_2 & a_2\alpha_2 + b_2\beta_2 + c_2\gamma_2 \end{vmatrix} . \begin{vmatrix} -1 & 0 & 0 \\ 0 & -1 & 0 \\ 0 & 0 & -1 \end{vmatrix}.$$

Or le second facteur est égal à -1; donc Δ est égal au premier facteur changé de signe.

On voit ainsi que *la somme des trois produits* (2) ou

$$\begin{aligned}(b_1c_2 - c_1b_2)(\beta_1\gamma_2 - \gamma_1\beta_2) + (c_1a_2 - a_1c_2)(\gamma_1\alpha_2 - \alpha_1\gamma_2) \\ + (a_1b_2 - b_1a_2)(\alpha_1\beta_2 - \beta_1\alpha_2)\end{aligned}$$

est égale à la différence des deux produits

$$\begin{aligned}(a_1\alpha_1 + b_1\beta_1 + c_1\gamma_1)(a_2\alpha_2 + b_2\beta_2 + c_2\gamma_2) \\ - (a_1\alpha_2 + b_1\beta_2c_1\gamma_2)(a_2\alpha_1 + b_2\beta_1 + c_2\gamma_1).\end{aligned}$$

112. La règle précédente nous conduit immédiatement à une formule que Lagrange a donnée dans son écrit *Sur les pyramides* (1).

Supposons que le second déterminant multiple soit identique avec le premier. En posant

$$\alpha_1 = a_1, \quad \beta_1 = b_1, \quad \gamma_1 = c_1,$$
$$\alpha_2 = a_2, \quad \beta_2 = b_2, \quad \gamma_2 = c_2$$

dans l'égalité précédente, on obtient de suite la *formule de Lagrange*

$$\begin{aligned}(b_1c_2 - c_1b_2)^2 + (c_1a_2 - a_1c_2)^2 + (a_1b_2 - b_1a_2)^2 \\ = (a_1^2 + b_1^2 + c_1^2)(a_2^2 + b_2^2 + c_2^2) - (a_1a_2 + b_1b_2 + c_1c_2)^2.\end{aligned}$$

Cette formule fournit l'expression du sinus de l'angle des deux droites

$$\frac{x}{a_1} = \frac{y}{b_1} = \frac{z}{c_1}, \quad \frac{x}{a_2} = \frac{y}{b_2} = \frac{z}{c_2},$$

sachant que le cosinus de l'angle de ces droites est

$$\frac{a_1 a_2 + b_1 b_2 + c_1 c_2}{\sqrt{(a_2^1 + b_1^2 + c_1^2)(a_2^2 + b_2^2 + c_2^2)}},$$

pour des axes de coordonnées rectangulaires.

LIVRE II.

APPLICATION DES DÉTERMINANTS A L'ALGÈBRE ET A LA TRIGONOMÉTRIE.

CHAPITRE PREMIER.

RÉSOLUTION D'ÉQUATIONS ALGÉBRIQUES EXPRIMÉES EN DÉTERMINANTS.

113. Lorsque le premier membre d'une équation algébrique se trouve mis sous la forme d'un déterminant, le développement de ce déterminant peut mettre en évidence une ou plusieurs racines de cette équation. Ces racines elles-mêmes peuvent s'obtenir souvent sous forme de déterminants.

Ainsi, dans l'équation

$$\begin{vmatrix} a_1 x + d_1 & b_1 & c_1 \\ a_2 x + d_2 & b_2 & c_2 \\ a_3 x + d_3 & b_3 & c_3 \end{vmatrix} = 0,$$

le premier membre se décompose dans les deux déterminants (56)

$$\begin{vmatrix} a_1 x & b_1 & c_1 \\ a_2 x & b_2 & c_2 \\ a_3 x & b_3 & c_3 \end{vmatrix} + \begin{vmatrix} d_1 & b_1 & c_1 \\ d_2 & b_2 & c_2 \\ d_3 & b_3 & c_3 \end{vmatrix},$$

dont le premier est égal à (28)

$$x \begin{vmatrix} a_1 & b_1 & c_1 \\ a_2 & b_2 & c_2 \\ a_3 & b_3 & c_3 \end{vmatrix};$$

cette équation revient donc à

$$x = -\frac{\begin{vmatrix} d_1 & b_1 & c_1 \\ d_2 & b_2 & c_2 \\ d_3 & b_3 & c_3 \end{vmatrix}}{\begin{vmatrix} a_1 & b_1 & c_1 \\ a_2 & b_2 & c_2 \\ a_3 & b_3 & c_3 \end{vmatrix}}.$$

On verrait de même que l'équation

$$\begin{vmatrix} Cz + D & A & B \\ az + p & -1 & 0 \\ bz + q & 0 & -1 \end{vmatrix} = 0$$

donne

$$z = -\frac{Ap + Bq + D}{Aa + Bb + C}.$$

114. Le premier membre de l'équation

$$\begin{vmatrix} a^2 - x & ab - x\cos\theta \\ ab - x\cos\theta & b^2 - x \end{vmatrix} = 0$$

se décompose dans les quatre déterminants (56)

$$\begin{vmatrix} a^2 & ab \\ ab & b^2 \end{vmatrix}, \quad \begin{vmatrix} -x & ab \\ -x\cos\theta & b^2 \end{vmatrix}, \quad \begin{vmatrix} a^2 & -x\cos\theta \\ ab & -x \end{vmatrix}, \quad \begin{vmatrix} -x & -x\cos\theta \\ -x\cos\theta & -x \end{vmatrix},$$

dont le premier est nul (30), dont les deux autres admettent les facteurs $-bx$ et $-ax$, et dont le dernier est divisible par x^2; notre équation revient par conséquent à la suivante :

$$-bx \begin{vmatrix} 1 & a \\ \cos\theta & b \end{vmatrix} - ax \begin{vmatrix} a & \cos\theta \\ b & 1 \end{vmatrix} + x^2 \begin{vmatrix} 1 & \cos\theta \\ \cos\theta & 1 \end{vmatrix} = 0,$$

qui peut s'écrire

$$-bx(b - a\cos\theta) - ax(a - b\cos\theta) + x^2\sin^2\theta = 0$$

ou encore

$$x(x\sin^2\theta - a^2 - b^2 + 2ab\cos\theta) = 0,$$

et donne pour x les deux valeurs

$$x' = 0, \quad x'' = \frac{a^2 + b^2 - 2ab\cos\theta}{\sin^2\theta}.$$

115. Pour résoudre l'équation

$$\begin{vmatrix} x & a & b & c \\ a & x & 0 & 0 \\ b & 0 & x & 0 \\ c & 0 & 0 & x \end{vmatrix} = 0,$$

où l'inconnue x occupe la diagonale, nous diviserons d'abord les trois dernières colonnes par x et nous multiplierons par x la première ligne; le déterminant aura été divisé par x^2, de sorte que l'équation deviendra

$$x^2 \begin{vmatrix} x^2 & a & b & c \\ a & 1 & 0 & 0 \\ b & 0 & 1 & 0 \\ c & 0 & 0 & 1 \end{vmatrix} = 0.$$

Divisant ensuite les trois dernières colonnes respectivement par a, b, c, puis multipliant les trois dernières lignes par les mêmes quantités, on obtient

$$x^2 \begin{vmatrix} x^2 & 1 & 1 & 1 \\ a^2 & 1 & 0 & 0 \\ b^2 & 0 & 1 & 0 \\ c^2 & 0 & 0 & 1 \end{vmatrix} = 0,$$

et, en développant,

$$x^2(x^2 - a^2 - b^2 - c^2) = 0;$$

d'où il vient

$$x' = 0, \quad x'' = \pm\sqrt{a^2 + b^2 + c^2}.$$

Si a, b, c sont les trois arêtes contiguës d'un parallélipipède rectangle, x sera la diagonale de ce parallélipipède.

116. L'équation

$$\begin{vmatrix} 1 & 1 & 1 & 1 \\ x & a & 0 & 0 \\ x & 0 & b & 0 \\ x & 0 & 0 & c \end{vmatrix} = 0$$

se résout immédiatement en développant le premier membre suivant les éléments de la première colonne; elle devient ainsi

$$\begin{vmatrix} a & 0 & 0 \\ 0 & b & 0 \\ 0 & 0 & c \end{vmatrix} - x \begin{vmatrix} 1 & 1 & 1 \\ 0 & b & 0 \\ 0 & 0 & c \end{vmatrix} + x \begin{vmatrix} 1 & 1 & 1 \\ a & 0 & 0 \\ 0 & 0 & c \end{vmatrix} - x \begin{vmatrix} 1 & 1 & 1 \\ a & 0 & 0 \\ 0 & b & c \end{vmatrix} = 0,$$

et se réduit à

$$abc - x(bc + ca + ab) = 0;$$

d'où l'on tire

$$\frac{1}{x} = \frac{1}{a} + \frac{1}{b} + \frac{1}{c}.$$

Si a, b, c sont les rayons des trois cercles exinscrits à un triangle donné, x sera le rayon du cercle inscrit dans ce triangle.

117. Dans le premier membre de l'équation

$$\begin{vmatrix} x & a & a & a \\ a & x & a & a \\ a & a & x & a \\ a & a & a & x \end{vmatrix} = 0,$$

tous les éléments sont égaux entre eux, à l'exception de ceux de la diagonale, qui sont égaux à l'inconnue.

On retranchera la première ligne de chacune des trois suivantes, ce qui donne

$$\begin{vmatrix} x & a & a & a \\ a-x & x-a & 0 & 0 \\ a-x & 0 & x-a & 0 \\ a-x & 0 & 0 & x-a \end{vmatrix} = 0,$$

ou, en divisant les trois dernières lignes par $x - a$,

$$(x-a)^3 \begin{vmatrix} x & a & a & a \\ -1 & 1 & 0 & 0 \\ -1 & 0 & 1 & 0 \\ -1 & 0 & 0 & 1 \end{vmatrix} = 0.$$

Mais il est facile de voir que ce déterminant est égal à $x + 3a$; par conséquent, notre équation revient à

$$(x-a)^3 (x+3a) = 0;$$

donc trois racines sont égales à a et la quatrième est $-3a$.

118. Dans le déterminant de l'équation

$$\begin{vmatrix} x & a & b & c \\ a & x & c & b \\ b & c & x & a \\ c & b & a & x \end{vmatrix} = 0,$$

à la première colonne ajoutons les trois suivantes; cette équation devient

$$\begin{vmatrix} x+a+b+c & a & b & c \\ a+x+c+b & x & c & b \\ b+c+x+a & c & x & a \\ c+b+a+x & b & a & x \end{vmatrix} = 0,$$

dont le premier membre est divisible par $x + a + b + c$.

Si l'on avait ajouté les quatre colonnes multipliées respectivement par 1, 1, -1 et -1, on aurait trouvé que le déterminant est aussi divisible par $x + a - b - c$. On verrait de même qu'il est encore divisible par $x + b - c - a$ et par $x + c - a - b$.

Par conséquent, le premier membre de notre équation est divisible par le produit

$$(x+a+b+c)(x+b-c-a)(x+c-a-b)(x+a-b-c).$$

Or le premier terme de ce produit est x^4, de même que celui de notre déterminant; donc l'équation donnée revient à

$$(x+a+b+c)(x+b-c-a)(x+c-a-b)(x+a-b-c)=0$$

et admet les quatre racines

$$x_1=b+c-a,\quad x_2=c+a-b,$$
$$x_3=a+b-c,\quad x_4=-a-b-c.$$

* 119. Le premier membre de l'équation

$$\begin{vmatrix} a & x & x & x \\ x & b & x & x \\ x & x & c & x \\ x & x & x & d \end{vmatrix}=0$$

a tous ses éléments égaux à l'inconnue, à l'exception de ceux de la diagonale.

Retranchons la première ligne de chacune des trois suivantes : il nous vient

$$\begin{vmatrix} a & x & x & x \\ x-a & b-x & 0 & 0 \\ x-a & 0 & c-x & 0 \\ x-a & 0 & 0 & d-x \end{vmatrix}=0;$$

et, en développant suivant les éléments de la première colonne,

$$a\begin{vmatrix} b-x & 0 & 0 \\ 0 & c-x & 0 \\ 0 & 0 & d-x \end{vmatrix}-(x-a)\begin{vmatrix} x & x & x \\ 0 & c-x & 0 \\ 0 & 0 & d-x \end{vmatrix}$$
$$+(x-a)\begin{vmatrix} x & x & x \\ b-x & 0 & 0 \\ 0 & 0 & d-x \end{vmatrix}-(x-a)\begin{vmatrix} x & x & x \\ b-x & 0 & 0 \\ 0 & c-x & 0 \end{vmatrix}=0;$$

on en tire immédiatement

$$a(b-x)(c-x)(d-x)-x(x-a)(c-x)(d-x)$$
$$-x(x-a)(b-x)(d-x)-x(x-a)(b-x)(c-x)=0,$$

puis, en ajoutant et retranchant $x(x-b)(x-c)(x-d)$,

$$(x-a)(x-b)(x-c)(x-d)-x\left[\begin{array}{l}(x-a)(x-b)(x-c)\\+(x-b)(x-c)(x-d)\\+(x-c)(x-d)(x-a)\\+(x-d)(x-a)(x-b)\end{array}\right]=0.$$

Posons

$$(x-a)(x-b)(x-c)(x-d) = \varphi(x),$$

le facteur entre crochets sera égal à $\varphi'(x)$ et notre équation deviendra

$$\varphi(x) - x\varphi'(x) = 0,$$

ou encore

$$3x^4 - 2(a+b+c+d)x^3 + (ab+ac+ad+bc+bd+cd)x^2 - abcd = 0.$$

* 120. Proposons-nous encore de résoudre l'équation

$$\begin{vmatrix} a^3 & b^3 & c^3 \\ (a+x)^3 & (b+x)^3 & (c+x)^3 \\ (2a+x)^3 & (2b+x)^3 & (2c+x)^3 \end{vmatrix} = 0.$$

Des deux dernières lignes retranchons la première multipliée respectivement par 1 et 8; nous obtenons, en divisant chaque fois par x,

$$x^2 \begin{vmatrix} a^3 & b^3 & c^3 \\ 3a^2+3ax+x^2 & 3b^2+3bx+x^2 & 3c^2+3cx+x^2 \\ 12a^2+6ax+x^2 & 12b^2+6bx+x^2 & 12c^2+6cx+x^2 \end{vmatrix} = 0;$$

retranchons maintenant la seconde de la troisième et divisons par 3 la ligne résultante; il nous vient

$$3x^2 \begin{vmatrix} a^3 & b^3 & c^3 \\ 3a^2+3ax+x^2 & 3b^2+3bx+x^2 & 3c^2+3cx+x^2 \\ 3a^2+ax & 3b^2+bx & 3c^2+cx \end{vmatrix} = 0;$$

enfin retranchons la dernière ligne de la deuxième, puis divisons par x; nous trouvons

$$3x^3 \begin{vmatrix} a^3 & b^3 & c^3 \\ 2a+x & 2b+x & 2c+x \\ 3a^2+ax & 3b^2+bx & 3c^2+cx \end{vmatrix} = 0.$$

Cette équation peut encore se simplifier. Retranchons la première colonne de chacune des deux suivantes et divisons par $b-a$ et $c-a$; nous obtenons

$$3x^3(b-a)(c-a) \begin{vmatrix} a^3 & a^2+ab+b^2 & a^2+ac+c^2 \\ 2a+x & 2 & 2 \\ 3a^2+ax & 3a+3b+x & 3a+3c+x \end{vmatrix} = 0;$$

retranchons la seconde colonne de la troisième et divisons par $c-b$;

nous avons

$$3x^3(b-a)(c-a)(c-b)\begin{vmatrix} a^3 & a^2+ab+b^2 & a+b+c \\ 2a+x & 2 & 0 \\ 3a^2+ax & 3a+3b+x & 3 \end{vmatrix} = 0.$$

Cela fait, à la première colonne ajoutons à la fois la seconde multipliée par $-a$ et la troisième multipliée par ab; puis de la seconde retranchons la troisième multipliée par $a+b$; nous trouvons l'équation

$$3x^3(b-a)(c-a)(c-b)\begin{vmatrix} abc & -(bc+ca+ab) & a+b+c \\ x & 2 & 0 \\ 0 & x & 3 \end{vmatrix} = 0,$$

qui revient à

$$3x^3(b-a)(c-a)(c-b)[(a+b+c)x^2+3(bc+ca+ab)x+6abc] = 0.$$

Les trois premières racines sont nulles et les deux dernières sont fournies par l'équation du second degré

$$(a+b+c)x^2+3(bc+ca+ab)x+6abc = 0.$$

CHAPITRE II.

RÉSOLUTION DES ÉQUATIONS LINÉAIRES.

§ I. Résolution des équations linéaires non homogènes. — § II. Résolution des équations linéaires homogènes. — § III. Résolution d'équations linéaires en nombre différent de celui des inconnues.

§ I. — Résolution des équations linéaires non homogènes.

121. Proposons-nous de résoudre le système des trois équations du premier degré à trois inconnues

$$(1)\qquad \left\{\begin{aligned} a_1x + b_1y + c_1z &= k_1,\\ a_2x + b_2y + c_2z &= k_2,\\ a_3x + b_3y + c_3z &= k_3. \end{aligned}\right.$$

Appelons Δ le déterminant du système des premiers membres de ces équations, c'est-à-dire posons

$$(2)\qquad \Delta = \begin{vmatrix} a_1 & b_1 & c_1 \\ a_2 & b_2 & c_2 \\ a_3 & b_3 & c_3 \end{vmatrix}.$$

Afin d'obtenir la valeur de l'inconnue x qui satisfait au système (1), multiplions ces trois équations respectivement par les déterminants mineurs (b_2c_3), $-(b_1c_3)$, $+(b_1c_2)$, pris alternativement avec le signe $+$ et le signe $-$, qui correspondent aux éléments a_1, a_2, a_3 de la première colonne du déterminant Δ, et ajoutons; nous obtenons l'équation

$$(3)\qquad \left\{\begin{aligned} &x[a_1(b_2c_3) - a_2(b_1c_3) + a_3(b_1c_2)]\\ &+y[b_1(b_2c_3) - b_2(b_1c_3) + b_3(b_1c_2)]\\ &+z[c_1(b_2c_3) - c_2(b_1c_3) + c_3(b_1c_2)]\\ &\quad = k_1(b_2c_3) - k_2(b_1c_3) + k_3(b_1c_2). \end{aligned}\right.$$

Or nous savons que (42 et 47)

$$a_1(b_2c_3) - a_2(b_1c_3) + a_3(b_1c_2) = \Delta,$$
$$b_1(b_2c_3) - b_2(b_1c_3) + b_3(b_1c_2) = 0,$$
$$c_1(b_2c_3) - c_2(b_1c_3) + c_3(b_1c_2) = 0;$$

d'ailleurs il est évident que

$$k_1(b_2c_3) - k_2(b_1c_3) + k_3(b_1c_2) = (k_1b_2c_3);$$

par conséquent notre équation (3) se réduit à

$$\Delta x \quad \text{ou} \quad (a_1b_2c_3)\times x = (k_1b_2c_3)$$

et donne

$$\text{(I)} \qquad x = \frac{(k_1b_2c_3)}{(a_1b_2c_3)} = \frac{\begin{vmatrix} k_1 & b_1 & c_1 \\ k_2 & b_2 & c_2 \\ k_3 & b_3 & c_3 \end{vmatrix}}{\begin{vmatrix} a_1 & b_1 & c_1 \\ a_2 & b_2 & c_2 \\ a_3 & b_3 & c_3 \end{vmatrix}}.$$

Pour avoir la valeur de y, il suffirait de multiplier les trois équations (1) respectivement par les déterminants mineurs (a_2c_3), $-(a_1c_3)$, $+(a_1c_2)$ des éléments b_1, b_2, b_3 de la seconde colonne de Δ, et d'ajouter. On aurait la valeur de z en multipliant (1) par les déterminants mineurs (a_2b_3), $-(a_1b_3)$, $+(a_1b_2)$ et en ajoutant. On trouverait ainsi que

$$\text{(II)} \quad y = \frac{(a_1k_2c_3)}{(a_1b_2c_3)} = \frac{\begin{vmatrix} a_1 & k_1 & c_1 \\ a_2 & k_2 & c_2 \\ a_3 & k_3 & c_3 \end{vmatrix}}{\begin{vmatrix} a_1 & b_1 & c_1 \\ a_2 & b_2 & c_2 \\ a_3 & b_3 & c_3 \end{vmatrix}}, \quad z = \frac{(a_1b_2k_3)}{(a_1b_2c_3)} = \frac{\begin{vmatrix} a_1 & b_1 & k_1 \\ a_2 & b_2 & k_2 \\ a_3 & b_3 & k_3 \end{vmatrix}}{\begin{vmatrix} a_1 & b_1 & c_1 \\ a_2 & b_2 & c_2 \\ a_3 & b_3 & c_3 \end{vmatrix}}.$$

On étendrait facilement cette méthode à un nombre quelconque d'équations linéaires non homogènes à autant d'inconnues.

L'inspection des valeurs (I) et (II) nous fournit l'énoncé suivant :

Règle. — *Étant données n équations non homogènes du premier degré à n inconnues, dont les seconds membres sont des quantités connues, la valeur de chaque inconnue est égale à une fraction ayant pour dénominateur le déterminant des inconnues et pour numérateur la valeur que prend ce déterminant, lorsqu'on y remplace les coefficients de l'inconnue par les termes connus.*

Cette solution a été indiquée pour la première fois par Leibnitz (*Lettre à L'Hospital du* 28 *avril* 1639), puis découverte de nouveau par Cramer (*Analyse des courbes algébriques*, 1750; Appendice, p. 658).

122. Exemple I.

$$\begin{aligned} 5x + 3y + 3z &= 48, \\ 2x + 6y - 3z &= 18, \\ 8x - 3y + 2z &= 21. \end{aligned}$$

On a

$$\Delta = (a_1 b_2 c_3) = \begin{vmatrix} 5 & 3 & 3 \\ 2 & 6 & -3 \\ 8 & -3 & 2 \end{vmatrix} = -231,$$

$$(k_1 b_2 c_3) = \begin{vmatrix} 48 & 3 & 3 \\ 18 & 6 & -3 \\ 21 & -3 & 2 \end{vmatrix} = -693,$$

$$(a_1 k_2 c_3) = \begin{vmatrix} 5 & 48 & 3 \\ 2 & 18 & -3 \\ 8 & 21 & 2 \end{vmatrix} = -1155,$$

$$(a_1 b_2 k_3) = \begin{vmatrix} 5 & 3 & 48 \\ 2 & 6 & 18 \\ 8 & -3 & 21 \end{vmatrix} = -1386;$$

de sorte que

$$x = \frac{-693}{-231} = 3, \quad y = \frac{-1155}{-231} = 5, \quad z = \frac{-1386}{-231} = 6.$$

123. Exemple II.

$$\begin{aligned} 4y - 3z &= 1, \\ 3x - 2z &= 8, \\ 5x - 7y &= 2. \end{aligned}$$

On trouve ici

$$\Delta = (a_1 b_2 c_3) = \begin{vmatrix} 0 & 4 & -3 \\ 3 & 0 & -2 \\ 5 & -5 & 0 \end{vmatrix} = 23, \quad (k_1 b_2 c_3) = \begin{vmatrix} 1 & 4 & -3 \\ 8 & 0 & -2 \\ 2 & -7 & 0 \end{vmatrix} = 138$$

$$(a_1 k_2 b_3) = \begin{vmatrix} 0 & 1 & -3 \\ 3 & 8 & -2 \\ 5 & 2 & 0 \end{vmatrix} = 92, \quad (a_1 b_2 c_3) = \begin{vmatrix} 0 & 4 & 1 \\ 3 & 0 & 8 \\ 5 & -7 & 2 \end{vmatrix} = 115$$

de sorte que

$$x = \frac{138}{23} = 6, \quad y = \frac{92}{23} = 4, \quad z = \frac{115}{23} = 5.$$

124. D'après la règle du nº **121**, le système des quatre équations

$$(3) \qquad \left\{ \begin{aligned} a_1 x + b_1 y + c_1 z + d_1 u &= k_1, \\ a_2 x + b_2 y + c_2 z + d_2 u &= k_2, \\ a_3 x + b_3 y + c_3 z + d_3 u &= k_3, \\ a_4 x + b_4 y + c_4 z + d_4 u &= k_4, \end{aligned} \right.$$

fournit pour les quatre inconnues les valeurs

$$\text{(III)} \quad x = \frac{(k_1 b_2 c_3 d_4)}{(a_1 b_2 c_3 d_4)}, \quad y = \frac{(a_1 k_2 c_3 d_4)}{(a_1 b_2 c_3 d_4)}, \quad z = \frac{(a_1 b_2 k_3 d_4)}{(a_1 b_2 c_3 d_4)}, \quad u = \frac{(a_1 b_2 c_3 k_4)}{(a_1 b^2 c_3 d_4)}$$

125. Exemple III. — Pour le système des quatre équations

$$\begin{aligned} y + z + u &= a, \\ z + u + x &= b, \\ u + x + y &= c, \\ x + z + z &= d, \end{aligned}$$

on a, en désignant par D le dénominateur commun et

par N_x, N_y, N_z, N_u les numérateurs respectifs des valeurs des inconnues,

$$D = \begin{vmatrix} 0 & 1 & 1 & 1 \\ 1 & 0 & 1 & 1 \\ 1 & 1 & 0 & 1 \\ 1 & 1 & 1 & 0 \end{vmatrix} = 3,$$

$$= \begin{vmatrix} a & 1 & 1 & 1 \\ b & 0 & 1 & 1 \\ c & 1 & 0 & 1 \\ d & 1 & 1 & 0 \end{vmatrix} = 2a - b - c - d, \quad N_y = \begin{vmatrix} 0 & a & 1 & 1 \\ 1 & b & 1 & 1 \\ 1 & c & 0 & 1 \\ 1 & d & 1 & 0 \end{vmatrix} = 2b - c - d - a.$$

$$= \begin{vmatrix} 0 & 1 & a & 1 \\ 1 & 0 & b & 1 \\ 1 & 1 & c & 1 \\ 1 & 1 & d & 0 \end{vmatrix} = 2c - d - a - b, \quad N_u = \begin{vmatrix} 0 & 1 & 1 & a \\ 1 & 0 & 1 & b \\ 1 & 1 & 0 & c \\ 1 & 1 & 1 & d \end{vmatrix} = 2d - a - b - c;$$

de sorte que

$$x = \frac{b + c + d - 2a}{3}, \quad y = \frac{c + d + a - 2b}{3},$$

$$z = \frac{d + a + b - 2c}{3}, \quad u = \frac{a + b + c - 2d}{3}.$$

126. Considérons en général un système de n équations non homogènes du premier degré à autant d'inconnues

$$(4) \qquad \begin{cases} a_1 x + b_1 y + c_1 z + \ldots + l_1 u = k_1 & \text{ou} \quad S_1 = 0, \\ a_2 x + b_2 y + c_2 z + \ldots + l_2 u = k_2 & \text{ou} \quad S_2 = 0, \\ a_3 x + b_3 y + c_3 z + \ldots + l_3 u = k_3 & \text{ou} \quad S_3 = 0, \\ \ldots\ldots\ldots\ldots\ldots\ldots\ldots\ldots\ldots & \ldots\ldots, \\ a_n x + b_n y + c_n z + \ldots + l_n u = k_n & \text{ou} \quad S_n = 0, \end{cases}$$

et soit Δ le déterminant des premiers membres de ces équations, *que nous supposerons différent de zéro.*

Pour avoir la valeur de x, multiplions ces équations, à partir de la première, par les déterminants mineurs $\Delta_{a_1}, \Delta_{a_2}, \Delta_{a_3}, \ldots, \Delta_{a_n}$, respectivement pris avec le signe + et − 1, qui correspondent aux coefficients $a_1, a_2, a_3, \ldots, a_n$ de l'inconnue x. Si nous faisons la somme des produits, il nous viendra l'équation

$$\begin{aligned} & x\left[a_1\Delta_{a_1} - a_2\Delta_{a_2} + a_3\Delta_{a_3} - \ldots - (-1)^{n-1} a_n\Delta_{a_n}\right] \\ + & y\left[b_1\Delta_{a_1} - b_2\Delta_{a_2} + b_3\Delta_{a_3} - \ldots - (-1)^{n-1} b_n\Delta_{a_n}\right] \\ + & z\left[c_1\Delta_{a_1} - c_2\Delta_{a_2} + c_3\Delta_{a_3} - \ldots - (-1)^{n-1} c_n\Delta_{a_n}\right] \\ & \ldots\ldots\ldots\ldots\ldots\ldots\ldots\ldots\ldots\ldots \\ + & u\left[l_1\Delta_{a_1} - l_2\Delta_{a_2} + l_3\Delta_{a_3} - \ldots - (-1)^{n-1} l_n\Delta_{a_n}\right] \\ = & \left[k_1\Delta_{a_1} - k_2\Delta_{a_2} + k_3\Delta_{a_3} - \ldots - (-1)^{n-1} k_n\Delta_{a_n}\right]. \end{aligned}$$

Le coefficient de l'inconnue x est égal au déterminant Δ (42); les coefficients de toutes les autres inconnues sont nuls, puisqu'ils s'obtiennent en remplaçant dans Δ la première colonne successivement par chacune des autres colonnes (47). Le terme connu est ce que devient Δ, lorsqu'on y remplace les a par les k qui représentent les termes connus dans le système (4). On a donc, en faisant usage de la notation abrégée 17 *bis*),

$$\text{(IV)}\quad x = \frac{(k_1 b_2 c_3 \ldots l_n)}{(a_1 b_2 c_3 \ldots l_n)},\quad y = \frac{(a_1 k_2 c_3 \ldots l_n)}{(a_1 b_2 c_3 \ldots l_n)},\quad z = \frac{(a_1 b_2 k_3 \ldots l_n)}{(a_1 b_2 c_3 \ldots l_n)},\quad \ldots,\quad u = \frac{(a_1 b_2 c_3 \ldots k_n)}{(a_1 b_2 c_3 \ldots l_n)}$$

Toutes ces fractions ont même dénominateur Δ; le numérateur de chaque fraction est le déterminant que l'on obtient, en remplaçant dans Δ les coefficients de l'inconnue correspondante par les termes connus. Cette composition est bien conforme à la règle du n° 121.

127. *Les valeurs* (IV) *des inconnues satisfont toujours au système* (4) *des équations proposées.*

En effet, pour avoir les inconnues, nous avons formé les équations

$$(5)\quad \left\{\begin{aligned} & S_1\Delta_{a_1} - S_2\Delta_{a_2} + S_3\Delta_{a_3} - \ldots - (-1)^{n-1} S_n\Delta_{a_n} = 0, \\ & S_1\Delta_{b_1} - S_2\Delta_{b_2} + S_3\Delta_{b_3} - \ldots - (-1)^{n-1} S_n\Delta_{b_n} = 0, \\ & S_1\Delta_{c_1} - S_2\Delta_{c_2} + S_3\Delta_{c_3} - \ldots - (-1)^{n-1} S_n\Delta_{c_n} = 0, \\ & \ldots\ldots\ldots\ldots\ldots\ldots\ldots\ldots\ldots\ldots, \\ & S_1\Delta_{l_1} - S_2\Delta_{l_2} + S_3\Delta_{l_3} - \ldots - (-1)^{n-1} S_n\Delta_{l_n} = 0. \end{aligned}\right.$$

D'abord il est évident que toutes les valeurs des inconnues, qui vérifient le système (4), satisfont à ce dernier système (5).

Je dis que réciproquement toutes les valeurs des inconnues, qui satisfont à ce dernier système (5), vérifient le système donné (4).

En effet, multiplions les équations (5) respectivement par a_1, $-b_1$, $+c_1$, ..., $(-1)^{n-1} l_1$, et ajoutons verticalement; dans le résultat les coefficients de $S_2, S_3, \ldots, S_n$ s'annulent (47), et il reste

$$\left[a_1\Delta_{a_1} - b_1\Delta_{b_1} + c_1\Delta_{c_1} - \ldots - (-1)^{n-1} l_1 \Delta_{l_1}\right] S_1 = 0$$

ou

$$\Delta S_1 = 0;$$

et, comme Δ est différent de zéro, il s'ensuit qu'on a $S_1 = 0$.

On verrait de même que les valeurs des inconnues qui satisfont au système (5) annulent aussi les polynômes $S_2, S_3, \ldots, S_n$; par suite, les valeurs fournies par le système (5) ou par son équivalent (IV) vérifient les équations (4).

Donc les valeurs (IV) *satisfont au système donné* (4).

128. Nous avons supposé jusqu'ici que le déterminant Δ des coefficients des inconnues n'est pas nul.

Voyons maintenant ce qui arrive lorsque *le déterminant* Δ *se réduit à zéro.* Dans ce cas, généralement, les n^2 déterminants mineurs de Δ ne sont pas tous nuls.

Admettons que le déterminant mineur Δ_{e_i}, par exemple, soit différent de zéro.

Soit ξ l'inconnue qui, dans les équations (4), est affectée des coefficients e. Dans le système (5) se trouve l'équation

$$(6) \qquad S_1\Delta_{e_1} - S_2\Delta_{e_2} + \ldots + (-1)^{i-1} S_i\Delta_{e_i} + \ldots + (-1)^{n-1} S_n\Delta_{e_n} = 0,$$

où le coefficient Δ_{e_i} de S_i n'est pas nul; par conséquent cette équation peut remplacer l'équation $S_i = 0$ dans le système (4).

Si dans cette équation (6) nous ordonnons par rapport aux inconnues $x, y, \ldots$, elle deviendra

$$\begin{aligned} x\left(a_1\Delta_{e_1} - a_2\Delta_{e_2} + \ldots\right) + y\left(b_1\Delta_{e_1} - b_2\Delta_{e_2} + \ldots\right) + z\left(c_1\Delta_{e_2} - c_2\Delta_{e_2} + \ldots\right) + \ldots \\ + \xi\left(e_1\Delta_{e_1} - e_2\Delta_{e_2} + \ldots\right) + \ldots + u\left(l_1\Delta_{e_1} - l_2\Delta_{e_2} + \ldots\right) \\ = k_1\Delta_{e_1} - k_2\Delta_{e_2} + \ldots + (-1)^{n-1} k_n\Delta_{e_n}; \end{aligned}$$

mais les coefficients des inconnues, autres que ξ, s'annulent (47) et celui de ξ est égal à Δ; par conséquent notre équation (6) se réduit à

$$(7) \qquad \Delta\xi = k_1\Delta_{e_1} - k_2\Delta_{e_2} + \ldots + (-1)^{n-1} k_n\Delta_{e_n}.$$

Or nous avons supposé que $\Delta = 0$; par conséquent, si le second membre

$$(8) \qquad k_1\Delta_{e_1} - k_2\Delta_{e_2} + \ldots + (-1)^{n-1} k_{n-1}\Delta_{e_n}$$

de (7) est différent de zéro, cette équation est impossible. Donc dans ce cas le système proposé (4) est impossible.

Si au contraire le second membre (8) s'annule, l'équation (7) se changera en une identité ; par suite l'équation $S_i = 0$ du système (4), qu'elle remplace, est une conséquence de toutes les autres équations ou d'une partie d'entre elles ; donc le système (4) se réduit à un système de $n-1$ équations

$$(9) \quad S_1 = 0, \quad S_2 = 0, \quad \ldots, \quad S_{i-1} = 0, \quad S_{i+1} = 0, \quad \ldots, \quad S_n = 0,$$

à n inconnues.

Dans le système réduit (9) faisons passer dans le second membre les termes $e_1\xi$, $e_2\xi$, ..., $e_{i-1}\xi$, $e_{i+1}\xi$, ..., $e_n\xi$, qui contiennent l'inconnue ξ. Si nous traitons ξ comme une quantité connue, nous aurons un système de $n-1$ équations à $n-1$ inconnues, dans lequel le déterminant Δ' des inconnues est précisément Δ_{e_i}. En effet, dans Δ' n'existe aucun des éléments e qui servent de coefficients à ξ ; de plus il ne s'y trouve aucun des coefficients a_i, b_i, ..., l_i de l'équation $S_i = 0$ qui a été supprimée ; par conséquent Δ' peut se déduire de Δ en y supprimant la ligne et la colonne qui contiennent l'élément e_i ; donc on a $\Delta' = \Delta_{e_i}$.

Puisque Δ_{e_i} est supposé différent de zéro, il s'ensuit que le système des équations (9) admet, pour les inconnues $x, y, z, \ldots$, une solution et une seule.

Ces valeurs de $x, y, z, \ldots$, étant exprimées en fonctions de ξ, le système des équations (4) est nécessairement indéterminé ; car à chaque valeur arbitraire donnée à ξ correspond un système de valeurs pour $x, y, z, \ldots$.

Donc, *lorsque le déterminant Δ est égal à zéro et que l'un au moins Δ_{e_i} des déterminants mineurs est différent de zéro, le système des équations* (4) *est* impossible *ou* indéterminé, *suivant que le polynôme*

$$k_1\Delta_{e_1} - k_2\Delta_{e_2} + \ldots + (-1)^{n-1}k_n\Delta_{e_n}$$

est *ou* non *différent de zéro.*

129. Si les n^2 déterminants mineurs du premier ordre étaient tous nuls dans Δ, l'un au moins des $\frac{n^2(n-1)^2}{1.4}$ déterminants mineurs du second ordre sera en général différent de zéro.

Dans ce cas on verrait, d'une manière analogue, que le système (4) est ou impossible ou indéterminé, et que, s'il est indéterminé, il se réduit à $n-2$ équations à n inconnues.

En général, si tous les déterminants mineurs de Δ, jusqu'à l'ordre $n-p$ inclusivement, étaient nuls, le système (4) se réduirait, dans le cas de l'indétermination, à $n-p$ équations à n inconnues.

130. Résolution d'un système de n équations linéaires à n inconnues, dont une seule n'est pas homogène. — Supposons que dans les équations (1) du n° **121** les seconds membres soient nuls, à l'exception d'un seul, k_1 par exemple. Le numérateur de la valeur (I) de x se réduira à

$$\begin{vmatrix} k_1 & b_1 & c_1 \\ 0 & b_2 & c_2 \\ 0 & b_3 & c_3 \end{vmatrix} = k_1 \begin{vmatrix} b_2 & c_2 \\ b_3 & c_3 \end{vmatrix} = k_1 \Delta_{a_1},$$

et il viendra

$$\Delta . x = k_1 \Delta_{a_1}.$$

On verrait de même, au moyen des valeurs (II), que

$$\Delta . y = - k_1 \Delta_{b_1}, \quad \Delta . z = k_1 \Delta_{c_1}.$$

On en tire

$$\text{(V)} \qquad \frac{x}{\Delta_{a_1}} = \frac{y}{-\Delta_{b_1}} = \frac{z}{\Delta_{c_1}} = \frac{k_1}{\Delta}.$$

L'inspection de ces valeurs nous fournit l'énoncé suivant :

Lorsque, dans un système de n équations linéaires à n inconnues, les seconds membres de $n - 1$ de ces équations sont nuls, les valeurs des inconnues sont proportionnelles aux multiplicateurs, dans Δ, des coefficients qui affectent les inconnues dans l'équation non homogène.

La résolution des équations proposées se trouve ainsi ramenée à celle des équations (V).

§ II. — Résolution des équations linéaires homogènes.

131. Condition pour que n équations homogènes du premier degré à n inconnues soient compatibles. — Les équations (1) du n° **121** seront homogènes, si l'on a en même temps

$$k_1 = k_2 = k_3 = 0.$$

Si ces conditions sont remplies, le système (1) du n° **121** se réduira au suivant:

$$\text{(1)} \qquad \begin{cases} a_1 x + b_1 y + c_1 z = 0, \\ a_2 x + b_2 y + c_2 z = 0, \\ a_3 x + b_3 y + c_3 z = 0. \end{cases}$$

Les égalités (V) du nº **130** subsistent, quel que soit k_1; elles auront donc encore lieu si $k_1 = 0$, ce qui exige que l'on ait $\Delta = 0$ ou bien

$$(1) \qquad \Delta = \begin{vmatrix} a_1 & b_1 & c_1 \\ a_2 & b_2 & c_2 \\ a_3 & b_3 & c_3 \end{vmatrix} = 0.$$

Donc, *pour que n équations homogènes du premier degré à n inconnues soient compatibles, il faut et il suffit que le déterminant des inconnues soit nul.*

Si ce déterminant Δ était différent de zéro, il faudrait que l'on eût à la fois $x = y = z = 0$.

Nous voyons en même temps, par les égalités (V) du nº **130**, que :

Les valeurs des inconnues sont proportionnelles aux multiplicateurs, dans Δ, des coefficients qui affectent les inconnues dans l'une quelconque des équations proposées.

132. La condition (1) peut d'ailleurs se déterminer directement de la manière suivante :

Multiplions la première des équations (1) par le déterminant mineur $(b_2 c_3)$, la seconde par $-(b_1 c_3)$ et la troisième par $(b_1 c_2)$ et ajoutons; nous formons ainsi l'équation

$$\begin{aligned} &[a_1(b_2c_3) - a_2(b_1c_3) + a_3(b_1c_2)]x \\ +&[b_1(b_2c_3) - b_2(b_1c_3) + b_3(b_1c_2)]y \\ +&[c_1(b_2c_3) - c_2(b_1c_3) + c_3(b_1c_2)]z = 0, \end{aligned}$$

qui peut s'écrire

$$\begin{vmatrix} a_1 & b_1 & c_1 \\ a_2 & b_2 & c_2 \\ a_3 & b_3 & c_3 \end{vmatrix} x + \begin{vmatrix} b_1 & b_1 & c_1 \\ b_2 & b_2 & c_2 \\ b_3 & b_3 & c_3 \end{vmatrix} y + \begin{vmatrix} c_1 & b_1 & c_1 \\ c_2 & b_2 & c_2 \\ c_3 & b_3 & c_3 \end{vmatrix} z = 0.$$

Les coefficients de y et z, étant des déterminants à deux colonnes identiques, sont nuls (26); il reste donc l'égalité

$$\begin{vmatrix} a_1 & b_1 & c_1 \\ a_2 & b_2 & c_2 \\ a_3 & b_3 & c_3 \end{vmatrix} x = 0,$$

qui fournit la relation (I), à moins que l'on n'ait à la fois $x=y=z=0$.

133. Lorsque cette condition (I) est remplie, on peut obtenir directement le rapport des inconnues x, y et z.

En effet, éliminons successivement z et x entre les deux premières des équations (1); nous obtenons les égalités

$$(c_1 a_2 - a_1 c_2)x - (b_1 c_2 - c_1 b_2)y = 0,$$
$$(a_1 b_2 - b_1 a_2)y - (c_1 a_2 - a_1 c_2)z = 0,$$

qui donnent

$$(2) \qquad \frac{x}{b_1 c_2 - c_1 b_2} = \frac{y}{c_1 a_2 - a_1 c_2} = \frac{z}{a_1 b_2 - b_1 a_2}.$$

Or la relation de condition $\Delta = 0$, revenant à l'égalité

$$(3) \quad \Delta = a_1 b_2 c_3 - a_1 c_2 b_3 + c_1 a_2 b_3 - b_1 a_2 c_3 + b_1 c_2 a_3 - c_1 b_2 a_3 = 0,$$

peut s'écrire

$$\Delta = a_3(b_1 c_2 - c_1 b_2) + b_3(c_1 a_2 - a_1 c_2) + c_3(a_1 b_2 - b_1 a_2) = 0;$$

en la comparant aux équations (2), on voit de suite que les inconnues sont proportionnelles aux multiplicateurs, dans Δ, des coefficients a_3, b_3, c_3 qui affectent les inconnues dans la troisième des équations (1).

Multiplions par c_1 l'expression (3) de Δ, après l'avoir augmentée et diminuée de $c_1 b_2 a_3$; nous en tirons l'égalité

$$(4) \qquad \frac{b_1 c_2 - c_1 b_2}{b_1 c_3 - c_1 b_3} = \frac{c_1 a_2 - a_1 c_2}{c_1 a_3 - a_1 c_3} = \frac{a_1 b_2 - b_1 a_2}{a_1 b_3 - b_1 a_3},$$

et cette dernière par extension. Si nous multiplions actuellement les rapports (2) et (4) par ordre, nous obtenons aussi les égalités

$$\frac{x}{b_1 c_3 - c_1 b_3} = \frac{y}{c_1 a_3 - a_1 c_3} = \frac{z}{a_1 b_3 - b_1 a_3},$$

qu'il suffit de comparer à l'expression (3) de Δ, mise sous la forme

$$a_2(b_1 c_3 - c_1 b_3) + b_2(c_1 a_3 - a_1 c_3) + c_2(a_1 b_3 - b_1 a_3),$$

pour établir notre proposition relativement à la seconde des équations (1).

§ III. — Résolution d'équations linéaires en nombre différent de celui des inconnues.

134. Condition pour que n équations non homogènes du premier degré, à $n-1$ inconnues, soient compatibles. — Soit donné le système des *quatre* équations à *trois* inconnues x, y, z,

$$(1)\quad \begin{cases} a_1 x + b_1 y + c_1 z + k_1 = 0, \\ a_2 x + b_2 y + c_2 z + k_2 = 0, \\ a_3 x + b_3 y + c_3 z + k_3 = 0, \\ a_4 x + b_4 y + c_4 z + k_4 = 0, \end{cases}$$

que nous supposerons simultanées, c'est-à-dire admettant pour x, y, z un même système de valeurs. Nous pouvons rendre ces équations homogènes, en y remplaçant les inconnues par leurs rapports à une quantité arbitraire u; elles deviennent ainsi

$$\begin{aligned} a_1 x + b_1 y + c_1 z + k_1 u = 0, \\ a_2 x + b_2 y + c_2 z + k_2 u = 0, \\ a_3 x + b_3 y + c_3 z + k_3 u = 0, \\ a_4 x + b_4 y + c_4 z + k_4 u = 0. \end{aligned}$$

Celles-ci, en vertu de la condition établie au n° **131**, ne sont compatibles que si le déterminant des inconnues est nul, c'est-à-dire si l'on a

$$(\mathrm{I})\quad \begin{vmatrix} a_1 & b_1 & c_1 & k_1 \\ a_2 & b_2 & c_2 & k_2 \\ a_3 & b_3 & c_3 & k_3 \\ a_4 & b_4 & c_4 & k_4 \end{vmatrix} = 0.$$

Donc:

Pour que n équations non homogènes du premier degré, à $n-1$ inconnues, soient compatibles, il faut et il suffit qu'on *obtienne zéro pour la valeur du déterminant des mêmes équations rendues homogènes.*

135. **Deuxième méthode pour résoudre un système de n équations non homogènes du premier degré, à n inconnues.** — Soit à résoudre le système des trois équations à trois inconnues

$$(2)\qquad \left\{\begin{aligned} a_1 x + b_1 y + c_1 z + d_1 &= 0,\\ a_2 x + b_2 y + c_2 z + d_2 &= 0,\\ a_3 x + b_3 y + c_3 z + d_3 &= 0.\end{aligned}\right.$$

Nous pouvons adjoindre à ce système l'équation du premier degré à trois inconnues

$$(3)\qquad \alpha x + \beta y + \gamma z + \delta = 0,$$

où les coefficients α, β, γ et δ sont encore indéterminés.

Si nous supposons que l'équation (3) soit satisfaite par les valeurs des inconnues x, y, z qui vérifient le système (2), nous aurons un système de *quatre* équations (3) et (2) à *trois* inconnues x, y, z, lesquelles équations devront admettre les mêmes valeurs pour ces inconnues.

Or ces équations, d'après la condition établie au numéro précédent, ne seront compatibles que si leur déterminant

$$D = \begin{vmatrix} \alpha & \beta & \gamma & \delta \\ a_1 & b_1 & c_1 & d_1 \\ a_2 & b_2 & c_2 & d_2 \\ a_3 & b_3 & c_3 & d_3 \end{vmatrix}$$

est nul, c'est-à-dire si

$$(4)\qquad \alpha D_\alpha - \beta D_\beta + \gamma D_\gamma - \delta\Delta = 0,$$

où l'on a

$$D_\alpha = \begin{vmatrix} b_1 & c_1 & d_1 \\ b_2 & c_2 & d_2 \\ b_3 & c_3 & d_3 \end{vmatrix}, \quad D_\beta = \begin{vmatrix} a_1 & c_1 & d_1 \\ a_2 & c_2 & d_2 \\ a_3 & c_3 & d_3 \end{vmatrix}, .$$

$$D_\gamma = \begin{vmatrix} a_1 & b_1 & d_1 \\ a_2 & b_2 & d_2 \\ a_3 & b_3 & d_3 \end{vmatrix}, \quad \Delta = \begin{vmatrix} a_1 & b_1 & c_1 \\ a_2 & b_2 & c_2 \\ a_3 & b_3 & c_3 \end{vmatrix}.$$

Il s'ensuit donc que, les coefficients α, β, γ, δ devant satisfaire à la relation de condition (4), si trois d'entre eux, α, β et γ, restent indéterminés, la valeur du quatrième δ sera fournie par l'équation (4) et se trouvera exprimée en fonction de α, β, γ et des coefficients donnés des équations (2).

Cela étant, éliminons δ entre (3) et (4); nous obtenons l'égalité

$$\alpha\left(x+\frac{D_\alpha}{\Delta}\right)+\beta\left(y-\frac{D_\beta}{\Delta}\right)+\gamma\left(z+\frac{D_\gamma}{\Delta}\right)=0.$$

Celle-ci, devant être satisfaite quels que soient α, β et γ, exige que l'on ait

$$x=-\frac{D_\alpha}{\Delta}=-\frac{(d_1 b_2 c_3)}{(a_1 b_2 c_3)},\quad y=\frac{D_\beta}{\Delta}=-\frac{(a_1 d_2 c_3)}{(a_1 b_2 c_3)},\quad z=-\frac{D_\gamma}{\Delta}=-\frac{(a_1 b_2 d_3)}{(a_1 b_2 c_3)}.$$

Ce qui fournit, pour les inconnues, des valeurs qui deviendront identiques avec celles du n° **121**, si l'on a soin de remplacer d_1, d_2, d_3 par $-k_1$, $-k_2$, $-k_3$.

CHAPITRE III.

LES RÉSULTANTS.

§ I. Résultante de deux équations algébriques. — § II. Méthodes d'élimination entre deux équations. — § III. Calcul des racines communes à deux équations. — § IV. Calcul des racines doubles d'une équation. — § V. Les différences des racines d'une équation. — § VI. Résolution de l'équation du troisième degré. — § VII. Résolution d'un système de deux équations à deux inconnues.

§ I. — Résultante de deux équations algébriques.

136. Définition. — Étant donné un système de n équations non homogènes entre $n-1$ variables, si l'on combine ces n équations entre elles, de manière à éliminer les $n-1$ variables, on obtient une équation $R=0$, dont le premier membre ne contient que les coefficients des n équations données. Le premier membre R de cette *équation résultante* a été nommé par Bezout le *résultant* ou l'éliminant du système donné (*Histoire de l'Académie de Paris*, 1764, p. 288), et l'équation elle-même $R=0$ porte le nom de *résultante* (*æquatio finalis genua*).

C'est en cherchant la résultante de n équations du premier degré à $n-1$ inconnues ou celle de deux équations algébriques à une inconnue que Leibnitz a découvert les déterminants (*Œuvres mathématiques de Leibnitz*, publiées par Gerhardt, t. II, p. 239).

La résultante forme une relation entre les coefficients du système donné; elle exprime la condition pour que les équations proposées soient compatibles, c'est-à-dire pour qu'elles puissent être satisfaites par un même système de valeurs attribuées aux inconnues.

137. Résultante d'un système de deux équations du premier degré à une inconnue. — La résultante des deux équations

$$ax + b = 0, \quad a'x + b' = 0$$

s'obtient en éliminant la variable x entre ces deux équations. Or, en vertu du théorème du n° 134, ces équations ne seront compatibles que si le déterminant de leurs premiers membres est nul. On trouve ainsi l'équation

$$\begin{vmatrix} a & b \\ a' & b' \end{vmatrix} = 0, \quad \text{ou} \quad ab' - ba' = 0,$$

qui est la résultante demandée.

138. Résultante d'un système de deux équations du second degré à une inconnue. — Pour avoir la résultante du système des deux équations

$$ax^2 + bx + c = 0, \quad a'x^2 + b'x + c' = 0,$$

on multiplie la première par a', la seconde par a, et l'on retranche le premier résultat du second; on obtient ainsi l'équation

$$(ab' - ba')x - (ca' - ac') = 0;$$

elle donne pour x la valeur

$$x = \frac{ca' - ac'}{ab' - ba'},$$

qu'il suffit de substituer dans l'une des deux équations données, pour avoir l'équation résultante

$$(ca' - ac')^2 - (ab' - ba')(bc' - cb') = 0.$$

Cette équation exprime la condition nécessaire et suffisante pour que les deux équations proposées soient compatibles, c'est-à-dire pour qu'elles aient une racine commune. La racine commune est

$$x = \frac{ca' - ac'}{ab' - ba'} = \frac{bc' - cb'}{ca' - ac'}.$$

139. Résultante d'un système de deux équations algébriques à une inconnue. — Soient données les deux équations

$$(1) \qquad f(x) = a_0 x^m + a_1 x^{m-1} + a_2 x^{m-2} + \ldots + a_{m-1} x + a_m = 0,$$

$$(2) \qquad \varphi(x) = b_0 x^n + b_1 x^{n-1} + b_2 x^{n-2} + \ldots + b_{n-1} x + b_n = 0,$$

l'une du degré m et l'autre du degré n, n pouvant être égal à m. Nous allons déterminer la condition nécessaire et suffisante pour que ces deux équations aient une racine commune.

Admettons qu'on connaisse les m racines de l'équation (1) et soient $\alpha_1, \alpha_2, \ldots, \alpha_m$ ces racines. Si toutes ces racines sont finies, le coefficient a_0 sera différent de zéro et l'on aura

$$f(x) = a_0 (x - \alpha_1)(x - \alpha_2) \ldots (x - \alpha_n).$$

Pour que l'une des racines $\alpha_1, \alpha_2, \ldots, \alpha_m$ satisfasse à l'équation (2), il faut et il suffit que l'un des résultats

$$\varphi(\alpha_1), \quad \varphi(\alpha_2), \quad \ldots, \quad \varphi(\alpha_m)$$

soit nul, ce qui exige que l'on ait

$$\varphi(\alpha_1)\varphi(\alpha_2)\ldots\varphi(\alpha_m) = 0.$$

Réciproquement, si ce produit est nul, l'un de ses facteurs se réduit nécessairement à zéro; par suite, l'une des racines de l'équation (1) satisfait à l'équation (2).

Ainsi, *pour que l'équation* $f(x) = 0$, *dont les racines* $\alpha_1, \alpha_2, \ldots, \alpha_m$ *sont différentes de l'infini, ait une racine commune avec l'équation* $\varphi(x) = 0$, *il faut et il suffit que le produit*

$$P = \varphi(\alpha_1)\varphi(\alpha_2)\ldots\varphi(\alpha_m)$$

soit égal à zéro.

On verrait de même que l'égalité

$$Q = f(\beta_1) f(\beta_2) \ldots f(\beta_n) = 0$$

exprime la condition nécessaire et suffisante pour que l'une des racines $\beta_1, \beta_2, \ldots, \beta_n$, supposées finies, de l'équation $\varphi(x) = 0$ satisfasse à l'équation $f(x) = 0$.

140. Cas où les deux équations admettent l'une ou toutes les deux des racines infinies. — Supposons que la racine α_1 soit infinie. Au lieu de substituer α_1 dans l'équation $\varphi(x) = 0$, on remplace l'inconnue par $\frac{1}{\alpha_1}$ dans l'équation aux inverses $y^n \varphi\left(\frac{1}{y}\right) = 0$.

Le premier membre résultant $\frac{\varphi(\alpha_1)}{\alpha_1^n}$, ayant ses deux termes infinis, est indéterminé; on calculera donc la vraie valeur R_1 de ce rapport et l'équation $R_1 = 0$ exprimera la condition pour que la racine α_1 satisfasse à l'équation $\varphi(x) = 0$.

Il s'ensuit que, si l'équation $f(x) = 0$ admet plusieurs racines infinies $\alpha_1, \alpha_2, \ldots, \alpha_i$, pour qu'elle ait une racine commune avec l'équation $\varphi(x) = 0$, il faut et il suffit que l'on ait

$$\frac{\varphi(\alpha_1)}{\alpha_1} \times \frac{\varphi(\alpha_2)}{\alpha_2} \times \ldots \times \frac{\varphi(\alpha_i)}{\alpha_i} \times \varphi(\alpha_{i+1})\,\varphi(\alpha_{i+2})\ldots\varphi(\alpha_m) = 0.$$

Or on sait que

$$\alpha_1\alpha_2\alpha_3\ldots\alpha_i\alpha_{i+1}\alpha_{i+2}\ldots\alpha_m = \pm\frac{a_m}{a_0},$$

selon que m est pair ou impair, de sorte que

$$\frac{1}{\alpha_1^n\alpha_2^n\ldots\alpha_i^n} = \frac{\pm a_0^n(\alpha_{i+1}\alpha_{i+2}\ldots\alpha_m)^n}{a_m^n};$$

par suite, la condition précédente revient à l'égalité

$$\pm(\alpha_{i+1}\alpha_{i+2}\ldots\alpha_m)^n \times \frac{\alpha_0^n\varphi(\alpha_1)\,\varphi(\alpha_2)\ldots\varphi(\alpha_m)}{a_m^n} = 0,$$

où l'on peut diviser le premier membre par le produit

$$\pm\frac{1}{a_m^n}(\alpha_{i+1}\alpha_{i+2}\ldots\alpha_m)^n,$$

qui est fini et différent de zéro; donc l'équation

$$(3)\qquad a_0^n\varphi(\alpha_1)\,\varphi(\alpha_2)\ldots\varphi(\alpha_m) = 0$$

exprime la condition nécessaire et suffisante pour que les deux équations données (1) et (2) aient une racine commune ([1]).

Mais nous avons trouvé que l'équation

$$\varphi(\alpha_1)\,\varphi(\alpha_2)\ldots\varphi(\alpha_m) = 0$$

([1]) Cette démonstration suppose que toutes les racines $\alpha_{i+1}, \alpha_{i+2}, \ldots, \alpha_m$, qui ne sont pas infinies, soient toutes différentes de zéro. Si l'une ou plusieurs d'entre elles étaient nulles, on conçoit qu'en modifiant les coefficients de (1) et de (2) on puisse rendre ces racines différentes de zéro (144, 1°). Or le théorème est vrai pour des racines très-petites; donc il existera encore, à la limite, pour des racines nulles.

exprime la condition pour que les équations données aient une racine commune, lorsque l'équation (1) n'admet que des racines finies; comme dans ce cas le coefficient a_0 est différent de zéro, on voit que cette deuxième équation de condition est une conséquence de la première (3).

Donc, *quelle que soit la nature des racines* $\alpha_1, \alpha_2, \ldots, \alpha_m$ *de l'équation* $f(x) = 0$, *la relation*

$$\text{(I)} \qquad R = a_0^n \varphi(\alpha_1)\varphi(\alpha_2)\ldots\varphi(\alpha_m) = 0$$

exprime la condition nécessaire et suffisante pour que les deux équations $f(x) = 0$ et $\varphi(x) = 0$ *admettent une racine commune.*

On verrait de même que la relation

$$\text{(II)} \qquad R_1 = b_0^m f(\beta_1) f(\beta_2)\ldots f(\beta_n) = 0$$

exprime la même condition, et cela quelles que soient les racines $\beta_1, \beta_2, \ldots, \beta_n$ de l'équation $\varphi(x) = 0$.

141. ***Les deux produits* R *et* R_1 *ne diffèrent que par un facteur constant*,** attendu qu'ils expriment chacun le résultant du système des deux équations (1) et (2).

Pour le prouver, d'ailleurs, prenons les deux identités

$$\varphi(x) = b_0(x - \beta_1)(x - \beta_2)\ldots(x - \beta_n),$$
$$f(x) = a_0(x - \alpha_1)(x - \alpha_2)\ldots(x - \alpha_m);$$

dans la première, remplaçons x successivement par les racines $\alpha_1, \alpha_2, \ldots, \alpha_n$ de l'équation $f(x) = 0$, et dans la seconde remplaçons x successivement par les racines $\beta_1, \beta_2, \ldots, \beta_m$ de l'équation $\varphi(x) = 0$. Si nous faisons chaque fois le produit des résultats, nous obtiendrons les deux égalités

$$\begin{aligned}
P = {} & b_0(\alpha_1 - \beta_1)(\alpha_1 - \beta_2)\ldots(\alpha_1 - \beta_n) \\
& \times b_0(\alpha_2 - \beta_1)(\alpha_2 - \beta_2)\ldots(\alpha_2 - \beta_n) \\
& \ldots\ldots\ldots\ldots\ldots\ldots\ldots\ldots \\
& \times b_0(\alpha_m - \beta_1)(\alpha_m - \beta_2)\ldots(\alpha_m - \beta_n), \\
Q = {} & a_0(\beta_1 - \alpha_1)(\beta_1 - \alpha_2)\ldots(\beta_1 - \alpha_m) \\
& \times a_0(\beta_2 - \alpha_1)(\beta_2 - \alpha_2)\ldots(\beta_2 - a_m) \\
& \ldots\ldots\ldots\ldots\ldots\ldots\ldots\ldots \\
& \times a_0(\beta_n - \alpha_1)(\beta_n - \alpha_2)\ldots(\beta_n - \alpha_m).
\end{aligned}$$

Dans les deux produits P et Q, les facteurs binômes sont

respectivement égaux et de signes contraires; ils sont au nombre de m fois n dans P et de n fois m dans Q, c'est-à-dire de mn fois dans chacun d'eux. Les autres facteurs b^m de P et a_0^n de Q deviendront égaux, si l'on multiplie P par a_0^n et Q par b_0^m; donc on a

$$a_0^n P = (-1)^{mn} b_0^m Q$$

ou, en ayant égard aux expressions (I) et (II),

$$R = (-1)^{mn} R_1.$$

Ainsi *les deux résultants* R *et* R_1 *ne diffèrent que par un facteur constant, qui est* $+1$ *ou* -1, *suivant que le produit* mn *est pair ou impair.*

141 *bis.* **Applications.** — 1° Reprenons les deux équations du second degré à une inconnue du n° 138, et soient α et β les racines de l'équation

$$ax^2 + bx + c = 0,$$

α' et β' celles de la seconde

$$a'x^2 + b'x + c' = 0.$$

Le résultant $a_0^n P$ sera ici

$$\begin{aligned} R &= a'^2(a\alpha'^2 + b\alpha' + c)(a\beta'^2 + b\beta' + c) \\ &= a'^2[a^2\alpha'^2\beta'^2 + ab\alpha'\beta'(\alpha' + \beta') + ac(\alpha'^2 + \beta'^2) + b^2\alpha'\beta' + bc(\alpha' + \beta') + c^2]; \end{aligned}$$

or on sait que

$$\alpha'\beta' = \frac{c'}{a'}, \quad \alpha' + \beta' = -\frac{b'}{a'}, \quad \text{d'où} \quad \alpha'^2 + \beta'^2 = \frac{b'^2 - 2a'c'}{a'^2};$$

par suite on trouve que

$$R = a^2c'^2 - abb'c' + ac(b'^2 - 2a'c') + b^2a'c' - bca'b' + c^2a'^2$$

ou

$$R = (ac' - ca')^2 - (ab' - ba')(bc' - cb'),$$

pour le résultant de nos deux équations.

Ce résultat a été obtenu plus rapidement au n° 138 par l'élimination directe de x entre les deux équations données.

2° Considérons encore l'équation du troisième degré

$$f(x) = x^3 + px + q = 0$$

et sa dérivée

$$f'(x) = 3x^2 + p = 0.$$

Si nous désignons par a, b, c les trois racines de la première et par α, $-\alpha$ celles de la seconde, le résultant des deux polynômes $f(x)$ et $f'(x)$ sera

$$f'(a)f'(b)f'(c) = -(b-c)^2(c-a)^2(a-b)^2$$

ou

$$3^3 f(\alpha)f(-\alpha) = 27(\alpha^3 + p\alpha + q)(-\alpha^3 - p\alpha + q) = 4p^3 + 27q^2,$$

en remplaçant α^2 par sa valeur $-\frac{p}{3}$.

Nous avons donc

$$R = -(b-c)^2(c-a)^2(a-b)^2 = 4p^3 + 27q^2.$$

Cette égalité prouve que l'équation du troisième degré $x^3 + px + q = 0$ 1° a ses racines réelles, si la quantité $4p^3 + 27q^2$ est négative; 2° a deux racines égales, si cette même quantité est égale à zéro.

142. Nature du résultant de deux équations à une inconnue. — Nous voyons, par les expressions (I) et (II) du n° 140, que si l'on connaissait les racines de deux équations (1) et (2), on pourrait mettre leur résultant sous deux formes distinctes.

Considérons la première forme

$$R = a_0^n \varphi(\alpha_1)\varphi(\alpha_2)\ldots\varphi(\alpha_m),$$

qui est exprimée en valeur des racines de l'équation (1). La quantité $\varphi(\alpha_1)$ y est une fonction algébrique rationnelle et entière du premier degré des coefficients b_0, b_1, ..., b_n de l'équation $\varphi(x) = 0$; de même $\varphi(\alpha_2)$ est une fonction algébrique rationnelle et entière du premier degré des mêmes coefficients, et ainsi de suite. Le produit de ces m facteurs de R sera donc une fonction algébrique rationnelle et entière du $m^{\text{ième}}$ degré des coefficients de l'équation (2).

Si nous considérons la seconde forme

$$R_1 = b_0^m f(\beta_1)f(\beta_2)\ldots f(\beta_n),$$

qui est exprimée en valeur des racines de l'équation (2), nous voyons que $f(\beta_1)$ y est une fonction algébrique rationnelle et entière des coefficients a_0, a_1, ..., a_m de l'équation $f(x) = 0$; il en est de même des $n-1$ facteurs suivants; par suite, le produit de ces n facteurs est une fonction algébrique rationnelle et entière du $n^{\text{ième}}$ degré des coefficients de l'équation (1).

Or les deux expressions R et R_1 diffèrent tout au plus par le signe. Donc *le résultant de deux équations à une inconnue, l'une du $m^{\text{ième}}$ et l'autre du $n^{\text{ième}}$ degré, est une fonction algébrique, rationnelle et entière des coefficients de ces deux équations; il est du $n^{\text{ième}}$ degré par rapport aux coefficients de la première équation et du $m^{\text{ième}}$ degré par rapport à ceux de la seconde.*

143. Réciproquement, *lorsqu'une fonction algébrique, rationnelle et entière Δ est du $m^{\text{ième}}$ degré par rapport aux coefficients d'une équation du $n^{\text{ième}}$ degré $\varphi(x) = 0$, et du $n^{\text{ième}}$ degré par rapport aux coefficients d'une équation du $m^{\text{ième}}$ degré $f(x) = 0$, si de plus cette fonction Δ s'annule chaque fois que les deux équations ont une racine connue, Δ ne diffère du résultant R que par un facteur numérique; en d'autres termes, la fonction Δ est le résultant des deux équations $f(x) = 0$ et $\varphi(x) = 0$.*

Considérons, en effet, l'un quelconque des coefficients de l'une des deux équations $f(x) = 0$ et $\varphi(x) = 0$, ou (1) et (2), par exemple le coefficient a_i de la première.

La fonction Δ est un polynôme du degré n par rapport à a_i; le résultant R est aussi un polynôme du même degré en a_i.

Soient a'_i, a''_i, ..., $a^{(n)}_i$ les n racines de l'équation $R = 0$, que l'on obtient en égalant à zéro le résultant R considéré comme une fonction de a_i. Toutes les fois que a_i sera égal à l'une des n racines de cette équation $R = 0$, le résultant R sera nul; par suite les deux équations (1) et (2) ont une racine commune; donc la fonction proposée Δ s'annulera aussi.

Ainsi la fonction Δ devient nulle pour toutes les valeurs de a_i qui annulent le résultant R; d'ailleurs Δ et R sont du même degré par rapport à a_i; ils ne diffèrent donc que par un facteur indépendant de a_i.

On verrait de même que la fonction Δ et le résultant R ne peuvent différer que par des facteurs indépendants de tout autre coefficient de $f(x)$ et $\varphi(x)$; donc la fonction Δ est, à un facteur numérique près, le résultant des deux équations (1) et (2).

144. Propriétés du résultant de deux équations à une inconnue. — 1° *Le résultant* R *ne change pas lorsqu'on change x en $x + h$ dans les deux équations;* car cela revient à diminuer toutes les racines des deux équations d'une même quantité h, ce qui ne change pas les différences $\alpha_1 - \beta_1$, $\alpha_1 - \beta_2$, ..., $\alpha_m - \beta_n$ entre les racines de la première équation et celles de la seconde, et par suite n'altère pas les valeurs de P et de Q.

2° *Le résultant* R *ne change pas* non plus *lorsqu'on remplace x par $\frac{1}{x}$ dans les deux équations;* car la différence entre une racine a_i de la première équation et une racine β_j de la seconde devenant

$$\frac{1}{\alpha_i} - \frac{1}{\beta_j} = \frac{\beta_j - \alpha_i}{\alpha_i \beta_j},$$

le nouveau produit P′ sera égal à la $m^{\text{ième}}$ puissance du nouveau premier coefficient b_n de $\varphi\left(\frac{1}{x}\right)$ par

$$\frac{(\beta_1 - \alpha_1)(\beta_2 - \alpha_2)\dots(\beta_n - \alpha_m)}{(\alpha_1 \alpha_2 \dots \alpha_m)^n (\beta_1 \beta_2 \dots \beta_n)^m}.$$

Or dans cette fraction le numérateur est égal (139) à $\frac{(-1)^{mn} P}{b_0^{mn}}$, et le dénominateur est égal à $\pm \frac{a_m^n b_n^m}{a_0^n b_0^m}$; donc on a

$$P' = \pm \frac{(-1)^{mn} a_0^n P}{a_m^n};$$

il viendra donc pour le nouveau résultant

$$R' = a_m^n P' = \pm (-1)^{mn} a_0^n P = \pm R.$$

Donc le résultant change tout au plus de signe.

§ II. — Méthodes d'élimination entre deux équations algébriques.

145. Méthode d'élimination d'Euler (¹). — Lorsque deux équations $f(x) = 0$, $\varphi(x) = 0$, des degrés m et n, admettent une racine commune $x = \alpha$, leurs premiers membres sont divisibles par $x - \alpha$; par conséquent, si l'on multiplie $f(x)$ par le produit des $n - 1$ autres facteurs de $\varphi(x)$, et $\varphi(x)$ par le produit des $m - 1$ autres facteurs de $f(x)$, on devra obtenir des résultats identiques.

Il s'ensuit que, si l'on multiplie $f(x)$ par une fonction arbitraire de x du degré $n - 1$, qui y introduit n constantes arbitraires; puis $\varphi(x)$ par une fonction arbitraire de x du degré $m - 1$, qui y introduit m constantes arbitraires; et que

(¹) *Histoire de l'Académie de Berlin*, 1764, p. 96.

l'on égale terme à terme les deux fonctions de degré $m+n-1$ ainsi formées, on aura $m+n$ équations homogènes et du premier degré par rapport aux $m+n$ constantes introduites.

Pour que ces $m+n$ équations soient compatibles, il faudra que leur déterminant soit nul (131). On obtiendra ainsi la résultante des deux équations données.

Supposons que les deux équations

$$ax^2+bx+c=0, \quad a'x^2+b'x+c'=0$$

aient une racine commune. Nous devons avoir identiquement, quel que soit x,

$$(A'x+B')(ax^2+bx+c)=(Ax+B)(a'x^2+b'x+c')$$

ou

$$(A'a-Aa')x^3+(A'b+B'a-Ab'-Ba')x^2$$
$$+(A'c+B'b-Ac'-Bb')x+B'c-Bc'=0.$$

Égalant à zéro les coefficients des différents termes en x, nous formons les quatre équations homogènes

$$\begin{array}{l} A'a \qquad\qquad - Aa' \qquad\qquad = 0,\\ A'b+B'a-Ab'-Ba'=0,\\ A'c+B'b-Ac'-Bb'=0,\\ \qquad +B'c \qquad\qquad -Bc'=0,\end{array}$$

entre les quatre inconnues A', B', $-A$ et $-B$. Éliminant ces constantes, on obtient l'équation résultante

$$\begin{vmatrix} a & 0 & a' & 0 \\ b & a & b' & a' \\ c & b & c' & b' \\ 0 & c & 0 & c' \end{vmatrix}=0,$$

ou

$$\text{(I)} \qquad (ca'-ac')^2-(ab'-ba')(bc'-cb')=0;$$

c'est la condition déjà trouvée aux nos 138 et 141 *bis*.

146. Méthode d'élimination de M. Sylvester ([1]). — Dans la *méthode dialytique* du géomètre anglais, les puissances de la variable x sont traitées comme autant de variables indépendantes. Pour la faire comprendre, il nous suffira de l'appliquer à un ou deux exemples.

Proposons-nous d'éliminer x entre les deux équations

$$ax^2 + bx + c = 0, \quad a'x^2 + b'x + c'.$$

Multiplions chacune de ces équations par $x^1 = x$ et $x^0 = 1$; nous formons les quatre équations

$$\begin{aligned}
a\,x^3 + b\,x^2 + c\,x \phantom{{}+c} &= 0,\\
a\,x^2 + b\,x + c &= 0,\\
a'\,x^3 + b'\,x^2 + c'\,x \phantom{{}+c'} &= 0,\\
a'\,x^2 + b'\,x' + c' &= 0,
\end{aligned}$$

entre les trois puissances successives x^3, x^2, x de la variable x. Si nous considérons ces puissances comme autant d'inconnues, nous aurons un système de quatre équations du premier degré entre trois inconnues. Ces équations ne seront compatibles que si leur déterminant est nul (**134**); nous trouvons ainsi la résultante

$$\begin{vmatrix} a & b & c & 0 \\ 0 & a & b & c \\ a' & b' & c' & 0 \\ 0 & a' & b' & c' \end{vmatrix} = 0,$$

qui est identique avec celle du numéro précédent.

147. Soit encore à éliminer x entre les deux équations

$$ax^3 + bx^2 + cx + d = 0, \quad a'x^2 + b'x + c' = 0.$$

M. Sylvester multiplie la première équation successivement par x^1 et x^0 et la seconde par x^2, x^1 et x^0, ce qui lui

([1]) *Philosophical Magazine*, 1840, n° 101, et *Journal de Crelle*, t. XXI, p. 226.

fournit les cinq équations

$$\begin{aligned}
a\,x^4 + b\,x^3 + c\,x^2 + d\,x \qquad &= 0,\\
a\,x^3 + b\,x^2 + c\,x + d &= 0,\\
a'\,x^4 + b'\,x^3 + c'\,x^2 \qquad &= 0,\\
a'\,x^3 + b'\,x^2 + c'\,x \qquad &= 0,\\
a'\,x^2 + b'\,x + c' &= 0,
\end{aligned}$$

entre les quatre inconnues x^4, x^3, x^2 et x. Éliminant ces inconnues, on obtient l'équation de condition

$$\begin{vmatrix} a & b & c & d & 0 \\ 0 & a & b & c & d \\ a' & b' & c' & 0 & 0 \\ 0 & a' & b' & c' & 0 \\ 0 & 0 & a' & b' & c' \end{vmatrix} = 0.$$

148. En général, supposons qu'il s'agisse d'éliminer x entre les deux équations

$$\begin{aligned}
a x^m + b x^{m-1} + \ldots + k x + l &= 0,\\
a' x^n + b' x^{n-1} + \ldots + k' x + l' &= 0,
\end{aligned}$$

dont l'une est du $m^{\text{ième}}$ et l'autre du $n^{\text{ième}}$ degré.

On multiplie la première par les puissances successives de x

$$x^{n-1},\ x^{n-2},\ \ldots,\ x^2,\ x^1,\ x^0,$$

et la seconde par les puissances successives de x

$$x^{m-1},\ x^{m-2},\ \ldots,\ x^2,\ x^1,\ x^0;$$

on obtient ainsi $m+n$ équations entre les $m+n-1$ puissances successives

$$x^{m+n-1},\ x^{m+n-2},\ \ldots,\ x^2,\ x^1 \text{ de } x.$$

Éliminant ces $m+n-1$ puissances de x, considérées comme autant d'inconnues distinctes, on trouve la résultante des deux équations proposées.

149. Méthode d'élimination de Bezout (¹). — Cette méthode donne aussi le résultant sous la forme d'un déterminant; mais

(¹) *Histoire de l'Académie de Paris*, 1764, p. 298 et 317.

le déterminant affecte une forme plus simple, qui en rend le calcul plus facile.

Pour en faire saisir l'esprit, nous l'appliquerons au cas particulier des deux équations du troisième degré

$$ax^3 + bx^2 + cx + d = 0, \quad a'x^3 + b'x^2 + c'x + d' = 0.$$

On multiplie ces deux équations successivement par

$$\begin{gathered} a' \text{ et } a, \\ a'x + b' \text{ et } ax + b, \\ a'x^2 + b'x + c' \text{ et } ax^2 + bx + c, \end{gathered}$$

et l'on retranche chaque fois les deux produits obtenus; on forme ainsi les trois nouvelles équations

$$\begin{aligned} &(ab')x^2 &&+ (ac')x &&+ (ad') = 0, \\ &(ac')x^2 &&+ [(ad') + (bc')]x &&+ (bd') = 0, \\ &(ad')x^2 &&+ (bd')x &&+ (cd') = 0, \end{aligned}$$

qui, par l'élimination de x^2 et x, donnent l'équation résultante

$$\begin{vmatrix} (ab') & (ac') & (ad') \\ (ac') & (ad') + (bc') & (bd') \\ (ad') & (bd') & (cd') \end{vmatrix} = 0$$

du système donné.

La méthode de M. Sylvester aurait donné le résultant sous la forme d'un déterminant de sixième degré

$$\begin{vmatrix} a & b & c & d & 0 & 0 \\ 0 & a & b & c & d & 0 \\ 0 & 0 & a & b & c & d \\ a' & b' & c' & d' & 0 & 0 \\ 0 & a' & b' & c' & d' & 0 \\ 0 & 0 & a' & b' & c' & d' \end{vmatrix} = 0.$$

150. **Méthode d'élimination de M. Cayley** [1]. — Cette méthode n'est

---

[1] *Philosophical Transactions*, 1853, p. 516, et *Journal de Crelle*, t. LII, p. 47; t. LIII, p. 366.

qu'une modification de celle de Bezout et fournit la même forme pour le résultant.

Supposons que les deux équations $f(x)=0$, $\varphi(x)=0$ admettent une racine commune; il sera possible, dans ce cas, de satisfaire à l'équation $f(x)+\lambda\varphi(x)$, quel que soit λ; par suite, si nous posons $\lambda=\dfrac{f(x')}{\varphi(x')}$, l'équation qui en résulte

$$f(x)\varphi(x')-\varphi(x)f(x')=0$$

devra être vérifiée pour toute valeur de x'.

Comme cette dernière équation est satisfaite par $x=x'$, nous pouvons d'abord diviser le premier membre par $x-x'$; puis égaler à zéro les coefficients des diverses puissances de x' dans le quotient; enfin éliminer les puissances successives de x, comme si elles étaient des variables indépendantes.

Soit à éliminer x entre les deux équations du second degré

$$ax^2+bx+c=0,\quad a'x^2+b'x+c'=0.$$

Nous formons l'équation

$$(ax^2+bx+c)(a'x'^2+b'x'+c')-(a'x^2+b'x+c')(ax'^2+bx'+c)=0,$$

qui, après réduction, devient

$$(ab'-ba')(x-x')xx'+(ac'-ca')(x^2-x'^2)+(bc'-cb')(x-x')=0;$$

divisant par $x-x'$ et ordonnant par rapport à x', on la change en

$$[(ab'-ba')x+(ac'-ca')]x'+(ac'-ca')x+(bc'-cb')=0.$$

Celle-ci, devant être satisfaite pour toute valeur de x', exige que l'on ait

$$(ac'-ca')x+(bc'-cb')=0 \quad \text{ou} \quad (ac')x+(bc')=0,$$
$$(ab'-ba')x+(ac'-ca')=0 \quad \text{ou} \quad (ab')x+(ac')=0.$$

On en tire l'équation résultante

$$\begin{vmatrix} (ac') & (bc') \\ (ab') & (ac') \end{vmatrix}=0,$$

qui revient à

$$(ac')^2-(ab')(bc')=0.$$

151. Méthode d'élimination de Cauchy (¹). — Cette méthode n'est que celle de Bezout perfectionnée.

(¹) Cauchy, *Exercices d'Analyse*, 1840, p. 393.

Considérons d'abord deux équations du même degré, du troisième par exemple, telles que

$$(1)\qquad ax^3+bx^2+cx+d=0,\quad a'x^3+b'x^2+c'x+d'=0.$$

Si entre ces équations nous éliminons la puissance la plus élevée x^3 de l'inconnue, nous obtiendrons l'équation du second degré

$$(ab'-ba')x^2+(ac'-ca')x+ad'-da'=0,$$

ou, en suivant la notation abrégée du n° **17** *bis*,

$$(2)\qquad (ab')x^2+(ac')x+(ad')=0.$$

On peut mettre x^2 en facteur commun dans les deux premiers termes des équations (1), et les écrire

$$(ax+b)x^2+cx+d=0,\quad (a'x+b')x^2+c'x+d'=0.$$

Si nous éliminons x^2, il nous viendra (**17** *bis*)

$$(3)\qquad (ac')x^2+[(ad')+(bc')]x+(bd')=0.$$

Enfin nous pouvons mettre x en facteur commun dans les trois premiers termes et mettre les équations (1) sous la forme

$$(ax^2+bx+c)x+d=0,\quad (a'x^2+b'x+c')x+d'=0.$$

Éliminant x, on obtient

$$(4)\qquad (ad')x^2+(bd')x+(cd')=0.$$

Nous avons ainsi formé trois équations (2), (3) et (4), qui doivent être vérifiées par la racine commune aux deux équations (1). Pour que ces trois équations

$$\begin{aligned}
&(ab')x^2 + (ac')x + (ad')=0,\\
&(ac')x^2+[(ad')+(bc')]x+(bd')=0,\\
&(ad')x^2 + (bd')x + (cd')=0,
\end{aligned}$$

entre les deux inconnues x^2 et x, soient compatibles, il faut et il suffit qu'on ait le déterminant

$$\begin{vmatrix} (ab') & (ac') & (ad') \\ (ac') & (ad')+(bc') & (bd') \\ (ad') & (bd') & (cd') \end{vmatrix}=0.$$

C'est la résultante du système (1). Le premier membre est un déterminant symétrique.

152. En général, soit à éliminer x entre les deux équations

$$(5)\qquad f(x) = a_0 x^m + a_1 x^{m-1} + a_2 x^{m-2} + \ldots + a_m = 0,$$

$$(6)\qquad \varphi(x) = b_0 x^m + b_1 x^{m-1} + b_2 x^{m-2} + \ldots + b_m = 0,$$

que, pour plus de simplicité, nous supposerons d'abord du même degré m.

Pour trouver le résultant de ces deux équations, on procède, d'après Cauchy, de la manière suivante.

On isole dans le premier membre de chacune des deux équations, d'abord le premier terme, puis les deux premiers, ensuite les trois premiers, ..., enfin les m premiers termes; on forme ainsi m groupes de deux équations; on divise membre à membre les deux équations de chaque groupe et l'on supprime dans les deux termes des fractions de gauche les puissances x^m, x^{m-1}, x^{m-2}, ..., x^2, x, que ces deux termes admettent comme facteurs communs.

On obtient ainsi les m équations

$$\frac{a_0}{b_0} = \frac{a_1 x^{m-1} + a_2 x^{m-2} + \ldots + a_{m-1} x + a_m}{b_1 x^{m-1} + b_2 x^{m-2} + \ldots + b_{m-1} x + b_m},$$

$$\frac{a_0 x + a_1}{b_0 x + b_1} = \frac{a_2 x^{m-2} + \ldots + a_{m-1} x + a_m}{b_2 x^{m-2} + \ldots + b_{m-1} x + b_m},$$

$$\frac{a_0 x^2 + a_1 x + a_2}{b_0 x^2 + b_1 x + b_2} = \frac{a_3 x^{m-3} + \ldots + a_{m-1} x + a_m}{b_3 x^{m-3} + \ldots + b_{m-1} x + b_m},$$

$$\ldots\ldots\ldots\ldots\ldots\ldots\ldots\ldots\ldots\ldots\ldots,$$

$$\frac{a_0 x^{m-2} + a_1 x^{m-3} + \ldots + a_{m-2}}{b_0 x^{m-2} + b_1 x^{m-3} + \ldots + b_{m-2}} = \frac{a_{m-1} x + a_m}{b_{m-1} x + b_m},$$

$$\frac{a_0 x^{m-1} + a_1 x^{m-2} + \ldots + a_{m-2} x + a_{m-1}}{b_0 x^{m-1} + b_1 x^{m-2} + \ldots + b_{m-2} x + b_{m-1}} = \frac{a_m}{b_m}.$$

Si les équations (5) et (6) ont une racine commune, toutes ces m équations seront vérifiées par cette racine commune.

Mettons toutes ces équations sous forme entière, elles deviendront

$$(7)\quad \left\{\begin{array}{l}
A_1 x^{m-1} + B_1 x^{m-2} + C_1 x^{m-3} + \ldots + G_1 x + H_1 = 0,\\
A_2 x^{m-1} + B_2 x^{m-2} + C_2 x^{m-3} + \ldots + G_2 x + H_2 = 0,\\
A_3 x^{m-1} + B_3 x^{m-2} + C_3 x^{m-3} + \ldots + G_3 x + H_3 = 0,\\
\ldots\ldots\ldots\ldots\ldots\ldots\ldots\ldots\ldots\ldots\ldots,\\
A_{m-1} x^{m-1} + B_{m-1} x^{m-2} + C_{m-1} x^{m-3} + \ldots + G_{m-1} x + H_{m-1} = 0,\\
A_m x^{m-1} + B_m x^{m-2} + C_m x^{m-3} + \ldots + G_m x + H_m = 0,
\end{array}\right.$$

où nous avons

$$A_1 = a_0 b_1 - a_1 b_0,\quad B_1 = a_0 b_2 - a_2 b_0,\quad C_1 = a_0 b_3 - a_3 b_0,\quad \ldots,$$

et, en employant la notation abrégée des déterminants (17 *bis*),

$$\begin{array}{llll}
A_1 = (a_0 b_1), & B_1 = (a_0 b_2), & \ldots, & H_1 = (a_0 b_m), \\
A_2 = (a_0 b_2), & B_2 = (a_0 b_3) + (a_1 b_2), & \ldots, & H_2 = (a_1 b_m), \\
A_3 = (a_0 b_3), & B_3 = (a_0 b_4) + (a_1 b_3), & \ldots, & H_3 = (a_2 b_m), \\
\ldots\ldots, & \ldots\ldots, & \ldots, & \ldots\ldots, \\
A_{m-1} = (a_0 b_{m-1}), & B_{m-1} = (a_0 b_m) + (a_1 b_{m-1}), & \ldots, & \ldots\ldots, \\
A_m = (a_0 b_m), & B_m = (a_1 b_m), & \ldots, & H_m = (a_{m-1} b_m).
\end{array}$$

Par ces dernières valeurs on voit que chacune des équations (7) est du $(m-1)^{\text{ième}}$ degré en x et que les coefficients y sont des fonctions du premier degré des coefficients $a_0, a_1, \ldots, a_m$ de l'équation (5), ainsi que des coefficients $b_0, b_1, \ldots, b_m$ de l'équation (6).

Nous avons ainsi obtenu m équations (7), qui sont du premier degré par rapport à leurs $m-1$ inconnues

$$x^{m-1},\ x^{m-2},\ x^{m-3},\ \ldots,\ x^2,\ x.$$

Si les équations (5) et (6) ont une racine commune, cette racine satisfera aux équations (7); par suite celles-ci sont compatibles; donc leur déterminant

$$(\text{I})\qquad \Delta = \begin{vmatrix}
A_1 & B_1 & C_1 & \ldots & G_1 & H_1 \\
A_2 & B_2 & C_2 & \ldots & G_2 & H_2 \\
A_3 & B_3 & C_3 & \ldots & G_3 & H_3 \\
\vdots & \vdots & \vdots & \vdots & \vdots & \vdots \\
A_{m-1} & B_{m-1} & C_{m-1} & \ldots & G_{m-1} & H_{m-1} \\
A_m & B_m & C_m & \ldots & G_m & H_m
\end{vmatrix}$$

est forcément nul.

Ce déterminant est du $m^{\text{ième}}$ degré par rapport aux coefficients de chacune des deux équations (5) et (6). Il est nul chaque fois que ces équations (5) et (6) ont une racine commune, c'est-à-dire chaque fois qu'on a $R = 0$. Il s'ensuit que les fonctions R et Δ ne diffèrent que par un coefficient numérique (143); donc Δ est bien le résultant des deux équations proposées; et, pour que celles-ci aient une racine commune, il faut et il suffit que ce déterminant soit nul.

153. Considérons actuellement deux équations, qui ne soient pas du même degré, par exemple

$$ax^4 + bx^3 + cx^2 + dx + e = 0 \quad \text{et} \quad a'x^2 + b'x + c' = 0,$$

et proposons-nous aussi de déterminer leur résultant.

Multiplions tous les termes de la seconde par x^2, nous formons l'équation

$$(8) \qquad a'x^4 + b'x^3 + c'x^2 = 0,$$

qui est du même degré que la première

$$(9) \qquad ax^4 + bx^3 + cx^2 + dx + e = 0.$$

Isolons, dans le premier membre des équations (9) et (8), d'abord le premier terme, puis les deux premiers, ensuite divisons membre à membre; nous formons les équations

$$\frac{a}{a'} = \frac{bx^3 + cx^2 + dx + e}{b'x^3 + c'x^2},$$
$$\frac{ax + b}{a'x + b'} = \frac{cx^2 + dx + e}{c'x^2},$$

qui reviennent aux suivantes:

$$(ab')x^3 + (ac')x^2 - da'x - ea' = 0,$$
$$(ac')x^3 + [(bc') - da']x^2 - (db' + ea')x - eb' = 0.$$

Si l'on adjoint à celles-ci les deux équations

$$a'x^3 + b'x^2 + c'x = 0,$$
$$a'x^2 + b'x + c' = 0,$$

on aura un système de quatre équations du premier degré entre les trois inconnues x^3, x^2 et x. Pour qu'elles soient compatibles, il faut et il suffit que leur déterminant soit nul, ce qui fournit la résultante demandée

$$\begin{vmatrix} (ab') & (ac') & da' & ea' \\ (ac') & (bc') - da' & db' + ea' & eb' \\ a' & b' & -c' & 0 \\ 0 & a' & -a' & -c' \end{vmatrix} = 0.$$

154. Soient données, en général, les deux équations de degrés différents

$$(10) \qquad f(x) = a_0x^m + a_1x^{m-1} + \ldots + a_m = 0,$$
$$(11) \qquad \varphi(x) = b_0x^n + b_1x^{n-1} + \ldots + b_n = 0,$$

où $m > n$. Si l'on multiplie tous les termes de la seconde (11) par x^{m-n}, on forme une équation

$$(12) \qquad b_0 x^m + b_1 x^{m-1} + \ldots + b_n x^{m-n} = 0$$

de même degré que (10).

Opérant sur les équations (10) et (12) comme on a fait sur les équations (5) et (6), jusqu'à ce qu'on ait isolé les n premiers termes, on obtient les n équations

$$\begin{gathered}
\frac{a_0}{b_0} = \frac{a_1 x^{m-1} + a_2 x^{m-2} + \ldots + a_m}{b_1 x^{m-1} + b_2 x^{m-2} + \ldots + b_n x^{m-n}}, \\
\frac{a_0 x + a_1}{b_0 x + b_1} = \frac{a_2 x^{m-2} + \ldots + a_m}{b_2 x^{m-2} + \ldots + b_n x^{m-n}}, \\
\ldots\ldots\ldots\ldots\ldots\ldots\ldots\ldots, \\
\frac{a_0 x^{n-1} + a_1 x^{n-2} + \ldots + a_{n-1}}{b_0 x^{n-1} + b_1 x^{n-2} + \ldots + b_{n-1}} = \frac{a_n x^{m-n} + \ldots + a_m}{b_n x^{m-n}},
\end{gathered}$$

qui se ramènent à la forme

$$(13) \qquad \left\{ \begin{array}{l}
A_1 x^{m-1} + B_1 x^{m-2} + \ldots + H_1 = 0, \\
A_2 x^{m-1} + B_2 x^{m-2} + \ldots + H_2 = 0, \\
\ldots\ldots\ldots\ldots\ldots\ldots\ldots\ldots, \\
A_n x^{m-1} + B_n x^{m-2} + \ldots + H_n = 0.
\end{array} \right.$$

A ces n équations on adjoindra les $m - n$ équations

$$(14) \qquad \left\{ \begin{array}{r}
b_0 x^{m-1} + b_1 x^{m-2} + \ldots\ldots\ldots\ldots = 0, \\
b_0 x^{m-2} + \ldots\ldots\ldots\ldots = 0, \\
\ldots\ldots\ldots\ldots\ldots\ldots\ldots\ldots, \\
b_0 x^n + \ldots + b_n = 0,
\end{array} \right.$$

que l'on forme en multipliant la seconde (11) des deux équations données par les $m - n$ premières puissances de x, x^{m-1-n}, x^{m-2-n}, $\ldots$, x^2, x^1, x^0. On a ainsi un système de m équations (13) et (14) à $m - 1$ inconnues x^{m-1}, x^{m-2}, $\ldots$, x^2, x, qui, pour être compatibles, exigent que leur déterminant

$$(\mathrm{II}) \qquad \Delta = \begin{vmatrix}
A_1 & B_1 & C_1 & \ldots & H_1 \\
A_2 & B_2 & C_2 & \ldots & H_2 \\
\vdots & \vdots & \vdots & \vdots & \vdots \\
A_n & B_n & C_n & \ldots & H_n \\
b_0 & b_1 & b_2 & \ldots & 0 \\
0 & b_0 & b_1 & \ldots & 0 \\
\vdots & \vdots & \vdots & \vdots & \vdots \\
0 & 0 & 0 & \ldots & b_n
\end{vmatrix}$$

soit nul. Ce déterminant est du degré n par rapport aux coefficients a de l'équation $f(x)=0$ et du degré m par rapport aux coefficients b de l'équation $\varphi(x)=0$; donc il est égal au résultant de ces deux équations.

Le calcul de la racine commune s'effectue par le procédé du n° **166**.

* **155. Méthode de M. Cayley, modifiée par le P. Joubert.** — Si l'on parvient, par un moyen quelconque, à former l'équation

$$F(u) = B_0 u^n + B_1 u^{n-1} + B_2 u^{n-2} + \ldots + B_n = 0, \tag{15}$$

qui admette pour racines les n quantités

$$f(\beta_1), \quad f(\beta_2), \quad \ldots, \quad f(\beta_n),$$

on pourra obtenir immédiatement le résultant R des deux équations

$$f(x) = a_0 x^m + a_1 x^{m-1} + \ldots + a_m = 0; \tag{16}$$

$$\varphi(x) = b_0 x^n + b_1 x^{n-1} + \ldots + b_n = 0, \tag{17}$$

où $\beta_1, \beta_2, \ldots, \beta_n$ désignent les n racines de cette dernière équation.

Il suffira, en effet, de diviser le terme connu B_n de l'équation (15) par le coefficient B_0 du premier terme et de multiplier le quotient par b_0^m, pour avoir, en valeur absolue, le résultant demandé (II) du n° **140**.

* **156. Premier cas.** — Supposons d'abord que les deux équations données (16) et (17) soient de même degré, de sorte que $n=m$.

Pour former l'équation $F(u)=0$, considérons la fonction

$$\Phi = \frac{[f(x)-u]\varphi(y) - [f(y)-u]\varphi(x)}{y-x}, \tag{18}$$

qui est entière par rapport à x et y, puisque l'hypothèse $y=x$ annule le numérateur. Cette expression est du premier degré par rapport à u; elle devient nulle, quel que soit y, si l'on y pose en même temps

$$x = \beta_r, \quad u = f(\beta_r), \tag{19}$$

où β_r est l'une quelconque des $n=m$ racines de l'équation (17).

Par conséquent, les m coefficients $A_0, A_1, A_2, \ldots, A_{m-1}$ des diverses puissances $y^{m-1}, y^{m-2}, y^{m-3}, \ldots, y^1, y^0$ sont nuls dans (18) pour toutes les valeurs de x qui satisfont aux conditions (19).

Pour calculer ces coefficients, je remarque que la fonction (18) ou Φ peut s'écrire

$$\frac{f(x)\varphi(y) - f(y)\varphi(x)}{y-x} - u\,\frac{\varphi(y)-\varphi(x)}{y-x},$$

ou bien

$$(20)\quad \Phi = \Sigma C_{ik} x^i y^k - u \left\{ \begin{array}{c|c|c} b_0 y^{m-1} + b_0 x & y^{m-2} + b_0 x^2 & y^{m-3} + \ldots + b_0 x^{m-1} \\ + b_1 & + b_1 x & + b_1 x^{m-2} \\ & + b_2 & \vdots \\ & & + b_m \end{array} \right\},$$

où les quantités i et k doivent recevoir les valeurs 0, 1, 2, ..., $m-1$.

J'obtiens le coefficient A_0 de y^{m-1}, en posant $k = m-1$ et en donnant à i les valeurs successives 0, 1, 2, ..., $m-1$; je l'égale à zéro, ce qui me fournit une première équation

$$A_0 = C_{0,m-1} - b_0 u + C_{1,m-1} x + C_{2,m-1} x^2 + \ldots + C_{m-1,m-1} x^{m-1} = 0.$$

Je trouve ensuite le coefficient A_1 de y^{m-2}, en posant $k = m-2$, et en donnant à i les valeurs successives 0, 1, 2, ... $m-1$; je l'égale à zéro, ce qui me fournit une deuxième équation

$$A_1 = C_{0,m-2} - b_1 u + (C_{1,m-2} - b_0 u) x + C_{2,m-2} x^2 + \ldots + C_{m-1,m-2} x^{m-1} = 0.$$

Calculant de même le coefficient A_2 de y^{m-3} et l'égalant à zéro, on forme une troisième équation

$$A_2 = C_{0,m-3} - b_2 u + (C_{1,m-3} - b_1 u) x + (C_{2,m-3} - b_2 u) x^2 + \ldots + C_{m-1,m-3} x^{m-1} = 0.$$

Si l'on continue de la sorte, on finira par arriver à la $m^{\text{ième}}$ équation, qui est la dernière,

$$A_{m-1} = C_{0,0} - b_{m-1} u + (C_{1,0} - b_{m-2} u) x + (C_{2,0} - b_{m-3} u) x^2 + \ldots + (C_{m-1,0} - b_0 u) x^{m-1} = 0.$$

Ces m équations, entre les $m-1$ premières puissances de x, existent pour toutes les valeurs de x et de u qui satisfont aux conditions (19); si l'on considère ces $m-1$ puissances

$$x,\ x^2,\ \ldots,\ x_{m-1}$$

comme autant d'inconnues, on aura un système de m équations du premier degré à $m-1$ inconnues. Or, pour que ces équations soient compatibles, il faut et il suffit que leur déterminant soit nul (**134**). On obtient ainsi l'équation demandée en u (**155**)

$$F(u) = \begin{vmatrix} C_{0,m-1} - b_0 u & C_{1,m-1} & C_{2,m-1} & \ldots & C_{m-1,m-1} \\ C_{0,m-2} - b_1 u & C_{1,m-2} - b_0 u & C_{2,m-2} - & \ldots & C_{m-1,m-2} \\ C_{0,m-3} - b_2 u & C_{1,m-3} - b_1 u & C_{2,m-3} - b_0 u & \ldots & C_{m-1,m-3} \\ \vdots & \vdots & \vdots & \vdots & \vdots \\ C_{0,0} - b_{m-1} u & C_{1,0} - b_{m-2} u & C_{2,0} - b_{m-3} u & \ldots & C_{m-1,0} - b_6 u \end{vmatrix} = 0.$$

Les deux équations (15) et (21) doivent être identiques; par conséquent on obtiendra le terme B_m, qui est indépendant de u, en faisant $u = 0$ dans (21), ce qui donne

$$\text{(III)} \qquad B_m = \begin{vmatrix} C_{0,m-1} & C_{1,m-1} & C_{2,m-1} & \dots & C_{m-1,m-1} \\ C_{0,m-2} & C_{1,m-2} & C_{2,m-2} & \dots & C_{m-1,m-2} \\ C_{0,m-3} & C_{1,m-3} & C_{2,m-3} & \dots & C_{m-1,m-3} \\ \vdots & \vdots & \vdots & \vdots & \vdots \\ C_{0\,0} & C_{1,0} & C_{2,0} & \dots & C_{m-1,0} \end{vmatrix}$$

Le terme qui, dans (21), contient u à la plus haute puissance $n = m$, est évidemment fourni par le terme principal du déterminant (21), terme dont les éléments appartiennent à la diagonale. Or ce terme est le produit de m facteurs binômes dans lesquels la seconde partie est égale à $-b_0 u$; la puissance la plus élevée de u dans ce produit se trouvera ainsi dans $(-1)^m b_0^m u^m$, de sorte qu'il vient

$$B_0 = (-1)^m b_0^m.$$

On a donc (II du n° 140)

$$R = \frac{B_m}{B_0} \times b_0^m = \frac{B_m}{(-1)^m b_0^m} \times b_0^m = (-1)^m B_m;$$

donc ce dernier déterminant B_m ou (III) est, en valeur absolue, le résultant cherché.

*157. Il convient de remarquer que le *résultant* (III) *est un déterminant symétrique;* car la fonction Φ ou (18) restant égale à elle-même, quand on y change x en y et *vice versâ,* le coefficient de $x^i y^k$ doit être le même que celui de $x^k y^i$; par conséquent on a $C_{ik} = C_{ki}$.

*158. **Calcul des éléments du résultant** (III). — Les coefficients C_{ik}, qui constituent les éléments dans le déterminant (III), sont fournis par le quotient

$$\text{(22)} \qquad \frac{f(x)\,\varphi(y) - f(y)\,\varphi(x)}{y - x},$$

où les polynômes $f(x)$ et $\varphi(y)$ sont chacun du $m^{\text{ième}}$ degré.

Nous allons transformer cette expression, pour mieux en déduire les coefficients C_{ik}.

Puisque

$$f(x) = a_m + a_{m-1}x + \dots + a_0 x^m,$$
$$\varphi(y) = b_m + b_{m-1}y + \dots + b_0 y^m,$$

nous voyons que $a_{m-p}x^p$ est le terme général de $f(x)$ et que ce terme fournira l'ensemble des termes de cette fonction, si l'on y remplace p successivement par les $m+1$ nombres de la suite naturelle $0, 1, 2, \dots, m$.

De même le terme général de $\varphi(y)$ peut être représenté par $b_{m-q}y^q$, où q devra recevoir la suite des valeurs o, 1, 2, ... m; par conséquent on a

$$f(x)\varphi(y) = \Sigma a_{m-p}b_{m-q}x^p y^q.$$

Changeant x en y et y en x, on en déduit

$$f(y)\varphi(x) = \Sigma a_{m-p}b_{m-q}x^q y^p.$$

Le numérateur de notre fraction (22) est donc

(23) $$f(x)\varphi(y) - f(y)\varphi(x) = \Sigma a_{m-p}b_{m-q}(x^p y^q - x^q y^p),$$

où le terme général

(24) $$a_{m-p}b_{m-q}(x^p y^q - x^q y^p)$$

fournira tous les termes du développement (23), si l'on a soin de donner d'abord à p les $m+1$ valeurs successives o, 1, 2, ..., m, puis de donner, dans chacun des $m+1$ résultats obtenus, les mêmes $m+1$ valeurs o, 1, 2, ..., m à q. On trouve ainsi que la différence (23) se compose de $(m+1)^2$ termes, dont (24) est l'expression générale. Or les $m+1$ de ces termes, pour lesquels p et q sont égaux, s'annulent évidemment; donc la différence (23) ne contient en tout que $(m+1)^2-(m+1)$ ou $m(m+1)$ termes.

Ces $m(m+1)$ termes peuvent encore se grouper deux par deux. En effet, prenons deux quelconques α et β des nombres de la suite o, 1, 2, ... m, et posons d'abord $p=\alpha$, $q=\beta$; puis $p=\beta$, $q=\alpha$; nous obtiendrons les deux termes

$$a_{m-\alpha}b_{m-\beta}(x^\alpha y^\beta - x^\beta y^\alpha) \quad \text{et} \quad a_{m-\beta}b_{m-\alpha}(x^\beta y^\alpha - x^\alpha y^\beta),$$

dont la somme est

$$(a_{m-\alpha}b_{m-\beta} - a_{m-\beta}b_{m-\alpha})(x^\alpha y^\beta - x^\beta y^\alpha)$$

ou

(25) $$c_{\alpha\beta}(x_\alpha y_\beta - x^\beta y^\alpha),$$

en posant

(IV) $$c_{\alpha-\beta} = a_{m-\alpha}b_{m-\beta} - a_{m-\beta}b_{m-\alpha}.$$

Or, si dans le produit (25) on change α en β et β en α, les deux facteurs changent seulement de signe, de sorte que le produit reste le même; donc on obtiendra tous les termes du développement (23) au moyen du produit (25), en y donnant à α les valeurs o, 1, 2, ..., jusqu'à la moitié de m exclusivement, et à β les valeurs entières depuis la moitié de m inclusivement jusqu'à m.

Il s'ensuit qu'on peut écrire l'égalité

$$f(x)\varphi(y)-f(y)\varphi(x)=\Sigma c_{\alpha\beta}(x^\alpha y^\beta - x^\beta y^\alpha)=\Sigma c_{\alpha\beta}x^\alpha y^\alpha(y^{\beta-\alpha}-x^{\beta-\alpha}),$$

où α est moindre que β et où le second membre se compose de $\frac{m(m+1)}{2}$ termes.

Divisant par $y-x$, on obtient le développement

$$(\text{V})\qquad \frac{f(x)\varphi(y)-f(y)\varphi(x)}{y-x}=\Sigma c_{\alpha\beta}x^\alpha y^\alpha(y^{\beta-\alpha-1}+xy^{\beta-\alpha-2}+\ldots+x^{\beta-\alpha-1}).$$

C'est au moyen de cette expression (V) que nous allons calculer les éléments C_{ik} du résultant R ou (III).

La quantité C_{ik} est la somme d'un certain nombre de coefficients $c_{\alpha\beta}$ fournis par (IV); or le coefficient $c_{\alpha\beta}$, dans (V), n'entre que dans des termes où la somme des exposants de x et y est égale à $\alpha+\beta-1$; par suite, on doit toujours avoir $i+k=\alpha+\beta-1$. Il faudra donc résoudre cette équation de toutes les manières possibles, en prenant toujours α moindre que β.

Ainsi l'on donnera à α successivement les valeurs $0, 1, 2, \ldots, i$, et l'on déterminera les valeurs correspondantes de β; de cette manière

Pour	$\alpha=0$,	on trouve	$\beta=i+k+1$,
»	$\alpha=1$,	»	$\beta=i+k$,
»	$\alpha=2$,	»	$\beta=i+k-1$,
»	.....,	»	............,
»	$\alpha=i$,	»	$\beta=k+1$.

On voit donc que l'on a

$$(\text{VI})\qquad C_{ik}=c_{0,i+k+1}+c_{1,i+k}+c_{2,i+k-1}+\ldots+c_{i,k+1}$$

avec la condition (IV).

D'après ce que nous avons dit relativement au calcul de $c_{\alpha\beta}$, on ne doit donner à i que des valeurs inférieures à la moitié de $i+k+1$.

*159. Comme application immédiate, proposons-nous de calculer le résultant des deux équations du troisième degré

$$f(x)=a_0x^3+a_1x^2+a_2x+a_3,$$
$$\varphi(x)=b_0x^3+b_1x^2+b_2x+b_3.$$

Ce résultant se déduit de (III) du n° 156, en y faisant $m=3$; il est

$$R=\begin{vmatrix} C_{02} & C_{12} & C_{22} \\ C_{01} & C_{11} & C_{21} \\ C_{00} & C_{10} & C_{20}\end{vmatrix}=\begin{vmatrix} C_{02} & C_{12} & C_{22} \\ C_{01} & C_{11} & C_{12} \\ C_{00} & C_{01} & C_{02}\end{vmatrix},$$

puisque (157)

$$C_{10} = C_{01}, \quad C_{20} = C_{02} \quad \text{et} \quad C_{21} = C_{12}.$$

Pour déterminer les éléments de ce résultant, nous avons recours à la formule (VI), qui, combinée avec (IV), nous donne

$$\begin{aligned}
C_{00} &= c_{01} &&= a_3 b_2 - a_2 b_3 &&= (a_3 b_2),\\
C_{01} &= c_{02} &&= a_3 b_1 - a_1 b_3 &&= (a_3 b_1),\\
C_{02} &= c_{03} &&= a_3 b_0 - a_0 b_3 &&= (a_3 b_0),\\
C_{11} &= c_{03} + c_{12} &&= a_3 b_0 - a_0 b_3 + a_2 b_1 - a_1 b_2 &&= (a_3 b_0) + (a_2 b_1),\\
C_{12} &= c_{13} &&= a_2 b_0 - a_0 b_2 &&= (a_2 b_0),\\
C_{22} &= c_{23} &&= a_1 b_0 - a_0 b_1 &&= (a_1 b_0).
\end{aligned}$$

Il nous vient donc

$$R = \begin{vmatrix} (a_3 b_0) & (a_2 b_0) & (a_1 b_0) \\ (a_3 b_1) & (a_3 b_0) + (a_2 b_1) & (a_2 b_0) \\ (a_3 b_2) & (a_3 b_1) & (a_3 b_0) \end{vmatrix}.$$

* 160. **Deuxième cas.** — Les deux équations données (16) et (17) sont de degrés différents. Supposons que m soit plus grand que n. La fonction (18) ou

$$\frac{f(x)\varphi(y) - f(y)\varphi(x)}{y - x} - u\,\frac{\varphi(y) - \varphi(x)}{y - x}$$

peut s'écrire

$$(26)\quad \Phi = \Sigma C_{ik} x^i y^k - u \left\{ \begin{array}{r|r|r} b_0 y^{n-1} + b_0 x & y^{n-2} + b_0 x^2 & y^{n-3} + \ldots + b_0 x^{n-1} \\ + b_1 & + b_1 x & + b_1 x^{n-2} \\ & + b_2 & \vdots \\ & & + b_{n-1} \end{array} \right\};$$

elle est du $(m-1)^{\text{ième}}$ degré par rapport à y. Les coefficients $y^{m-1}, y^{m-2}, \ldots$; $y^n, y^{n-1}, \ldots, y^2, y$ des diverses puissances de y doivent encore être nuls pour toutes les valeurs de x qui satisfont aux conditions (19).

Je détermine d'abord les coefficients des n dernières puissances de y, ceux de $y^{n-1}, y^{n-2}, \ldots, y^1, y^0$. Pour cela, il me suffit d'attribuer à k, dans (26), successivement les valeurs $n-1$, $n-2$, $\ldots$, 2, 1, 0 et de donner à i, dans chaque résultat, les valeurs successives $0, 1, 2, \ldots, m-1$. En égalant à zéro ces coefficients ainsi calculés, j'obtiens les n équations

$$\left\{ \begin{array}{l}
(C_{0,n-1} - b_0 u) + C_{1,n-1} x + C_{2,n-1} x^2 + \ldots + C_{m-1,n-1} = 0,\\
(C_{0\,n-2} - b_1 u) + (C_{1,n-2} - b_0 u) x + C_{2,n-2} x^2 + \ldots + C_{m-1,n-2} = 0,\\
(C_{0,n-3} - b_2 u) + (C_{1,n-3} - b_1 u) x + (C_{2,n-3} - b_0 u) x^2 + \ldots + C_{m-1,n-3} = 0,\\
\ldots\ldots\ldots\ldots\ldots\ldots\ldots\ldots\ldots\ldots\ldots\ldots\ldots\ldots\ldots,\\
(C_{0,0} - b_{n-1} u) + (C_{1,0} - b_{n-2} u) x + (C_{2,0} - b_{n-3} u) x^2 + \ldots + (C_{m-1} - b_0 u) = 0.
\end{array} \right.$$

Il reste à égaler à zéro les $m-n$ coefficients de y^{m-1}, y^{m-2}, ..., y^n, qui, d'après la composition (26) de Φ, sont indépendants de u. Les termes qui contiennent ces puissances de y ne se trouvent évidemment que dans la partie

$$\frac{f(x)\varphi(y)-f(y)\varphi(x)}{y-x}$$

de la fonction Φ; or la quantité $f(x)\,\varphi(y)$, qui figure au numérateur de cette première partie, est du $n^{\text{ième}}$ degré par rapport à y; par suite le quotient

$$\frac{f(x)\varphi(y)}{y-x}$$

n'est que du $(n-1)^{\text{ième}}$ degré par rapport à y; donc ce quotient ne contient aucun des termes cherchés, et ces termes ne peuvent provenir que du quotient

$$-\frac{f(y)\varphi(x)}{y-x}=-\varphi(x)\frac{f(y)}{y-x}.$$

En effectuant la division, on trouve que

$$-\varphi(x)\frac{f(x)}{y-x}=-\varphi(x)\left\{\begin{array}{l|l|l} a_0y^{m-1}+a_0x & y^{m-2}+a_0x^2 & y^{m-3}+\ldots \\ \qquad\qquad +a_1 & \qquad +a_1x & \\ & \qquad +a_2 & \end{array}\right\}.$$

Égalant à zéro les coefficients des puissances de y, qui sont supérieures à la $(n-1)^{\text{ième}}$, on obtient les $m-n$ équations

$$\begin{gathered} a_0\varphi(x)=0, \\ (a_0x+a_1)\varphi(x)=0, \\ \ldots\ldots\ldots\ldots\ldots\ldots, \\ (a_0x^{m-n-1}+a_1x^{m-n-2}+\ldots+a_{m-n})\varphi(x)=0, \end{gathered}$$

qui se réduisent à la seule équation $\varphi(x)=0$.

Aux n équations (27) déjà écrites, je n'ai donc qu'à adjoindre les $m-n$ équations

$$\varphi(x)=0,\quad x\varphi(x)=0,\quad x^2\varphi(x)=0,\quad \ldots,\quad x^{m-n-1}\varphi(x)=0$$

ou

$$(28)\quad \left\{\begin{array}{l} b_n+b_{n-1}x+b_{n-2}x^2+\ldots\ldots+b_0x^n=0, \\ \qquad b_n\,x+b_{n-1}x^2+\ldots\ldots\ldots+b_0x^{n+1}=0, \\ \qquad\qquad b_n\,x^2+\ldots\ldots\ldots\ldots+b_0x^{n+2}=0, \\ \ldots\ldots\ldots\ldots\ldots\ldots\ldots\ldots\ldots, \\ \qquad\qquad\qquad b_nx^{m-n-1}+\ldots\ldots\ldots+b_0x^{m-1}=0, \end{array}\right.$$

pour avoir un système de m équations du premier degré à $m-1$ inconnues. Ces équations, devant être vérifiées pour toutes les valeurs de x et de u qui satisfont aux conditions (19), exigent que leur déterminant soit nul. On trouve ainsi l'équation demandée en u

$$\begin{vmatrix} (C_{0,n-1}-b_0u) & C_{1,n-1} & \dots & C_{m-1,n-1} \\ (C_{0,n-2}-b_1u) & (C_{1,n-2}-b_0u) & \dots & C_{m-1,n-2} \\ \vdots & \vdots & \vdots & \vdots \\ (C_{0,0}-b_{n-1}u) & (C_{1,0}-b_{n-2}u) & \dots & (C_{m-1,0}-b_0u) \\ b_n & b_{n-1} & \dots & 0 \\ 0 & b_n & \dots & 0 \\ \vdots & \vdots & \vdots & \vdots \\ 0 & 0 & \dots & b_0 \end{vmatrix} = 0.$$

On en déduit, comme au n° 156, la valeur du résultant, qui est

$$R = \begin{vmatrix} C_{0,n-1} & C_{1,n-1} & \dots & C_{m-2,n-1} & C_{m-1,n-1} \\ C_{0,n-2} & C_{1,n-2} & \dots & C_{m-2,n-2} & C_{m-1,n-2} \\ \vdots & \vdots & \vdots & \vdots & \vdots \\ C_{0,0} & C_{1,0} & \dots & C_{m-2,0} & C_{m-1,0} \\ b_n & b_{n-1} & \dots & 0 & 0 \\ 0 & b_n & \dots & 0 & 0 \\ \vdots & \vdots & \vdots & \vdots & \vdots \\ 0 & 0 & \dots & b_0 & 0 \\ 0 & 0 & \dots & b_1 & b_0 \end{vmatrix}.$$

* **161.** D'après cela on trouve facilement que le résultant des deux équations

$$a_0x^3+a_1x^2+a_2x+a_3=0,$$
$$b_0x^2+b_1x+b_2=0$$

est le déterminant

$$R = \begin{vmatrix} a_3b_0 & a_2b_0-a_0b_2 & a_1b_0-a_0b_1 \\ a_3b_1 & a_2b_1-a_1b_2 & a_2b_0-a_0b_2 \\ b_2 & b_1 & b_0 \end{vmatrix}.$$

§ III. — Calcul des racines communes a deux équations.

162. Nous savons que, si le résultant des deux équations

$$ax^2+bx+c=0,\quad a'x^2+b'x+c'=0$$

est nul, ces équations admettent une racine commune.

Pour calculer cette racine, nous mettrons les deux équations sous la forme

$$(ax+b)x+c=0,$$
$$(a'x+b')x+c'=0;$$

éliminant la variable x qui est en évidence, nous obtenons l'équation

$$\begin{vmatrix} ax+b & c \\ a'x+b' & c' \end{vmatrix}=0,$$

d'où nous tirons

$$\begin{vmatrix} a & c \\ a' & c' \end{vmatrix} x + \begin{vmatrix} b & c \\ b' & c' \end{vmatrix} = 0$$

et par suite, eu égard à l'égalité (I) du n° **145**,

$$x=\frac{(bc')}{(ca')}=\frac{(ca')}{(ab')},$$

pour la valeur de la racine commune.

163. Supposons que les deux équations

$$ax^3+bx^2+cx+d=0, \quad a'x^2+b'x+c'=0$$

admettent aussi une même racine. Si nous adjoignons à ces deux équations celle que donne la multiplication de la seconde par x, nous formons le système des trois équations

$$\begin{aligned} (ax+b)x^2+cx+d&=0,\\ (a'x+b')x^2+c'x\quad&=0,\\ a'x^2+b'x+c'&=0, \end{aligned}$$

entre lesquelles nous pouvons éliminer les puissances x^2 et x, qui sont en évidence. Nous trouvons ainsi l'équation du premier degré

$$\begin{vmatrix} ax+b & c & d \\ a'x+b' & c' & 0 \\ a' & b' & c' \end{vmatrix}=0,$$

qui nous donnera la racine commune. Cette équation pouvant

s'écrire

$$\begin{vmatrix} a & c & d \\ a' & c' & 0 \\ 0 & b' & c' \end{vmatrix} x + \begin{vmatrix} b & c & d \\ b' & c' & 0 \\ a' & b' & c' \end{vmatrix} = 0,$$

notre racine sera

$$x = -\frac{\begin{vmatrix} b & c & d \\ b' & c' & 0 \\ a' & b' & c' \end{vmatrix}}{\begin{vmatrix} a & c & d \\ a' & c' & 0 \\ 0 & b' & c' \end{vmatrix}} = \frac{c'(bc' - cb') + d(b'^2 - a'c')}{c'(ca' - ac') - d.a'b'}.$$

164. Enfin considérons encore les deux équations, toutes deux du troisième degré,

$$(1) \quad ax^3 + bx^2 + cx + d = 0, \quad a'x^3 + b'x^2 + c'x + d' = 0,$$

auxquelles nous attribuons une racine commune. En leur adjoignant les deux équations que fournit leur multiplication par x, on forme le système des quatre équations

$$\begin{aligned} (ax + b)x^3 + c\,x^2 + dx \quad &= 0, \\ ax^3 + b\,x^2 + c\,x + d &= 0, \\ (a'x + b')x^3 + c'x^2 + d'x \quad &= 0, \\ a'x^3 + b'x^2 + c'x + d' &= 0 \end{aligned}$$

entre les trois inconnues x^3, x^2 et x. Éliminant ces variables, considérées comme indépendantes, on obtient l'équation

$$\begin{vmatrix} ax + b & c & d & 0 \\ a & b & c & d \\ a'x + b' & c' & d' & 0 \\ a' & b' & c' & d' \end{vmatrix} = 0$$

ou

$$\begin{vmatrix} a & c & d & 0 \\ 0 & b & c & d \\ a' & c' & d' & 0 \\ 0 & b' & c' & d' \end{vmatrix} x + \begin{vmatrix} b & c & d & 0 \\ a & b & c & d \\ b' & c' & d' & 0 \\ a' & b' & c' & d' \end{vmatrix} = 0,$$

qui donne la valeur de la racine commune.

165. Si les deux équations (1) avaient deux racines communes, on les mettrait sous la forme

$$(a\,x^2 + b\,x + c\,)x + d = 0,$$
$$(a'\,x^2 + b'\,x + c'\,)x + d' = 0;$$

éliminant x entre celles-ci, on obtient l'équation

$$\begin{vmatrix} ax^2 + bx + c & d \\ a'x^2 + b'x + c' & d' \end{vmatrix} = 0,$$

qui revient à

$$(ax^2 + bx + c)\,d' - (a'x^2 + b'x + c')\,d = 0,$$

ou à

$$(ad' - da')\,x^2 + (bd' - db')\,x + (cd' - dc') = 0,$$

et donne, pour les deux racines communes, les valeurs

$$x = \frac{db' - bd' \pm \sqrt{(bd' - db')^2 - 4\,(ad' - da')\,(cd' - dc')}}{2\,(ad' - da')}.$$

166. En général, considérons les deux équations (5) et (6) du n° 152, qui sont toutes les deux du $m^{\text{ième}}$ degré.

Si ces deux équations ont une racine commune, leur résultant (I) du n° 152 sera nul.

Supposons que, dans ce déterminant (I), l'un des déterminants mineurs, correspondant aux éléments de la dernière colonne des H, ne soit pas nul, par exemple, le déterminant mineur qui correspond à l'élément H_m. Si nous supprimons, dans le système (7) du n° 152, l'équation qui contient cet élément H_m, nous aurons un système de $m - 1$ équations à $m - 1$ inconnues, savoir :

$$\begin{array}{l}
A_1 x^{m-1} + B_1 x^{m-2} + C_1 x^{m-3} + \ldots + G_1 x + H_1 = 0,\\
A_2 x^{m-1} + B_2 x^{m-2} + C_2 x^{m-3} + \ldots + G_2 x + H_2 = 0,\\
A_3 x^{m-1} + B_3 x^{m-2} + C_3 x^{m-3} + \ldots + G_3 x + H_3 = 0,\\
\ldots\ldots\ldots\ldots\ldots\ldots\ldots\ldots\ldots\ldots\ldots\ldots,\\
A_{m-1} x^{m-1} + B_{m-1} x^{m-2} + C_{m-1} x^{m-3} + \ldots + G_{m-1} x + H_{m-1} = 0,
\end{array}$$

qui sont du premier degré par rapport à chacune des $m - 1$ puissances $x^{m-1}, x^{m-2}, \ldots, x^2, x$ de l'inconnue x.

Si nous voulons avoir la première puissance de la racine commune, nous résoudrons ce dernier système par rapport à la première puissance de x. Nous trouvons ainsi l'équation du premier degré

$$\begin{vmatrix} A_1 & B_1 & \dots & G_1 \\ A_2 & B_2 & \dots & G_2 \\ \vdots & \vdots & & \vdots \\ A_{m-1} & B_{m-1} & \dots & G_{m-1} \end{vmatrix} x + \begin{vmatrix} A_1 & B_1 & \dots & H_1 \\ A_2 & B_2 & \dots & H_2 \\ \vdots & \vdots & & \vdots \\ A_{m-1} & B_{m-1} & \dots & H_{m-1} \end{vmatrix} = 0,$$

qui nous donne la valeur de la racine commune.

Si l'on voulait avoir la $i^{\text{ième}}$ puissance de la racine commune, où i est un nombre entier inférieur à m, on résoudrait le système précédent par rapport à l'inconnue x^i.

On opérerait et l'on raisonnerait d'une manière analogue sur le système des deux équations (10) et (11) du n° **154**, qui sont l'une du $m^{\text{ième}}$ et l'autre du $n^{\text{ième}}$ degré.

167. Pour mieux nous faire comprendre, appliquons cette théorie au système des deux équations du quatrième degré

$$ax^4 + bx^3 + cx^2 + dx + e = 0,$$
$$a'x^4 + b'x^3 + c'x^2 + d'x + e' = 0.$$

Cherchons le résultant de ces deux équations par la méthode de Cauchy (n° **152**). Nous formons le système des équations

$$\frac{a}{a'} = \frac{bx^3 + cx^2 + dx + e}{b'x^3 + c'x^2 + d'x + e'},$$

$$\frac{ax + b}{a'x + b'} = \frac{cx^2 + dx + e}{c'x^2 + d'x + e'},$$

$$\frac{ax^2 + bx + c}{a'x^2 + b'x + c'} = \frac{dx + e}{d'x + e'},$$

$$\frac{ax^3 + bx^2 + cx + d}{a'x^3 + b'x^2 + c'x + d'} = \frac{e}{e'};$$

qui, mises sous forme entière, se réduisent au système

$$(1)\quad \begin{cases} (ab')x^3 + (ac')x^2 + (ad')x + (ae') = 0, \\ (ac')x^3 + [(ad') + (bc')]x^2 + [(ae') + (bd')]x + (be') = 0, \\ (ad')x^3 + [(ae') + (bd')]x^2 + [(be') + (cd')]x + (ce') = 0, \\ (ae')x^3 + (be')x^2 + (ce')x + (de') = 0 \end{cases}$$

de quatre équations aux trois inconnues x^3, x^2 et x.

Si les deux équations proposées ont une racine commune, cette racine satisfait au système (1), ce qui exige que l'on ait

$$(2)\qquad \Delta = \begin{vmatrix} (ab') & (ac') & (ad') & (ae') \\ (ac') & (ad')+(bc') & (ae')+(bd') & (be') \\ (ad') & (ac')+(bd') & (bc')+(cd') & (ce') \\ (ae') & (be') & (ce') & (de') \end{vmatrix} = 0.$$

Cette condition étant remplie, on peut calculer la racine commune.

Admettons que les déterminants mineurs, qui correspondent aux éléments de la dernière colonne, ne soient pas tous nuls, et que, par exemple, le déterminant mineur

$$(3)\qquad \delta = \begin{vmatrix} (ab') & (ac') & (ad') \\ (ac') & (ad')+(bc') & (ae')+(bd') \\ (ad') & (ac')+(bd') & (bc')+(cd') \end{vmatrix},$$

qui correspond à l'élément (de') de la quatrième colonne, soit différent de zéro.

On aura le système des trois équations

$$(4)\qquad \begin{cases} (ab')\,x^3 + (ac')\,x^2 + (ad')\,x + (ae') = 0, \\ (ac')\,x^3 + [(ad') + (bc')]\,x^2 + [(ae') + (bd')]\,x + (be') = 0, \\ (ad')\,x^3 + [(ac') + (bd')]\,x^2 + [(bc') + (cd')]\,x + (ce') = 0, \end{cases}$$

qu'on résoudra par rapport à l'inconnue x. On en déduira

$$\begin{vmatrix} (ab') & (ac') & (a'd) \\ (ad') & (ad')+(bc') & (ae')+(be') \\ (ad') & (ac')+(bd') & (bc')+(cd') \end{vmatrix} x + \begin{vmatrix} (ab') & (ac') & (ae') \\ (ac') & (ad')+(bc') & (be') \\ (ad') & (ac')+(bd') & (ce') \end{vmatrix} = 0,$$

pour la valeur de la racine commune.

Si tous les déterminants mineurs relatifs aux éléments de la dernière colonne dans Δ (2) sont nuls, on aura un système de trois équations (4) à trois inconnues dont le déterminant est nul. Par suite, il y a indétermination, puisqu'il ne saurait y avoir impossibilité, attendu que le système (4) est satisfait par la racine commune des deux équations données, racine dont l'existence est constatée par la relation $\Delta = 0$.

Dans ce cas les équations proposées admettent au moins deux racines communes.

Le déterminant δ (3) étant nul, supposons que dans δ les déterminants mineurs relatifs aux éléments de la dernière colonne ne soient pas tous nuls, et que, par exemple, le déterminant mineur

$$\delta' = \begin{vmatrix} (ab') & (ac') \\ (ac') & (ad') + (bc') \end{vmatrix},$$

qui correspond à l'élément $(be') + (cd')$ de la troisième colonne, soit différent de zéro.

On prendra le système des deux équations

$$(ab')x^3 + (ac')x^2 + (ad')x + (ae') = 0,$$
$$(ac')x^3 + [(ad') + (be')]x^2 + [(ae') + (bd')]x + (be') = 0,$$

entre les deux inconnues x^3 et x^2, et on le résoudra par rapport à l'inconnue x^2. On trouve ainsi l'équation du second degré

$$\begin{vmatrix} (ab') & (ac') \\ (ac') & (ad') + (bc') \end{vmatrix} x^2 + \begin{vmatrix} (ab') & (ad')x + (ae') \\ (ac') & [(ae') + (bd')x + (be') \end{vmatrix} = 0,$$

qui donne les deux racines communes.

De ce qui précède on conclut que :

Chaque fois que les coefficients des équations (5) *et* (6) *du* n° 152 *sont réels, si ces équations admettent une racine commune, cette racine est réelle ;*

S'il y a deux racines communes, elles sont ou réelles toutes les deux ou imaginaires conjuguées ;

S'il y en a trois, elles sont ou toutes les trois réelles, ou bien l'une est réelle et les deux autres sont imaginaires conjuguées.

§ IV. — Calcul des racines doubles d'une équation.

168. La méthode que nous allons employer est générale. Nous la donnons pour l'équation du troisième degré

(1) $$f(x) = x^3 + 3ax^2 + 3bx + c = 0.$$

Si cette équation admet une racine double $x = \alpha$, la racine sera commune à l'équation donnée (1) et à celle

(2) $$f'(x) = x^2 + 2ax + b = 0,$$

que l'on obtient en égalant à zéro la dérivée première de $f(x)$.

La résultante des deux équations (1) et (2) fournit la condition pour qu'elles admettent une racine commune, et par suite aussi la condition pour que l'équation (1) ait deux racines égales.

Pour éliminer x entre les équations (1) et (2), nous emploierons la méthode d'Euler, en posant

$$\frac{x^3+3ax^2+3bx+c}{x-\alpha}=x^2+Ax+B,\quad \frac{x^2+2ax+b}{x-\alpha}=x+C,$$

et en multipliant ces deux égalités en croix. Nous obtenons ainsi l'équation

$$(x^2+Ax+B)(x^2+2ax+b)-(x+C)(x^3+3ax^2+3bx+c)=0,$$

qui se réduit à

$$\begin{aligned}(A-C-a)x^3&+(2Aa+B-3Ca-2b)x^2\\ &+(Ab+2Ba-3Cb-c)x+Bb\,Cc=0.\end{aligned}$$

Égalant à zéro les coefficients des diverses puissances de x, nous formons les quatre équations, à trois inconnues A, B, C,

$$\begin{array}{rrrl} A & & -C-a & =0,\\ 2aA+ & B & -3aC-2b & =0,\\ bA+ & 2aB & -3bC-c & =0,\\ + & bB & -cC & =0,\end{array}$$

qui, pour être compatibles, exigent que leur déterminant soit nul (**134**). On trouve ainsi l'équation de condition

$$0=\begin{vmatrix}1 & 0 & 1 & a\\ 2a & 1 & 3a & 2b\\ b & 2a & 3b & c\\ 0 & b & c & 0\end{vmatrix}=\begin{vmatrix}1 & 0 & 0 & a\\ 2a & 1 & a & 2b\\ b & 2a & 2b & c\\ 0 & b & c & 0\end{vmatrix}$$

$$=\begin{vmatrix}1 & a & 2b\\ 2a & 2b & c\\ 0 & c & 0\end{vmatrix}-a\begin{vmatrix}2a & 1 & a\\ b & 2a & 2b\\ 0 & b & c\end{vmatrix},$$

qui se réduit à

$$(3)\qquad 4a^3c-3a^2b^2-6abc+4b^3+c^2=0.$$

Lorsque cette condition est remplie, on obtient la valeur

de la racine double, en éliminant x^2 et x entre les trois équations

$$\begin{aligned}(x+3a)\,x^2+3bx+c&=0,\\(x+2a)\,x^2+\ bx\qquad&=0,\\x^2+2ax+b&=0,\end{aligned}$$

dont la seconde s'obtient en multipliant (2) par x, et où les coefficients de x^2 sont regardés comme des constantes.

La racine double est donc fournie par l'équation

$$\begin{vmatrix} x+3a & 3b & c \\ x+2a & b & 0 \\ 1 & 2a & b \end{vmatrix} = 0,$$

qui donne

$$(4)\qquad x=-\frac{\begin{vmatrix} 3a & 3b & c \\ 2a & b & 0 \\ 1 & 2a & b \end{vmatrix}}{\begin{vmatrix} 1 & 3b & c \\ 1 & b & 0 \\ 0 & 2a & b \end{vmatrix}}=\frac{3a(b^2-ac)+c(b-a^2)}{2(b^2-ac)}$$

ou

$$x=\frac{4b(b^2-ac)+c(c-ab)}{2a(b^2-ac)},$$

en ayant égard à la relation (3).

Si l'équation du troisième degré est donnée sous la forme

$$(5)\qquad x^3+px+q=0,$$

il suffira de poser, dans la relation (3) et la valeur (4),

$$a=0,\quad b=\frac{p}{3},\quad c=q.$$

On trouve ainsi que l'équation (5) admettra une racine double si l'on a

$$\left(\frac{p}{3}\right)^3+\left(\frac{q}{2}\right)^2=0,$$

et que cette racine double sera $-\dfrac{3q}{2p}$.

§ V. — Résolution de l'équation du troisième degré.

169. Considérons le déterminant du troisième ordre

(1) $$\Delta = \begin{vmatrix} a & b & c \\ b & c & a \\ c & a & b \end{vmatrix};$$

nous en obtenons la valeur développée, en l'ordonnant suivant les éléments de la première colonne; il nous vient ainsi

$$\Delta = a\begin{vmatrix} c & a \\ a & b \end{vmatrix} - b\begin{vmatrix} b & c \\ a & b \end{vmatrix} + c\begin{vmatrix} b & c \\ c & a \end{vmatrix}$$
$$= a(bc - a^2) + b(ca - b^2) + c(ab - c^2),$$

ou

(2) $$\Delta = 3abc - (a^3 + b^3 + c^3).$$

Nous trouverons une autre expression de Δ, en augmentant, dans (1), la première colonne de la somme des deux autres; ce qui nous donne

$$\Delta = \begin{vmatrix} a+b+c & b & c \\ b+c+a & c & a \\ c+a+b & a & b \end{vmatrix} = (a+b+c)\begin{vmatrix} 1 & b & c \\ 1 & c & a \\ 1 & a & b \end{vmatrix},$$

et prouve que le polynôme (2) admet le diviseur $a + b + c$.

Soit α l'une des deux racines cubiques imaginaires de l'unité, l'autre sera α^2. Si dans (2) nous remplaçons a et b respectivement par $a\alpha$ et $b\alpha^2$, ce polynôme devient

$$3a\alpha . b\alpha^2 . c - (a^3\alpha^3 + b^3\alpha^6 + c^3)$$
$$= 3abc.\alpha^3 - (a^3 + b^3\alpha^3 + c^3)\alpha^3 = 3abc - (a^3 + b^3 + c^3),$$

attendu que $\alpha^3 = 1$; ce polynôme n'a donc pas changé et l'on a

$$\Delta = \begin{vmatrix} a\alpha & b\alpha^2 & c \\ b\alpha^2 & c & a\alpha \\ c & a\alpha & b\alpha^2 \end{vmatrix} = \begin{vmatrix} a\alpha + b\alpha^2 + c & b\alpha^2 & c \\ b\alpha^2 + c + a\alpha & c & a\alpha \\ c + a\alpha + b\alpha^2 & a\alpha & b\alpha^2 \end{vmatrix},$$

ou

$$\Delta = (a\alpha + b\alpha^2 + c)\begin{vmatrix} 1 & b\alpha^2 & c \\ 1 & c & a\alpha \\ 1 & a\alpha & b\alpha^2 \end{vmatrix};$$

donc le polynôme (2) est aussi divisible par $a\alpha + b\alpha^2 + c$.

On verrait de même qu'il est encore divisible par $a\alpha^2 + b\alpha + c$.

Il vient ainsi, quels que soient a, b et c,

$$\begin{aligned} &3abc - (a^3 + b^3 + c^3) \\ &\quad = (a + b + c)(a\alpha + b\alpha^2 + c)(a\alpha^2 + b\alpha + c) \times q; \end{aligned}$$

or, pour $a = 0$ et $b = 0$, les deux membres se réduisent à $-c^3$ et $c^3 q$; par suite, q est égal à -1 et l'on a

$$(3)\quad a^3 + b^3 + c^3 - 3abc = (a + b + c)(a\alpha + b\alpha^2 + c)(a\alpha^2 + b\alpha + c).$$

Dans cette identité remplaçons c par $-x$; elle devient, par le changement des signes,

$$x^3 - 3abx - a^3 - b^3 = (x - a - b)(x - a\alpha - b\alpha^2)(x - a\alpha^2 - b\alpha),$$

et donne

$$(4)\qquad x_1 = a + b,\quad x_2 = a\alpha + b\alpha^2,\quad x_3 = a\alpha^2 + b\alpha$$

pour les trois racines de l'équation

$$(5)\qquad x^3 - 3abx - a^3 - b^3 = 0.$$

Si l'on avait à résoudre l'équation

$$(6)\qquad x^3 + px + q = 0,$$

il suffirait de poser dans (5)

$$ab = -\frac{p}{3},\quad a^3 + b^3 = -q,$$

ce qui donnerait pour a et b les valeurs connues

$$a = \sqrt[3]{\frac{q}{2} + \sqrt{\frac{p^3}{27} + \frac{q^2}{4}}},\quad b = \sqrt[3]{\frac{q}{2} - \sqrt{\frac{p^3}{27} + \frac{q^2}{4}}}.$$

Les trois racines de l'équation (6) seront donc

$$x_1 = \sqrt[3]{\frac{q}{2} + \sqrt{\frac{p^3}{27} + \frac{q^2}{4}}} + \sqrt[3]{\frac{q}{2} - \sqrt{\frac{p^3}{27} + \frac{q^2}{4}}},$$

$$x_2 = \frac{\sqrt{-3} - 1}{2} \sqrt[3]{\frac{q}{2} + \sqrt{\frac{p^3}{27} + \frac{q^2}{4}}} - \frac{\sqrt{-3} + 1}{2} \sqrt[3]{\frac{q}{2} - \sqrt{\frac{p^3}{27} + \frac{q^2}{4}}},$$

$$x_3 = \frac{\sqrt{-3} - 1}{2} \sqrt[3]{\frac{q}{2} - \sqrt{\frac{p^3}{27} + \frac{q^2}{4}}} - \frac{\sqrt{-3} + 1}{2} \sqrt[3]{\frac{q}{2} + \sqrt{\frac{p^3}{27} + \frac{q^3}{4}}}.$$

170. Nous venons de voir que le déterminant (1) du troisième ordre se décompose en un produit de trois facteurs du premier degré par rapport aux quantités a, b et c. Cette décomposition constitue un cas particulier de la proposition suivante.

Théorème. — *Lorsqu'un déterminant du $n^{\text{ième}}$ ordre*

$$(7) \qquad \Delta = \begin{vmatrix} a & b & c & \dots & k & l \\ b & c & \dots & k & l & a \\ c & \dots & k & l & a & b \\ \vdots & \vdots & \vdots & \vdots & \vdots & \vdots \\ l & a & b & c & \dots & k \end{vmatrix}$$

a pour lignes ou pour colonnes les n permutations circulaires que l'on peut former avec une suite de n quantités

$$a, \quad b, \quad c, \quad \dots, \quad k, \quad l,$$

ce déterminant est le produit de n facteurs du premier degré par rapport à ces quantités. Ces facteurs sont les sommes des produits que l'on obtient, en multipliant ces quantités par les n puissances successives de chacune des n racines $n^{\text{ièmes}}$ de l'unité.

Soient α, β, γ, ..., λ les n racines $n^{\text{ièmes}}$ de l'unité. A la première colonne de Δ ajoutons les $n-1$ autres colonnes multipliées respectivement par les $n-1$ premières puissances de α; nous aurons

$$\Delta = \begin{vmatrix} a + b\alpha + c\alpha^2 + \dots + k\alpha^{n-2} + l\alpha^{n-1} & b & c & \dots & k & l \\ b + c\alpha + \dots\dots\dots + l\alpha^{n-2} + a\alpha^{n-1} & c & \dots & k & l & a \\ c + \dots\dots\dots\dots\dots + a\alpha^{n-2} + b\alpha^{n-1} & \dots & k & l & a & b \\ \vdots & \vdots & \vdots & \vdots & \vdots & \vdots \\ l + a\alpha + b\alpha^2 + \dots\dots\dots + k\alpha^{n-1} & \dots & \dots & \dots & \dots & k \end{vmatrix}.$$

Appelons A le premier élément

$$a + b\alpha + c\alpha^2 + \ldots + l\alpha^{n-1}$$

de la première colonne; nous avons le second élément de cette colonne

$$b + c\alpha + \ldots + l\alpha^{n-2} + a\alpha^{n-1} = \alpha^{n-1}(b\alpha + c\alpha^2 + \ldots + l\alpha^{n-1} + a) = \alpha^{n-1}.\mathrm{A},$$

attendu que

$$\alpha^{n-1}.\alpha = \alpha^n = 1, \quad \alpha^{n-1}.\alpha^2 = \alpha^n.\alpha = \alpha, \quad \ldots, \quad \alpha^{n-1}.\alpha^{n-1} = \alpha^n.\alpha^{n-2} = \alpha^{n-2};$$

il s'ensuit que le premier élément A de la première colonne divise le second élément de cette colonne; il est facile de voir que A divise aussi le troisième élément, le quatrième et jusqu'au dernier élément de la première colonne; donc le déterminant Δ est divisible par

$$\mathrm{A} = a + b\alpha + c\alpha^2 + \ldots + l\alpha^{n-1}.$$

On verrait de même qu'il est divisible par

$$\mathrm{B} = a + b\beta + c\beta^2 + \ldots + l\beta^{n-1},$$
$$\mathrm{C} = a + b\gamma + c\gamma^2 + \ldots + l\gamma^{n-1},$$

et ainsi de suite. Ce déterminant Δ est donc de la forme

$$(8) \qquad \left\{ \begin{aligned} \Delta = \mathrm{K}&(a + b\alpha + c\alpha^2 + \ldots + l\alpha^{n-1}) \\ &\times (a + b\beta + c\beta^2 + \ldots + l\beta^{n-1}) \\ &\times (a + b\gamma + c\gamma^2 + \ldots + l\gamma^{n-1}) \\ &\ldots\ldots\ldots\ldots\ldots\ldots\ldots\ldots \\ &\times (a + b\lambda + c\lambda^2 + \ldots + l\lambda^{n-1}); \end{aligned} \right.$$

mais l'hypothèse $a = b = c = \ldots = k = 0$ réduit le déterminant (7) à la seconde diagonale, qui est composée de n éléments égaux à l; la valeur de ce déterminant se réduit donc à $(-1)^{\frac{n(n-1)}{2}} l^n$. La même hypothèse réduit le déterminant (8) à $\mathrm{K}l^n$. Donc on a $\mathrm{K} = (-1)^{\frac{n(n-1)}{2}}$.

§ VI. — Les différences des racines d'une équation.

171. Produit des différences de n quantités. — Soient données les n quantités quelconques

$$(1) \qquad a, \quad b, \quad c, \quad \ldots, \quad k, \quad l$$

et le déterminant

$$(2) \qquad \Delta = \begin{vmatrix} 1 & 1 & 1 & \dots & 1 \\ a & b & c & \dots & l \\ a^2 & b^2 & c^2 & \dots & l^2 \\ \vdots & \vdots & \vdots & & \vdots \\ a^{n-1} & b^{n-1} & c^{n-1} & \dots & l^{n-1} \end{vmatrix}$$

formé avec les n premières puissances de ces quantités, comptées à partir de la puissance zéro. Si dans Δ nous posons $b = a$, les deux premières colonnes deviendront identiques et le déterminant s'annulera; par suite Δ est divisible par $a - b$. On verrait de même que Δ est divisible par la différence de deux quelconques des n quantités (1). Donc on a

$$(3) \quad \left\{ \begin{aligned} \Delta = \mathrm{K}(a-b)(a-c)(a-d)&\dots(a-k)(a-l) \\ \times (b-c)(b-d)&\dots(b-k)(b-l) \\ \times (c-d)&\dots(c-k)(c-l) \\ &\dots\dots\dots\dots\dots \\ &\times (h-k)(h-l) \\ &\times (k-l), \end{aligned} \right.$$

où K désigne le coefficient par lequel il faut multiplier le produit des différences des n quantités (1) pour avoir Δ.

Or le degré de ce produit est $1 + 2 + 3 + \dots + (n-1) = \frac{n(n-1)}{2}$ et le degré du déterminant (2) est aussi $\frac{n(n-1)}{2}$; donc K ne peut représenter qu'un facteur numérique.

Supposons que les n quantités (2) soient rangées par ordre de grandeurs croissantes; chacune des $\frac{n(n-1)}{2}$ différences du produit (3) sera négative; par suite on a $\mathrm{K} = (-1)^{\frac{n(n-1)}{2}}$.

172. Produit des carrés des différences des racines d'une équation algébrique. — Supposons que les n quantités (1) soient les racines d'une équation $f(x) = 0$, et désignons par $s_0, s_1, s_2, \dots, s_{2n-2}$ les sommes des puissances zéro, première, deuxième, ..., $(2n-2)^{\text{ième}}$ de ces racines. Si nous élevons au carré le déterminant (2), nous aurons

$$= \begin{vmatrix} 1+1+1+\ldots+1 & a+b+\ldots+l & \ldots & a^{n-1}+b^{n-1}+\ldots+l^{n-1} \\ a+b+\ldots+l & a^2+b^2+\ldots+l^2 & \ldots & a^n+b^n+\ldots+l^n \\ a^2+b^2+\ldots+l^2 & a^3+b^3+\ldots+l^3 & \ldots & a^{n+1}+b^{n+1}+\ldots+l^{n+1} \\ \vdots & \vdots & \vdots & \vdots \\ a^{n-1}+b^{n-1}+\ldots+l^{n-1} & a^n+b^n+\ldots+l^n & \ldots & a^{2n-2}+b^{2n-2}+\ldots+l^{2n-2} \end{vmatrix},$$

ou bien

$$\Delta^2 = \begin{vmatrix} s_0 & s_1 & s_2 & \ldots & s_{n-1} \\ s_1 & s_2 & s_3 & \ldots & s_n \\ s_2 & s_3 & s_4 & \ldots & s_{n+1} \\ \vdots & \vdots & \vdots & \vdots & \vdots \\ s_{n-1} & s_n & s_{n+1} & \ldots & s_{2n-2} \end{vmatrix}$$

pour le produit des carrés des différences des racines de notre équation.

Si l'équation a deux racines égales, ce dernier déterminant est forcément nul.

Ainsi l'équation du troisième degré aura deux racines égales, si l'on a

$$\begin{vmatrix} s_0 & s_1 & s_2 \\ s_1 & s_2 & s_3 \\ s_2 & s_3 & s_4 \end{vmatrix} = 0.$$

Il est d'ailleurs facile de voir que le déterminant

$$\begin{vmatrix} 2+1 & 2\alpha+\beta & 2\alpha^2+\beta^2 \\ 2\alpha+\beta & 2\alpha^2+\beta^2 & 2\alpha^3+\beta^3 \\ 2\alpha^2+\beta^2 & 2\alpha^3+\beta^3 & 2\alpha^4+\beta^4 \end{vmatrix},$$

où α représente la racine double et β la racine simple, est égal à zéro.

173. Somme des carrés des différences des racines de l'équation du troisième degré. — Nous savons que (108)

$$\left\| \begin{matrix} 1 & 1 & 1 \\ a & b & c \end{matrix} \right\| = (b-a)+(c-b)+(a-c);$$

or la somme des carrés des trois déterminants compris dans cette notation est (112)

$$\begin{vmatrix} 1+1+1 & a+b+c \\ a+b+c & a^2+b^2+c^2 \end{vmatrix} = \begin{vmatrix} s_0 & s_1 \\ s_1 & s_2 \end{vmatrix};$$

par conséquent il vient

$$(a-b)^2+(b-c)^2+(c-a)^2 = \begin{vmatrix} s_0 & s_1 \\ s_1 & s_0 \end{vmatrix}.$$

Nous pouvons supposer que a, b et c soient les racines de l'équation du troisième degré.

§ VII. — Résolution d'un système de deux équations a deux inconnues.

174. Proposons-nous de résoudre le système des deux équations à deux inconnues x et y,

$$f(x,y)=0, \quad \varphi(x,y)=0,$$

dont nous supposerons la première du $m^{\text{ième}}$ degré par rapport à x et y et la seconde du $n^{\text{ième}}$ degré par rapport à ces inconnues.

Ordonnons les deux équations par rapport aux puissances décroissantes de x et soient

$$(1) \qquad \begin{cases} f(x,y) = a_0x^m + a_1x^{m-1} + \ldots + a_m = 0, \\ \varphi(x,y) = b_0x^n + b_1x^{n-1} + \ldots + b_n = 0 \end{cases}$$

les formes résultantes de ces deux équations, dans lesquelles les coefficients a_0, a_1, ..., a_m et b_0, b_1, ..., b_m seront des fonctions de y. Le coefficient a_0 sera du degré zéro par rapport à y, a_1 du degré 1 au plus, a_2 du degré 2, ..., a_m du degré m en y; de même les coefficients b_0, b_1, ..., b_n seront au plus des degrés 0, 1, ..., n par rapport à y.

Soit $x=\alpha$, $y=\beta$ une solution du système donné (1). Si dans ces équations nous posons $y=\beta$, nous aurons deux équations en x,

$$(2) \qquad f(x,\beta)=0, \quad \varphi(x,\beta)=0,$$

qui admettront une racine commune α.

Éliminant x entre ces deux équations (2), d'après la méthode de Cauchy (152 et 154), nous obtenons l'équation résultante $R=0$, qui exprime la condition nécessaire et suffisante pour que les équations (2) aient une racine commune.

Si, dans l'équation $R=0$, nous remettons y à la place de β, la relation $R=0$ sera une équation en y.

175. *Cette équation sera au plus du degré mn par rapport à y.*

En effet, le résultant R est une fonction algébrique, entière et rationnelle, des coefficients $a_0, a_1, \ldots, a_m$ et $b_0, b_1, \ldots, b_n$ des équations (1) et (2); il est du $n^{\text{ième}}$ degré par rapport à $a_0, a_1, \ldots, a_m$ et du $n^{\text{ième}}$ degré par rapport à $b_0, b_1, \ldots, b_n$. Mais, parmi les premiers coefficients, a_m contient y à la puissance la plus élevée qui ne dépasse pas la $m^{\text{ième}}$; par suite R, qui est du $n^{\text{ième}}$ degré par rapport aux a, est au plus du $mn^{\text{ième}}$ degré en y.

De même, parmi les seconds coefficients, b_n contient y à la puissance la plus élevée qui ne dépasse pas la $n^{\text{ième}}$; par suite R, qui est du $n^{\text{ième}}$ degré par rapport aux b, est au plus du $mn^{\text{ième}}$ degré en y.

176. Pour résoudre le système (1), de l'équation résultante $R=0$, qui est du degré mn en y, on tire les mn valeurs de y

$$y=y_1, \quad y=y_2, \quad \ldots, \quad y=y_{mn}.$$

On les substitue dans les deux équations (1). On obtient ainsi mn groupes de deux équations en x, qui sont

$$\begin{array}{ll} f(x,y_1)=0, & \varphi(x,y_1)=0; \\ f(x,y_2)=0, & \varphi(x,y_2)=0; \\ \ldots\ldots\ldots\ldots, & \ldots\ldots\ldots\ldots; \\ f(x,y_{mn})=0, & \varphi(x,y_{mn})=0. \end{array}$$

On détermine ensuite la racine commune aux deux équations de chaque groupe. Si $x_1, x_2, \ldots, x_{mn}$ désignent les racines communes à ces mn groupes respectifs, les couples de valeurs

$$\begin{array}{ll} x = x_1, & y = y_1, \\ x = x_2, & y = y_2, \\ \ldots\ldots, & \ldots\ldots, \\ x = x_{mn}, & y = y_{mn} \end{array}$$

formeront les solutions du système proposé.

177. Lorsque les deux équations (1) sont du même degré m, l'équation du degré m^2 en y sera (152)

$$\begin{vmatrix} A_1 & B_1 & \ldots & H_1 \\ A_2 & B_2 & \ldots & H_2 \\ \vdots & \vdots & & \vdots \\ A_m & B_m & \ldots & H_m \end{vmatrix} = 0,$$

où $A_1, B_1, \ldots, A_2, \ldots, H_m$ ont les valeurs (152)

$$\begin{array}{l} A_1 = a_0 b_1 - a_1 b_0, \quad B_1 = a_0 b_2 - a_2 b_0, \quad \ldots, \\ A_2 = a_0 b_2 - a_2 b_0, \quad \ldots\ldots\ldots\ldots\ldots \quad \ldots, \\ \ldots\ldots\ldots\ldots\ldots\ldots\ldots\ldots, \quad \ldots, \\ \ldots\ldots\ldots\ldots\ldots\ldots\ldots\ldots\ldots, \quad \ldots, \quad H_m = a_{m-1} b_m - a_m b_{m-1}. \end{array}$$

Si, au contraire, les deux équations sont de degrés différents m et n, l'équation du degré mn en y sera (154)

$$\begin{vmatrix} A_1 & B_1 & C_1 & \ldots & H_1 \\ A_2 & B_2 & C_2 & \ldots & H_2 \\ \vdots & \vdots & \vdots & & \vdots \\ A_n & B_n & C_n & \ldots & H_n \\ b_0 & b_1 & b_2 & \ldots & 0 \\ \vdots & \vdots & \vdots & & \vdots \\ 0 & 0 & 0 & \ldots & b_m \end{vmatrix} = 0.$$

CHAPITRE IV.

APPLICATION DES DÉTERMINANTS A LA TRIGONOMÉTRIE.

178. Relation entre les cosinus des trois angles d'un triangle. — Soient A, B, C les trois angles d'un triangle et a, b, c les côtés respectivement opposés. Sur chacun des trois côtés projetons l'ensemble des deux autres côtés; nous formons les trois équations homogènes du premier degré entre les trois inconnues a, b, c

$$(1)\qquad \begin{cases} -a + b\cos C + c\cos B = 0, \\ a\cos C - b + c\cos A = 0, \\ a\cos B + b\cos A - c = 0, \end{cases}$$

qui, devant être compatibles, exigent que leur déterminant soit nul. On trouve ainsi la relation

$$(1)\qquad \begin{vmatrix} -1 & \cos C & \cos B \\ \cos C & -1 & \cos A \\ \cos B & \cos A & -1 \end{vmatrix} = 0,$$

ou

$$(1)\qquad \cos^2 A + \cos^2 B + \cos^2 C - 2\cos A\cos B\cos C - 1 = 0.$$

179. Condition pour que trois droites Oa, Ob, Oc (*fig.* 1),

Fig. 1.

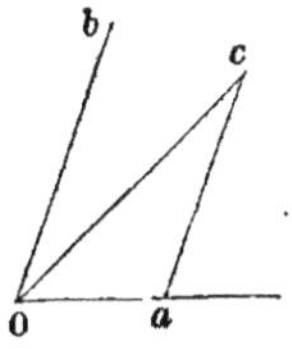

issues d'un même point O, soient situées dans un même plan. — Posons les angles $aOc = A$, $bOc = B$, $aOb = C$. Par un point quelconque a de la droite Oa menons une parallèle ac à Ob. Si la droite Ob est située dans le plan aOc, cette parallèle rencontre la ligne Oc en un point c et forme avec elle et Oa le triangle Oac.

Les trois angles de ce triangle seront

$$aOc = A, \quad Oca = bOc = B, \quad Oac = \pi - aOb = \pi - C;$$

par conséquent nous avons entre ces angles la relation (**178**)

$$\begin{vmatrix} -1 & -\cos C & \cos B \\ -\cos C & -1 & \cos A \\ \cos B & \cos A & -1 \end{vmatrix} = 0.$$

Nous pouvons multiplier la première et la deuxième ligne par -1, puis multiplier aussi par -1 la troisième colonne résultante; nous obtenons ainsi la condition demandée

$$\text{(II)} \qquad \begin{vmatrix} 1 & \cos C & \cos B \\ \cos C & 1 & \cos A \\ \cos B & \cos A & 1 \end{vmatrix} = 0,$$

dont le développement est

$$(2) \qquad 1 - \cos^2 A - \cos^2 B - \cos^2 C + 2\cos A \cos B \cos C = 0.$$

Si α et β désignent les angles que fait une droite Oc avec les deux axes de coordonnées Oa et Ob, et que θ soit l'angle de ces axes, on aura entre ces trois angles la relation

$$\text{(III)} \qquad \begin{vmatrix} 1 & \cos\alpha & \cos\beta \\ \cos\alpha & 1 & \cos\theta \\ \cos\beta & \cos\theta & 1 \end{vmatrix} = 0,$$

ou

$$(3) \qquad \sin^2\theta = \cos^2\alpha + \cos^2\beta - 2\cos\alpha \cos\beta \cos\theta.$$

180. Réciproquement, *si la condition* (II) *ou* (2) *est remplie, les trois droites* Oa, Ob, Oc (*fig.* 2) *sont situées dans un même plan.*

Car, si l'on augmente et que l'on diminue à la fois le pre-

Fig. 2.

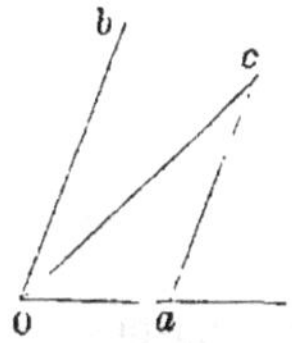

mier membre du produit $\cos^2 A \cos^2 B$, l'égalité précédente (2) devient

$$1 - \cos^2 A - \cos^2 B + \cos^2 A \cos^2 B - \cos^2 A \cos^2 B + 2\cos A \cos B \cos C - \cos^2 C = 0$$

ou

$$(1 - \cos^2 A)(1 - \cos^2 B) - (\cos A \cos B - \cos C)^2 = 0,$$

qu'on peut écrire

$$\sin^2 A \sin^2 B - (\cos A \cos B - \cos C)^2 = 0,$$

ou encore

$$(\sin A \sin B + \cos A \cos B - \cos C) \times (\sin A \sin B - \cos A \cos B + \cos C) = 0.$$

Le premier facteur est égal à

$$\cos(A - B) - \cos C = 2 \sin \frac{C + A - B}{2} \sin \frac{C - A + B}{2};$$

le second facteur est égal à

$$\cos C - \cos(A + B) = 2 \sin \frac{A + B + C}{2} \sin \frac{A + B - C}{2}.$$

Notre relation (2) revient donc à l'équation

$$(4) \quad 4 \sin \frac{A + B + C}{2} \sin \frac{B + C - A}{2} \sin \frac{C + A - B}{2} \sin \frac{A + B - C}{2} = 0.$$

Or celle-ci exprime que la somme des trois angles A, B, C est égale à quatre angles droits, ou que l'un d'eux est égal à la somme des deux autres; donc les trois droites Oa, Ob, Oc sont situées dans un même plan.

* 181. Nous pouvons donner une application curieuse de la formule (II), en l'employant à déterminer le rayon du cercle tangent à trois cercles donnés.

Soient O_1, O_2, O_3 les centres de ces trois cercles; r_1, r_2, r_3 leurs rayons. Considérons le cercle qui est tangent extérieurement à nos cercles et soit O son centre et x son rayon.

Joignons le centre O aux centres des trois cercles donnés et menons les droites O_2O_3, O_3O_1, O_1O_2.

Afin de simplifier les calculs, posons

$$(5)\quad OO_1 = x + r_1 = R_1,\quad OO_2 = x + r_2 = R_2,\quad OO_3 = x + r_3 = R_3,$$

et faisons

$$(6)\qquad O_2O_3 = a,\quad O_3O_1 = b,\quad O_1O_2 = c,$$

puis

$$\text{l'angle } O_2OO_3 = A,\quad O_3OO_1 = B,\quad O_1OO_2 = C.$$

Les angles A, B, C, étant compris entre trois droites OO_1, OO_2, OO_3 issues, dans le plan, d'un même point O, satisfont nécessairement à la relation (II).

Or le triangle OO_1O_2 nous donne

$$\overline{O_1O_2}^2 = \overline{OO_1}^2 + \overline{OO_2}^2 - 2OO_1\,OO_2\cos C,$$

ou, en ayant égard aux égalités (5) et (6),

$$c^2 = R_1^2 + R_2^2 - 2R_1R_2\cos C;$$

par conséquent nous avons

$$\begin{aligned} 2R_2R_3\cos A &= R_2^2 + R_3^2 - a^2,\\ 2R_3R_1\cos B &= R_3^2 + R_1^2 - b^2,\\ 2R_1R_2\cos C &= R_1^2 + R_2^2 - c^2. \end{aligned}$$

Substituons ces valeurs dans la relation (II), après avoir multiplié les trois lignes respectivement par $2R_1$, $2R_2$, $2R_3$ et les trois colonnes par R_1, R_2, R_3; nous obtenons l'équation

$$\begin{vmatrix} 2R_1^2 & R_2^2 + R_1^2 - c^2 & R_3^2 + R_1^2 - b^2 \\ R_1^2 + R_2^2 - c^2 & 2R_2^2 & R_3^2 + R_2^2 - a^2 \\ R_1^2 + R_3^2 - b^2 & R_2^2 + R_3^2 - a^2 & 2R^2 \end{vmatrix} = 0,$$

que nous pouvons mettre sous la forme

$$\begin{vmatrix} 1 & -R_1^2 & -R_2^2 & -R_3^2 \\ 0 & 2R_1^2 & R_2^2 + R_1^2 - c^2 & R_3^2 + R_1^2 - b^2 \\ 0 & R_1^2 + R_2^2 - c^2 & 2R_2^2 & R_3^2 + R_2^2 - a^2 \\ 0 & R_1^2 + R_3^2 - b^2 & R_2^2 + R_3^2 - a^2 & 2R_3^2 \end{vmatrix} = 0.$$

On peut simplifier le premier membre, en ajoutant la première ligne à chacune des trois suivantes, ce qui donne

$$\begin{vmatrix} 1 & -R_1^2 & -R_2^2 & -R_3^2 \\ 1 & R_1^2 & R_1^2-c^2 & R_1^2-b^2 \\ 1 & R_2^2-c^2 & R_2^2 & R_2^2-a^2 \\ 1 & R_3^2-b^2 & R_3^2-a^2 & R_3^2 \end{vmatrix} = 0,$$

ou encore

$$\begin{vmatrix} 0 & 1 & 0 & 0 & 0 \\ 1 & 0 & -R_1^2 & -R_2^2 & -R_3^2 \\ 1 & -R_1^2 & R_1^2 & R_1^2-c^2 & R_1^2-b^2 \\ 1 & -R_2^2 & R_2^2-c^2 & R_2^2 & R_2^2-a^2 \\ 1 & -R_3^2 & R_3^2-b^2 & R_3^2-a^2 & R_3^2 \end{vmatrix} = 0.$$

Dans cette équation on peut aussi simplifier le premier membre, en ajoutant la seconde colonne à chacune des trois suivantes. Nous trouvons ainsi, après avoir changé les signes de la première ligne, puis des quatre dernières colonnes,

$$\begin{vmatrix} 0 & 1 & 1 & 1 & 1 \\ 1 & 0 & R_1^2 & R_2^2 & R_3^2 \\ 1 & R_1^2 & 0 & c^2 & b^2 \\ 1 & R_2^2 & c^2 & 0 & a^2 \\ 1 & R_3^2 & b^2 & a^2 & 0 \end{vmatrix} = 0.$$

Il nous suffira ici de mettre à la place de R_1, R_2, R_3 leurs valeurs (5), pour avoir l'équation

$$\begin{vmatrix} 0 & 1 & 1 & 1 & 1 \\ 1 & 0 & (x+r_1)^2 & (x+r_2)^2 & (x+r_3)^2 \\ 1 & (x+r_1)^2 & 0 & c^2 & b^2 \\ 1 & (x+r_2)^2 & c^2 & 0 & a^2 \\ 1 & (x+r_3)^2 & b^2 & a^2 & 0 \end{vmatrix} = 0,$$

qui nous donne le rayon x du cercle tangent aux trois cercles donnés.

182. Relation en déterminant entre les trois côtés a, b, c d'un triangle et l'angle A opposé à l'un d'eux. — Dans les équations (1) considérons comme inconnues les angles B et C.

Ces équations pouvant s'écrire

$$a - b\cos C - c\cos B = 0,$$
$$b - c\cos A - a\cos C - 0.\cos B = 0,$$
$$c - b\cos A - 0.\cos C - a\cos B = 0,$$

on voit que l'élimination de $-\cos C$ et $-\cos B$ donne immédiatement la relation

$$\begin{vmatrix} a & b & c \\ b - c\cos A & a & 0 \\ c - b\cos A & 0 & a \end{vmatrix} = 0,$$

qui devient, en divisant les deux dernières colonnes par a, puis en multipliant par a la première ligne résultante,

$$\begin{vmatrix} a^2 & b & c \\ b - c\cos A & 1 & 0 \\ c - b\cos A & 0 & 1 \end{vmatrix} = 0.$$

On en tire

$$a^2 = -\begin{vmatrix} 0 & b & c \\ b - c\cos A & 1 & 0 \\ c - b\cos A & 0 & 1 \end{vmatrix}$$

ou encore

$$\text{(IV)} \quad a^2 = -\begin{vmatrix} 0 & b & c \\ b & 1 & \cos A \\ c & \cos A & 1 \end{vmatrix} = b^2 + c^2 - 2bc\cos A.$$

183. Résoudre l'équation

$$\Delta = \begin{vmatrix} 1 & \cos x & 0 & 0 \\ \cos x & 1 & \cos\alpha & \cos\beta \\ 0 & \cos\alpha & 1 & \cos\gamma \\ 0 & \cos\beta & \cos\gamma & 1 \end{vmatrix} = 0.$$

De la seconde ligne retranchons la première multipliée

par $\cos x$; il nous vient

$$\Delta = \begin{vmatrix} 1 & \cos x & 0 & 0 \\ 0 & \sin^2 x & \cos\alpha & \cos\beta \\ 0 & \cos\alpha & 1 & \cos\gamma \\ 0 & \cos\beta & \cos\gamma & 1 \end{vmatrix} = \begin{vmatrix} \sin^2 x & \cos\alpha & \cos\beta \\ \cos\alpha & 1 & \cos\gamma \\ \cos\beta & \cos\gamma & 1 \end{vmatrix} = 0.$$

En développant ce dernier déterminant par la règle de Sarrus (52), on trouve de suite que

$$\sin^2\gamma \sin^2 x = \cos^2\alpha + \cos^2\beta - 2\cos\alpha\cos\beta\cos\gamma,$$

d'où

$$\sin x = \frac{\pm\sqrt{\cos^2\alpha + \cos^2\beta - 2\cos\alpha\cos\beta\cos\gamma}}{\sin\gamma}.$$

184. Vérifier l'égalité

$$\begin{vmatrix} 1 & 1 & 1 & 1 \\ 1 & 1 & \cos\nu & \cos\mu \\ 1 & \cos\nu & 1 & \cos\lambda \\ 1 & \cos\mu & \cos\lambda & 1 \end{vmatrix} = -16 \sin^2\frac{\lambda}{2} \sin^2\frac{\mu}{2} \sin^2\frac{\nu}{2}.$$

Représentons ce déterminant par $\mathfrak{D}$. Retranchons la première ligne de chacune des trois suivantes; nous trouvons que

$$\mathfrak{D} = \begin{vmatrix} 1 & 1 & 1 & 1 \\ 0 & 0 & \cos\nu - 1 & \cos\mu - 1 \\ 0 & \cos\nu - 1 & 0 & \cos\lambda - 1 \\ 0 & \cos\mu - 1 & \cos\lambda - 1 & 0 \end{vmatrix}$$

$$= \begin{vmatrix} 0 & \cos\nu - 1 & \cos\mu - 1 \\ \cos\nu - 1 & 0 & \cos\lambda - 1 \\ \cos\mu - 1 & \cos\lambda - 1 & 0 \end{vmatrix}.$$

Ce dernier déterminant est du troisième ordre; on peut en calculer immédiatement la valeur développée par la règle de Sarrus. On trouve ainsi que

$$\mathfrak{D} = 2(\cos\lambda - 1)(\cos\mu - 1)(\cos\nu - 1)$$
$$= -2(1 - \cos\lambda)(1 - \cos\mu)(1 - \cos\nu),$$

ou bien

$$\Theta = -16\sin^2\frac{\lambda}{2}\sin^2\frac{\mu}{2}\sin^2\frac{\nu}{2},$$

en se rappelant que $1 - \cos\lambda = 2\sin^2\frac{\lambda}{2}$.

185. Prouver que

$$(7)\quad \left\{\begin{aligned} \Delta &= \begin{vmatrix} 1 & 1 & 1 \\ \sin\alpha & \sin\beta & \sin\gamma \\ \cos\alpha & \cos\beta & \cos\gamma \end{vmatrix} \\ &= \sin(\beta-\gamma) + \sin(\gamma-\alpha) + \sin(\alpha-\beta). \end{aligned}\right.$$

Retranchons la première colonne de chacune des deux suivantes; il nous vient

$$\Delta = \begin{vmatrix} 1 & 0 & 0 \\ \sin\alpha & \sin\beta - \sin\alpha & \sin\gamma - \sin\alpha \\ \cos\alpha & \cos\beta - \cos\alpha & \cos\gamma - \cos\alpha \end{vmatrix}$$

$$= \begin{vmatrix} \sin\beta - \sin\alpha & \sin\gamma - \sin\alpha \\ \cos\beta - \cos\alpha & \cos\gamma - \cos\alpha \end{vmatrix}$$

$$= (\sin\beta - \sin\alpha)(\cos\gamma - \cos\alpha) - (\sin\gamma - \sin\alpha)(\cos\beta - \cos\alpha)$$

$$= (\sin\beta\cos\gamma - \sin\gamma\cos\beta)$$
$$+ (\sin\gamma\cos\alpha - \sin\alpha\cos\gamma) + (\sin\alpha\cos\beta - \sin\beta\cos\alpha);$$

donc on a

$$\Delta = \sin(\beta-\gamma) + \sin(\gamma-\alpha) + \sin(\alpha-\beta).$$

186. Démontrer qu'on a encore

$$(8)\quad \left\{\begin{aligned} \Delta &= \begin{vmatrix} 1 & 1 & 1 \\ \sin\alpha & \sin\beta & \sin\gamma \\ \cos\alpha & \cos\beta & \cos\gamma \end{vmatrix} \\ &= -4\sin\tfrac{1}{2}(\beta-\gamma)\sin\tfrac{1}{2}(\gamma-\alpha)\sin\tfrac{1}{2}(\alpha-\beta). \end{aligned}\right.$$

Nous venons de voir que

$$\Delta = \begin{vmatrix} \sin\beta - \sin\alpha & \sin\gamma - \sin\alpha \\ \cos\beta - \cos\alpha & \cos\gamma - \cos\alpha \end{vmatrix};$$

or on sait que

$$\sin\beta - \sin\alpha = -2\sin\tfrac{1}{2}(\alpha-\beta)\cos\tfrac{1}{2}(\alpha+\beta),$$
$$\cos\beta - \cos\alpha = \quad 2\sin\tfrac{1}{2}(\alpha-\beta)\sin\tfrac{1}{2}(\alpha+\beta);$$

par conséquent il vient

$$\Delta = \begin{vmatrix} -2\sin\frac{1}{2}(\alpha-\beta)\cos\frac{1}{2}(\alpha+\beta) & 2\sin\frac{1}{2}(\gamma-\alpha)\cos\frac{1}{2}(\gamma+\alpha) \\ 2\sin\frac{1}{2}(\alpha-\beta)\sin\frac{1}{2}(\alpha+\beta) & -2\sin\frac{1}{2}(\gamma-\alpha)\sin\frac{1}{2}(\gamma+\alpha) \end{vmatrix}$$
$$= 4\sin\tfrac{1}{2}(\alpha-\beta)\sin\tfrac{1}{2}(\gamma-\alpha)\begin{vmatrix} -\cos\frac{1}{2}(\alpha+\beta) & \cos\frac{1}{2}(\gamma+\alpha) \\ \sin\frac{1}{2}(\alpha+\beta) & -\sin\frac{1}{2}(\gamma+\alpha) \end{vmatrix}.$$

Le dernier déterminant est égal à

$$\sin\tfrac{1}{2}(\gamma+\alpha)\cos\tfrac{1}{2}(\alpha+\beta) - \sin\tfrac{1}{2}(\alpha+\beta)\cos\tfrac{1}{2}(\gamma+\alpha)$$
$$= \sin\tfrac{1}{2}(\gamma+\alpha-\alpha-\beta) = -\sin\tfrac{1}{2}(\beta-\gamma);$$

donc on a aussi

$$\Delta = -4\sin\tfrac{1}{2}(\beta-\gamma)\sin\tfrac{1}{2}(\gamma-\alpha)\sin\tfrac{1}{2}(\alpha-\beta).$$

Si l'on rapproche les deux valeurs (7) et (8), on verra que

$$\sin(\beta-\gamma) + \sin(\gamma-\alpha) + \sin(\alpha-\beta)$$
$$= -4\sin\tfrac{1}{2}(\beta-\gamma)\sin\tfrac{1}{2}(\gamma-\alpha)\sin\tfrac{1}{2}(\alpha-\beta).$$

187. Faire voir, en troisième lieu, qu'on a aussi

$$\Delta = 2\begin{vmatrix} \cos\frac{1}{2}(\beta-\gamma) & \cos\frac{1}{2}(\gamma-\alpha) & \cos\frac{1}{2}(\alpha-\beta) \\ \cos\frac{1}{2}(\beta+\gamma) & \cos\frac{1}{2}(\gamma+\alpha) & \cos\frac{1}{2}(\alpha+\beta) \\ \sin\frac{1}{2}(\beta+\gamma) & \sin\frac{1}{2}(\gamma+\alpha) & \sin\frac{1}{2}(\alpha+\beta) \end{vmatrix}.$$
$$= \sin(\beta-\gamma) + \sin(\gamma-\alpha) + \sin(\alpha-\beta).$$

Prenons l'égalité trouvée plus haut (185)

$$\Delta = \begin{vmatrix} \sin\alpha - \sin\gamma & \sin\beta - \sin\alpha \\ \cos\alpha - \cos\gamma & \cos\beta - \cos\alpha \end{vmatrix},$$

et multiplions les deux membres par l'identité

$$\Delta = \sin(\beta-\gamma) + \sin(\gamma-\alpha) + \sin(\alpha-\beta);$$

nous obtenons une égalité que nous pouvons mettre sous la forme suivante :

$$\Delta^2 = \begin{vmatrix} \sin(\beta-\gamma)+\sin(\gamma-\alpha)+\sin(\alpha-\beta) & \sin(\gamma-\alpha) & \sin(\alpha-\beta) \\ 0 & \sin\alpha-\sin\gamma & \sin\beta-\sin\alpha \\ 0 & \cos\alpha-\cos\gamma & \cos\beta-\cos\alpha \end{vmatrix}$$

De la première colonne retranchons la somme des deux autres; il nous viendra

$$\Delta^2 = \begin{vmatrix} \sin(\beta-\gamma) & \sin(\gamma-\alpha) & \sin(\alpha-\beta) \\ \sin\gamma-\sin\beta & \sin\alpha-\sin\gamma & \sin\beta-\sin\alpha \\ \cos\gamma-\cos\beta & \cos\alpha-\cos\gamma & \cos\beta-\cos\alpha \end{vmatrix};$$

puis, en remplaçant les éléments par des produits équivalents et en changeant les signes de la seconde ligne,

$$\Delta^2 = -\begin{vmatrix} 2\sin\frac{1}{2}(\beta-\gamma)\cos\frac{1}{2}(\beta-\gamma) & 2\sin\frac{1}{2}(\gamma-\alpha)\cos\frac{1}{2}(\gamma-\alpha) & 2\sin\frac{1}{2}(\alpha-\beta)\cos\frac{1}{2}(\gamma-\alpha \\ 2\sin\frac{1}{2}(\beta-\gamma)\cos\frac{1}{2}(\beta+\gamma) & 2\sin\frac{1}{2}(\gamma-\alpha)\cos\frac{1}{2}(\gamma+\alpha) & 2\sin\frac{1}{2}(\alpha-\beta)\cos\frac{1}{2}(\gamma+\alpha \\ 2\sin\frac{1}{2}(\beta-\gamma)\sin\frac{1}{2}(\beta+\gamma) & 2\sin\frac{1}{2}(\gamma-\alpha)\sin\frac{1}{2}(\gamma+\alpha) & 2\sin\frac{1}{2}(\alpha-\beta)\sin\frac{1}{2}(\gamma+\alpha \end{vmatrix}$$

Actuellement divisant les trois colonnes par les quantités respectives $2\sin\frac{1}{2}(\beta-\gamma)$, $2\sin\frac{1}{2}(\gamma-\alpha)$, $2\sin\frac{1}{2}(\alpha-\beta)$, le déterminant aura été divisé par le produit

$$8\sin\tfrac{1}{2}(\beta-\gamma)\sin\tfrac{1}{2}(\gamma-\alpha)\sin\tfrac{1}{2}(\alpha-\beta) = -2\Delta;$$

de sorte que nous aurons en définitive

$$\Delta = 2\begin{vmatrix} \cos\frac{1}{2}(\beta-\gamma) & \cos\frac{1}{2}(\gamma-\alpha) & \cos\frac{1}{2}(\alpha-\beta) \\ \cos\frac{1}{2}(\beta+\gamma) & \cos\frac{1}{2}(\gamma+\alpha) & \cos\frac{1}{2}(\alpha+\beta) \\ \sin\frac{1}{2}(\beta+\gamma) & \sin\frac{1}{2}(\gamma+\alpha) & \sin\frac{1}{2}(\alpha+\beta) \end{vmatrix}.$$

LIVRE III.

APPLICATION DES DÉTERMINANTS A LA GÉOMÉTRIE ANALYTIQUE.

CHAPITRE PREMIER.

APPLICATION DES DÉTERMINANTS A LA GÉOMÉTRIE ANALYTIQUE A DEUX DIMENSIONS.

§ I. La droite dans le plan. — § II. Le cercle dans le plan. — § III. Les courbes du second degré.

§ I. — La droite dans le plan.

188. Distance d'un point à une droite. — Soit

$$Ax + By + C = 0 \tag{1}$$

l'équation de la droite MN, qui rencontre les deux axes de coordonnées en M et N, et soient x', y' les coordonnées du point donné P.

De ce point P abaissons sur la droite MN (1) la perpendiculaire $PQ = p$, qui la rencontre en Q, et désignons par α et β les angles qu'elle fait avec les axes de coordonnées. Par le point P menons aussi à la droite MN (1) la parallèle M′N′

$$Ax + By = Ax' + By', \tag{2}$$

qui rencontre les axes de coordonnées en M′ et N′.

Les deux lignes MN (1) et M′N′ (2) coupent l'axe des x à des distances de l'origine qui sont respectivement

$$OM = a = -\frac{C}{A}, \quad OM' = a' = \frac{Ax' + By'}{A},$$

et l'axe des y aux distances

$$ON = b = -\frac{C}{B}; \quad ON' = b' = \frac{Ax' + By'}{B}.$$

Par les points M et N menons à la perpendiculaire PQ les parallèles MR et NS jusqu'à la droite M'N' qu'elles rencontrent en R et S.

D'après cela, il est évident qu'on a

$$MR = MM' \cos RMM',$$
$$NS = NN' \cos SNN'$$

ou

$$p = (a' - a)\cos\alpha = \frac{Ax' + By' + C}{A}\cos\alpha,$$

$$p = (b' - b)\cos\beta = \frac{Ax' + By' + C}{B}\cos\beta;$$

d'où nous tirons

$$\cos\alpha = \frac{Ap}{Ax' + By' + C}, \quad \cos\beta = \frac{Bp}{Ax' + By' + C}.$$

Substituons ces valeurs dans le déterminant (III) du n° 179; cette relation devient

$$\begin{vmatrix} 1 & \frac{Ap}{Ax' + By' + C} & \frac{Bp}{Ax' + By' + C} \\ \frac{Ap}{Ax' + By' + C} & 1 & \cos\theta \\ \frac{Bp}{Ax' + By' + C} & \cos\theta & 1 \end{vmatrix} = 0.$$

Multiplions la première ligne et la première colonne par $\frac{Ax' + By' + C}{p}$, nous obtenons l'équation

$$\begin{vmatrix} \frac{(Ax' + By' + C)^2}{p^2} & A & B \\ A & 1 & \cos\theta \\ B & \cos\theta & 1 \end{vmatrix} = 0,$$

qui donne

$$\frac{(Ax'+By'+C)^2\sin^2\theta}{p^2} = -\begin{vmatrix} 0 & A & B \\ A & 1 & \cos\theta \\ B & \cos\theta & 1 \end{vmatrix}$$

$$= A^2 + B^2 - 2AB\cos\theta.$$

Nous en tirons

$$\text{(I)} \qquad p = \frac{(Ax'+By'+C)\sin\theta}{\pm\sqrt{A^2+B^2-2AB\cos\theta}}.$$

La distance de l'origine à la droite (1) s'obtiendra en posant $x'=0$, $y'=0$, et sera

$$\text{(II)} \qquad p = \frac{C\sin\theta}{\pm\sqrt{A^2+B^2-2AB\cos\theta}}.$$

189. Angle de deux droites OD, OD′ en valeur des inclinaisons de ces deux droites sur les axes de coordonnées. — Nous supposons ces deux droites issues de l'origine O. Soient toujours α et β les angles que fait la première droite OD avec les deux axes; α' et β' ceux que fait la seconde droite OD′ avec les mêmes axes, et γ l'angle DOD′ de ces deux droites.

Sur la première droite prenons une longueur $OM = 1$ et soient x, y les coordonnées du point M. Menons MP parallèle à l'axe des y jusqu'à sa rencontre en P avec l'axe des x.

Projetons la longueur OM et la ligne brisée OP + PM successivement sur la seconde droite OD′ et sur les deux axes; nous obtenons les égalités

$$\begin{aligned} &\cos\gamma - x\cos\alpha' - y\cos\beta' = 0, \\ &\cos\alpha - x \qquad\quad - y\cos\theta = 0, \\ &\cos\beta - x\cos\theta - y \qquad\; = 0, \end{aligned}$$

entre lesquelles il suffit d'éliminer les coordonnées $-x$ et $-y$ pour obtenir la relation demandée. Celle-ci est ainsi

$$\text{(III)} \qquad \begin{vmatrix} \cos\gamma & \cos\alpha' & \cos\beta' \\ \cos\alpha & 1 & \cos\theta \\ \cos\beta & \cos\theta & 1 \end{vmatrix} = 0.$$

190. Angle de deux droites données par leurs équations

$$Ax + By + C = 0, \quad A'x + B'y + C' = 0.$$

Soient p et p' les perpendiculaires abaissées de l'origine sur ces deux droites; nous avons

$$\cos\alpha = -\frac{Ap}{C}, \quad \cos\beta = -\frac{Bp}{C};$$
$$\cos\alpha' = -\frac{A'p'}{C'}, \quad \cos\beta' = -\frac{B'p'}{C'}.$$

Si nous mettons ces valeurs dans la relation (III), après avoir multiplié la première colonne par $-\frac{C}{p}$ et la première ligne par $-\frac{C'}{p'}$, elle deviendra

$$\text{(IV)} \qquad \begin{vmatrix} \frac{CC'\cos\gamma}{pp'} & A' & B' \\ A & 1 & \cos\theta \\ B & \cos\theta & 1 \end{vmatrix} = 0,$$

et donnera

$$\frac{CC'\sin^2\theta\cos\gamma}{pp'} = -\begin{vmatrix} 0 & A' & B' \\ A & 1 & \cos\theta \\ B & \cos\theta & 1 \end{vmatrix}$$
$$= AA' + BB' - (AB' + BA')\cos\theta.$$

Nous en tirons

$$(3) \qquad \cos\gamma = \frac{[AA' + BB' - (AB' + BA')\cos\theta]\,pp'}{CC'\sin^2\theta}.$$

Or, en vertu de la formule (II), nous avons

$$pp' = \frac{CC'\sin^2\theta}{\sqrt{(A^2 + B^2 - 2AB\cos\theta)(A'^2 + B'^2 - 2A'B'\cos\theta)}};$$

par suite nous obtenons, en substituant dans (3),

$$\text{(V)} \quad \cos\gamma = \frac{AA' + BB' - (AB' + BA')\cos\theta}{\sqrt{(A^2 + B^2 - 2AB\cos\theta)(A'^2 + B'^2 - 2A'B'\cos\theta)}}.$$

191. Condition de perpendicularité de deux droites. — Elle s'obtient en posant $\cos\gamma = 0$ dans chacune des relations (III), (IV) et (V); elle est donc exprimée par l'une quelconque des trois égalités

$$\begin{vmatrix} 0 & \cos\alpha' & \cos\beta' \\ \cos\alpha & 1 & \cos\theta \\ \cos\beta & \cos\theta & 1 \end{vmatrix} = 0,$$

$$\begin{vmatrix} 0 & A' & B' \\ A & 1 & \cos\theta \\ B & \cos\theta & 1 \end{vmatrix} = 0,$$

$$AA' + BB' - (AB' + BA')\cos\theta = 0,$$

dont la dernière peut aussi se mettre sous la forme

$$\text{(VI)} \qquad \frac{A}{B' - A'\cos\theta} + \frac{B}{A' - B'\cos\theta} = 0.$$

192. Équation de la droite passant par deux points donnés. — La droite

$$C + Ax + By = 0$$

passera par les deux points (x', y'), (x'', y''), si l'on a en même temps

$$C + Ax' + By' = 0,$$
$$C + Ax'' + By'' = 0.$$

Ces trois équations sont homogènes et du premier degré par rapport aux coefficients C, A et B; pour qu'elles soient compatibles, il faut et il suffit que leur déterminant soit nul (**131**), c'est-à-dire que l'on ait

$$\text{(VII)} \qquad \begin{vmatrix} 1 & x & y \\ 1 & x' & y' \\ 1 & x'' & y'' \end{vmatrix} = 0.$$

C'est l'équation demandée de la droite.

Elle exprime en même temps la *condition nécessaire et suffisante, pour que les trois points* (x, y), (x', y') et (x'', y'') *soient situés en ligne droite.*

193. Expressions générales des coordonnées des points situés sur la droite, qui passe par deux points donnés (x', y') et (x'', y''). — Nous avons identiquement

$$\begin{vmatrix} 0 & 0 & 0 \\ 1 & x' & y' \\ 1 & x'' & y'' \end{vmatrix} = 0.$$

A la première ligne de ce déterminant ajoutons les deux suivantes multipliées respectivement par 1 et λ; nous avons encore

$$\begin{vmatrix} 1+\lambda & x'+\lambda x'' & y'+\lambda y'' \\ 1 & x' & y' \\ 1 & x'' & y'' \end{vmatrix} = 0,$$

où λ est une indéterminée quelconque. Si nous divisons la première ligne par $1+\lambda$, nous obtiendrons la relation

$$\begin{vmatrix} 1 & \dfrac{x'+\lambda x''}{1+\lambda} & \dfrac{y'+\lambda y''}{1+\lambda} \\ 1 & x' & y' \\ 1 & x'' & y'' \end{vmatrix} = 0,$$

qui, étant comparée à (VII), fait voir que le point

$$\text{(VIII)} \qquad x = \frac{x'+\lambda x''}{1+\lambda}, \quad y = \frac{y'+\lambda y''}{1+\lambda}$$

appartient à la droite (VII), quel que soit λ.

194. Condition pour que trois droites se coupent au même point. — Soient

$$Ax+By+C=0, \quad A'x+B'y+C'=0, \quad A''x+B''y+C''=0$$

les équations de trois droites. Pour qu'elles passent par un même point (x', y'), il faut et il suffit que l'on ait à la fois

$$\begin{aligned} A x' + B y' + C &= 0, \\ A' x' + B' y' + C' &= 0, \\ A'' x' + B'' y' + C'' &= 0, \end{aligned}$$

conditions qui exigent que leur déterminant soit nul, ou que l'on ait

$$\text{(IX)} \qquad \begin{vmatrix} A & B & C \\ A' & B' & C' \\ A'' & B'' & C'' \end{vmatrix} = 0.$$

§ II. — Le cercle dans le plan.

195. Expression en déterminant de l'équation du cercle en valeurs des dérivées et du rayon [1]. — Soient a, b les coordonnées du centre C d'un cercle, R le rayon de ce cercle; et x, y les coordonnées d'un point quelconque M de la circonférence. L'équation du cercle sera

$$(1) \qquad \left\{ \begin{aligned} f(x,y) = {} & (x-a)^2 + (y-b)^2 \\ & + 2(x-a)(y-b)\cos\theta - R^2 = 0, \end{aligned} \right.$$

où θ représente l'angle des axes des coordonnées. On en tire

$$f'_x = 2(x-a) + 2(y-b)\cos\theta, \quad f'_y = 2(y-b) + 2(x-a)\cos\theta.$$

Or l'équation (1) du cercle peut se mettre sous la forme

$$\begin{aligned} (x-a)[(x-a) + (y-b)\cos\theta] \\ + (y-b)[(y-b) + (x-a)\cos\theta] - R^2 = 0, \end{aligned}$$

ou

$$(x-a)f'_x + (y-b)f'_y - 2R^2 = 0.$$

Nous avons ainsi trois équations

$$\begin{aligned} 2R^2 + (a-x)f'_x + (b-y)f'_y &= 0, \\ \tfrac{1}{2}f'_x + (a-x) + (b-y)\cos\theta &= 0, \\ \tfrac{1}{2}f'_y + (a-x)\cos\theta + (b-y) &= 0 \end{aligned}$$

---

[1] Dostor, *Archives de Mathématiques et de Physique*, 1874, t. LVI, p. 104.

entre les deux quantités variables $a - x$ et $b - y$. Éliminant ces deux quantités, il nous vient

$$\begin{vmatrix} 2R^2 & f'_x & f'_y \\ \frac{1}{2}f'_x & 1 & \cos\theta \\ \frac{1}{2}f'_y & \cos\theta & 1 \end{vmatrix} = 0.$$

Si nous multiplions la première colonne par 2, nous obtenons

$$\text{(I)} \qquad \begin{vmatrix} 4R^2 & f'_x & f'_y \\ f'_x & 1 & \cos\theta \\ f'_y & \cos\theta & 1 \end{vmatrix} = 0$$

pour l'*équation du cercle*. En développant le premier membre, on ramène l'équation à la forme

$$\text{(II)} \qquad f'^2_x + f'^2_y - 2\cos\theta\, f'_x f'_y = 4R^2\sin^2\theta.$$

196. Il est aisé de donner de cette équation une interprétation géométrique. Par le centre C menons (*fig.* 3) les parallèles CA

Fig. 3.

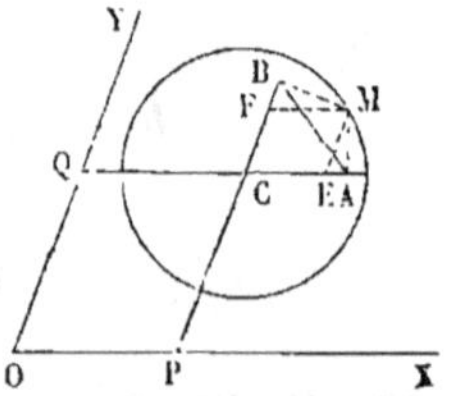

et CB aux axes de coordonnées OX et OY, et du point M (x, y) abaissons les perpendiculaires MA et MB sur ces parallèles; si nous tirons en même temps ME et MF parallèlement à BC et à AC, nous aurons

$$AC = CE + EA = x - a + (y - b)\cos\theta = \tfrac{1}{2}f'_x,$$
$$BC = CF + FB = y - b + (x - a)\cos\theta = \tfrac{1}{2}f'_y,$$

de sorte que le triangle ABC donnera

$$4\overline{AB}^2 = f_x'^2 + f_y'^2 - 2\cos\theta f_x' f_y';$$

on a donc $AB = R\sin\theta$. Ce résultat est d'ailleurs évident, puisque, le quadrilatère ACBM étant inscriptible dans le cercle dont le diamètre MC est R, la corde AB sous-tend l'arc dont la moitié est la mesure de l'angle inscrit θ.

197. Équation du cercle passant par trois points donnés. — Si l'équation

$$(2) \qquad a + bx + cy + x^2 + y^2 = 0$$

représente, dans le cas d'axes rectangulaires, le cercle qui passe par les trois points (x_1, y_1), (x_2, y_2), (x_3, y_3), on devra avoir les trois équations de condition

$$(3) \qquad \begin{cases} a + bx_1 + cy_1 + x_1^2 + y_1^2 = 0, \\ a + bx_2 + cy_2 + x_2^2 + y_2^2 = 0, \\ a + bx_3 + cy_3 + x_3^2 + y_3^2 = 0, \end{cases}$$

qui servent à déterminer les valeurs des paramètres a, b et c. Pour que les quatre équations (2) et (3), entre les trois inconnues a, b et c, soient compatibles, il faut et il suffit que leur déterminant soit nul. On obtient ainsi l'équation

$$(\text{III}) \qquad \begin{vmatrix} 1 & x & y & x^2+y^2 \\ 1 & x_1 & y_1 & x_1^2+y_1^2 \\ 1 & x_2 & y_2 & x_2^2+y_2^2 \\ 1 & x_3 & y_3 & x_3^2+y_3^2 \end{vmatrix} = 0,$$

qui est précisément celle du cercle en question.

Cette équation exprime en même temps la condition nécessaire et suffisante pour que les quatre points (x, y), (x_1, y_1), (x_2, y_2) et (x_3, y_3) soient situés sur une même circonférence de cercle.

198. Relation entre les distances mutuelles de quatre points A (x, y), B (x_1, y_1), C (x_2, y_2) et D (x_3, y_3) situés sur une même circon-

férence. — Posons

$$(4)\quad \begin{cases} a^2 = \overline{AB}^2 = (x - x_1)^2 + (y - y_1)^2, \\ b^2 = \overline{BC}^2 = (x_1 - x_2)^2 + (y_1 - y_2)^2, \\ c^2 = \overline{CD}^2 = (x_2 - x_3)^2 + (y_2 - y_3)^2, \\ d^2 = \overline{DA}^2 = (x_3 - x\ )^2 + (y_3 - y)^2, \\ m^2 = \overline{AC}^2 = (x - x_2)^2 + (y - y_2)^2, \\ n^2 = \overline{BD}^2 = (x_1 - x_3)^2 + (y_1 - y_3)^2. \end{cases}$$

L'équation du cercle pourra se mettre sous chacune des deux formes

$$\begin{vmatrix} 1 & x^2 + y^2 & -2x & -2y \\ 1 & x_1^2 + y_1^2 & -2x_1 & -2y_1 \\ 1 & x_2^2 + y_2^2 & -2x_2 & -2y_2 \\ 1 & x_3^2 + y_3^2 & -2x_3 & -2y_3 \end{vmatrix} = 0, \qquad \begin{vmatrix} x^2 + y^2 & 1 & x & y \\ x_1^2 + y_1^2 & 1 & x_1 & y_1 \\ x_2^2 + y_2^2 & 1 & x_2 & y_2 \\ x_3^2 - y_3^2 & 1 & x_3 & y_3 \end{vmatrix} + 0.$$

Faisons le produit de ces deux déterminants; en multipliant lignes par lignes, nous obtenons la relation

$$\begin{vmatrix} 0 & (x_1 - x)^2 + (y_1 - y)^2 & (x_2 - x)^2 + (y_2 + y)^2 & (x_3 - x)^2 + (y_3 - y)^2 \\ (x - x_1)^2 + (y - y_1)^2 & 0 & (x_2 - x_1)^2 + (y_2 + y_1)^2 & (x_3 - x_1)^2 + (y_3 - y_1)^2 \\ (x - x_2)^2 + (y - y_2)^2 & (x_1 - x_2)^2 + (y_1 - y_2)^2 & 0 & (x_3 - x_2)^2 + (y_3 - y_2)^2 \\ (x - x_3)^2 + (y - y_3)^2 & (x_1 - x_3)^2 + (y_1 - y_3)^2 & (x_2 - x_3)^2 + (y_2 - y_3)^2 & 0 \end{vmatrix}$$

qui, en vertu des égalités (4), s'écrit

$$(\text{IV})\quad \begin{vmatrix} 0 & a^2 & m^2 & d^2 \\ a^2 & 0 & b^2 & n^2 \\ m^2 & b^2 & 0 & c^2 \\ d^2 & n^2 & c^2 & 0 \end{vmatrix} = 0,$$

ou, en développant,

$$2m^2n^2a^2c^2 + 2m^2n^2b^2d^2 + 2a^2c^2b^2d^2 - m^4n^4 - a^4c^4 - b^4d^4 = 0;$$

celle-ci revient au produit

$$(\text{V})\quad (mn + ac + bd)(ac + bd - mn)(mn + ac - bd)(mn + bd - ac) = 0,$$

qui démontre le théorème de Ptolémée sur le produit des diagonales m et n d'un quadrilatère inscriptible ABCD, et les quatre côtés a, b, c et d de ce quadrilatère.

§ III. — Les courbes du second degré.

199. Forme en déterminant des équations de l'ellipse et de l'hyperbole (¹). — L'équation de l'ellipse

$$a'^2y^2 + b'^2x^2 \mp a'^2b'^2,$$

rapportée à deux diamètres conjugués $2a'$ et $2b'$, exprime que : *si l'on joint un point quelconque* M (x, y) *de la courbe aux extrémités* A' *et* B' *des deux demi-diamètres conjugués* $OA' = a'$ *et* $OB' = b'$, *la somme des carrés des triangles* A'OM *et* B'OM *est égale au carré du triangle* A'OB'.

Cela posé, supposons l'ellipse rapportée à deux axes quelconques, passant par le centre O et comprenant entre eux un angle θ.

Soient x', y' et x'', y'' les coordonnees des extrémités A' et B' des deux demi-diamètres conjugués OA' et OB'; x, y les coordonnées d'un point quelconque M de la courbe; nous avons (*voir* plus loin n° 210) le triangle

$$\begin{aligned} A'OM &= \pm \tfrac{1}{2}(xy' - yx')\sin\theta,\\ B'OM &= \pm \tfrac{1}{2}(xy'' - yx'')\sin\theta,\\ A'OB' &= \pm \tfrac{1}{2}(x'y'' - y'x'')\sin\theta;\end{aligned}$$

et, comme

$$\overline{A'OM}^2 + \overline{B'OM}^2 = \overline{A'OB'}^2,$$

il vient

$$(xy' - yx')^2 + (xy'' - yx'')^2 = (x'y'' - y'x'')^2,$$

ou

$$\begin{vmatrix} x & y \\ x' & y' \end{vmatrix}^2 + \begin{vmatrix} x & y \\ x'' & y'' \end{vmatrix}^2 = \begin{vmatrix} x' & y' \\ x'' & y'' \end{vmatrix}^2.$$

Telle est l'équation de l'ellipse rapportée à deux axes de coordonnées quelconques passant par le centre de la courbe,

(¹) Dostor, *La Science*, p. 998, 1855, 2ᵉ semestre. — *Archives de Mathématiques et de Physique*, t. XLVI, 1866; *bulletin bibliographique*, p. 5.

en fonction de coordonnées (x', y') et (x'', y'') des extrémités de deux diamètres conjugués.

Si les coordonnées x'', y'' sont imaginaires et de la forme $\alpha\sqrt{-1}$, cette équation représentera l'hyperbole rapportée à son centre.

200. Propriétés des fonctions homogènes du second degré. — Nous avons besoin, dans la suite, de nous appuyer sur quelques propriétés, dont jouissent les fonctions homogènes du second degré à un nombre quelconque de variables. Nous les établirons, en partant de la fonction à trois variables

$$(\text{I}) \quad f(x,y,z) = Ax^2 + 2Bxy + Cy^2 + 2Dxz + Eyz + Fz^2.$$

1° Dans cette fonction, donnons aux variables x, y, z les accroissements respectifs x', y', z'; elle devient

$$\begin{aligned} &f(x+x', y+y', z+z') \\ &\quad = A(x+x')^2 + 2B(x+x')(y+y') + C(y+y')^2 \\ &\qquad + 2D(x+x')(z+z') + 2E(y+y')(z+z') + F(z+z')^2. \end{aligned}$$

Si nous développons le second membre et que nous ordonnions le résultat suivant les puissances des variables x, y, z, nous verrons qu'il se composera des trois parties

$$Ax^2 + 2Bxy + Cy^2 + 2Dxz + 2Eyz + Fz^2 = f(x, y, z),$$

$$\begin{aligned} &2x(Ax' + By' + Dz') + 2y(Bx' + Cy' + Ez') \\ &\quad + 2z(Dx' + Ey' + Fz') = xf'_{x'} + yf'_{x'} + zf'_{z'}, \end{aligned}$$

$$Ax'^2 + 2Bx'y' + Cy'^2 + 2Dx'z' + 2Ey'z' + Fz'^2 = f(x', y', z);$$

donc on a

$$(\text{II}) \quad \begin{cases} f(x+x', y+y', z+z') \\ \quad = f(x, y, z) + xf'_{x'} + yf'_{y'} + zf'_{z'} + f(x', y', z'). \end{cases}$$

2° Dans cette égalité permutons les variables x, y, z avec leurs accroissements x', y', z'; le premier membre ne change pas; par suite, il en sera de même du second membre; donc il vient

$$(\text{III}) \qquad xf'_{x'} + yf'_{y'} + zf'_{z'} = x'f'_x + y'f'_y + z'f'_z.$$

Il s'ensuit que le développement (II) peut encore s'écrire

$$\text{(IV)}\quad \begin{cases} f(x+x', y+y', z+z') \\ \quad = f(x,y,z) + x'f'_x + y'f'_y + z'f'_z + f(x',y',z'). \end{cases}$$

3° Dans celui-ci remplaçons x', y', z' par $-x$, $-y$, $-z$; le premier membre se réduit évidemment à zéro, tandis que $xf'_x + y'f'_y + z'f'_z$ se change en $-(xf'_x + yf'_y + zf'_z)$ et $f(x',y',z')$ en $f(x,y,z)$. Nous obtenons ainsi l'égalité

$$\text{(V)}\qquad 2f(x,y,z) = xf'_x + yf'_y + zf'_z,$$

qui est une conséquence du théorème d'Euler sur les fonctions homogènes.

4° Nous pouvons retrancher du second membre de cette égalité le second membre de l'égalité (III) et ajouter le résultat au premier membre.

Il vient ainsi

$$\text{(VI)}\quad \begin{cases} 2f(x,y,z) = (x-x')f'_x + (x-y')f'_y \\ \qquad + (z-z')f'_z + xf'_{x'} + yf'_{y'} + zf'_{z'}. \end{cases}$$

5° Admettons que l'équation

$$\text{(2)}\quad f(x,y) = Ax^2 + 2Bxy + Cy^2 + 2Dx + 2Ey + F = 0$$

représente une conique à centre. Le premier membre sera identique avec (1), si l'on fait dans cette dernière fonction $z = 1$.

Désignons par a et b les coordonnées du centre. Si dans l'équation (VI) nous posons $x' = a$, $y' = b$, $z = z' = 1$ et que nous observions que

$$f'_{x'} = f'_a = 0,\quad f'_{y'} = f'_b = 0,\quad f'_{z'} = 2(Da + Eb + F),$$

cette équation (VI) deviendra

$$\text{(VII)}\quad 2f(x,y) = (x-a)f'_x + (y-b)f'_z + 2H = 0,$$

où

$$H = Da + Eb + F.$$

Telle est la *forme sous laquelle peut se mettre l'équation des courbes du second degré, par l'introduction des coordonnées du centre.*

201. Équations aux axes des courbes du second degré (¹). — Soit (x', y') un sommet de la conique (2); l'équation de la tangente en ce point sera

$$(x - x')f'_{x'} + (y - y')f'_{y'} = 0$$

pendant que la droite, menée du centre (a, b) au point de contact (x', y'), sera représentée par l'équation

$$\frac{x - a}{x' - a} = \frac{y - b}{y' - b}.$$

Ces deux droites étant perpendiculaires, les coefficients de x et y satisfont à la relation (VI) du n° 191. On obtient ainsi l'égalité de condition

$$\frac{f'_x}{x' - a + (y' - b)\cos\theta} = \frac{f'_y}{y' - b + (x' - a)\cos\theta}.$$

Cette équation a lieu pour toute droite menée du centre (a, b) à un sommet quelconque de la surface; donc l'équation qu'on obtient en y supprimant les accents des variables, ou bien

$$\text{(VIII)} \qquad \frac{f'_x}{x - a + (y - b)\cos\theta} = \frac{f'_y}{y - b + (x - a)\cos\theta},$$

est l'équation aux axes de la conique (2).

202. Grandeur des axes des courbes du second degré. — Dans l'équation précédente multiplions les deux termes de la première fraction par $x - a$, ceux de la seconde par $y - b$, puis faisons la somme des numérateurs et celle des dénominateurs; nous obtenons ainsi une fraction dont le numérateur, en vertu de l'équation (VII), est égal à $-2H$ et dont le dénominateur est égal à R^2, R désignant la distance du centre au sommet de la courbe.

(¹) Dostor, *La Science*, 1855, 2e semestre, p. 869.

Nous formons ainsi les égalités

$$\frac{f'_x}{x-a+(y-b)\cos\theta}=\frac{f'_y}{y-b+(x-a)\cos\theta}=-\frac{2\mathrm{H}}{\mathrm{R}^2},$$

qui, par le développement des dérivées, deviennent

$$\frac{\mathrm{A}(x-a)+\mathrm{B}(y-b)}{x-a+(y-b)\cos\theta}=\frac{\mathrm{B}(x-a)+\mathrm{C}(y-b)}{y-b+(x-a)\cos\theta}=-\frac{\mathrm{H}}{\mathrm{R}^2}.$$

Nous en tirons les deux équations homogènes

$$(\mathrm{AR}^2+\mathrm{H})(x-a)+(\mathrm{BR}^2+\mathrm{H}\cos\theta)(y-b)=0,$$
$$(\mathrm{BR}^2+\mathrm{H}\cos\theta)(x-a)+(\mathrm{CR}^2+\mathrm{H})(y-b)=0.$$

Éliminant les variables $x-a$ et $y-b$, on obtient l'équation

$$(\mathrm{IX})\qquad \begin{vmatrix} \mathrm{AR}^2+\mathrm{H} & \mathrm{BR}^2+\mathrm{H}\cos\theta \\ \mathrm{BR}^2+\mathrm{H}\cos\theta & \mathrm{CR}^2+\mathrm{H} \end{vmatrix}=0,$$

qui donne les *carrés des demi-axes de la conique à centre* (2).

En développant le déterminant, on la change en

$$(\mathrm{X})\quad (\mathrm{AC}-\mathrm{B}^2)\mathrm{R}^4+(\mathrm{A}-2\mathrm{B}\cos\theta+\mathrm{C})\mathrm{HR}^2+\mathrm{H}^2\sin^2\theta=0.$$

203. Conditions pour que l'équation générale du second degré représente deux droites parallèles. — L'équation (2) représentera deux droites parallèles à la ligne

$$\frac{x}{a}=\frac{y}{b},$$

si toute tangente

$$(x-x')f'_{x'}+(y-y')f'_{y'}=0$$

est parallèle à cette droite, c'est-à-dire si l'équation

$$af'_{x'}+bf'_{y'}=0$$

est vérifiée, quelles que soient les coordonnées x', y' du point de contact.

Or l'équation précédente revient à

$$(\mathrm{A}a+\mathrm{B}b)x'+(\mathrm{B}a+\mathrm{C}b)y'+\mathrm{D}a+\mathrm{E}b=0;$$

et, pour que celle-ci soit satisfaite par les coordonnées de tout point de la courbe, il faut et il suffit que l'on ait à la fois

$$\begin{aligned} Aa + Bb &= 0, \\ Ba + Cb &= 0, \\ Da + Eb &= 0. \end{aligned}$$

Ces trois équations ne sauraient être satisfaites par les mêmes valeurs des paramètres a et b, que si l'on a les trois relations (**131**)

$$\begin{vmatrix} A & B \\ B & C \end{vmatrix} = 0, \quad \begin{vmatrix} A & B \\ D & E \end{vmatrix} = 0, \quad \begin{vmatrix} B & C \\ D & E \end{vmatrix} = 0,$$

qui reviennent à

$$B^2 - AC = 0, \quad BD - AE = 0, \quad BE - CD = 0.$$

Chacune de ces égalités est une conséquence des deux autres. Elles peuvent encore s'écrire

$$\frac{A}{B} = \frac{B}{C} = \frac{D}{E}.$$

Les équations des deux parallèles seront

$$Ax + By + D = \pm\sqrt{D^2 - 2AF}.$$

CHAPITRE II.

SURFACE DES POLYGONES.

§ I. Expressions diverses en déterminant de la surface du triangle. — § II. Surface des triangles inscrits dans les courbes du second degré. — § III. Surface en déterminant du quadrilatère. — § IV. Surface d'un polygone quelconque.

§ I. — Expressions diverses en déterminant de la surface du triangle.

204. Expression en déterminant de la surface S du triangle ABC, en valeur de ses trois côtés $BC = a$, $CA = b$, $AB = c$. — Puisque $2S = bc \sin A$, on a

$$4S^2 = b^2c^2(1 - \cos^2 A) = b^2c^2 - b^2c^2\cos^2 A = \begin{vmatrix} c^2 & bc\cos A \\ bc\cos A & b^2 \end{vmatrix},$$

ou, en multipliant par 2 chacune des deux lignes et en observant que $2bc\cos A = b^2 + c^2 - a^2$,

$$16S^2 = \begin{vmatrix} 2c^2 & 2bc\cos A \\ 2bc\cos A & 2b^2 \end{vmatrix} = \begin{vmatrix} 2c^2 & b^2 + c^2 - a^2 \\ b^2 + c^2 - a^2 & 2c^2 \end{vmatrix}.$$

Nous pouvons remplacer ce déterminant par un déterminant équivalent du troisième ordre et écrire (67)

$$16S^2 = \begin{vmatrix} 1 & -c^2 & -b^2 \\ 0 & 2c^2 & b^2 + c^2 - a^2 \\ 0 & b^2 + c^2 - a^2 & 2b^2 \end{vmatrix}.$$

Ajoutons la première ligne à chacune des deux suivantes et dans le déterminant résultant changeons les signes des deux dernières colonnes; la valeur du déterminant résultant n'en sera pas altérée et il nous vient (60)

$$16S^2 = \begin{vmatrix} 1 & -c^2 & -b^2 \\ 1 & c^2 & c^2 - a^2 \\ 1 & b^2 - a^2 & b^2 \end{vmatrix} = \begin{vmatrix} 1 & c^2 & b^2 \\ 1 & -c^2 & a^2 - c^2 \\ 1 & a^2 - b^2 & -b^2 \end{vmatrix}.$$

Ce déterminant peut à son tour être remplacé par le déterminant équivalent du quatrième ordre (67)

$$16S^2 = \begin{vmatrix} 1 & 0 & 0 & 0 \\ 0 & 1 & c^2 & b^2 \\ c^2 & 1 & -c^2 & a^2 - c^2 \\ b^2 & 1 & a^2 - b^2 & -b^2 \end{vmatrix} = - \begin{vmatrix} 0 & 1 & 0 & 0 \\ 1 & 0 & c^2 & b^2 \\ 1 & c^2 & -c^2 & a^2 - c^2 \\ 1 & b^2 & a^2 - b^2 & -b^2 \end{vmatrix}.$$

Enfin dans ce dernier déterminant ajoutons la seconde colonne à chacune des deux suivantes; nous trouvons ainsi l'expression demandée

$$\text{(I)} \qquad 16S^2 = - \begin{vmatrix} 0 & 1 & 1 & 1 \\ 1 & 0 & c^2 & b^2 \\ 1 & c^2 & 0 & a^2 \\ 1 & b^2 & a^2 & 0 \end{vmatrix}.$$

Ce déterminant, en vertu de la transformation du n° 74, revient au suivant:

$$\text{(II)} \qquad 16S^2 = \begin{vmatrix} 0 & a & b & c \\ a & 0 & c & b \\ b & c & 0 & a \\ c & b & a & 0 \end{vmatrix}.$$

Cette dernière forme peut s'obtenir, en s'appuyant sur le théorème suivant.

205. Nouvelle expression de la surface du triangle. — *L'aire d'un triangle est égale au demi-rayon du cercle circonscrit, multiplié par la somme des produits que l'on obtient, en multipliant chaque côté par le cosinus de l'angle opposé* [1].

---

[1] Dostor, *L'Instruction publique*, 1874, p. 128, et *Archives de Mathématiques et de Physique*, 1875, t. LVII, p. 204.

Soient O le centre et R le rayon du cercle circonscrit au triangle ABC. Si nous tirons les rayons AO, BO, CO, nous décomposerons ce triangle dans les trois triangles isoscèles BCO, CAO, ABO, dont les angles au sommet sont les doubles des angles opposés du triangle.

Or, si du centre O nous abaissons sur le côté BC la perpendiculaire OD, nous formons le triangle rectangle BDO qui donne $OD = OB \cos BOD = R \cos A$; d'ailleurs $BC = a$; par suite on trouve que le triangle $BCO = \frac{1}{2} R a \cos A$. On verrait de même que $CAO = \frac{1}{2} R b \cos B$, $ABO = \frac{1}{2} R c \cos C$. Nous obtenons ainsi, pour la surface S du triangle ABC,

$$S = \frac{1}{2} R a \cos A + \frac{1}{2} R b \cos B + \frac{1}{2} R c \cos C,$$

ou

$$\text{(III)} \qquad S = \frac{1}{2} R (a \cos A + b \cos B + c \cos C).$$

206. **Corollaire I.** — *L'aire d'un triangle est égale au demi-rayon du cercle circonscrit, multiplié par le périmètre du triangle qui a pour sommets les pieds des trois hauteurs du triangle donné.*

207. **Corollaire II.** — Si nous multiplions l'égalité précédente par la relation connue $4RS = abc$, d'abord membre à membre, puis en croix, nous arriverons aux deux expressions

$$\text{(IV)} \qquad S^2 = \frac{1}{8} abc (a \cos A + b \cos B + c \cos C),$$

$$R^2 = \frac{abc}{2(a \cos A + b \cos B + c \cos C)}.$$

208. La première de ces deux équations est très-importante; elle nous permet de trouver immédiatement l'expression en déterminant de la surface du triangle en valeur des trois côtés.

En effet, si nous considérons cette équation comme simultanée avec les trois équations que l'on obtient, en projetant sur chaque côté du triangle la ligne brisée formée par les deux autres, nous aurons un système de quatre équations linéaires

$$\frac{8S^2}{abc} - a\cos A - b\cos B - c\,\cos C = 0,$$

$$a - 0.\cos A - c\,\cos B - b\,\cos C = 0,$$

$$b - c\,\cos A - 0.\cos B - a\,\cos C = 0,$$

$$c - b\,\cos A - a\,\cos B - 0.\cos C = 0,$$

entre les trois inconnues $-\cos A$, $-\cos B$, $-\cos C$. L'élimination de ces inconnues nous donne de suite la résultante

$$\begin{vmatrix} \frac{8S^2}{abc} & a & b & c \\ a & 0 & c & b \\ b & c & 0 & a \\ c & b & a & 0 \end{vmatrix} = 0,$$

d'où nous tirons

$$\frac{8S^2}{abc}\begin{vmatrix} 0 & c & b \\ c & 0 & a \\ b & a & 0 \end{vmatrix} = -\begin{vmatrix} 0 & a & b & c \\ a & 0 & c & b \\ b & c & 0 & a \\ c & b & a & 0 \end{vmatrix};$$

en développant le premier déterminant, qui se réduit à $2abc$, nous trouvons l'expression

$$\text{(II)} \qquad 16S^2 = -\begin{vmatrix} 0 & a & b & c \\ a & 0 & c & b \\ b & c & 0 & a \\ c & b & a & 0 \end{vmatrix},$$

pour le carré de la quadruple surface du triangle ABC, dont les côtés sont a, b, c.

209. Transformation de ce déterminant en produit. — Remplaçons la première colonne par la somme des quatre colonnes; le déterminant ne change pas de valeur et nous obtenons, en divisant la première colonne résultante par $a+b+c$,

$$16S^2 = -\begin{vmatrix} a+b+c & a & b & c \\ a+c+b & 0 & c & b \\ b+c+a & c & 0 & a \\ c+b+a & b & a & 0 \end{vmatrix}$$

$$= -(a+b+c)\begin{vmatrix} 1 & a & b & c \\ 1 & 0 & c & b \\ 1 & c & 0 & a \\ 1 & b & a & 0 \end{vmatrix};$$

donc le déterminant est divisible par $a+b+c$.

Dans le même déterminant (II), de la somme des deux premières colonnes retranchons la somme des deux dernières; il nous viendra

$$16S^2 = -\begin{vmatrix} a-b-c & a & b & c \\ a-c-b & 0 & c & b \\ b+c-a & c & 0 & a \\ c+b-a & b & a & 0 \end{vmatrix}$$

$$= (b+c-a)\begin{vmatrix} 1 & a & b & c \\ 1 & 0 & c & b \\ -1 & c & 0 & a \\ -1 & b & a & 0 \end{vmatrix};$$

par suite le déterminant est aussi divisible par $b+c-a$. On verrait de même qu'il est encore divisible par $c+a-b$ et par $a+b-c$, de sorte qu'on peut écrire

$$16S^2 = (a+b+c)(b+c-a)(c+a-b)(a+b-c)\times q,$$

où il reste à déterminer q.

Or dans le déterminant (II) le produit des éléments situés sur la seconde diagonale principale est c^4; donc il est $-c^4$ dans le déterminant développé. Mais il est aussi $-c^4$ dans le produit des facteurs qui précèdent q; on a donc $q=1$, et il vient

$$\text{(V)}\quad 16S^2 = (a+b+c)(b+c-a)(c+a-b)(a+b-c).$$

210. Problème. — *Un triangle ABC a son sommet A à l'origine des coordonnées; calculer la surface S de ce triangle en valeurs des coordonnées x', y' et x'', y'' des deux autres sommets B et C.*

Posons $AB = \rho'$, $AC = \rho''$, et l'angle $XAB = \alpha'$, $XAC = \alpha''$. Si nous supposons le côté AB dirigé entre l'axe des x et le côté AC, nous aurons

$$2S = AB.AC \sin BAC = \rho'\rho'' \sin(\alpha'' - \alpha'),$$

ou

$$2S = \rho' \cos\alpha'.\rho'' \sin\alpha'' - \rho' \sin\alpha'.\rho'' \cos\alpha'';$$

or, les axes des coordonnées étant rectangulaires, on a

$$\rho' \cos\alpha' = x', \quad \rho' \sin\alpha' = y';$$
$$\rho'' \cos\alpha'' = x'', \quad \rho'' \sin\alpha'' = y'';$$

par conséquent il vient

$$2S = x'y'' - y'x'',$$

ou bien

(1) $$2S = \begin{vmatrix} x' & y' \\ x'' & y'' \end{vmatrix}.$$

Si les axes des coordonnées sont obliques et comprennent entre eux un angle θ, on trouvera d'une manière analogue que

(2) $$2S = \begin{vmatrix} x' & y' \\ x'' & y'' \end{vmatrix} \sin\theta = (x'y'' - y'x'') \sin\theta.$$

211. Expression en déterminant de la surface du triangle ABC en valeur des coordonnées x, y; x_1, y_1; x_2, y_2 de ses trois sommets A, B, C. — Transportons l'origine des coordonnées au sommet A et appelons x', y'; x'', y'' les coordonnées des deux autres sommets B et C par rapport à cette nouvelle origine, de sorte que

$$x_1 = x + x', \quad y_1 = y + y',$$
$$x_2 = x + x'', \quad y_2 = y + y''.$$

De ces égalités nous tirons

$$x' = x_1 - x, \quad y' = y_1 - y;$$
$$x'' = x_1 - x, \quad y'' = y_2 - y.$$

Substituant ces valeurs dans l'expression (2), nous obtenons

$$2S = \begin{vmatrix} x_1 - x & y_1 - y \\ x_2 - x & y_2 - y \end{vmatrix} \sin\theta,$$

ou, en vertu du n° 64,

$$2S = \begin{vmatrix} 1 & x & y \\ 0 & x_1 - x & y_1 - y \\ 0 & x_2 - x & y_2 - y \end{vmatrix} \sin\theta.$$

Ajoutons la première ligne à chacune des deux suivantes; le déterminant ne change pas de valeur, et nous trouvons

(VI) $$2S = \begin{vmatrix} 1 & x & y \\ 1 & x_1 & y_1 \\ 1 & x_2 & y_2 \end{vmatrix} \sin\theta,$$

pour l'expression demandée de la double surface du triangle.

212. Deuxième méthode pour calculer la surface d'un triangle en valeur des coordonnées de ses sommets. — Si nous considérons pour un moment les coordonnées x et y comme les variables courantes, l'équation

$$\Delta = \begin{vmatrix} 1 & x & y \\ 1 & x_1 & y_1 \\ 1 & x_2 & y_2 \end{vmatrix} = 0$$

représentera la droite qui passe par les deux sommets (x_1, y_1), (x_2, y_2) du triangle (192).

Dans cette équation les coefficients des variables x et y sont

$$-\begin{vmatrix} 1 & y_1 \\ 1 & y_2 \end{vmatrix} = y_1 - y_2, \quad \begin{vmatrix} 1 & x_1 \\ 1 & x_2 \end{vmatrix} = x_2 - x_1;$$

par conséquent la distance $p = \text{AD}$ d'un point quelconque A du plan à la droite BC ou $\Delta = 0$ est (188)

$$p = \frac{\Delta \sin\theta}{\sqrt{(x_1 - x_2)^2 + (y_1 - y_2)^2 + 2(x_1 - x_2)(y_1 - y_2)\cos\theta}};$$

or la quantité sous le radical exprime le carré de la distance des deux points B et C, de sorte que le radical est égal au côté BC du triangle ABC; on a donc

$$BC \times p \text{ ou } BC \times AD = \sin\theta.$$

Mais BC × AD mesure la double surface 2S du triangle ABC qui a la droite BC pour base et le point A pour sommet. Il vient donc $2S = \Delta \sin\theta$, comme plus haut (211).

213. **Corollaire I** — Multiplions la première colonne de (VI) successivement par a et b, et retranchons les produits de la seconde et de la troisième colonne; la valeur du déterminant (VI) n'est pas altérée et l'on a aussi

$$\text{(VII)} \qquad 2S = \begin{vmatrix} 1 & x-a & y-b \\ 1 & x_1-a & y_1-b \\ 1 & x_2-a & y_2-b \end{vmatrix} \sin\theta.$$

214. **Corollaire II.** — Dans le déterminant (VI) retranchons la première ligne de chacune des deux autres; nous trouvons encore

$$\text{(VIII)} \quad 2S = \begin{vmatrix} 1 & x & y \\ 0 & x_1-x & y_1-y \\ 0 & x_2-x & y_2-y \end{vmatrix} \sin\theta = \begin{vmatrix} x_1-x & y_1-y \\ x_2-x & y_2-y \end{vmatrix} \sin\theta,$$

comme au n° 211.

215. **Deuxième méthode pour déterminer la surface d'un triangle en valeur de ses trois côtés.** — Reprenons la formule (1) du n° 210

$$2S = \begin{vmatrix} x' & y' \\ x'' & y'' \end{vmatrix},$$

et élevons au carré les deux membres de cette égalité; nous obtenons, en multipliant par 4,

$$16S^2 = \begin{vmatrix} 2(x'^2+y'^2) & 2(x'x''+y'y'') \\ 2(x'x''+y'y'') & 2(x''^2+y''^2) \end{vmatrix};$$

or il est aisé de voir qu'on a d'abord

$$x'^2+y'^2 = c^2, \quad x''^2+y''^2 = b^2,$$

puis

$$a^2 = (x'-x'')^2+(y'-y'')^2 = x'^2+y'^2+x''^2+y''^2-2(x'x''+y'y''),$$

d'où

$$2(x'x''+y'y'') = (x'^2+y'^2)+(x''^2+y''^2)-a^2 = b^2+c^2-a^2.$$

Le carré de la quadruple surface du triangle sera par suite

$$16\,S^2 = \begin{vmatrix} 2c^2 & b^2+c^2-a^2 \\ b^2+c^2-a^2 & 2b^2 \end{vmatrix}.$$

Ce déterminant est identique avec celui du n° 204.

* **216. Troisième méthode pour calculer la surface d'un triangle en valeur des trois côtés.** — On peut aussi obtenir la valeur (I) du n° 204, en partant de l'expression générale (VI) de la surface du triangle en fonction des coordonnées des sommets.

En effet, le déterminant (VI) pouvant se mettre sous chacune des deux formes suivantes :

$$2S = \begin{vmatrix} 1 & 0 & 0 & 0 \\ 0 & 1 & x & y \\ 0 & 1 & x_1 & y_1 \\ 0 & 1 & x_2 & y_2 \end{vmatrix}, \quad 2S = -\begin{vmatrix} 0 & 1 & 0 & 0 \\ 1 & 0 & x & y \\ 1 & 0 & x_1 & y_1 \\ 1 & 0 & x_2 & y_2 \end{vmatrix},$$

on a, en multipliant membre à membre et ligne par ligne,

$$4S^2 = -\begin{vmatrix} 0 & 1 & 1 & 1 \\ 1 & x^2+y^2 & xx_1+yy_1 & xx_2+yy_2 \\ 1 & xx_1+yy_1 & x_1^2+y_1^2 & x_1x_2+y_1y_2 \\ 1 & xx_2+yy_2 & x_1x_2+y_1y_2 & x_2^2+y_2^2 \end{vmatrix};$$

multiplions par -2 les trois dernières lignes, puis divisons par -2 la première colonne, le déterminant sera multiplié par 4, de sorte qu'il vient

$$16\,S^2 = -\begin{vmatrix} 0 & 1 & 1 & 1 \\ 1 & -2(x_2+y_2) & -2(xx_1+yy_1) & -2(xx_2+yy_2) \\ 1 & -2(xx_1+yy_1) & -2(x_2^2+y_2^2) & -2(x_1x_2+y_1y_2) \\ 1 & -2(xx_2+yy_2) & -2(x_1x_2+y_1y_2) & -2(x_2^2+y_2^2) \end{vmatrix}.$$

Aux trois dernières colonnes ajoutons la première multipliée successivement par x^2+y^2, $x_1^2+y_1^2$, $x_2^2+y_2^2$; nous trouvons

$$^2 = -\begin{vmatrix} 0 & 1 & 1 & 1 \\ 1 & -(x^2+y^2) & x_1^2+y_1^2-2(xx_1+yy_1) & x_2^2+y_2^2-2(xx_2+yy_2) \\ 1 & x^2+y^2-2(xx_1+yy_1) & -(x_1^2+y_1)^2 & x_2^2+y_2^2-2(x_1x_2+y_1y_2) \\ 1 & x^2+y^2-2(xx_2yy_2) & x_1^2+y_1^2-2(x_1x_2+y_1y_2) & -(x_2^2+y_2)^2 \end{vmatrix};$$

enfin aux trois dernières lignes ajoutons la première multipliée successivement par x^2+y^2, $x_1^2+y_1^2$, $x_2^2+y_2^2$; nous obtenons l'expression

$$16\,S^2 = -\begin{vmatrix} 0 & 1 & 1 & 1 \\ 1 & 0 & (x-x_1)^2+(y-y_1)^2 & (x-x_2)^2+(y-y_2)^2 \\ 1 & (x-x_1)^2+(y-y_1)^2 & 0 & (x_1-x_2)^2+(y_1-y_2)^2 \\ 1 & (x-x_2)^2+(y-y_2)^2 & (x_1-x_2)^2+(y_1-y_2)^2 & 0 \end{vmatrix}$$

dont le second membre, en vertu des égalités

$$(x-x_1)^2+(y-y_1)^2 = c^2,$$
$$(x-x_2)^2+(y-y_2)^2 = b^2,$$
$$(x_1-x_2)^2+(y_1-y_2)^2 = a^2,$$

n'est autre que l'expression (I).

*** 217. Expression de la surface S du triangle compris entre les trois droites**

(d) $$A\,x + B\,y + C = 0,$$
(d') $$A'x + B'y + C' = 0,$$
(d'') $$A''x + B''y + C'' = 0.$$

Si x et y, x' et y', x'' et y'' sont les coordonnées des points d'intersection des droites (d') et (d''), (d'') et (d), (d) et (d'), on devra avoir

$$(3)\quad \begin{cases} A\,x + B\,y + C = \lambda, & A\,x' + B\,y' + C = 0, & A\,x'' + B\,y'' + C = 0, \\ A'x + B'y + C' = 0, & A'x' + B'y' + C' = \lambda', & A'x'' + B'x'' + C' = 0, \\ A''x + B''y + C'' = 0, & A''x' + B''y' = C'' = 0, & A''x'' + B''y'' + C'' = \lambda'', \end{cases}$$

où λ, λ', λ'' sont trois indéterminées.

Nous savons (211) que

$$2\,S = \begin{vmatrix} 1 & x & y \\ 1 & x' & y' \\ 1 & x'' & y'' \end{vmatrix};$$

multiplions cette égalité membre à membre par

$$\Delta = \begin{vmatrix} C & A & B \\ C' & A' & B' \\ C'' & A'' & B'' \end{vmatrix};$$

nous obtenons

$$2\,S\Delta = \begin{vmatrix} C + A\,x + B\,y & C' + A'x + B'y & C'' + A''x + B''y \\ C + A\,x' + B\,y' & C' + A'x' + B'y' & C'' + A''x' + B''y' \\ C + A\,x'' + B\,y'' & C' + A'x'' + B'y'' & C'' + A''x'' + B''y'' \end{vmatrix},$$

ou, en vertu des équations (3),

$$(4)\qquad 2S\Delta = \begin{vmatrix} \lambda & 0 & 0 \\ 0 & \lambda' & 0 \\ 0 & 0 & \lambda'' \end{vmatrix} = \lambda\lambda'\lambda''.$$

Il nous reste à calculer le produit $\lambda\lambda'\lambda''$. Or le premier des systèmes (3) donne, par l'élimination de x et y,

$$\begin{vmatrix} A & B & C-\lambda \\ A' & B' & C' \\ A'' & B'' & C'' \end{vmatrix} = 0,$$

ou bien

$$\begin{vmatrix} A & B & C \\ A' & B' & C' \\ A'' & B'' & C'' \end{vmatrix} - \begin{vmatrix} A & B & \lambda \\ A' & B' & 0 \\ A'' & B'' & 0 \end{vmatrix} = 0,$$

c'est-à-dire

$$\Delta = \lambda(A'B'' - B'A'').$$

Nous avons donc

$$\lambda = \frac{\Delta}{A'B'' - B'A''}, \quad \lambda' = \frac{\Delta}{A''B - B''A}, \quad \lambda'' = \frac{\Delta}{AB' - BA'};$$

et, en substituant ces valeurs dans l'égalité (4), nous obtenons pour la double surface du triangle l'expression

$$(\text{IX})\qquad 2S = \frac{\begin{vmatrix} A & B & C \\ A' & B' & C' \\ A'' & B'' & C'' \end{vmatrix}^2}{\begin{vmatrix} A' & B' \\ A'' & B'' \end{vmatrix} \times \begin{vmatrix} A'' & B'' \\ A & B \end{vmatrix} \times \begin{vmatrix} A & B \\ A' & B' \end{vmatrix}},$$

ou

$$(\text{X})\quad 2S = \frac{[C(A'B'' - B'A'') + C'(A''B - B''A) + C''(AB' - BA')]^2}{(A'B'' - B'A'')(A''B - B''A)(AB' - BA')}.$$

La méthode que nous venons d'employer a été donnée par Joachimsthal dans le *Journal de Crelle* (*Sur quelques applications des déterminants à la Géométrie*, t. XL, p. 21-47).

* 218. **Produit des surfaces de deux triangles en valeur des neuf distances des trois sommets du premier triangle aux trois sommets du second.** — Soient S et S' les surfaces des deux triangles ABC, A'B'C' ayant leurs sommets respectifs aux points

$$A(x_1, y_1), \quad B(x_2, y_2), \quad C(x_3, y_3),$$
$$A'(x'_1, y'_1), \quad B'(x'_2, y'_2), \quad C'(x'_3, y'_3).$$

Nous avons (211 et 67)

$$2S = \begin{vmatrix} 1 & 0 & 0 & 0 \\ 0 & 1 & x_1 & y_1 \\ 0 & 1 & x_2 & y_2 \\ 1 & 1 & x_3 & y_3 \end{vmatrix}, \quad -2S' = \begin{vmatrix} 0 & 1 & 0 & 0 \\ 1 & 0 & x'_1 & y'_1 \\ 1 & 0 & x'_2 & y'_2 \\ 1 & 0 & x'_3 & y'_3 \end{vmatrix}.$$

Multiplions ces deux égalités membre à membre, il nous vient

$$(5) \qquad -4SS' = \begin{vmatrix} 0 & 1 & 1 & 1 \\ 1 & x_1x'_1+y_1y'_1 & x_2x'_1+y_2y'_1 & x_3x'_1+y_3y'_1 \\ 1 & x_1x'_2+y_1y'_2 & x_2x'_2+y_2y'_2 & x_3x'_2+y_3y'_2 \\ 1 & x_1x'_3+y_1y'_3 & x_2x'_3+y_2y'_3 & x_3x'_3+y_3y'_3 \end{vmatrix}.$$

Représentons les distances des sommets du premier triangle à ceux du second par les notations

$$\begin{aligned} AA' &= d_{11}, & AB' &= d_{12}, & AC' &= d_{13}, \\ BA' &= d_{21}, & BB' &= d_{22}, & BC' &= d_{23}, \\ CA' &= d_{31}, & CB' &= d_{32}, & CC' &= d_{33}, \end{aligned}$$

où les premiers indices 1, 2, 3 se rapportent aux trois sommets respectifs A, B, C du premier triangle ABC, pendant que les deuxièmes indices 1, 2, 3 se rapportent aux sommets respectifs du second triangle A'B'C'.

Faisons les distances des mêmes sommets à l'origine O des coordonnées, savoir :

$$\begin{aligned} AO &= a, & BO &= b, & CO &= c, \\ A'O &= a', & B'O &= b', & C'O &= c'. \end{aligned}$$

Il est évident que

$$\overline{AA'}^2 = (x_1 - x'_1)^2 + (y_1 - y'_1)^2 = (x_1^2 + y_1^2) + (x_1'^2 + y_1'^2) - 2(x_1x'_1 + y_1y'_1),$$

ou

$$d_{11}^2 = a^2 + a'^2 - 2(x_1x'_1 + y_1y'_1).$$

On a par suite, en général,

$$\begin{aligned} 2(x_1x'_1 + y_1y'_1) &= a^2 + a'^2 - d_{11}^2, \\ 2(x_1x'_2 + y_1y'_2) &= a^2 + b'^2 - d_{12}^2, \\ 2(x_1x'_3 + y_1y'_3) &= a^2 + c'^2 - d_{13}^2; \\ 2(x_2x'_1 + y_2y'_1) &= b^2 + a'^2 - d_{21}^2, \\ 2(x_2x'_2 + y_2y'_2) &= b^2 + b'^2 - d_{22}^2, \\ 2(x_2x'_3 + y_2y'_3) &= b^2 + c'^2 - d_{23}^2; \\ 2(x_3x'_1 + y_3y'_1) &= c^2 + a'^2 - d_{31}^2, \\ 2(x_3x'_2 + y_3y'_2) &= c^2 + b'^2 - d_{32}^2, \\ 2(x_3x'_3 + y_3y'_3) &= c^2 + c'^2 - d_{33}^2. \end{aligned}$$

Cela étant, dans notre déterminant (5), multiplions les trois dernières lignes par 2, puis divisons par 2 la première colonne résultante : le déterminant sera multiplié par $2^3 : 2 = 2^2 = 4$. Remplaçons ensuite les sommes de produits par les valeurs ci-dessus; nous obtenons l'égalité

$$-16SS' = \begin{vmatrix} 0 & 1 & 1 & 1 \\ 1 & a^2+a'^2-d_{11}^2 & b^2+a'^2-d_{21}^2 & c^2+a'^2-d_{31}^2 \\ 1 & a^2+b'^2-d_{12}^2 & b^2+b'^2-d_{22}^2 & c^2+b'^2-d_{32}^2 \\ 1 & a^2+c'^2-d_{13}^2 & b^2+c'^2-d_{23}^2 & c^2+c'^2-d_{33}^2 \end{vmatrix}.$$

Nous pouvons transformer ce déterminant en un autre plus simple. Pour cela conservons la première colonne; multiplions-la ensuite successivement par a^2, b^2, c^2 et retranchons les produits respectivement des trois dernières colonnes; le déterminant ne change pas de valeur et l'on a

$$-16SS' = \begin{vmatrix} 0 & 1 & 1 & 1 \\ 1 & a'^2-d_{11}^2 & a'^2-d_{21}^2 & a'^2-d_{31}^2 \\ 1 & b'^2-d_{12}^2 & b'^2-d_{22}^2 & b'^2-d_{32}^2 \\ 1 & c'^2-d_{13}^2 & c'^2-d_{23}^2 & c'^2-d_{33}^2 \end{vmatrix}.$$

Dans ce déterminant conservons la première ligne; multiplions-la ensuite successivement par a'^2, b'^2, c'^2 et retranchons les produits respectivement des trois dernières lignes; le déterminant conserve sa valeur, et il vient

$$-16SS' = \begin{vmatrix} 0 & 1 & 1 & 1 \\ 1 & -d_{11}^2 & -d_{21}^2 & -d_{31}^2 \\ 1 & -d_{12}^2 & -d_{22}^2 & -d_{32}^2 \\ 1 & -d_{13}^2 & -d_{23}^2 & -d_{33}^2 \end{vmatrix}.$$

Enfin, si dans ce dernier déterminant nous multiplions par -1 d'abord les trois dernières lignes, puis la première colonne résultante, le déterminant sera multiplié par la quatrième puissance de -1, conservera sa valeur et il viendra

$$\text{(XI)} \qquad 16SS' = -\begin{vmatrix} 0 & 1 & 1 & 1 \\ 1 & d_{11}^2 & d_{21}^2 & d_{31}^2 \\ 1 & d_{12}^2 & d_{22}^2 & d_{32}^2 \\ 1 & d_{13}^2 & d_{23}^2 & d_{33}^2 \end{vmatrix}.$$

C'est l'expression demandée.

Si les deux triangles coïncident, on aura

$$d_{11} = 0, \quad d_{21} = c, \quad d_{31} = b,$$
$$d_{12} = c, \quad d_{22} = 0, \quad d_{32} = a,$$
$$d_{13} = b, \quad d_{23} = a, \quad d_{33} = 0;$$

et il viendra encore

$$16S^2 = -\begin{vmatrix} 0 & 1 & 1 & 1 \\ 1 & 0 & c^2 & b^2 \\ 1 & c^2 & 0 & a^2 \\ 1 & b^2 & a^2 & 0 \end{vmatrix},$$

comme au n° 204.

* 219. **Produit de la surface S d'un triangle ABC par la surface S' du triangle A'B'C', dont les sommets A', B', C' sont les centres des trois cercles exinscrits.** — Il est facile de trouver que

$$A' = \frac{\pi}{2} - \frac{A}{2}, \quad B' = \frac{\pi}{2} - \frac{B}{2}, \quad C' = \frac{\pi}{2} - \frac{C}{2},$$

sont les angles du second triangle, qui a pour côtés

$$a' = \frac{a}{\sin\frac{A}{2}}, \quad b' = \frac{b}{\sin\frac{B}{2}}, \quad c' = \frac{c}{\sin\frac{C}{2}}.$$

Les carrés des distances des trois sommets A', B', C' du premier triangle aux sommets du second seront donc

$$d_{11}^2 = \overline{AA'}^2 = bc \cot\frac{B}{2}\cot\frac{C}{2} = \frac{bcp}{p-a},$$

$$d_{12}^2 = \overline{AB'}^2 = c^2\frac{\sin^2\frac{B}{2}}{\sin^2\frac{C}{2}} = \frac{bc(p-c)}{p-b},$$

$$d_{13}^2 = \overline{AC'}^2 = b^2\frac{\sin^2\frac{C}{2}}{\sin^2\frac{B}{2}} = \frac{bc(p-b)}{p-c};$$

$$d_{21}^2 = \frac{ca(p-c)}{p-a}, \qquad d_{31}^2 = \frac{ab(p-b)}{p-a},$$

$$d_{22}^2 = \frac{cap}{p-b}, \qquad d_{32}^2 = \frac{ab(p-a)}{p-b},$$

$$d_{23}^2 = \frac{ca(p-a)}{p-c}; \qquad d_{33}^2 = \frac{abp}{p-c}.$$

Si nous substituons ces valeurs dans la formule (XI), nous verrons que

$$16\,SS' = -\begin{vmatrix} 0 & 1 & 1 & 1 \\ 1 & \dfrac{bcp}{p-a} & \dfrac{ca(p-c)}{p-a} & \dfrac{ab(p-b)}{p-a} \\ 1 & \dfrac{bc(p-c)}{p-b} & \dfrac{cap}{p-b} & \dfrac{ab(p-a)}{p-b} \\ 1 & \dfrac{bc(p-b)}{p-c} & \dfrac{ca(p-a)}{p-c} & \dfrac{abp}{p-a} \end{vmatrix}.$$

Multiplions la première ligne successivement par les quantités $\dfrac{abc}{p-a}$, $\dfrac{abc}{p-b}$, $\dfrac{abc}{p-c}$ et retranchons les produits respectivement des trois dernières lignes; il nous vient

$$16\,SS' = -\begin{vmatrix} 0 & 1 & 1 & 1 \\ 1 & bc & -ca & -ab \\ 1 & -bc & ca & -ab \\ 1 & -bc & -ca & ab \end{vmatrix} = -\begin{vmatrix} 0 & 1 & 1 & 1 \\ 1 & -bc & ca & ab \\ 1 & bc & -ca & ab \\ 1 & bc & ca & -ab \end{vmatrix}.$$

Le dernier déterminant se déduit du précédent en changeant d'abord les signes des trois dernières colonnes, puis le signe de la première ligne résultante.

Dans ce déterminant multiplions les quatre colonnes respectivement par abc, a, b et c; puis divisons par abc chacune des trois dernières lignes résultantes; le déterminant aura été multiplié par la fraction $\dfrac{abc.a.b.c}{abc.abc.abc} = \dfrac{1}{abc}$; il viendra, par suite,

$$16\,SS' = -abc\begin{vmatrix} 0 & a & b & c \\ 1 & -1 & 1 & 1 \\ 1 & 1 & -1 & 1 \\ 1 & 1 & 1 & -1 \end{vmatrix}$$

$$= -abc\begin{vmatrix} 0 & a & b & c \\ 1 & -1 & 1 & 1 \\ 0 & 2 & -2 & 0 \\ 0 & 2 & 0 & -2 \end{vmatrix} = abc\begin{vmatrix} a & b & c \\ 2 & -2 & 0 \\ 2 & 0 & -2 \end{vmatrix},$$

ou

$$4\,SS' = abc(a + b + c).$$

Si R est le rayon du cercle circonscrit au triangle donné ABC, on aura $abc = 4RS$, ce qui donne

$$S' = R(a + b + c).$$

§ II. — Surface des triangles inscrits dans les courbes du second degré.

227. Surface du triangle inscrit dans la parabole $y^2 = 2px$, les axes des coordonnées étant rectangulaires. — Dans la formule (VI) du n° 211 posons $\theta = 90^\circ$ et

$$x = \frac{y^2}{2p}, \quad x' = \frac{y'^2}{2p}, \quad x'' = \frac{y''^2}{2p};$$

elle devient

$$S = \frac{1}{4p}\begin{vmatrix} 1 & y^2 & y \\ 1 & y'^2 & y' \\ 1 & y''^2 & y'' \end{vmatrix}$$

$$= -\frac{1}{4p}\begin{vmatrix} 1 & y & y^2 \\ 1 & y' & y'^2 \\ 1 & y'' & y''^2 \end{vmatrix} = -\frac{1}{4p}\begin{vmatrix} 1 & y & y^2 \\ 0 & y-y' & y^2-y'^2 \\ 0 & y-y'' & y^2-y''^2 \end{vmatrix},$$

ou bien

$$S = -\frac{1}{4p}\begin{vmatrix} y-y' & y^2-y'^2 \\ y-y'' & y^2-y''^2 \end{vmatrix} = \frac{(y-y')(y''-y)}{4p}\begin{vmatrix} 1 & y+y' \\ 1 & y+y'' \end{vmatrix};$$

le dernier déterminant étant égal à $(y+y'')-(y+y') = y''-y'$, on a enfin

$$\text{(I)} \qquad S = -\frac{(y-y')(y'-y'')(y''-y)}{4p}.$$

Nous pouvons donner une autre forme à cette expression. Désignons par α, α', α'' les trois côtés du triangle inscrit dans la parabole et par γ, γ', γ'' les cordes focales respectivement parallèles à ces côtés. Nous avons

$$\alpha^2 = (y'-y'')^2 + (x'-x'')^2$$

$$= (y'-y'')^2 + \frac{1}{4p^2}(y'^2-y''^2)^2 = (y'-y'')^2\left[1 + \frac{(y'+y'')^2}{4p^2}\right],$$

puis

$$\gamma = \left(\frac{p}{2}+x'\right) + \left(\frac{p}{2}+x''\right) = p + (x'+x'').$$

Or, les abscisses des intersections de la corde focale

$$Y = \frac{y' - y''}{x' - x''}\left(X - \frac{p}{2}\right) = \frac{2p}{y' + y''}\left(X - \frac{p}{2}\right)$$

avec la parabole $Y^2 = 2pX$ étant données par l'équation

$$\frac{4p^2}{(y' + y'')^2}\left(X - \frac{p}{2}\right)^2 = 2pX$$

ou par

$$X^2 - p\left[1 + \frac{(y' + y'')^2}{4p^2}\right]X + \frac{p^2}{4} = 0,$$

on a

$$x' + x'' = p\left[1 + \frac{(y' + y'')^2}{4p^2}\right];$$

il vient par suite

$$\gamma = 2p\left[1 + \frac{(y' + y'')^2}{4p^2}\right] = \frac{2p\alpha^2}{(y' - y'')^2}.$$

Nous trouvons ainsi que

$$(y' - y'')^2 = \frac{2p\alpha^2}{\gamma}, \quad (y'' - y')_2 = \frac{2p\alpha'^2}{\gamma'}, \quad (y - y')^2 = \frac{2p\alpha''^2}{\gamma''}.$$

Substituant ces valeurs dans la formule (1) élevée au carrée, nous obtenons l'expression

$$\text{(II)} \qquad S^2 = \frac{p^2}{2}\,\frac{\alpha^2\alpha'^2\alpha''^2}{\gamma\gamma'\gamma''}.$$

Le carré du rayon du cercle circonscrit à ce triangle sera

$$R^2 = \frac{\alpha^2\alpha'^2\alpha''^2}{16\,S^2} = \frac{\gamma\gamma'\gamma''}{8p}.$$

221. Surface du triangle compris entre les trois tangentes menées en (x, y), (x', y'), (x'', y'') à la parabole. — Les points d'intersection mutuelle de ces tangentes sont [1]

$$x_0 = \sqrt{x'x''}, \quad x_1 = \sqrt{x''x}, \quad x_2 = \sqrt{xx'},$$

$$y_0 = \frac{y' + y''}{2}, \quad y_1 = \frac{y'' + y}{2}, \quad y_2 = \frac{y + y'}{2};$$

---

(1) DOSTOR, *Nouvelles Annales de Mathématiques*, 2e série, 1870, t. IX, p. 527, et 1871, t. X, p. 48.

et, comme les abscisses peuvent se mettre sous la forme

$$x_0 = \frac{y'y''}{2p}, \quad x_1 = \frac{y''y}{2p}, \quad x_2 = \frac{yy'}{2p},$$

la surface demandée sera

$$\begin{aligned} S &= \frac{1}{8p}\begin{vmatrix} 1 & y'+y'' & y'y'' \\ 1 & y''+y & y''y \\ 1 & y+y' & yy' \end{vmatrix} \\ &= \frac{1}{8p}\begin{vmatrix} 1 & y' & y'y'' \\ 1 & y'' & y''y \\ 1 & y & yy'' \end{vmatrix} + \frac{1}{8p}\begin{vmatrix} 1 & y'' & y'y'' \\ 1 & y & y''y \\ 1 & y' & yy' \end{vmatrix}. \end{aligned}$$

Calculant séparément ces deux déterminants, et ajoutant les valeurs obtenues, on trouve

$$\text{(III)} \qquad S = -\frac{(y-y')(y'-y'')(y''-y)}{8p}.$$

Ce triangle est la moitié de celui (I) *qui a ses sommets aux points de contact des tangentes.*

Appelons r, r', r'' les rayons vecteurs menés aux trois points de contact des tangentes, et c, c', c'' les trois côtés du triangle circonscrit. Nous avons

$$\begin{aligned} c^2 &= (y_1-y_2)^2 + (x_1-x_2)^2 = \left(\frac{y'+y''}{2} - \frac{y+y'}{2}\right)^2 + \left(\frac{y''y}{2p} - \frac{yy'}{2p}\right)^2 \\ &= \frac{1}{4}(y''-y')^2 + \frac{y^2}{4p^2}(y''-y')^2 \\ &= \frac{p^2+y^2}{4p^2}(y''-y')^2 = \frac{p+2x}{4p}(y''-y')^2. \end{aligned}$$

Or nous avons trouvé au numéro précédent que

$$(y'-y'')^2 = \frac{2p\alpha^2}{\gamma},$$

et, comme $p + 2x = 2r$, il vient

$$c^2 = \frac{2r}{4p}\cdot\frac{2p\alpha^2}{\gamma} = \frac{\alpha^2 r}{\gamma}.$$

Nous trouvons ainsi que

$$\frac{\alpha^2}{\gamma}=\frac{c^2}{r},\quad \frac{\alpha'^2}{\gamma'}=\frac{c'^2}{r'},\quad \frac{\alpha''^2}{\gamma''}=\frac{c''^2}{r''}.$$

Substituons ces valeurs dans le quart de l'expression (II) et nous obtenons

$$\text{(IV)}\qquad S=\frac{p}{8}\,\frac{c^2c'^2c''^2}{rr'r''}.$$

222. Surface du triangle déterminé par les trois centres de courbure de trois points (x, y), (x', y'), (x'', y'') de la parabole $y^2=2px$. — Les coordonnées de ces centres de courbure étant

$$\frac{p^2+3y^2}{2p},\quad \frac{p^2+3y'^2}{2p},\quad \frac{p^2+3y''^2}{2p},$$
$$-\frac{4y^3}{p^2},\quad -\frac{4y'^3}{p^2},\quad -\frac{4y''^3}{p^2},$$

la surface cherchée du triangle sera

$$S=-\frac{2}{p^3}\begin{vmatrix}1 & p^2+3y^2 & y^3\\ 1 & p^2+3y'^2 & y'^3\\ 1 & p^2+3y''^2 & y''^3\end{vmatrix}=-\frac{6}{p^3}\begin{vmatrix}1 & y^2 & y^3\\ 1 & y'^2 & y'^3\\ 1 & y''^2 & y''^3\end{vmatrix},$$

ou

$$S=-\frac{6}{p^3}\begin{vmatrix}1 & y^2 & y^3\\ 0 & y^2-y'^2 & y^3-y'^3\\ 0 & y^2-y''^2 & y^3-y''^3\end{vmatrix}=-\frac{6}{p^3}\begin{vmatrix}y^2-y'^2 & y^3-y'^3\\ y^2-y''^2 & y^3-y''^3\end{vmatrix},$$

c'est-à-dire

$$S=-\frac{6}{p^3}(y-y')(y-y'')\begin{vmatrix}y+y' & y^2+yy'+y'^2\\ y+y'' & y^2+yy''+y''^2\end{vmatrix}.$$

Le dernier déterminant étant égal à

$$(y+y')(y^2+yy''+y''^2)-(y+y'')(y^2+yy'+y'^2)$$
$$=(y'-y'')(y'y''+y''y+yy'),$$

on trouve enfin

$$\text{(V)}\qquad S=\frac{6}{p^3}(y-y')(y'-y'')(y''-y)(yy'+y'y''+y''y).$$

223. Surface du triangle inscrit dans l'ellipse

$$a^2y^2 + b^2x^2 = a^2b^2.$$

Désignons par x, y; x', y'; x'', y'' les coordonnées des trois sommets du triangle S; nous avons

$$2S = \begin{vmatrix} x & y & 1 \\ x' & y' & 1 \\ x'' & y'' & 1 \end{vmatrix},$$

d'où nous tirons, en divisant les trois colonnes d'abord par a, b, 1; puis par a, b, -1,

$$\frac{2S}{ab} = \begin{vmatrix} \frac{x}{a} & \frac{y}{b} & 1 \\ \frac{x'}{a} & \frac{y'}{b} & 1 \\ \frac{x''}{a} & \frac{y''}{b} & 1 \end{vmatrix}, \quad \frac{2S}{ab} = -\begin{vmatrix} \frac{x}{a} & \frac{y}{b} & -1 \\ \frac{x'}{a} & \frac{y'}{b} & -1 \\ \frac{x''}{a} & \frac{y''}{b} & -1 \end{vmatrix}.$$

Faisons le produit de ces deux déterminants, nous obtenons le déterminant symétrique

$$-\frac{4S^2}{a^2b^2} \begin{vmatrix} \frac{x^2}{a^2} + \frac{y^2}{b^2} - 1 & \frac{xx'}{a^2} + \frac{yy'}{b^2} - 1 & \frac{xx''}{a^2} + \frac{yy''}{b^2} - 1 \\ \frac{xx'}{a^2} + \frac{yy'}{b^2} - 1 & \frac{x'^2}{a^2} + \frac{y'^2}{b^2} - 1 & \frac{x'x''}{a^2} + \frac{y'y''}{b^2} - 1 \\ \frac{xx''}{a^2} + \frac{yy'}{b^2} - 1 & \frac{xx''}{a^2} + \frac{yy''}{b^2} - 1 & \frac{x''^2}{a^2} + \frac{y''^2}{b^2} - 1 \end{vmatrix}.$$

Cela trouvé, remarquons que, les trois points donnés appartenant à l'ellipse, nous avons

$$\frac{x^2}{a^2} + \frac{y^2}{b^2} - 1 = 0, \quad \frac{x'^2}{a^2} + \frac{y'^2}{b^2} - 1 = 0, \quad \frac{x''^2}{a^2} + \frac{y''^2}{b^2} - 1 = 0.$$

Désignons ensuite par α, α', α'' les trois côtés du triangle, qui sont respectivement opposés aux sommets (x, y), (x', y'), (x'', y''), et par δ, δ', δ'' les demi-diamètres respectivement parallèles à ses côtés. Le diamètre δ, étant dirigé suivant la droite

$$Y = \frac{y'' - y'}{x'' - x'} X,$$

rencontre la courbe aux points dont les coordonnées sont

$$X^2 = \frac{(x' - x'')^2}{\frac{(x' - x'')^2}{a^2} + \frac{(y' - y'')^2}{b^2}} = \frac{(x' - x'')^2}{2\left(1 - \frac{x'x''}{a^2} - \frac{y'y''}{b^2}\right)},$$

$$Y^2 = \frac{(y' - y'')^2}{\frac{(x' - x'')^2}{a^2} + \frac{(y' - y'')^2}{b^2}} = \frac{(y' - y'')^2}{2\left(1 - \frac{x'x''}{a^2} - \frac{y'y''}{b^2}\right)};$$

et, comme

$$X^2 + Y^2 = \delta^2, \quad (x' - x'')^2 + (y' - y'')^2 = \alpha^2,$$

il vient

$$1 - \frac{x'x''}{a^2} - \frac{y'y''}{b^2} = \frac{\alpha^2}{2\delta^2};$$

on a pareillement

$$1 - \frac{x''x}{a^2} - \frac{y''y}{b^2} = \frac{\alpha'^2}{2\delta'^2}, \quad 1 - \frac{xx'}{a^2} - \frac{yy'}{b^2} = \frac{\alpha''^2}{2\delta''^2}.$$

Substituons toutes ces valeurs dans notre dernier déterminant, il devient, par la multiplication de chaque colonne par -2,

$$-\frac{4S^2}{a^2b^2} = -\frac{1}{8}\begin{vmatrix} 0 & \frac{\alpha''^2}{\delta''^2} & \frac{\alpha'^2}{\delta'^2} \\ \frac{\alpha''^2}{\delta''^2} & 0 & \frac{\alpha^2}{\delta^2} \\ \frac{\alpha'^2}{\delta'^2} & \frac{\alpha^2}{\delta^2} & 0 \end{vmatrix} = \frac{\alpha^2\alpha'^2\alpha''^2}{4\delta^2\delta'^2\delta''^2};$$

nous en tirons

$$\text{(IV)} \qquad S = \frac{ab}{4} \cdot \frac{\alpha\alpha'\alpha''}{\delta\delta'\delta''}$$

pour la surface du triangle inscrit dans l'ellipse.

§ III. — Surface du quadrilatère en déterminant.

224. Expression en déterminant de la surface du quadrilatère en valeur des coordonnées de ses quatre sommets. — Considérons le quadrilatère ABCD, dont nous désignerons la surface par Q; et soient x, y; x_1, y_1; x_2, y_2; x_3, y_3 les coordonnées des quatre sommets consécutifs A, B, C, D qu'on rencontre en parcourant le périmètre dans le sens des x positifs. Menons la diagonale BD, qui décompose le quadrilatère dans les deux triangles BCD et ABD.

On sait que

$$2\,\mathrm{BCD} = \begin{vmatrix} 1 & x_1 & y_1 \\ 1 & x_2 & y_2 \\ 1 & x_3 & y_3 \end{vmatrix} = \begin{vmatrix} 1 & x_1 & y_1 \\ 0 & x_2 & y_2 \\ 1 & x_3 & y_3 \end{vmatrix} - (x_1 y_3 - y_1 x_3),$$

$$2\,\mathrm{ABD} = \begin{vmatrix} 1 & x & y \\ 1 & x_1 & y_1 \\ 1 & x_3 & y_3 \end{vmatrix} = \begin{vmatrix} 0 & x & y \\ 1 & x_1 & y_1 \\ 1 & x_3 & y_3 \end{vmatrix} + (x_1 y_3 - y_1 x_3);$$

il vient par suite, en ajoutant,

$$2\mathrm{Q} = \begin{vmatrix} 1 & x_1 & y_1 \\ 0 & x_2 & y_2 \\ 1 & x_3 & y_3 \end{vmatrix} + \begin{vmatrix} 0 & x & y \\ 1 & x_1 & y_1 \\ 1 & x_3 & y_3 \end{vmatrix}.$$

Or il est aisé de voir qu'on a

$$\begin{vmatrix} 1 & x_1 & y_1 \\ 0 & x_2 & y_2 \\ 1 & x_3 & y_3 \end{vmatrix} = \begin{vmatrix} 1 & 0 & x & y \\ 0 & 1 & x_1 & y_1 \\ 0 & 0 & x_2 & y_2 \\ 0 & 1 & x_3 & y_3 \end{vmatrix},$$

$$\begin{vmatrix} 0 & x & y \\ 1 & x_1 & y_1 \\ 1 & x_3 & y_3 \end{vmatrix} = \begin{vmatrix} 0 & 0 & x & y \\ 0 & 1 & x_1 & y_1 \\ 1 & 0 & x_2 & y_2 \\ 0 & 1 & x_3 & y_3 \end{vmatrix};$$

mais ces deux déterminants ne diffèrent que par leurs premières colonnes; on obtiendra donc leur somme en ajoutant les premières colonnes, élément à élément, et en conservant les autres colonnes telles quelles. On trouve ainsi (1)

$$\text{(I)}\qquad 2Q = \begin{vmatrix} 1 & 0 & x & y \\ 0 & 1 & x_1 & y_1 \\ 1 & 0 & x_2 & y_2 \\ 0 & 1 & x_3 & y_3 \end{vmatrix}.$$

225. Autre forme de l'expression de cette surface. — Si, dans le déterminant précédent, nous retranchons les deux premières lignes des deux dernières, nous obtenons aussi

$$2Q = \begin{vmatrix} 1 & 0 & x & y \\ 0 & 1 & x_1 & y_1 \\ 0 & 0 & x_2 - x & y_2 - y \\ 0 & 0 & x_3 - x_1 & y_3 - y_1 \end{vmatrix},$$

ou bien (1)

$$\text{(II)}\qquad 2Q = \begin{vmatrix} x_2 - x & y_2 - y \\ x_3 - x_1 & y_3 - y_1 \end{vmatrix}.$$

226. Surface d'un quadrilatère quelconque ABCD, en valeur des quatre côtés consécutifs $AB = a$, $BC = b$, $CD = c$, $DA = d$ et des deux diagonales $AC = m$, $BD = n$. — Élevons au carré les deux membres de l'égalité

$$2Q = - \begin{vmatrix} x - x_2 & y - y_2 \\ x_3 - x_1 & y_3 - y_1 \end{vmatrix};$$

nous obtenons (105), en multipliant chaque ligne résultante par 2,

$$Q^2 = \begin{vmatrix} 2(x - x_2)^2 + 2(y - y_2)^2 & 2(x - x_2)(x_3 - x_1) + 2(y - y_2)(y_3 - y_1) \\ 2(x - x_2)(x_3 - x_1) + 2(y - y_2)(y_3 - y_1) & 2(x_3 - x_1)^2 + 2(y_3 - y_1)^2 \end{vmatrix}.$$

---

(1) Dostor, *Archives de Mathématiques et de Physique*, 1874, t. LVI, p. 240. — *Nouvelles Annales de Mathématiques*, 2e série, 1874, t. XIII, p. 559.

(2) Dostor, *Archives de Mathématiques et de Physique*, 1874, t. LVI, p. 242.

Or il est évident que

$$2(x-x_2)^2+2(y-y_2)^2=2m^2,\quad 2(x_3-x_1)^2+2(y_3-y_1)^2=2n^2;$$

de plus on a

$$\begin{aligned}2(x-x_2)(x_3-x_1)&+2(y-y_2)(y_3-y_1)\\ &=-2(xx_1+yy_1)+2(x_1x_2+y_1y_2)\\ &\quad-2(x_2x_3+y_2y_3)+2(x_3x_1+y_3y_1);\end{aligned}$$

mais les égalités

$$\begin{aligned}(x-x_1)^2+(y-y_1)^2=a^2,&\quad (x_1-x_2)^2+(y_1-y_2)^2=b^2,\\ (x_1-x_3)^2+(y_2-y_3)^2=c^2,&\quad (x_3-x)^2+(y_3-y)^2=d^2\end{aligned}$$

donnent

$$\begin{aligned}-2(xx_1+yy_1)&=+a^2-(x^2+y^2)-(x_1^2+y_1^2),\\ +2(x_1x_2+y_1y_2)&=-b^2+(x_1^2+y_1^2)+(x_2^2+y_2^2),\\ -2(x_2x_3+y_2y_3)&=+c^2-(x_2^2+y_2^2)-(x_3^2+y_3^2),\\ +2(x_3x+y_3x)&=-d^2+(x_3^2+y_3^2)+(x^2+y^2),\end{aligned}$$

de sorte qu'on trouve, en ajoutant,

$$2(x-x_2)(x_3-x_1)+2(y-y_2)(y_3-y_1)=a^2-b^2+c^2-d^2.$$

La surface du quadrilatère sera donc

$$16Q^2=\begin{vmatrix}2m^2 & a^2-b^2+c^2-d^2\\ a^2-b^2+c^2-d^2 & 2n^2\end{vmatrix}$$

ou

$$\text{(III)}\qquad 16Q^2=\begin{vmatrix}2mn & a^2-b^2+c^2-d^2\\ a^2-b^2+c^2-d^2 & 2mn\end{vmatrix}.$$

Cette expression revient à celle

$$\text{(IV)}\qquad 16Q^2=4m^2n^2-(a^2-b^2+c^2-d^2)^2,$$

que nous avons déjà donnée dans les *Nouvelles Annales de Mathématiques*, 1re série, 1848, t. VII, p. 69.

227. Expression en déterminant de la surface du quadrilatère inscriptible en valeur des quatre côtés. — Si le quadrilatère ABCD est inscriptible, on aura

$$mn = ac + bd,$$

$$\begin{aligned}16Q^2 &= 4(ac+bd)^2 - (a^2 - b^2 + c^2 - d^2)^2\\ &= (2ac+2bd+a^2-b^2+c^2-d^2)(2ac+2bd-a^2+b^2-c^2+d^2)\\ &= [(a+c)^2-(b-d)^2][(b+d)^2-(a-c)^2]\\ &= (b+c+d-a)(c+d+a-b)(d+a+b-c)(a+b+c-d).\end{aligned}$$

Or le produit des deux déterminants

$$\Delta = \begin{vmatrix} -a & b & c & d \\ b & -a & d & c \\ c & d & -a & b \\ d & c & b & -a \end{vmatrix}, \quad \delta = \begin{vmatrix} 1 & 1 & 1 & 1 \\ -1 & -1 & 1 & 1 \\ -1 & 1 & -1 & 1 \\ -1 & 1 & 1 & -1 \end{vmatrix}$$

étant

$$= \begin{vmatrix} -a+b+c+d & a-b+c-d & a+b-c+d & a+b+c-d \\ b-a+d+c & -b+a+d+c & -b-a-d+c & -b-a+d-c \\ c+d-a+b & -c-d-a+b & -c+d+a+b & -c+d-a-b \\ d+c+b-a & -d-c+b-a & -d+c-b-a & -d+c+b+a \end{vmatrix},$$

si l'on y divise les quatre colonnes par les quantités respectives

$$b+c+d-a, \quad c+d+a-b, \quad d+a+b-c, \quad a+b+c-d,$$

on verra que

$$\Delta\delta = 16Q^2 \begin{vmatrix} 1 & 1 & 1 & 1 \\ 1 & 1 & -1 & -1 \\ 1 & -1 & 1 & -1 \\ 1 & -1 & -1 & 1 \end{vmatrix};$$

mais on a évidemment

$$\begin{vmatrix} 1 & 1 & 1 & 1 \\ 1 & 1 & -1 & -1 \\ 1 & -1 & 1 & -1 \\ 1 & -1 & -1 & 1 \end{vmatrix} = - \begin{vmatrix} 1 & 1 & 1 & 1 \\ -1 & -1 & 1 & 1 \\ -1 & 1 & -1 & 1 \\ -1 & 1 & 1 & -1 \end{vmatrix} = -\delta;$$

donc il vient $16Q^2 = -\Delta$, ou bien

$$\text{(V)} \qquad 16Q^2 = -\begin{vmatrix} -a & b & c & d \\ b & -a & d & c \\ c & d & -a & b \\ d & c & b & -a \end{vmatrix}.$$

228. **Surface du quadrilatère inscrit dans la parabole $y^2 = 2px$, en valeur des coordonnées des quatre sommets.** — Dans la formule (II) posons

$$x = \frac{y^2}{2p}, \quad x_1 = \frac{y_1^2}{2p}, \quad x_2 = \frac{y_2^2}{2p}, \quad x_3 = \frac{y_3^2}{2p};$$

elle devient

$$2Q = \frac{1}{2p}\begin{vmatrix} y^2 - y_2^2 & y - y_2 \\ y_1^2 - y_3^2 & y_1 - y_3 \end{vmatrix}$$

$$= \frac{1}{2p}(y - y_2)(y_1 - y_3)\begin{vmatrix} y + y_2 & 1 \\ y_1 + y_3 & 1 \end{vmatrix}$$

ou

$$\text{(VI)} \qquad 2Q = \frac{(y - y_2)(y_1 - y_3)(y - y_1 + y_2 - y_3)}{2p},$$

pour la surface du quadrilatère inscrit dans la parabole, en valeur des coordonnées des quatre sommets consécutifs.

§ IV. — Surface d'un polygone quelconque.

229. **Surface d'un polygone en valeur des coordonnées de ses sommets.** — Soient x_1, y_1; x_2, y_2; x_3, y_3; ...; x_n, y_n les coordonnées des n sommets consécutifs A, B, C, ..., K du polygone ABC...K, que l'on rencontre en parcourant le périmètre dans le sens positif. Transportons l'origine en un point O situé dans l'intérieur du polygone et ayant a, b pour coordonnées. Désignons par x'_1, y'_1; x'_2, y'_2; x'_3, y'_3; ...; x'_n, y'_n les nouvelles coordonnées des sommets. Puisque la surface S du polygone est égale à la somme des triangles OAB, OBC, ...,

OKA, nous avons

$$2S = \begin{vmatrix} x'_1 & y'_1 \\ x'_2 & y'_2 \end{vmatrix} + \begin{vmatrix} x'_2 & y'_2 \\ x'_3 & y'_3 \end{vmatrix} + \ldots + \begin{vmatrix} x'_n & y'_n \\ x'_1 & y'_1 \end{vmatrix}.$$

Remplaçons ces coordonnées par leurs valeurs en fonction des anciennes

$$x'_1 = x_1 - a, \quad x'_2 = x_2 - a, \quad x'_3 = x_3 - a, \quad \ldots, \quad x'_n = x_n - a,$$
$$y'_1 = y_1 - b, \quad y'_2 = y_2 - b, \quad y'_3 = y_3 - b, \quad \ldots, \quad y'_n = y_n - b;$$

nous obtenons

$$2S = \begin{vmatrix} x_1 - a & y_1 - b \\ x_2 - a & y_2 - b \end{vmatrix} + \begin{vmatrix} x_2 - a & y_2 - a \\ x_3 - b & y_3 - b \end{vmatrix} + \ldots + \begin{vmatrix} x_n - a & y_n - b \\ x_1 - a & y_1 - b \end{vmatrix};$$

or nous avons le déterminant

$$\begin{vmatrix} x_1 - a & y_1 - b \\ x_2 - a & y_2 - b \end{vmatrix} = \begin{vmatrix} x_1 & y_1 \\ x_2 & y_2 \end{vmatrix} - \begin{vmatrix} a & y_1 \\ a & y_2 \end{vmatrix} - \begin{vmatrix} x_1 & b \\ x_2 & b \end{vmatrix} + \begin{vmatrix} a & b \\ a & b \end{vmatrix}$$
$$= \begin{vmatrix} x_1 & y_1 \\ x_2 & y_2 \end{vmatrix} + a(y_1 - y_2) - b(x_1 - x_2),$$

et de même

$$\begin{vmatrix} x_2 - a & y_2 - b \\ x_3 - a & y_3 - b \end{vmatrix} = \begin{vmatrix} x_2 & y_2 \\ x_3 & y_3 \end{vmatrix} + a(y_2 - y_3) - b(x_2 - x_3),$$

. . . . ,

$$\begin{vmatrix} x_n - a & y_n - b \\ x_1 - a & y_1 - b \end{vmatrix} = \begin{vmatrix} x_n & y_n \\ x_1 & y_1 \end{vmatrix} + a(y_n - y_1) - b(x_n - x_1);$$

par conséquent, dans la somme de ces déterminants, les multiplicateurs de a et de b se réduisent à zéro; donc il vient

$$\text{(I)} \qquad 2S = \begin{vmatrix} x_1 & y_1 \\ x_2 & y_2 \end{vmatrix} + \begin{vmatrix} x_2 & y_2 \\ x_3 & y_3 \end{vmatrix} + \ldots + \begin{vmatrix} x_n & y_n \\ x_1 & y_1 \end{vmatrix}.$$

Si les axes des coordonnées étaient obliques, il faudrait multiplier le second membre par le sinus de l'angle des axes, pour avoir la double surface du polygone.

CHAPITRE III.

LA DROITE ET LE PLAN.

§ I. Direction des droites dans l'espace. — § II. Intersection des droites et des plans. — § III. Combinaison des équations générales qui représentent des plans donnés. — § IV. Plans passant par des points ou des droites données. — § V. Droites et plans parallèles. — § VI. Droites et plans perpendiculaires. — § VII. Distance du point au plan et plus courte distance de deux droites. — § VIII. Application de l'identité de Lagrange au calcul des distances dans la Géométrie de l'espace.

§ I. — DIRECTION DES DROITES DANS L'ESPACE.

230. **Relation entre les inclinaisons mutuelles de quatre droites OA, OB, OC, OD (*fig.* 4) issues d'un même point O de l'espace.** — Afin de mieux distinguer ces angles entre eux, nous représenterons l'angle que forment deux quelconques des trois droites OA, OB, OC par celle des trois lettres a, b, c, dont la majuscule correspondante manque dans la désignation de ces deux droites. Ainsi nous poserons

$$\text{l'angle } \mathrm{BOC} = a, \quad \mathrm{COA} = b, \quad \mathrm{AOB} = c;$$

et nous indiquerons l'angle que forme la droite OD avec l'une quelconque de ces droites OA, OB, OC par celle des trois lettres accentuées a', b', c', dont la majuscule correspondante entre dans la désignation de cette droite, en posant

$$\text{l'angle } \mathrm{DOA} = a', \quad \mathrm{DOB} = b', \quad \mathrm{DOC} = c';$$

de cette manière, les angles a et a' sont opposés, ainsi que les angles b et b', c et c'.

Choisissons le point O pour origine des coordonnées et prenons les droites OA, OB, OC pour axes des x, y, z.

Sur la droite OD, à partir de l'origine O, mesurons une longueur OM égale à l'unité et désignons par x, y, z les coordonnées du point M. Si nous menons la droite MP (*fig.* 4) parallèle

Fig. 4.

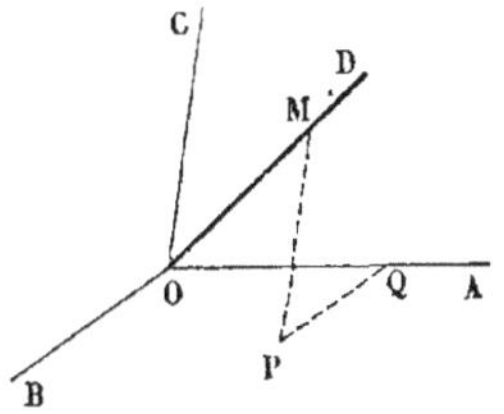

à l'axe OC des z jusqu'à la rencontre en P du plan AOB des xy, et par le point P, dans le plan OAB, la droite PQ parallèle à l'axe OB des y, jusqu'à la rencontre en Q de l'axe OA des x, nous aurons

$$OQ = x, \quad QP = y, \quad PM = z.$$

Cela fait, projetons la droite OM et la ligne brisée OQPM successivement sur les quatre droites OD, OA, OB, OC; nous obtenons les quatre équations

$$\begin{aligned}
-1 + x\cos a' + y\cos b' + z\cos c' &= 0,\\
-\cos a' + x + y\cos c + z\cos b &= 0,\\
-\cos b' + x\cos c + y + z\cos a &= 0,\\
-\cos c' + x\cos b + y\cos a + z &= 0.
\end{aligned}$$

Éliminons les trois variables x, y, z entre ces quatre équations, nous trouvons la relation

$$(1) \qquad \begin{vmatrix} 1 & \cos a' & \cos b' & \cos c' \\ \cos a' & 1 & \cos c & \cos b \\ \cos b' & \cos c & 1 & \cos a \\ \cos c' & \cos b & \cos a & 1 \end{vmatrix} = 0,$$

qui existe entre les six angles a, b, c et a', b', c' que forment entre elles les quatre droites données. Dans cette relation nous avons changé les signes des éléments de la première colonne.

Si nous développons ce déterminant, nous verrons que notre relation (I) revient à l'égalité

$$(\text{II})\quad \left\{\begin{array}{l} \sin^2 a \cos^2 a' + 2\cos b' \cos c' (\cos b \cos c - \cos a) \\ + \sin^2 b \cos^2 b' + 2\cos c' \cos a' (\cos c \cos a - \cos b) \\ + \sin^2 c \cos^2 c' + 2\cos a' \cos b' (\cos a \cos b - \cos c) = \mathrm{D}^2, \end{array}\right.$$

où

$$(1)\quad \mathrm{D}^2 = 1 - \cos^2 a - \cos^2 b - \cos^2 c + 2\cos a \cos b \cos c.$$

231. Relation entre les trois angles que fait une droite avec les trois axes de coordonnées. — Désignons, suivant l'usage, par λ, μ, ν les inclinaisons mutuelles des axes de coordonnées OX, OY, OZ, de telle sorte que

$$\text{l'angle } \mathrm{YOZ} = \lambda, \quad \mathrm{ZOX} = \mu, \quad \mathrm{XOY} = \nu,$$

et posons

$$\text{l'angle } \mathrm{DOX} = \alpha, \quad \mathrm{DOY} = \beta, \quad \mathrm{DOZ} = \gamma.$$

Si nous appliquons ces notations à la formule (I), nous obtenons la relation

$$(\text{III})\quad \begin{vmatrix} 1 & \cos\alpha & \cos\beta & \cos\gamma \\ \cos\alpha & 1 & \cos\nu & \cos\mu \\ \cos\beta & \cos\nu & 1 & \cos\lambda \\ \cos\gamma & \cos\mu & \cos\lambda & 1 \end{vmatrix} = 0,$$

et, en effectuant,

$$(\text{IV})\quad \left\{\begin{array}{l} \cos^2\alpha \sin^2\lambda + 2\cos\beta\cos\gamma(\cos\mu\cos\nu - \cos\lambda) \\ + \cos^2\beta \sin^2\mu + 2\cos\gamma\cos\alpha(\cos\nu\cos\lambda - \cos\mu) \\ + \cos^2\gamma \sin^2\nu + 2\cos\alpha\cos\beta(\cos\lambda\cos\mu - \cos\nu) = \Delta^2, \end{array}\right.$$

où

$$(\text{V})\quad \Delta^2 = 1 - \cos^2\lambda - \cos^2\mu - \cos^2\nu + 2\cos\lambda\cos\mu\cos\nu.$$

Telle est la relation (III) qui existe entre les trois angles α, β, γ, que fait une droite OD avec les trois axes de coordonnées OX, OY, OZ, et les inclinaisons mutuelles λ, μ, ν de ces axes.

232. Sinus d'un trièdre. — L'expression précédente (V) joue un grand rôle dans la Géométrie analytique à trois dimensions; elle se présente dans presque toutes les formules, lorsque les axes de coordonnées sont obliques. Elle est la valeur effectuée du déterminant

$$\text{(VI)} \qquad \Delta^2 = \begin{vmatrix} 1 & \cos\nu & \cos\mu \\ \cos\nu & 1 & \cos\lambda \\ \cos\mu & \cos\lambda & 1 \end{vmatrix},$$

et peut se transformer en produit.

En effet, il est aisé de voir qu'on a

$$(2) \quad \left\{ \begin{aligned} \Delta^2 &= \sin^2\mu \sin^2\nu - (\cos\mu\cos\nu - \cos\lambda)^2 \\ &= (\sin\mu\sin\nu + \cos\mu\cos\nu - \cos\lambda) \\ &\quad \times (\cos\lambda - \cos\mu\cos\nu + \sin\mu\sin\nu) \\ &= [\cos(\mu-\nu) - \cos\lambda][\cos\lambda - \cos(\mu+\nu)]; \end{aligned} \right.$$

et comme

$$\cos(\mu-\nu) - \cos\lambda = 2\sin\frac{\lambda+\mu-\nu}{2}\sin\frac{\nu+\lambda-\mu}{2},$$

$$\cos\lambda - \cos(\mu+\nu) = 2\sin\frac{\lambda+\mu+\nu}{2}\sin\frac{\mu+\nu-\lambda}{2},$$

on trouve pour Δ^2 la forme remarquable

$$(3) \quad \Delta^2 = 4\sin\frac{\lambda+\mu+\nu}{2}\sin\frac{\mu+\nu-\lambda}{2}\sin\frac{\nu+\lambda-\mu}{2}\sin\frac{\lambda+\mu-\nu}{2}.$$

Les trois angles λ, μ, ν sont les trois faces du trièdre formé par les axes des coordonnées; par suite chacun d'eux est moindre que la somme des deux autres, et leur somme est moindre que quatre angles droits : il s'ensuit que les trois demi-différences $\frac{\mu+\nu-\lambda}{2}$, $\frac{\nu+\lambda-\mu}{2}$, $\frac{\lambda+\mu-\nu}{2}$ seront positives et moindres chacune que deux droits, pendant que la demi-somme $\frac{\lambda+\mu+\nu}{2}$ sera aussi inférieure à deux droits; donc les quatre sinus du produit précédent sont supérieurs à zéro.

On conclut, d'après (2), que le carré $(\cos\mu\cos\nu - \cos\lambda)^2$

est toujours moindre que $\sin^2\lambda \sin^2\nu$; et, comme ce dernier carré n'est jamais supérieur à 1, la quantité Δ^2 sera elle-même toujours comprise entre zéro et 1; elle ne sera égale à l'unité, d'après (2), que si le trièdre est trirectangle.

Donc la racine carrée de Δ^2 ou Δ *ne peut varier qu'entre* -1 *et* $+1$, *en passant par zéro*.

Pour cette raison, von Staudt (*Journal de Crelle*, t. XXIV, p. 252) a donné à la quantité Δ le nom de *sinus du trièdre*, dont les trois faces sont λ, μ, ν.

233. Signification géométrique du sinus d'un trièdre. — Sur les trois arêtes OX, OY et OZ (*fig.* 5) du trièdre formé

Fig. 5.

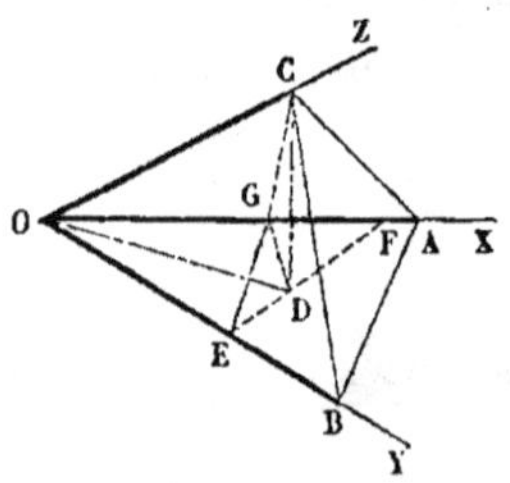

par les axes de coordonnées, à partir de l'origine O, prenons les longueurs OA, OB et OC égales à l'unité, et menons les droites BC, CA et AB; nous formons ainsi le tétraèdre OABC, dont le volume V s'obtient en multipliant la face OAB par le tiers de la perpendiculaire CD abaissée sur son plan du sommet opposé C.

Appelons λ', μ', ν' les inclinaisons des trois arêtes OA, OB OC sur les plans OBC, OCA et OAB des faces opposées; nous aurons

$$CD = OC \sin COD = \sin COD = \sin\nu';$$

et, comme le triangle ABO est égal à

$$\frac{1}{2} AO.BO.\sin AOB = \frac{1}{2} \sin AOB = \frac{1}{2} \sin\nu,$$

il viendra

$$V = \frac{1}{6} \sin\nu \sin\nu'.$$

Cela établi, par le pied D de la hauteur CD, dans le plan OAB, menons EF perpendiculaire sur OB jusqu'à la rencontre de OA en F; tirons DG perpendiculaire sur OA et joignons OD et EG; nous avons évidemment

$$EF = OF \sin EOF = OF \sin\nu,$$
$$OD = OC \sin COD = OC \cos\nu' = \cos\nu',$$

d'où

$$\sin\nu \cos\nu' = \frac{EF.OD}{OF}.$$

Or, le quadrilatère OEDG étant inscriptible, les deux angles DEG et DOG sont égaux; par suite, les deux triangles EFG et DFO sont semblables et donnent

$$\frac{EF}{OF} = \frac{EG}{OD}, \quad \text{d'où} \quad \frac{EF.OD}{OF} = EG,$$

ou

$$\sin\nu \cos\nu' = EG.$$

Mais, OE et OG étant les projections de OC = 1 sur les droites OB et OA, on a

$$OE = \cos\lambda, \quad O = \cos\mu;$$

d'ailleurs l'angle EOG est égal à ν; il vient donc, par le triangle OEG,

$$\sin^2\nu \cos^2\nu' = \overline{EG}^2 = \cos^2\lambda + \cos^2\mu - 2\cos\lambda + \cos\mu \cos\nu.$$

Nous avons ainsi

$$\begin{aligned}\sin^2\nu \sin^2\nu' &= \sin^2\nu(1 - \cos^2\nu') = \sin^2\nu - \sin^2\nu \cos^2\nu' \\ &= \sin^2\nu - (\cos^2\lambda + \cos^2\mu - 2\cos^2\lambda \cos\mu \cos\nu),\end{aligned}$$

ou

$$(4) \quad \left\{ \begin{aligned} \sin^2\nu \sin^2\nu' = 1 &- \cos^2\lambda - \cos^2\mu \\ &- \cos^2\nu + 2\cos\lambda \cos\mu \cos\nu = \Delta^2. \end{aligned} \right.$$

Substituant cette valeur dans celle de V, nous obtiendrons la valeur

$$(5) \qquad V = \frac{1}{6}\Delta \quad \text{ou} \quad \Delta = 6V.$$

Donc *le sinus d'un trièdre est égal au sextuple volume du tétraèdre, dont trois arêtes contiguës sont égales à l'unité et comprennent entre elles ce trièdre.*

Nous pouvons donner plusieurs autres expressions du sinus d'un trièdre.

234. Expression du sinus d'un trièdre en valeur d'une face et de l'inclinaison du plan de cette face sur l'arête opposée. — L'égalité (4) nous fait voir immédiatement qu'on a aussi

(VII) $$\Delta = \sin\lambda \sin\lambda' = \sin\mu \sin\mu' = \sin\nu \sin\nu'.$$

Il s'ensuit que *le sinus d'un trièdre est égal au produit du sinus d'une face par le sinus de l'inclinaison du plan de cette face sur l'arête opposée.*

235. Expression du sinus d'un trièdre en valeur de deux faces et du dièdre compris. — Représentons par X, Y et Z les angles dièdres que comprennent entre eux les plans de coordonnées et qui sont adja-

Fig. 6.

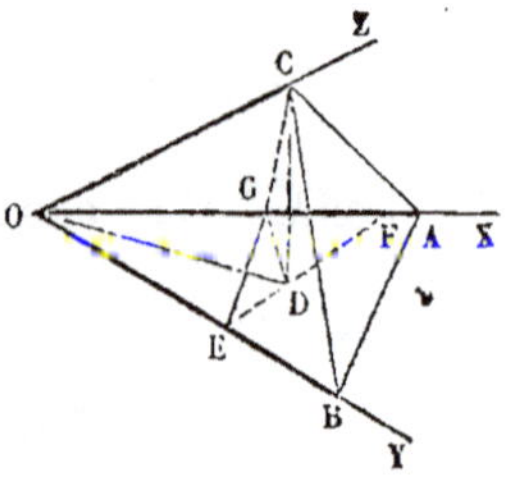

cents aux axes OX, OY et OZ (*fig.* 6). Le triangle rectangle CDG nous donne

$$CD = CG \sin CGD = OC \sin COG \sin CGD$$

ou

$$CD = \sin\mu \sin X;$$

et comme, par le triangle OCD, nous avons

$$CD = OC \sin COD = \sin\nu',$$

il vient

$$\sin\nu' = \sin\mu \sin X$$

et par suite

$$\sin\nu \sin\nu' = \sin\mu \sin\nu \sin X.$$

On a donc encore

(VIII) $$\Delta = \sin\mu \sin\nu \sin X = \sin\nu \sin\lambda \sin Y = \sin\lambda \sin\mu \sin Z.$$

Ainsi *le sinus d'un trièdre est aussi égal au produit des sinus de deux faces par le sinus du dièdre compris.*

236. Sinus du trièdre supplémentaire. — Le trièdre supplémentaire du trièdre OXYZ est terminé par les trois faces

$$\pi - X, \quad \pi - Y, \quad \pi - Z$$

qui comprennent entre elles les trois dièdres

$$\pi - \lambda, \quad \pi - \mu, \quad \pi - \nu.$$

Si nous substituons ces valeurs dans les formules (V), (VI) et (3) du n° 231, et que nous représentions par Δ' le sinus de ce trièdre supplémentaire, nous aurons les expressions suivantes :

$$\text{(IX)} \qquad \Delta'^2 = 1 - \cos^2 X - \cos^2 Y - \cos^2 Z - 2\cos X \cos Y \cos Z,$$

$$\text{(X)} \qquad \Delta'^2 = - \begin{vmatrix} -1 & \cos Z & \cos Y \\ \cos Z & -1 & \cos X \\ \cos Y & \cos X & -1 \end{vmatrix},$$

$$\text{(XI)} \qquad \Delta'^2 = 4 \sin S \sin(X - S) \sin(Y - S) \sin(Z - S),$$

ou

$$2S = X + Y + Z - \pi.$$

237. Si nous faisons les mêmes substitutions dans les formules (VIII), nous aurons encore

$$\text{(XII)} \qquad \Delta' = \sin Y \sin Z \sin \lambda = \sin Z \sin X \sin \mu = \sin X \sin Y \sin \nu.$$

238. Rapport du sinus d'un trièdre au sinus du trièdre supplémentaire. — Nous avons trouvé aux n°s 235 et 237 que

$$\Delta = \sin \mu \sin \nu \sin X,$$
$$\Delta' = \sin Y \sin Z \sin \lambda,$$

d'où nous tirons, en divisant,

$$\text{(6)} \qquad \frac{\Delta}{\Delta'} = \frac{\sin \mu}{\sin Y} \, \frac{\sin \nu}{\sin Z} \, \frac{\sin X}{\sin \lambda}.$$

Il est aisé de voir (*fig.* 7) que

$$CD = CG \sin X = OC \sin \mu \sin X = \sin \mu \sin X;$$

on verrait de même que

$$CD = \sin \lambda \sin Y;$$

il vient donc

$$\sin \lambda \sin Y = \sin \mu \sin X,$$

d'où l'on tire

$$\text{(XIII)}\qquad \frac{\sin\lambda}{\sin X} = \frac{\sin\mu}{\sin Y} = \frac{\sin\nu}{\sin Z}.$$

Ces égalités démontrent que, *dans tout trièdre, les sinus des faces sont entre eux comme les sinus des dièdres opposés.*

Fig. 7.

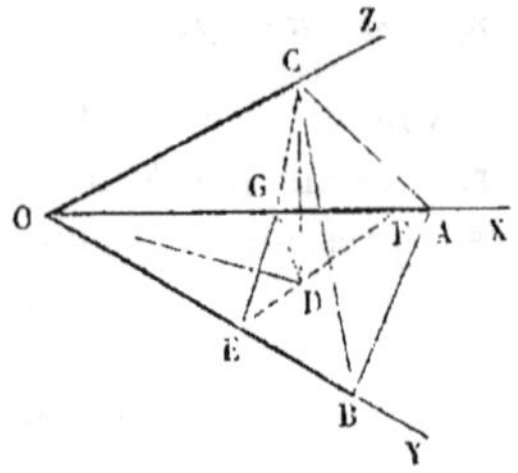

En vertu des égalités (XIII), la relation (6) devient

$$\frac{\Delta}{\Delta'} = \frac{\sin\lambda}{\sin X}\,\frac{\sin\lambda}{\sin X}\,\frac{\sin X}{\sin\lambda}$$

ou

$$\text{(XIV)}\qquad \frac{\Delta}{\Delta'} = \frac{\sin\lambda}{\sin X} = \frac{\sin\mu}{\sin Y} = \frac{\sin\nu}{\sin Z}.$$

Donc *le sinus d'un trièdre est au sinus du trièdre supplémentaire comme le sinus d'une face est au sinus du dièdre opposé.*

239. **Expression du sinus du trièdre en valeur des trois angles dièdres.** — Les deux égalités fournies par (XIV)

$$\Delta = \frac{\sin\mu}{\sin Y}\Delta', \quad \Delta = \frac{\sin\nu}{\sin Z}\Delta'.$$

nous donnent

$$\Delta^2 = \frac{\sin\mu\sin\nu}{\sin Y\sin Z}\Delta'^2;$$

mais, en vertu de (VIII), nous avons

$$\sin\mu\,\sin\nu = \frac{\Delta}{\sin X};$$

il vient donc, en substituant et en ayant égard à l'expression (XI),

$$\text{(XV)}\qquad \Delta = \frac{4\sin S\sin(X-S)\sin(Y-S)\sin(Z-S)}{\sin X\sin Y\sin Z}.$$

240. Expression du sinus du trièdre supplémentaire en valeur des trois faces du trièdre donné. — Les égalités tirées de (XIV)

$$\Delta' = \frac{\sin Y}{\sin \mu}\Delta, \quad \Delta' = \frac{\sin Z}{\sin \nu}\Delta$$

donnent aussi

$$\Delta'^2 = \frac{\sin Y \sin Z}{\sin \mu \sin \nu}\Delta^2;$$

et, comme en vertu de (XII) on a

$$\sin Y \sin Z = \frac{\Delta'}{\sin \lambda},$$

il vient

$$(7) \qquad \Delta' = \frac{\Delta^2}{\sin\lambda \sin\mu \sin\nu},$$

ou, en ayant égard à l'égalité (3),

$$(\text{XVI}) \qquad \Delta' = \frac{4 \sin p \sin(p-\lambda)\sin(p-\mu)\sin(p-\nu)}{\sin\lambda \sin\mu \sin\nu},$$

où l'on a posé $2p = \lambda + \mu + \nu$.

241. Rapport du sinus d'une face au sinus du dièdre opposé. — Les égalités (XVI) et (XV) nous donnent

$$\frac{\Delta' \sin\lambda \sin\mu \sin\nu}{\Delta \sin X \sin Y \sin Z} = \frac{\sin p \sin(p-\lambda)\sin(p-\mu)\sin(p-\nu)}{\sin S \sin(X-S)\sin(Y-S)\sin(Z-S)};$$

mais, en vertu de la formule (XIV), nous avons

$$\frac{\sin\lambda \sin\mu \sin\nu}{\sin X \sin Y \sin Z} = \frac{\Delta^3}{\Delta'^3};$$

donc il vient, en substituant,

$$(\text{XVII}) \quad \frac{\Delta^2}{\Delta'^2} = \frac{\sin^2\lambda}{\sin^2 X} = \frac{\sin p \sin(p-\lambda)\sin(p-\mu)\sin(p-\nu)}{\sin S \sin(X-S)\sin(Y-S)\sin(Z-S)}.$$

242. Par les formules (VIII) et (XII), nous avons

$$\frac{\Delta^2}{\Delta'} = \frac{\sin^2\mu \sin^2\nu \sin^2 X}{\sin Y \sin Z \sin\lambda}, \quad \frac{\Delta'^2}{\Delta} = \frac{\sin^2 Y \sin^2 Z \sin^2\lambda}{\sin\mu \sin\nu \sin X};$$

mais les égalités (XIII) nous donnent

$$\frac{\sin X}{\sin Y \sin Z} = \frac{\sin\lambda}{\sin\mu \sin\nu};$$

substituant dans les rapports précédents, on trouve que

$$(\text{XVIII}) \qquad \frac{\Delta^2}{\Delta'} = \sin\lambda \sin\mu \sin\nu = \frac{\Delta'^2}{\Delta} = \sin X \sin Y \sin Z.$$

Donc : 1° *le produit des sinus des trois faces d'un trièdre est égal au carré du sinus du trièdre divisé par le sinus du trièdre supplémentaire;* 2° *le produit des sinus des trois dièdres d'un trièdre est égal au carré du sinus du trièdre supplémentaire divisé par le sinus du trièdre donné.*

Voir, pour plus de détails, le Mémoire que nous avons publié dans les *Archives de Mathématiques et de Physique*, t. LVII, p. 113, sous le titre : *Le trièdre et le tétraèdre, avec application des déterminants.*

243. Inclinaison sur l'un des axes de coordonnées de la droite perpendiculaire au plan des deux autres axes. — Supposons que la droite OD du n° 231 soit perpendiculaire au plan des yz, et proposons-nous de calculer son inclinaison α sur l'axe de x.

Il est évident que OD (*fig.* 8) est perpendiculaire à la fois

Fig. 8.

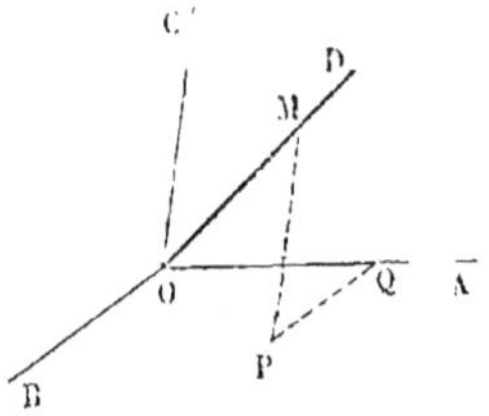

à l'axe des y et à celui des z ; par suite on a $\cos\beta = 0$, $\cos\gamma = 0$. La relation (III) devient dans ce cas

$$\begin{vmatrix} 1 & \cos\alpha & 0 & 0 \\ \cos\alpha & 1 & \cos\nu & \cos\mu \\ 0 & \cos\nu & 1 & \cos\lambda \\ 0 & \cos\mu & \cos\lambda & 1 \end{vmatrix} = 0.$$

Retranchant de la seconde ligne le produit de la première

par cos α, on obtient l'égalité

$$\begin{vmatrix} 1 & \cos\alpha & 0 & 0 \\ 0 & 1-\cos^2\alpha & \cos\nu & \cos\mu \\ 0 & \cos\nu & 1 & \cos\lambda \\ 0 & \cos\mu & \cos\lambda & 1 \end{vmatrix} = \begin{vmatrix} 1-\cos^2\alpha & \cos\nu & \cos\mu \\ \cos\nu & 1 & \cos\lambda \\ \cos\mu & \cos\lambda & 1 \end{vmatrix} = 0,$$

qui revient à

$$\begin{vmatrix} 1 & \cos\nu & \cos\mu \\ \cos\nu & 1 & \cos\lambda \\ \cos\mu & \cos\lambda & 1 \end{vmatrix} - \begin{vmatrix} \cos^2\alpha & \cos\nu & \cos\mu \\ 0 & 1 & \cos\lambda \\ 0 & \cos\lambda & 1 \end{vmatrix} = 0$$

ou à

$$0 = \Delta^2 - \cos^2\alpha \begin{vmatrix} 1 & \cos\lambda \\ \cos\lambda & 1 \end{vmatrix} = \Delta^2 - \cos^2\alpha(1-\cos^2\lambda)$$
$$= \Delta^2 - \cos^2\alpha \sin^2\lambda;$$

celle-ci donne

(XIX) $$\cos\alpha = \frac{\Delta}{\sin\lambda}$$

pour le cosinus de l'angle cherché.

Cette valeur aurait pu se tirer immédiatement de la valeur de Δ, en y faisant $\lambda' = \frac{\pi}{2} - \alpha$.

244. Angle de deux droites OD, OD′ en valeur des inclinaisons de ces deux droites sur les axes de coordonnées. — Soient toujours α, β, γ les angles que fait la première droite OD

Fig. 9.

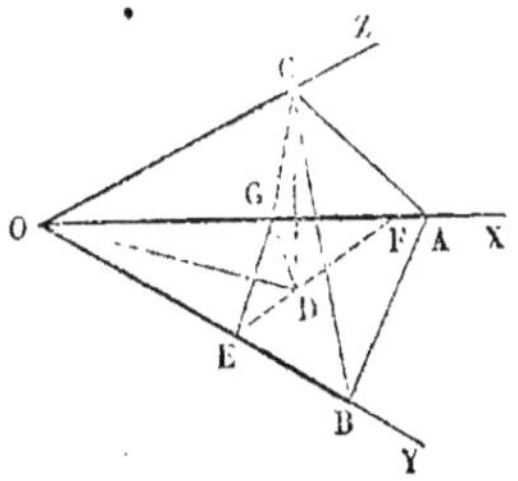

(*fig.* 9) avec les axes de coordonnées; α', β', γ' ceux que fait la seconde droite OD' avec les mêmes axes; et θ l'angle DOD' de ces deux droites. Sur la première droite OD prenons $OM = 1$ et soient x, y, z les coordonnées du point M. Projetons la longueur OM et le contour OQPM successivement sur la droite OD' et sur les trois axes; nous formons les égalités

$$\begin{aligned}
-\cos\theta + x\cos\alpha' + y\cos\beta' + z\cos\gamma' &= 0,\\
-\cos\alpha + x \qquad\;\; + y\cos\nu + z\cos\mu &= 0,\\
-\cos\beta + x\cos\nu + y \qquad\;\; + z\cos\lambda &= 0,\\
-\cos\gamma + x\cos\mu + y\cos\lambda + z \qquad\;\; &= 0;
\end{aligned}$$

éliminons les trois variables x, y, z entre ces quatre équations, nous obtenons la relation

$$\text{(XX)}\qquad \begin{vmatrix} \cos\theta & \cos\alpha' & \cos\beta' & \cos\gamma' \\ \cos\alpha & 1 & \cos\nu & \cos\mu \\ \cos\beta & \cos\nu & 1 & \cos\lambda \\ \cos\gamma & \cos\mu & \cos\lambda & 1 \end{vmatrix} = 0,$$

qui, étant développée, donne

$$\text{(XXI)}\quad \Delta^2\cos\theta = \left\{\begin{aligned} &\cos\alpha\cos\alpha'\sin^2\lambda + (\cos\beta\cos\beta' + \cos\gamma\cos\gamma')(\cos\mu\cos\nu - \cos\lambda)\\ &+\cos\beta\cos\beta'\sin^2\mu + (\cos\gamma\cos\gamma' + \cos\alpha\cos\alpha')(\cos\nu\cos\lambda - \cos\mu)\\ &+\cos\gamma\cos\gamma'\sin^2\nu + (\cos\alpha\cos\alpha' + \cos\beta\cos\beta')(\cos\lambda\cos\mu - \cos\nu).\end{aligned}\right.$$

Les deux droites sont perpendiculaires entre elles, si l'on a $\cos\theta = 0$ et par suite

$$\text{(XXII)}\qquad \begin{vmatrix} 0 & \cos\alpha' & \cos\beta' & \cos\gamma' \\ \cos\alpha & 1 & \cos\nu & \cos\mu \\ \cos\beta & \cos\nu & 1 & \cos\lambda \\ \cos\gamma & \cos\mu & \cos\lambda & 1 \end{vmatrix} = 0.$$

245. **Angles que fait une droite donnée avec les trois plans de coordonnées.** — Soient toujours α, β, γ les angles que fait la droite OD (*fig.* 9) avec les trois axes de coordonnées et désignons par a, b, c ceux qu'elle fait avec les trois plans YOZ, ZOX, XOY. Si nous supposons que la droite OD' soit perpendiculaire au plan de yz, nous aurons (XIX)

$$\theta = \frac{\pi}{2} - a, \quad \cos\theta = \sin a, \quad \cos\alpha' = \frac{\Delta}{\sin\lambda}, \quad \cos\beta' = 0, \quad \cos\gamma' = 0.$$

La substitution de ces valeurs dans la formule (XX) donne

$$\begin{vmatrix} \sin a & \frac{\Delta}{\sin\lambda} & 0 & 0 \\ \cos\alpha & 1 & \cos\nu & \cos\mu \\ \cos\beta & \cos\nu & 1 & \cos\lambda \\ \cos\gamma & \cos\mu & \cos\lambda & 1 \end{vmatrix} = 0$$

ou

$$\sin a \begin{vmatrix} 1 & \cos\nu & \cos\mu \\ \cos\nu & 1 & \cos\lambda \\ \cos\mu & \cos\lambda & 1 \end{vmatrix} - \frac{\Delta}{\sin\lambda} \begin{vmatrix} \cos\alpha & \cos\nu & \cos\mu \\ \cos\beta & 1 & \cos\lambda \\ \cos\gamma & \cos\lambda & 1 \end{vmatrix} = 0;$$

on en tire

$$\text{(XXIII)} \qquad \Delta \sin a \sin\lambda = \begin{vmatrix} \cos\alpha & \cos\nu & \cos\mu \\ \cos\beta & 1 & \cos\lambda \\ \cos\gamma & \cos\lambda & 1 \end{vmatrix}.$$

On a donc, en développant,

$$\text{IV)} \quad \left\{ \begin{array}{l} \Delta \sin a \sin\lambda = \cos\alpha \sin^2\lambda + \cos\beta(\cos\lambda\cos\mu - \cos\nu) + \cos\gamma(\cos\nu\cos\lambda - \cos\mu), \\ \Delta \sin b \sin\mu = \cos\beta \sin^2\mu + \cos\gamma(\cos\mu\cos\nu - \cos\lambda) + \cos\alpha(\cos\lambda\cos\mu - \cos\nu), \\ \Delta \sin c \sin\nu = \cos\gamma \sin^2\nu + \cos\alpha(\cos\nu\cos\lambda - \cos\mu) + \cos\beta(\cos\mu\cos\nu - \cos\lambda). \end{array} \right.$$

Si nous multiplions ces trois égalités respectivement par $\cos\alpha$, $\cos\beta$, $\cos\gamma$ et que nous ajoutions les trois produits, le second membre de l'égalité résultante sera égal à Δ^2 en vertu de la relation (IV), de sorte qu'il viendra

$$\text{(XXV)} \qquad \sin a \cos\alpha \sin\lambda + \sin b \cos\beta \sin\mu + \sin c \cos\gamma \sin\nu = \Delta$$

pour une nouvelle expression du sinus du trièdre formé par les axes.

246. **Tangente de l'angle φ que fait avec les trois axes de coordonnées la droite également inclinée sur ces axes.** — Si la ligne OD (*fig.* 9) est cette droite, nous aurons $\alpha = \beta = \gamma = \varphi$, ce qui transforme la relation (III) dans la suivante :

$$\begin{vmatrix} 1 & \cos\varphi & \cos\varphi & \cos\varphi \\ \cos\varphi & 1 & \cos\nu & \cos\mu \\ \cos\varphi & \cos\nu & 1 & \cos\lambda \\ \cos\varphi & \cos\mu & \cos\lambda & 1 \end{vmatrix} = 0.$$

Pour résoudre cette équation par rapport à l'angle φ, divisons la première ligne et la première colonne par $\cos\varphi$, puis remplaçons le premier élément résultant $\frac{1}{\cos^2\varphi}$ par son équivalent $\tang^2\varphi + 1$; l'équation deviendra ainsi

$$\begin{vmatrix} \tang^2\varphi + 1 & 1 & 1 & 1 \\ 0+1 & 1 & \cos\nu & \cos\mu \\ 0+1 & \cos\nu & 1 & \cos\lambda \\ 0+1 & \cos\mu & \cos\lambda & 1 \end{vmatrix} = 0,$$

et donne

$$\begin{vmatrix} \tang^2\varphi & 1 & 1 & 1 \\ 0 & 1 & \cos\nu & \cos\mu \\ 0 & \cos\nu & 1 & \cos\lambda \\ 0 & \cos\mu & \cos\lambda & 1 \end{vmatrix} + \begin{vmatrix} 1 & 1 & 1 & 1 \\ 1 & 1 & \cos\nu & \cos\mu \\ 1 & \cos\nu & 1 & \cos\lambda \\ 1 & \cos\mu & \cos\lambda & 1 \end{vmatrix} = 0.$$

Le premier terme revient à $\Delta^2 \tang^2\varphi$, tandis que le second, en vertu du n° 184, est égal à $-16\sin^2\frac{\lambda}{2}\sin^2\frac{\mu}{2}\sin^2\frac{\nu}{2}$. On a donc

$$\text{(XXVI)} \qquad \tang\varphi = \frac{4\sin\frac{\lambda}{2}\sin\frac{\mu}{2}\sin\frac{\nu}{2}}{\Delta}.$$

247. Tangente de l'angle ψ que fait avec les trois plans de coordonnées la droite également inclinée sur ces plans. — Soit OD′ la droite également inclinée sur les trois plans YOZ, ZOX, XOY. Si par l'origine nous élevons sur ces plans, et dans le sens des coordonnées positives, les perpendiculaires OX′, OY′, OZ′, la droite OD′ sera également inclinée sur ces trois droites, qui forment le trièdre supplémentaire de celui des axes.

Par conséquent il nous suffira de remplacer dans (XXVI) les angles φ, λ, μ, ν et Δ par $\frac{\pi}{2} - \psi$, $\pi - X$, $\pi - Y$, $\pi - Z$ et Δ', pour avoir l'expression

$$\tang\left(\frac{\pi}{2} - \psi\right) = \frac{4\sin\left(\frac{\pi}{2} - \frac{X}{2}\right)\sin\left(\frac{\pi}{2} - \frac{Y}{2}\right)\sin\left(\frac{\pi}{2} - \frac{Z}{2}\right)}{\Delta'},$$

ou

$$\tang\psi = \frac{\Delta'}{4\cos\frac{X}{2}\cos\frac{Y}{2}\cos\frac{Z}{2}}.$$

Dans cette valeur, à la place de Δ', mettons son expression (XXII) et dans le résultat mettons, au lieu de $\cos\frac{X}{2}$, $\sin\frac{Y}{2}$, $\sin\frac{Z}{2}$, leurs valeurs en fonctions des angles λ, μ, ν; nous trouvons que

$$\text{(XXVII)} \qquad \operatorname{tang}\psi = \frac{\Delta}{2\sin\frac{\lambda+\mu+\nu}{2}}.$$

248. Le trièdre dont les trois faces valent ensemble deux angles droits. — Dans ce qui précède, supposons que

$$\lambda+\mu+\nu=\pi,$$

nous trouverons facilement que

$$\text{(XXVIII)} \qquad \cos X + \cos Y + \cos Z = 1,$$

$$\text{(XXIX)} \quad \begin{cases} \Delta = 2\sqrt{\cos\lambda\cos\mu\cos\nu} = 2\operatorname{tang}\frac{X}{2}\operatorname{tang}\frac{Y}{2}\operatorname{tang}\frac{Z}{2}, \\ \Delta' = 2\sin^2 S\cot\frac{a}{2}\cot\frac{b}{2}\cot\frac{c}{2}, \\ \operatorname{tang}\varphi = \dfrac{\operatorname{tang}\frac{a}{2}\operatorname{tang}\frac{b}{2}\operatorname{tang}\frac{c}{2}}{S}, \\ \operatorname{tang}\psi = \frac{\Delta}{2}. \end{cases}$$

§ II. — Intersection des droites et des plans.

249. Condition pour que deux droites se rencontrent. — 1° Si les deux droites

$$(1) \qquad \begin{cases} Ax + By + Cz + D = 0, \\ A_1x + B_1y + C_1z + D_1 = 0; \end{cases}$$

$$(2) \qquad \begin{cases} A'x + B'y + C'z + D' = 0, \\ A'_1x + B'_1y + C'_1z + D'_1 = 0 \end{cases}$$

se coupent, les quatre équations seront satisfaites par les

coordonnées du point d'intersection. Éliminant donc les trois variables x, y, z entre les quatre équations (1) et (2), considérées comme simultanées, nous obtenons la relation de condition

$$\text{(I)} \qquad \begin{vmatrix} A & B & C & D \\ A_1 & B_1 & C_1 & D_1 \\ A' & B' & C' & D' \\ A'_1 & B'_1 & C'_1 & D'_1 \end{vmatrix} = 0.$$

2° Supposons que les deux droites soient déterminées par les deux systèmes d'équations

$$\text{(3)} \qquad \begin{cases} x = az + p, \\ y = bz + q; \end{cases}$$

$$\text{(4)} \qquad \begin{cases} x = a'z + p', \\ y = b'z + q'. \end{cases}$$

On ramènera ce cas au précédent, en mettant ces équations sous la forme

$$\begin{aligned} -x + 0.y + az + p &= 0, \\ 0.x - y + bz + q &= 0, \\ -x + 0.y + a'z + p' &= 0, \\ 0.x - y + b'z + q' &= 0; \end{aligned}$$

éliminant x, y et z, on en tire la relation de condition

$$\text{(II)} \qquad \begin{vmatrix} -1 & 0 & a & p \\ 0 & -1 & b & q \\ -1 & 0 & a' & p' \\ 0 & -1 & b' & q' \end{vmatrix} = \begin{vmatrix} 1 & 0 & a & p \\ 0 & 1 & b & q \\ 1 & 0 & a' & p' \\ 0 & 1 & b' & q' \end{vmatrix} = 0.$$

Si nous retranchons les deux premières lignes des deux dernières, nous obtenons l'égalité

$$\begin{vmatrix} 1 & 0 & a & p \\ 0 & 1 & b & q \\ 0 & 0 & a'-a & p'-p \\ 0 & 0 & b'-b & q'-q \end{vmatrix} = \begin{vmatrix} a'-a & p'-p \\ b'-b & q'-q \end{vmatrix} = 0,$$

qui revient à

$$\text{(III)} \qquad \frac{a-a'}{p-p'}=\frac{b-b'}{q-q'}.$$

250. Intersection d'une droite $x=az+p$, $y=bz+q$ avec un plan $Ax+By+Cz+D=0$. — Les coordonnées du point d'intersection satisfont à la fois à ces trois équations; or ce système peut s'écrire

$$\begin{aligned} Cz+D+Ax+By&=0,\\ -az-p+x+0.y&=0,\\ -bz-q+0.x+By&=0; \end{aligned}$$

éliminant x et y entre ces trois équations, on obtient l'égalité

$$\begin{vmatrix} Cz+D & A & B\\ -az-p & 1 & 0\\ -bz-q & 0 & 1 \end{vmatrix}=0,$$

qui donne

$$z\begin{vmatrix} C & A & B\\ -a & 1 & 0\\ -b & 0 & 1 \end{vmatrix}=\begin{vmatrix} -D & A & B\\ p & 1 & 0\\ q & 0 & 1 \end{vmatrix},$$

et, en développant,

$$\text{(IV)} \qquad z=-\frac{Ap+Bq+D}{Aa+Bb+C}.$$

On trouve ensuite que

$$x=-\frac{(Bq+D)a-(Bb+C)p}{Aa+Bb+C}, \quad y=-\frac{(Ap+D)b+(Aa+C)q}{Aa+Bb+C}.$$

251. Intersection de trois plans

$$\text{(5)} \qquad \left\{\begin{aligned} Ax+By+Cz+D&=0,\\ A'x+B'y+C'z+D'&=0,\\ A''x+B''y+C''z+D''&=0. \end{aligned}\right.$$

1° *Si ces trois plans se coupent en un seul et même point*, les coordonnées de ce point d'intersection vérifient simultanément leurs équations (5). L'élimination de y et z entre ces trois équations fournit immédiatement l'équation suivante en x :

$$\begin{vmatrix} Ax + D & B & C \\ A'x + D' & B' & C' \\ A''x + D'' & B'' & C'' \end{vmatrix} = 0.$$

Le premier membre est la somme de deux déterminants (56); par suite, cette équation revient à

$$\begin{vmatrix} Ax & B & C \\ A'x & B' & C' \\ A''x & B'' & C'' \end{vmatrix} + \begin{vmatrix} D & B & C \\ D' & B' & C' \\ D'' & B'' & C'' \end{vmatrix} = 0,$$

et donne, en mettant x en évidence dans le premier terme (28),

$$x\,(AB'C'') + (DB'C'') = 0.$$

On trouve ainsi, pour les coordonnées du point d'intersection, les valeurs

$$(\text{V}) \quad x = -\frac{(DB'C'')}{(AB'C'')}, \quad y = -\frac{(AD'C'')}{(A'B'C'')}, \quad z = -\frac{(AB'D'')}{(AB'C'')}.$$

2° *Si les trois plans* (5) *se coupent suivant trois droites parallèles*, les valeurs (V) des coordonnées seront infinies, ce qui exige que l'on ait $(AB'C'') = 0$ et que chacun des trois déterminants $(DB'C'')$, $(AD'C'')$, $(AB'D'')$ soit différent de zéro.

3° *Si les trois plans* (5) *se coupent suivant deux droites parallèles*, deux de ces plans, par exemple les deux derniers, seront parallèles; on aura dans ce cas

$$A'' = mA', \quad B'' = mB', \quad C'' = mC'$$

et D'' différent de mD'. Le premier déterminant devient ainsi

$$\begin{vmatrix} A & B & C \\ A' & B' & C' \\ mA' & mB' & mC' \end{vmatrix} = m \begin{vmatrix} A & B & C \\ A' & B' & C' \\ A' & B' & C' \end{vmatrix}$$

et se trouve naturellement nul, comme ayant deux lignes

identiques (26), tandis que les trois autres se changent en

$$m\begin{vmatrix} D & B & C \\ D' & B' & C' \\ \frac{D''}{m} & B' & C' \end{vmatrix}, \quad m\begin{vmatrix} A & D & C \\ A' & D' & C' \\ A' & \frac{D''}{m} & C' \end{vmatrix}, \quad m\begin{vmatrix} A & B & D \\ A' & B' & D' \\ A' & B' & \frac{D''}{m} \end{vmatrix}$$

et sont nécessairement différents de zéro.

4° Enfin, *si les trois plans* (5) *se coupent suivant une seule et même droite*, les valeurs des coordonnées du point d'intersection seront indéterminées et l'on a en même temps

$$(AB'C'')=0, \quad (DB'C'')=0, \quad (AD'B'')=0, \quad (AB'D'')=0.$$

Il est à remarquer que deux quelconques de ces quatre relations entraînent forcément les deux autres.

Les réciproques de ces quatre cas sont vraies et s'établissent facilement.

§ III. — Combinaison des équations générales qui représentent des plans donnés.

252. **Relation identique entre les premiers membres des équations de quatre plans et leurs déterminants.** — Prenons les équations de quatre plans

$$(1)\quad \begin{cases} P = Ax + By + Cz + D = 0, \\ P' = A'x + B'y + C'z + D' = 0, \\ P'' = A''x + B''y + C''z + D'' = 0, \\ P''' = A'''x + B'''y + C'''z + D''' = 0. \end{cases}$$

Nous avons évidemment

$$\begin{vmatrix} D & A & B & C \\ D' & A' & B' & C' \\ D'' & A'' & B'' & C'' \\ D''' & A''' & B''' & C''' \end{vmatrix} + \begin{vmatrix} A & B & C & D \\ A' & B' & C' & D' \\ A'' & B'' & C'' & D'' \\ A''' & B''' & C''' & D''' \end{vmatrix} = 0,$$

puisque, pour passer du premier déterminant au second, il faut effectuer trois permutations de deux colonnes consécutives, ce qui change le signe du déterminant sans en altérer la valeur.

Dans le premier déterminant, nous pouvons ajouter à la première colonne les trois suivantes, multipliées respectivement par x, y et z; nous obtenons ainsi l'égalité

$$\begin{vmatrix} Ax + By + Cz + D & A & B & C \\ A'x + B'y + C'z + D' & A' & B' & C' \\ A''x + B''y + C''z + D'' & A'' & B'' & C'' \\ A'''x + B'''y + C'''z + D''' & A''' & B''' & C''' \end{vmatrix} + \begin{vmatrix} A & B & C & D \\ A' & B' & C' & D' \\ A'' & B'' & C'' & D'' \\ A''' & B''' & C''' & D''' \end{vmatrix} = 0,$$

ou

$$\begin{vmatrix} P & A & B & C \\ P' & A' & B' & C' \\ P'' & A'' & B'' & C'' \\ P''' & A''' & B''' & C''' \end{vmatrix} + \begin{vmatrix} A & B & C & D \\ A' & B' & C' & D' \\ A'' & B'' & C'' & D'' \\ A''' & B''' & C''' & D''' \end{vmatrix} = 0.$$

Développons le premier membre suivant les éléments de la première colonne; nous transformons notre identité dans la suivante :

$$P\begin{vmatrix} A' & B' & C' \\ A'' & B'' & C'' \\ A''' & A''' & C''' \end{vmatrix} - P'\begin{vmatrix} A & B & C \\ A'' & B'' & C'' \\ A''' & B''' & C''' \end{vmatrix} + P''\begin{vmatrix} A & B & C \\ A' & B' & C' \\ A''' & B''' & C''' \end{vmatrix}$$

$$- P'''\begin{vmatrix} A & B & C \\ A' & B' & C' \\ A'' & B'' & C'' \end{vmatrix} + \begin{vmatrix} A & B & C & D \\ A' & B' & C' & D' \\ A'' & B'' & C'' & D'' \\ A''' & B''' & C''' & D''' \end{vmatrix} = 0.$$

Dans le second déterminant, nous pouvons amener la première ligne au troisième rang par deux permutations de deux lignes consécutives, ce qui n'altère ni la valeur ni le signe du déterminant; dans le troisième déterminant, nous pouvons de même amener la troisième ligne au premier rang par deux permutations de deux lignes consécutives. Notre identité (1) pourra donc s'écrire

$$\text{(I)}\left\{\begin{aligned} &P\begin{vmatrix} A' & B' & C' \\ A'' & B'' & C'' \\ A''' & B''' & C''' \end{vmatrix} - P'\begin{vmatrix} A'' & B'' & C'' \\ A''' & B''' & C''' \\ A & B & C \end{vmatrix} + P''\begin{vmatrix} A''' & B''' & C''' \\ A & B & C \\ A' & B' & C' \end{vmatrix} \\ &\qquad - P'''\begin{vmatrix} A & B & C \\ A' & B' & C' \\ A'' & B'' & C'' \end{vmatrix} + \begin{vmatrix} A & B & C & D \\ A' & B' & C' & D' \\ A'' & B'' & C'' & D'' \\ A''' & B''' & C''' & D''' \end{vmatrix} = 0, \end{aligned}\right.$$

ou, en faisant usage de la notation abrégée,

$$\text{(II)}\quad P(A'B''C''') - P'(A''B'''C) + P''(A'''BC') - P'''(AB'C'') + (AB'C''D'') = 0.$$

C'est la relation que nous voulions établir.

253. Relation identique entre les premiers membres des équations de trois plans et leurs déterminants. — Dans la relation (I), que nous venons de trouver, supposons que l'équation du quatrième plan $P'''=o$ devienne $x+y+z=o$, de sorte que

$$A'''=B'''=C'''=1 \quad \text{et} \quad D'''=o;$$

la relation elle-même deviendra

$$P\begin{vmatrix} A' & B' & C' \\ A'' & B'' & C'' \\ 1 & 1 & 1 \end{vmatrix} - P'\begin{vmatrix} A'' & B'' & C'' \\ 1 & 1 & 1 \\ A & B & C \end{vmatrix} + P''\begin{vmatrix} 1 & 1 & 1 \\ A & B & C \\ A' & B' & C' \end{vmatrix}$$

$$-(x+y+z)\begin{vmatrix} A & B & C \\ A' & B' & C' \\ A'' & B'' & C'' \end{vmatrix} + \begin{vmatrix} A & B & C & D \\ A' & B' & C' & D' \\ A'' & B'' & C'' & D'' \\ 1 & 1 & 1 & o \end{vmatrix} = o,$$

ou bien, en ramenant au premier rang les lignes à unités,

$$\text{(III)} \quad \left\{ \begin{aligned} & P\begin{vmatrix} 1 & 1 & 1 \\ A' & B' & C' \\ A'' & B'' & C'' \end{vmatrix} + P'\begin{vmatrix} 1 & 1 & 1 \\ A'' & B'' & C'' \\ A & B & C \end{vmatrix} + P''\begin{vmatrix} 1 & 1 & 1 \\ A & B & C \\ A' & B' & C' \end{vmatrix} \\ & \quad = (x+y+z)\begin{vmatrix} A & B & C \\ A' & B' & C' \\ A'' & B'' & C'' \end{vmatrix} + \begin{vmatrix} 1 & 1 & 1 & o \\ A & B & C & D \\ A' & B' & C' & D' \\ A'' & B'' & C'' & D'' \end{vmatrix}. \end{aligned} \right.$$

C'est la relation cherchée.

254. Théorème I. — *Lorsque trois plans* $P=o$, $P'=o$, $P''=o$ *se coupent suivant une seule et même droite, on peut trouver pour* λ, λ', λ'' *des valeurs constantes et finies, de manière que l'on ait identiquement*

$$\text{(IV)} \qquad \lambda P + \lambda' P' + \lambda'' P'' = o.$$

En effet, si les trois plans se coupent suivant une même droite, les quatre déterminants $(AB'C'')$, $(DB'C'')$, $(AD'C'')$, $(AB'D'')$ sont nuls (251); par suite, dans la relation (III), le premier terme du second membre est nul; le second terme, dont le développement est $(BC'D'')-(AC'D'')+(AB'D'')$, ou $(DB'C'')+(AD'C'')+(AB'D'')$, se réduit aussi à zéro; donc la relation (III) devient

$$P\begin{vmatrix} 1 & 1 & 1 \\ A' & B' & C' \\ A'' & B'' & C'' \end{vmatrix} + P'\begin{vmatrix} 1 & 1 & 1 \\ A'' & B'' & C'' \\ A & B & C \end{vmatrix} + P''\begin{vmatrix} 1 & 1 & 1 \\ A & B & C \\ A' & B' & C' \end{vmatrix} = o;$$

ce qui donne pour les constantes λ, λ', λ'' les valeurs finies

$$\text{(V)}\quad\left\{\begin{aligned}\lambda &= B'C''-C'B''+C'A''-A'C''+A'B''-B'A'',\\ \lambda' &= B''C-C''B+C''A-A''C+A''B-B''A,\\ \lambda'' &= BC'-CB'+CA'-AC'+AB'-BA'.\end{aligned}\right.$$

255. **Condition pour que quatre plans $P=0$, $P'=0$, $P''=0$, $P'''=0$ se coupent en un seul et même point.** — Les équations de ces quatre plans (1) devront être vérifiées par un même système de valeurs pour les coordonnées x, y, z; par suite ces équations seront compatibles; il faudra donc que leur déterminant soit nul. On obtient ainsi la relation de condition

$$\text{(VI)}\quad\begin{vmatrix} A & B & C & D\\ A' & B' & C' & D'\\ A'' & B'' & C'' & D''\\ A''' & B''' & C''' & D'''\end{vmatrix}=0,$$

ou $(AB'C''D''')=0$.

256. **Théorème II.** — *Lorsque quatre plans $P=0$, $P'=0$, $P''=0$, $P'''=0$ passent par un seul et même point, on peut trouver pour λ, λ', λ'', λ''' des valeurs constantes et finies, de manière que l'on ait*

$$\text{(VII)}\quad \lambda P+\lambda'P'+\lambda''P''+\lambda'''P'''=0.$$

En effet, si les quatre plans (1) se coupent en un seul et même point, le dernier terme de l'identité (I) est nul en vertu de la condition du numéro précédent; on a donc entre P, P', P'' et P''' la relation

$$P(A'B''C''')-P'(A''B'''C)+P''(A'''BC')-P'''(AB'C'')=0,$$

ce qui donne pour les constantes λ, λ', λ'' et λ''' les valeurs

$$\text{(VIII)}\quad\left\{\begin{aligned}\lambda &= A'(B''C'''-C''B''')+A''(B'''C'-C'''B')+A'''(B'C''-C'B''),\\ -\lambda' &= A''(B'''C-C'''B)+A'''(BC''-CB'')+A\,(B''C'''-C''B'''),\\ \lambda'' &= A'''(BC'-CB')+A(B'C'''-C'B''')+A'(B'''C-C'''B),\\ -\lambda''' &= A\,(B'C''-C'B'')+A'(B''C-C''B)+A''(BC'-CB').\end{aligned}\right.$$

§ IV. — Plans passant par des points ou des droites données.

257. **Équation du plan passant par trois points donnés.** — Le plan

$$D+Ax+By+Cz=0$$

passera par les trois points $M_1(x_1, y_1, z_1)$, $M_2(x_2, y_2, z_2)$,

$M_3(x_3, y_3, z_3)$, si l'on a en même temps

$$D + Ax_1 + By_1 + Cz_1 = 0,$$
$$D + Ax_2 + By_2 + Cz_2 = 0,$$
$$D + Ax_3 + By_3 + Cz_3 = 0.$$

Ces quatre équations sont homogènes par rapport aux coefficients D, A, B, C; pour qu'elles soient compatibles, il faut et il suffit que leur déterminant soit nul (131), c'est-à-dire que l'on ait

$$(1) \qquad \begin{vmatrix} 1 & x & y & z \\ 1 & x_1 & y_1 & z_1 \\ 1 & x_2 & y_2 & z_2 \\ 1 & x_3 & y_3 & z_3 \end{vmatrix} = 0.$$

C'est l'équation du plan cherché.

Cette équation exprime aussi la condition nécessaire et suffisante, pour que les quatre points $M(x, y, z)$, $M_1(x_1, y_1, z_1)$, $M_2(x_2, y_2, z_2)$, $M_3(x_3, y_3, z_3)$ soient situés dans un même plan.

258. Équation du plan passant par deux droites parallèles. — Supposons que les deux parallèles, passant l'une par le point $M_1(x_1, y_1, z_1)$ et l'autre par le point $M_2(x_2, y_2, z_2)$, fassent avec les axes de coordonnées les angles α, β, γ.

Si les axes sont rectangulaires, un second point M' de la première parallèle sera déterminé par les coordonnées

$$x' = x_1 + \rho \cos\alpha,$$
$$y' = y_1 + \rho \cos\beta,$$
$$z' = z_1 + \rho \cos\gamma,$$

où ρ désigne la distance M_1M' des deux points M_1 et M' de la première parallèle.

Le plan cherché, passant par les trois points M_1, M_2 et M', sera représenté par l'équation (257)

$$\begin{vmatrix} 1 & x & y & z \\ 1 & x_1 & y_1 & z_1 \\ 1 & x_2 & y_2 & z_2 \\ 1 & x_1 + \rho\cos\alpha & y_1 + \rho\cos\beta & z_1 + \rho\cos\gamma \end{vmatrix} = 0,$$

qu'on peut simplifier. Pour cela il suffit de retrancher la seconde ligne de la quatrième et de diviser par ρ la ligne résultante. On trouve ainsi

$$(\text{II}) \qquad \begin{vmatrix} 1 & x & y & z \\ 1 & x_1 & y_1 & z_1 \\ 1 & x_2 & y_2 & z_2 \\ 0 & \cos\alpha & \cos\beta & \cos\gamma \end{vmatrix} = 0$$

pour l'équation du plan demandé.

259. Équation du plan passant par deux droites concourantes. — Soient x_0, y_0, z_0 les coordonnées du point d'intersection M_0 des deux droites; et α, β, γ; α', β', γ' les angles que font leurs directions avec les trois axes de coordonnées supposés rectangulaires. Les coordonnées

$$x_0 + \rho\cos\alpha, \quad y_0 + \rho\cos\beta, \quad z_0 + \rho\cos\gamma$$

seront celles d'un second point M de la première droite, éloigné du premier M_0 d'une longueur ρ, et

$$x_0 + \rho'\cos\alpha', \quad y_0 + \rho'\cos\beta', \quad z_0 + \rho'\cos\gamma'$$

seront les coordonnées d'un second point M' de la deuxième droite, éloigné du premier M_0 d'une longueur ρ'.

Le plan demandé, devant passer par les trois points M_0, M et M', sera représenté par l'équation

$$\begin{vmatrix} 1 & x & y & z \\ 1 & x_0 & y_0 & z_0 \\ 1 & x_0 + \rho\cos\alpha & y_0 + \rho\cos\beta & z_0 + \rho\cos\gamma \\ 1 & x_0 + \rho'\cos\alpha' & y_0 + \rho'\cos\beta' & z_0 + \rho'\cos\gamma' \end{vmatrix} = 0.$$

Retranchant la seconde ligne de chacune des deux suivantes et divisant par ρ et ρ' les deux lignes résultantes, on trouve

$$(\text{III}) \qquad \begin{vmatrix} 1 & x & y & z \\ 1 & x_0 & y_0 & z_0 \\ 0 & \cos\alpha & \cos\beta & \cos\gamma \\ 0 & \cos\alpha' & \cos\beta' & \cos\gamma' \end{vmatrix} = 0$$

pour l'équation du plan cherché.

§ V. — Droites et plans parallèles.

260. Condition pour que trois droites soient parallèles à un même plan. — Les trois droites

$$(1)\qquad \begin{cases} \dfrac{x-p}{a}=\dfrac{y-q}{b}=\dfrac{z-r}{c}, \\ \dfrac{x-p'}{a'}=\dfrac{y-q'}{b'}=\dfrac{z-r'}{c'}, \\ \dfrac{x-p''}{a''}=\dfrac{y-q''}{b''}=\dfrac{z-r''}{c''} \end{cases}$$

seront parallèles à un même plan

$$(2)\qquad \mathrm{A}x+\mathrm{B}y+\mathrm{C}z+\mathrm{D}=0,$$

si l'on a en même temps

$$\mathrm{A}a+\mathrm{B}b+\mathrm{C}c=0,$$
$$\mathrm{A}a'+\mathrm{B}b'+\mathrm{C}c'=0,$$
$$\mathrm{A}a''+\mathrm{B}b''+\mathrm{C}c''=0.$$

Ces trois équations du premier degré sont homogènes par rapport aux coefficients A, B, C de l'équation du plan; pour qu'elles soient compatibles, il faut et il suffit que leur déterminant soit nul. La condition demandée est donc

$$(\mathrm{I})\qquad \begin{vmatrix} a & b & c \\ a' & b' & c' \\ a'' & b'' & c'' \end{vmatrix}=0.$$

261. Condition pour que trois plans soient parallèles à une même droite. — Les trois plans

$$(3)\qquad \begin{cases} \mathrm{A}x+\mathrm{B}y+\mathrm{C}z+\mathrm{D}=0, \\ \mathrm{A}'x+\mathrm{B}'y+\mathrm{C}'z+\mathrm{D}'=0, \\ \mathrm{A}''x+\mathrm{B}''y+\mathrm{C}''z+\mathrm{D}''=0 \end{cases}$$

seront parallèles à la droite

$$(4)\qquad \frac{x-p}{a}=\frac{y-q}{b}=\frac{z-r}{c},$$

si l'on a simultanément

$$\begin{aligned} A a + B b + C c &= 0,\\ A' a + B' b + C' c &= 0,\\ A'' a + B'' b + C'' c &= 0. \end{aligned}$$

Éliminant a et b entre ces trois équations, on trouve

$$(\text{II})\qquad \begin{vmatrix} A & B & C \\ A' & B' & C' \\ A'' & B'' & C'' \end{vmatrix} = 0$$

pour la relation demandée.

262. Plan mené par l'origine parallèlement à deux droites données. — Si le plan

$$(5)\qquad Ax + By + Cz = 0$$

doit être parallèle aux deux droites

$$\frac{x-p}{a}=\frac{y-q}{b}=\frac{z-r}{c},$$
$$\frac{x-p'}{a'}=\frac{y-q'}{b'}=\frac{z-r'}{c'},$$

on devra avoir en même temps

$$(6)\qquad \left\{\begin{aligned} Aa + Bb + Cc &= 0,\\ Aa' + Bb' + Cc' &= 0. \end{aligned}\right.$$

Éliminant A et B entre les trois équations (5) et (6), on trouve

$$(\text{III})\qquad \begin{vmatrix} x & y & z \\ a & b & c \\ a' & b' & c' \end{vmatrix} = 0$$

pour l'équation du plan demandé.

263. Plan mené, par une droite

$$(7)\qquad \begin{cases} P = Ax + By + Cz + D = 0, \\ P' = A'x + B'y + C'z + D' = 0, \end{cases}$$

parallèlement à une autre droite

$$(8)\qquad \begin{cases} P'' = A''x + B''y + C''z + D'' = 0, \\ P''' = A'''x + B'''y + C'''z + D''' = 0. \end{cases}$$

Le plan cherché, devant passer par la droite (7), est représenté par une équation de la forme $P - \lambda P' = 0$ ou par

$$(9)\quad (A - \lambda A')x + (B - \lambda B')y + (C - \lambda C')z + D - \lambda D' = 0.$$

Pour que ce plan (9) soit parallèle à l'intersection des deux plans (8), il faut et il suffit que les trois plans

$$(10)\qquad \begin{cases} (A - \lambda A')x + (B - \lambda B')y + (C - \lambda C')z = 0, \\ A''x + B''y + C''z = 0, \\ A'''x + B'''y + C'''z = 0, \end{cases}$$

menés par l'origine parallèlement aux trois plans (9) et (8), se coupent suivant une seule et même droite; il s'ensuit que les trois équations homogènes (10) doivent être satisfaites par les mêmes systèmes de valeurs pour x, y, z, qui vérifient les équations de cette droite. Il faudra donc que le déterminant des équations (10) soit nul, ou que l'on ait

$$\begin{vmatrix} A - \lambda A' & B - \lambda B' & C - \lambda C' \\ A'' & B'' & C'' \\ A''' & B''' & C''' \end{vmatrix} = 0.$$

On en déduit l'équation

$$\begin{vmatrix} A & B & C \\ A'' & B'' & C'' \\ A''' & B''' & C''' \end{vmatrix} - \lambda \begin{vmatrix} A' & B' & C' \\ A'' & B'' & C'' \\ A''' & B''' & C''' \end{vmatrix} = 0,$$

qui donne

$$\lambda = \frac{(AB''C''')}{(A'B''C''')}.$$

15.

Substituant dans l'équation (9), on trouve

$$\text{(IV)}\qquad \frac{Ax+By+Cz+D}{(AB''C''')}=\frac{A'x+B'y+C'z+D'}{(A'B''C''')}$$

pour l'équation du plan demandé.

264. Si, dans cette équation, nous faisons disparaître les dénominateurs, et que nous ordonnions par rapport aux variables, nous pourrons lui donner les formes suivantes :

$$[A(A'B''C''')-A'(AB''C''')]x+[B(A'B''C''')-B'(AB''C''')]y$$
$$+[C(A'B''C''')-C'(AB''C''')z+D(A'B''C''')-D'(AB''C''')=0,$$

$$\text{(V)}\quad \left\{\begin{aligned} &\begin{vmatrix} A & A & B & C\\ A' & A' & B' & C'\\ 0 & A'' & B'' & C''\\ 0 & A''' & B''' & C''' \end{vmatrix} x + \begin{vmatrix} B & A & B & C\\ B' & A' & B' & C'\\ 0 & A'' & B'' & C''\\ 0 & A''' & B''' & C''' \end{vmatrix} y\\ &+\begin{vmatrix} C & A & B & C\\ C' & A' & B' & C'\\ 0 & A'' & B'' & C''\\ 0 & A''' & B''' & C''' \end{vmatrix} z - \begin{vmatrix} A & B & C & D\\ A' & B' & C' & D'\\ A'' & B'' & C'' & 0\\ A''' & B''' & C''' & 0 \end{vmatrix} = 0, \end{aligned}\right.$$

$$\text{(VI)}\qquad (bc'-cb')x+(ca'-ac')y+(ab'-ba')z+\mathcal{D}=0,$$

en posant

$$(11)\quad \left\{\begin{aligned} &BC'-CB'=a,\quad B''C'''-C''B'''=a',\\ &CA'-AC'=b,\quad C''A'''-A''C'''=b',\\ &AB'-BA'=c,\quad A''B'''-B''A'''=c',\\ &\mathcal{D}=\begin{vmatrix} A & B & C & D\\ A' & B' & C' & D'\\ A'' & B'' & C'' & 0\\ A''' & B''' & C''' & 0 \end{vmatrix}. \end{aligned}\right.$$

265. On trouverait de même que le plan, mené par la droite (7) parallèlement à la droite (8), est représenté par

chacune des trois équations

$$\text{(VII)} \quad \frac{A''x + B''y + C''z + D''}{(A''BC')} = \frac{A'''x + B'''y + C'''z + D'''}{(A'''BC')},$$

$$\text{(VIII)} \quad \left\{ \begin{array}{l} \begin{vmatrix} 0 & A & B & C \\ 0 & A' & B' & C' \\ A'' & A'' & B'' & C'' \\ A''' & A''' & B''' & C''' \end{vmatrix} x + \begin{vmatrix} 0 & A & B & C \\ 0 & A' & B' & C' \\ B'' & A'' & B'' & C'' \\ B''' & A''' & B''' & C''' \end{vmatrix} y \\ + \begin{vmatrix} 0 & A & B & C \\ B' & A' & C' & 0 \\ C'' & A'' & B'' & C'' \\ C''' & A''' & B''' & C''' \end{vmatrix} z - \begin{vmatrix} A & B & C & 0 \\ A' & B' & C' & 0 \\ A'' & B'' & C'' & D'' \\ A''' & B''' & C''' & D''' \end{vmatrix} = 0. \end{array} \right.$$

$$\text{(IX)} \quad (bc' - cb')x + (ca' - ac')y + (ab' - ba') - \mathfrak{D}' = 0,$$

où l'on a posé

$$(12) \qquad \mathfrak{D}' = \begin{vmatrix} A & B & C & 0 \\ A' & B' & C' & 0 \\ A'' & B'' & C'' & D'' \\ A''' & B''' & C''' & D''' \end{vmatrix}.$$

266. Les deux plans (V) et (VIII) sont évidemment parallèles, puisque, les sommes des coefficients des mêmes variables étant nulles, ces coefficients sont égaux et de signes contraires dans les deux équations (V) et (VIII).

267. On peut arriver aux mêmes résultats de la manière suivante : nous avons entre les quatre équations (7) et (8) la relation identique (252)

$$P(A'B''C''') - P'(A''B'''C) + P''(A'''BC') - P'''(AB'C'') = -(AB'C''D''');$$

par conséquent les premiers membres des deux équations

$$(13) \qquad P(A'B''C''') - P'(A''B'''C) = 0,$$

$$(14) \qquad P''(A'''BC') - P'''(AB'C'') = 0$$

ne diffèrent que par une constante $(AB'C''D''')$; donc ces deux équations représentent deux plans parallèles.

Ainsi le plan (13) ou

$$\frac{Ax + By + Cz + D}{(AB''C''')} = \frac{A'x + B'y + C'z + D'}{(A'B''C''')}$$

passe par la droite (7) et est parallèle à la droite (8), tandis que le plan (14) ou

$$\frac{A''x + B''y + C''z + D''}{(A''BC')} = \frac{A'''x + B'''y + C'''z + D'''}{(A'''BC')}$$

est mené par la seconde droite (8) parallèlement à la première (7).

§ VI. — Droites et plans perpendiculaires.

268. Condition de perpendicularité de la droite et du plan. — Supposons que la droite

$$(1) \qquad \frac{x-p}{a} = \frac{y-q}{b} = \frac{z-r}{c}$$

soit perpendiculaire au plan

$$(2) \qquad Ax + By + Cz + D = 0.$$

Si, par l'origine des coordonnées, nous menons une parallèle à la droite donnée (1), les équations de cette parallèle seront

$$\frac{x}{a} = \frac{y}{b} = \frac{z}{c}.$$

Par le point I de cette dernière droite, dont les coordonnées sont a, b, c, conduisons un plan parallèle au plan donné (2), l'équation de ce plan sera

$$(3) \qquad Ax + By + Cz = Aa + Bb + Cc = D'.$$

Posons $OI = u$ et soient α, β, γ les inclinaisons de la droite OI sur les trois axes de coordonnées. Représentons d'ailleurs par l, m, n les distances à l'origine des points L, M, N où le plan (3) coupe les trois axes de coordonnées, de sorte que

$$l = \frac{D'}{A} = \frac{Aa + Bb + Cc}{A},$$

$$m = \frac{D'}{B} = \frac{Aa + Bb + Cc}{B},$$

$$n = \frac{D'}{C} = \frac{Aa + Bb + Cc}{C}.$$

Comme

$$u = l\cos\alpha = m\cos\beta = n\cos\gamma,$$

il vient

$$(4) \qquad \cos\alpha = \frac{Au}{D'}, \quad \cos\beta = \frac{Bu}{D'}, \quad \cos\gamma = \frac{Cu}{D'}.$$

Projetons la droite u successivement sur les trois axes de coordonnées, ainsi que le contour formé par les coordonnées a, b, c de son extrémité I; nous formons les trois équations

$$u\cos\alpha = a + b\cos\nu + c\cos\mu,$$

$$u\cos\beta = a\cos\nu + b + c\cos\lambda,$$

$$u\cos\gamma = a\cos\mu + b\cos\lambda + c,$$

qui, eu égard aux valeurs (4), reviennent à

$$(5) \qquad \begin{cases} \dfrac{Au^2}{D'} = a + b\cos\nu + c\cos\mu, \\ \dfrac{Bu^2}{D'} = a\cos\nu + b + c\cos\lambda, \\ \dfrac{Cu^2}{D'} = a\cos\mu + b\cos\lambda + c. \end{cases}$$

Si nous multiplions ces trois égalités respectivement par a, b et c et que nous ajoutions, nous trouverons que les relations de conditions demandées seront

$$
(\mathrm{I})\quad \left\{
\begin{aligned}
\frac{u^2}{D'} &= \frac{a^2+b^2+c^2+2bc\cos\lambda+2ca\cos\mu+2ab\cos\nu}{Aa+Bb+Cc}\\
&= \frac{a+b\cos\nu+c\cos\mu}{A}\\
&= \frac{a\cos\nu+b+c\cos\lambda}{B}\\
&= \frac{a\cos\mu+b\cos\lambda+c}{C}.
\end{aligned}
\right.
$$

Ces conditions peuvent s'obtenir sous une autre forme.

Entre les trois équations (5), éliminons b et c; il nous vient l'équation

$$
\begin{vmatrix}
-\frac{Au^2}{D}+a & \cos\nu & \cos\mu\\
-\frac{Bu^2}{D'}+a\cos\nu & 1 & \cos\lambda\\
-\frac{Cu^2}{D'}+a\cos\mu & \cos\lambda & 1
\end{vmatrix} = 0,
$$

dont le premier membre est la différence de deux déterminants. On en déduit par suite

$$
\begin{vmatrix}
a & \cos\nu & \cos\mu\\
a\cos\nu & 1 & \cos\lambda\\
a\cos\mu & \cos\lambda & 1
\end{vmatrix}
-
\begin{vmatrix}
\frac{Au^2}{D'} & \cos\nu & \cos\mu\\
\frac{Bu^2}{D'} & 1 & \cos\lambda\\
\frac{Cu^2}{D'} & \cos\lambda & 1
\end{vmatrix} = 0,
$$

ou bien

$$
a\begin{vmatrix}
1 & \cos\nu & \cos\mu\\
\cos\nu & 1 & \cos\lambda\\
\cos\mu & \cos\lambda & 1
\end{vmatrix}
= \frac{u^2}{D'}
\begin{vmatrix}
A & \cos\nu & \cos\mu\\
B & 1 & \cos\lambda\\
C & \cos\lambda & 1
\end{vmatrix}.
$$

Nous trouvons ainsi, en développant, une nouvelle expression des relations de condition

$$
\text{II)}\quad \left\{
\begin{aligned}
\frac{D'\Delta^2}{u^2} &= \frac{A\sin^2\lambda + B(\cos\lambda\cos\mu - \cos\nu) + C(\cos\nu\cos\lambda - \cos\mu)}{a} \\
&= \frac{B\sin^2\mu + C(\cos\mu\cos\nu - \cos\lambda) + A(\cos\lambda\cos\mu - \cos\nu)}{b} \\
&= \frac{C\sin^2\nu + A(\cos\nu\cos\lambda - \cos\mu) + B(\cos\mu\cos\nu - \cos\lambda)}{c}.
\end{aligned}
\right.
$$

§ VII. — Distance du point au plan et plus courte distance de deux droites.

269. Distance d'un point à un plan [1]. — Soient

$$(1)\qquad Ax + By + Cz + D = 0$$

l'équation du plan; x', y', z' les coordonnées du point donné P; p la perpendiculaire abaissée de ce point sur le plan (1); et α, β, γ les inclinaisons de cette perpendiculaire sur les trois axes de coordonnées.

Par le point P menons le plan parallèle au plan (1); son équation sera

$$(2)\qquad Ax + By + Cz = Ax' + By' + Cz'.$$

Les deux plans (1) et (2) coupent les axes de coordonnées aux distances de l'origine respectivement égales à

$$a = -\frac{D}{A},\quad b = -\frac{D}{B},\quad c = -\frac{D}{C};$$

et

$$a' = \frac{Ax' + By' + Cz'}{A},$$
$$b' = \frac{Ax' + By' + Cz'}{B},$$
$$c' = \frac{Ax' + By' + Cz'}{C}.$$

[1] Dostor, *Archives de Mathématiques et de Physique*, 1875, t. LVII, p. 228.

D'après cela, il est évident qu'on a

$$p = (a' - a)\cos\alpha = \frac{Ax' + By' + Cz' + D}{A}\cos\alpha,$$

$$p = (b' - b)\cos\beta = \frac{Ax' + By' + Cz' + D}{B}\cos\beta,$$

$$p = (c' - c)\cos\gamma = \frac{Ax' + By' + Cz' + D}{C}\cos\gamma;$$

d'où nous tirons

$$\cos\alpha = \frac{Ap}{Ax' + By' + Cz' + D},$$

$$\cos\beta = \frac{Bp}{Ax' + By' + Cz' + D},$$

$$\cos\gamma = \frac{Cp}{Ax' + By' + Cz' + D}.$$

Substituons ces valeurs dans la relation (III) du n° 231; celle-ci devient

$$\begin{vmatrix} 1 & \frac{Ap}{Ax'+By'+Cz'+D} & \frac{Bp}{Ax'+By'+Cz'+D} & \frac{Cp}{Ax'+By'+Cz'+D} \\ \frac{Ap}{Ax'+By'+Cz'+D} & 1 & \cos\nu & \cos\mu \\ \frac{Bp}{Ax'+By'+Cz'+D} & \cos\nu & 1 & \cos\lambda \\ \frac{Cp}{Ax'+By'+Cz'+D} & \cos\mu & \cos\lambda & 1 \end{vmatrix}$$

Multiplions la première ligne et la première colonne par $\frac{Ax' + By' + Cz' + D}{p}$; nous obtenons l'équation

$$\begin{vmatrix} \frac{(Ax' + By' + Cz' + D)^2}{p^2} & A & B & C \\ A & 1 & \cos\nu & \cos\mu \\ B & \cos\nu & 1 & \cos\lambda \\ C & \cos\mu & \cos\lambda & 1 \end{vmatrix} = 0,$$

qui donne

$$(3)\quad \frac{(Ax'+By'+Cz'+D)^2\Delta^2}{p^2} = -\begin{vmatrix} 0 & A & B & C \\ A & 1 & \cos\nu & \cos\mu \\ B & \cos\nu & 1 & \cos\lambda \\ C & \cos\mu & \cos\lambda & 1 \end{vmatrix},$$

où Δ représente le sinus du trièdre formé par les axes de coordonnées.

De l'égalité (3) nous tirons

$$(\mathrm{I})\qquad p = \frac{(Ax'+By'+Cz'+D).\Delta}{\sqrt{\begin{matrix} A^2\sin^2\lambda + 2BC(\cos\mu\cos\nu - \cos\lambda) \\ + B^2\sin^2\mu + 2CA(\cos\nu\cos\lambda - \cos\mu) \\ + C^2\sin^2\nu + 2AB(\cos\lambda\cos\mu - \cos\nu) \end{matrix}}}.$$

pour la distance demandée.

La distance de l'origine O au plan (1) s'obtient en posant $x' = y' = z' = 0$ dans (I); elle sera

$$(\mathrm{II})\qquad p = \pm\frac{D\Delta}{H},$$

en faisant, pour abréger,

$$(4)\qquad \sqrt{\left\{\begin{matrix} A^2\sin^2\lambda + 2BC(\cos\mu\cos\nu - \cos\lambda) \\ + B^2\sin^2\mu + 2CA(\cos\nu\cos\lambda - \cos\mu) \\ + C^2\sin^2\nu + 2AB(\cos\lambda\cos\mu - \cos\nu) \end{matrix}\right\}} = H.$$

270. Distance d'un point à l'un des plans de coordonnées. — Le plan (1) se confondra avec le plan des yz, qui a pour équation $x = 0$, si l'on a $B = C = D = 0$. Dans ce cas, la formule (3) se réduit à $\frac{A^2x'^2\Delta^2}{p^2} = A^2\sin^2\lambda$ et donne $p = \frac{\Delta x'}{\sin\lambda}$.

Les distances p, q, r du point (x', y', z') aux trois plans de coordonnées $x = 0$, $y = 0$, $z = 0$ seront donc

$$(\mathrm{III})\qquad p = \frac{\Delta x'}{\sin\lambda},\quad q = \frac{\Delta y'}{\sin\mu},\quad r = \frac{\Delta z'}{\sin\nu}.$$

271. Équation de la droite dont tous les points sont à égale distance des trois plans de coordonnées. — Si les distances (III) sont égales entre elles, nous aurons entre les coordonnées du point (x', y', z') les relations

$$\frac{x'}{\sin\lambda} = \frac{y'}{\sin\mu} = \frac{z'}{\sin\nu};$$

ces équations représentent donc le lieu des points équidistants des trois plans $x = 0, y = 0$ et $z = 0$; ce lieu est une ligne droite ayant pour équations

$$\text{(IV)} \qquad \frac{x}{\sin\lambda} = \frac{y}{\sin\mu} = \frac{z}{\sin\nu}.$$

On trouverait facilement que les trois droites qui ont leurs points également éloignés des trois faces des trièdres OX′YZ, OXY′Z, OXYZ′ sont représentées par les équations respectives

$$\text{(V)} \qquad \left\{ \begin{aligned} &\frac{x}{-\sin\lambda} = \frac{y}{\sin\mu} = \frac{z}{\sin\nu}, \\ &\frac{x}{\sin\lambda} = \frac{y}{-\sin\mu} = \frac{z}{\sin\nu}, \\ &\frac{x}{\sin\lambda} = \frac{y}{\sin\mu} = \frac{z}{-\sin\nu}. \end{aligned} \right.$$

272. Angle de deux plans donnés par leurs équations (¹)

$$Ax + By + Cz + D = 0, \quad A'x + B'y + C'z + D' = 0.$$

Soient p et p' les perpendiculaires abaissées de l'origine sur ces plans; α, β, γ et α', β', γ' les inclinaisons de ces perpendiculaires sur les axes de coordonnées; nous avons évidemment

$$\cos\alpha = -\frac{Ap}{D}, \quad \cos\beta = -\frac{Bp}{D}, \quad \cos\gamma = -\frac{Cp}{D},$$

(¹) Dostor, *Archives de Mathématiques et de Physique*, 1875, t. LVII, p. 231.

et

$$\cos\alpha' = -\frac{A'p'}{D'}, \quad \cos\beta' = -\frac{B'p'}{D'}, \quad \cos\gamma' = -\frac{C'p'}{D'}.$$

Si nous substituons ces valeurs dans la relation (XX) du n° **244**, après avoir multiplié la première colonne par $-\frac{D}{p}$ et la première ligne par $-\frac{D'}{p'}$, cette relation deviendra

$$\begin{vmatrix} \frac{DD'\cos\theta}{pp'} & A' & B' & C' \\ A & 1 & \cos\nu & \cos\mu \\ B & \cos\nu & 1 & \cos\lambda \\ C & \cos\mu & \cos\lambda & 1 \end{vmatrix} = 0,$$

et donnera

$$(5) \qquad \frac{DD'\Delta^2\cos\theta}{pp'} = -\begin{vmatrix} 0 & A' & B' & C' \\ A & 1 & \cos\nu & \cos\mu \\ B & \cos\nu & 1 & \cos\lambda \\ C & \cos\mu & \cos\lambda & 1 \end{vmatrix} = K^2,$$

en faisant par abréviation

$$(6) \quad \left\{ \begin{aligned} K^2 = AA'\sin^2\lambda &+ (BC' + CB')(\cos\mu\cos\nu - \cos\lambda) \\ + BB'\sin^2\mu &+ (CA' + AC')(\cos\nu\cos\lambda - \cos\mu) \\ + CC'\sin^2\nu &+ (AB' + BA')(\cos\lambda\cos\mu - \cos\nu). \end{aligned} \right.$$

Mais, en vertu de la formule (II), nous avons

$$pp' = \frac{DD'\Delta^2}{HH'};$$

par suite nous obtenons, en substituant dans (5),

$$\cos\theta = \frac{K^2}{HH'},$$

ou, en remplaçant K, H et H' par leurs développements (6) et (4),

$$(\text{VI})\quad \cos\theta = \frac{\sqrt{\begin{array}{l} AA'\sin^2\lambda + (BC'+CB')(\cos\mu\cos\nu - \cos\lambda) \\ + BB'\sin^2\mu + (CA'+AC')(\cos\nu\cos\lambda - \cos\mu) \\ + CC'\sin^2\nu + (AB'+BA')(\cos\lambda\cos\mu - \cos\nu) \end{array}}}{\left\{\sqrt{\begin{array}{l} A^2\sin^2\lambda + 2BC(\cos\mu\cos\nu - \cos\lambda) \\ + B^2\sin^2\mu + 2CA(\cos\nu\cos\lambda - \cos\mu) \\ + C^2\sin^2\nu + 2AB(\cos\lambda\cos\mu - \cos\nu) \end{array}}\right\} \left\{\times\sqrt{\begin{array}{l} A'^2\sin^2\lambda + 2BC(\cos\mu\cos\nu - \cos\lambda) \\ + B'^2\sin^2\mu + 2CA(\cos\nu\cos\lambda - \cos\mu) \\ + C'^2\sin^2\nu + 2AB(\cos\lambda\cos\mu - \cos\nu) \end{array}}\right\}}.$$

273. Condition de perpendicularité de deux plans. — Elle s'obtient, en posant $\cos\theta = 0$ dans l'égalité (5), et sera exprimée par chacune des deux relations

$$(\text{VII})\qquad \begin{vmatrix} 0 & A' & B' & C' \\ A & 1 & \cos\nu & \cos\mu \\ B & \cos\nu & 1 & \cos\lambda \\ C & \cos\mu & \cos\lambda & 1 \end{vmatrix} = 0,$$

$$(\text{VIII})\quad \left\{\begin{array}{l} AA'\sin^2\lambda + (BC'+CB')(\cos\mu\cos\nu - \cos\lambda) \\ + BB'\sin^2\mu + (CA'+AC')(\cos\nu\cos\lambda - \cos\mu) \\ + CC'\sin^2\nu + (AB'+BA')(\cos\lambda\cos\mu - \cos\nu) = 0, \end{array}\right.$$

dont la dernière peut encore se mettre sous l'une ou l'autre des deux formes suivantes :

$$(\text{IX})\quad \left\{\begin{array}{l} A'[A\sin^2\lambda + B(\cos\lambda\cos\mu - \cos\nu) + C(\cos\nu\cos\lambda - \cos\mu)] \\ + B'[B\sin^2\mu + C(\cos\mu\cos\nu - \cos\lambda) + A(\cos\lambda\cos\mu - \cos\nu)] \\ + C'[C\sin^2\nu + A(\cos\nu\cos\lambda - \cos\mu) + B(\cos\mu\cos\nu - \cos\lambda)] = 0 \end{array}\right.$$

$$(\text{X})\quad \left\{\begin{array}{l} A[A'\sin^2\lambda + B'(\cos\lambda\cos\mu - \cos\nu) + C'(\cos\nu\cos\lambda - \cos\mu)] \\ + B[B'\sin^2\mu + C'(\cos\mu\cos\nu - \cos\lambda) + A'(\cos\lambda\cos\mu - \cos\nu)] \\ + C[C'\sin^2\nu + A'(\cos\nu\cos\lambda - \cos\mu) + B'(\cos\mu\cos\nu - \cos\lambda)] = 0 \end{array}\right.$$

274. Plus courte distance des deux droites

$$(7)\qquad \begin{cases} A\,x + B\,y + C\,z + D = 0, \\ A'x + B'y + C'z + D' = 0; \end{cases}$$

$$(8)\qquad \begin{cases} A''x + B''y + C''z + D'' = 0, \\ A'''x + B'''y + C'''z + D''' = 0. \end{cases}$$

Par chacune de ces droites menons un plan parallèle à l'autre droite; nous obtenons ainsi les deux plans (IV) et (VII) des n^{os} **263** et **265**.

Il est évident que la plus courte distance des deux droites (7) et (8) est égale, en valeur absolue, à la différence $\delta - \delta'$ des distances à l'origine δ et δ' des deux plans (IV) et (VII).

Posons, pour abréger,

$$(9)\qquad bc' - cb' = \mathcal{A},\quad ca' - ac' = \mathcal{B},\quad ab' - ba' = \mathcal{C};$$

les équations des deux plans (IV) et (VII) s'écriront (VI, n° **264**)

$$\mathcal{A}x + \mathcal{B}y + \mathcal{C}z + \mathcal{D} = 0,$$

$$\mathcal{A}x + \mathcal{B}y + \mathcal{C}z - \mathcal{D}' = 0;$$

et nous aurons

$$\delta = \frac{\mathcal{D}}{\pm\sqrt{\mathcal{A}^2 + \mathcal{B}^2 + \mathcal{C}^2}},\quad \delta' = \frac{-\mathcal{D}'}{\pm\sqrt{\mathcal{A}^2 + \mathcal{B}^2 + \mathcal{C}^2}}.$$

Nous avons, par suite,

$$(\text{XI})\qquad d = \delta - \delta' = \frac{\mathcal{D} + \mathcal{D}'}{\pm\sqrt{\mathcal{A}^2 + \mathcal{B}^2 + \mathcal{C}^2}},$$

où il reste à calculer $\mathcal{D} + \mathcal{D}'$ et $\mathcal{A}^2 + \mathcal{B}^2 + \mathcal{C}^2$ en valeur des coefficients des équations (7) et (8) des deux droites données.

En vertu des notations (11) et (12) des n^{os} **264** et **265**, nous avons d'abord

$$(10)\quad \left\{\begin{aligned} \mathfrak{D} + \mathfrak{D}' &= \begin{vmatrix} A & B & C & D \\ A' & B' & C' & D' \\ A'' & B'' & C'' & 0 \\ A''' & B''' & C''' & 0 \end{vmatrix} + \begin{vmatrix} A & B & C & 0 \\ A' & B' & C' & 0 \\ A'' & B'' & C'' & D'' \\ A''' & B''' & C''' & D''' \end{vmatrix} \\ &= \begin{vmatrix} A & B & C & D \\ A' & B' & C' & D' \\ A'' & B'' & C'' & D'' \\ A''' & B''' & C''' & D''' \end{vmatrix} = \Delta. \end{aligned}\right.$$

Ensuite les valeurs (9) nous donnent

$$\mathcal{A}^2 + \mathcal{B}^2 + \mathcal{C}^2 = (bc' - cb')^2 + (ca' - ac')^2 + (ab' - ba')^2,$$

ou, en vertu de l'identité de Lagrange (112),

$$(11)\quad \mathcal{A}^2 + \mathcal{B}^2 + \mathcal{C}^2 = (a^2 + b^2 + c^2)(a'^2 + b'^2 + c'^2) - (aa' + bb' + cc')^2.$$

Mais par les égalités (11) du n° 264 on a, en vertu de la même identité,

$$\begin{aligned} a^2 + b^2 + c^2 &= (BC' - CB')^2 + (CA' - AC')^2 + (AB' - BA')^2 \\ &= (A^2 + B^2 + C^2)(A'^2 + B'^2 + C'^2) - (AA' + BB' + CC')^2, \\ a'^2 + b'^2 + c'^2 &= (A''^2 + B''^2 + C''^2)(A'''^2 + B'''^2 + C'''^2) - (A''A''' + B''B''' + C''C''')^2, \\ aa' + bb' + cc' &= (AA'' + BB'' + CC'')(A'A''' + B'B''' + C'C''') \\ &\quad - (AA''' + BB''' + CC''')(A'A'' + B'B'' + C'C''). \end{aligned}$$

Si nous substituons ces valeurs dans l'expression (11), puis le résultat de celle-ci ainsi que (10) dans la fraction (XI), nous obtiendrons pour la plus courte distance d la valeur

$$(\text{XII})\quad d = \frac{\begin{vmatrix} A & B & C & D \\ A' & B' & C' & D' \\ A'' & B'' & C'' & D'' \\ A''' & B''' & C''' & D''' \end{vmatrix}}{\pm\sqrt{\begin{aligned} &[(A^2 + B^2 + C^2)(A'^2 + B'^2 + C'^2) - (AA' + BB' + CC')^2] \\ &\times [(A''^2 + B''^2 + C''^2)(A'''^2 + B'''^2 + C'''^2) - (A''A''' + B''B''' + C''C''')^2] \\ &- \left[\begin{aligned} &(AA'' + BB'' + CC'')(A'A''' + B'B''' + C'C''') \\ &- (AA''' + BB''' + CC''')(A'A'' + B'B'' + C'C'') \end{aligned}\right]^2 \end{aligned}}}$$

Les deux droites (1) et (2) se couperont, si l'on a $d = 0$, ce qui exige que $\Delta = 0$. Nous retrouvons ainsi la condition nécessaire et suffisante pour que les quatre plans (1) et (2) passent par un même point.

§ VIII. — Application de l'identité de Lagrange au calcul des distances dans la Géométrie de l'espace.

275. L'identité

$$(1)\quad (a_1^2+b_1^2+c_1^2)(a_2^2+b_2^2+c_2^2) = A_1^2+B_1^2+C_1^2+(a_1a_2+b_1b_2+c_1c_2)^2,$$

où

$$(2)\qquad A_1 = b_1c_2 - c_1b_2,\quad B_1 = c_1a_2 - a_1c_2,\quad C_1 = a_1b_2 - b_1a_2,$$

que nous avons obtenue au n° **112**, peut se vérifier directement. Elle a de nombreuses applications dans plusieurs branches des Mathématiques. Nous en ferons usage pour déterminer, en Géométrie analytique, les distances du point à la droite et au plan, ainsi que la plus courte distance de deux droites.

Cette application est fort ingénieuse; elle est surtout remarquable par sa grande simplicité. Nous en devons la communication à l'obligeance de M. Hermite. Elle repose sur la solution des deux questions suivantes, que nous résoudrons, en nous conformant à la méthode indiquée par l'habile et profond analyste.

276. Problème I. — *Déterminer la valeur de x qui rend* minima *la somme des trois carrés*

$$(3)\qquad S^2 = (ax+a')^2+(bx+b')^2+(cx+c')^2,$$

et calculer la valeur de ce minimum.

Dans l'identité (1) posons

$$\begin{aligned} a_1 &= a, & a_2 &= ax - a',\\ b_1 &= b, & b_2 &= bx + b',\\ c_1 &= c, & c_2 &= cx + c'.\end{aligned}$$

Nous aurons, eu égard à (2),

$$A_1 = b_1c_2 - c_1b_2 = b(cx+c') - c(bx+b') = bc' - cb',$$

et, en général, en supprimant les indices dans A_1, B_1, C_1,

$$(4)\qquad A = bc' - cb', \quad B = ca' - ac', \quad C = ab' - ba'.$$

Nous trouverons de même que

$$a_1 a_2 + b_1 b_2 + c_1 c_2 = (a^2 + b^2 + c^2)x + aa' + bb' + cc'.$$

Si nous substituons ces expressions dans notre identité (1), elle deviendra

$$(a^2 + b^2 + c^2)S^2 = A^2 + B^2 + C^2 + [(a^2 + b^2 + c^2)x + aa' + bb' + cc']^2,$$

et donnera

$$S^2 = \frac{A^2 + B^2 + C^2}{a^2 + b^2 + c^2} + \frac{[(a^2 + b^2 + c^2)x + aa' + bb' + cc']^2}{a^2 + b^2 + c^2}.$$

Ce développement de S^2 se compose de deux parties positives, l'une constante et l'autre variable; par suite S^2 atteindra son minimum lorsque la partie variable se réduira à zéro.

Nous en concluons que la valeur

$$(\text{I})\qquad x = -\frac{aa' + bb' + cc'}{a^2 + b^2 + c^2}$$

rend *minima* la somme des trois carrés (3), et que la valeur de ce minimum est

$$(\text{II})\qquad s^2 = \frac{A^2 + B^2 + C^2}{a^2 + b^2 + c^2} = \frac{(bc' - cb')^2 + (ca' - ac')^2 + (ab' - ba')^2}{a^2 + b^2 + c^2}.$$

277. Problème II. — *Déterminer les valeurs de x et y qui rendent* minima *la somme des trois carrés*

$$(5)\qquad S^2 = (ax + a'y + a'')^2 + (bx + b'y + b'')^2 + (cx + c'y + c'')^2,$$

et calculer ce minimum.

Dans l'identité (1) nous poserons

$$\begin{aligned} a_1 &= b'c - cb', & a_2 &= ax + a'y + a'', \\ b_1 &= ca' - ac', & b_2 &= bx + b'y + b'', \\ c_1 &= ab' - ba', & c_2 &= cx + c'y + c'', \end{aligned}$$

et nous conserverons les notations (4).

Nous aurons d'abord

$$\begin{aligned} (6)\qquad & a_1 a_2 + b_1 b_2 + c_1 c_2 \\ & = (Aa + Bb + Cc)x + (Aa' + Bb' + Cc')y + Aa'' + Bb'' + Cc''. \end{aligned}$$

Or il est évident, par l'inspection de (4), que, dans le coefficient $Aa + Bb + Cc$ de x, les expressions A, B, C sont les déterminants mineurs des éléments de la première ligne du déterminant

$$\begin{vmatrix} a & b & c \\ a & b & c \\ a' & b' & c' \end{vmatrix};$$

par suite le coefficient de x est égal à ce déterminant et s'annule. On verrait de même que le coefficient $Aa' + Bb' + Cc'$ de y se réduit aussi à zéro. Quant au troisième terme $Aa'' + Bb'' + Cc''$, il est facile de voir qu'il est égal au déterminant $(ab'c'')$.

Nous pouvons donc écrire

$$(7) \qquad Aa + Bb + Cc = 0, \quad Aa' + Bb' + Cc' = 0,$$

$$(8) \qquad Aa'' + Bb'' + Cc'' = \begin{vmatrix} a & b & c \\ a' & b' & c' \\ a'' & b'' & c'' \end{vmatrix} = \Delta,$$

de sorte que l'égalité (6) revient à la suivante :

$$(9) \qquad a_1 a_2 + b_1 b_2 + c_1 c_2 = \Delta.$$

On trouve ensuite que

$$\begin{aligned} b_1 c_2 - c_1 b_2 &= B(cx + c'y + c'') - C(bx + b'y + b''), \\ c_1 a_2 - a_1 c_2 &= C(ax + a'y + a'') - A(cx + c'y + c''), \\ a_1 b_2 - b_1 a_2 &= A(bx + b'y + b'') - B(ax + a'y + a''). \end{aligned}$$

Si nous substituons ces valeurs et celle donnée par (9) dans l'identité (1), elle deviendra

$$\begin{aligned} (A^2 + B^2 + C^3) s^2 = \Delta^2 &+ [A(bx + b'y + b'') - B(ax + a'y + a'')]^2 \\ &+ [B(cx + c'y + c'') - C(bx + b'y + b'')]^2 \\ &+ [C(ax + b'x + a'') - A(cx + c'y + c'')]^2. \end{aligned}$$

Le second membre se compose de quatre carrés, dont le premier est constant et dont les trois derniers sont variables; par suite, il atteindra son *minimum*, si les trois carrés variables s'annulent; donc le *minimum* de s^2 est

$$(III) \qquad s^2 = \frac{\Delta}{A^2 + B^2 + C^2},$$

et les valeurs de x et y, qui fournissent ce *minimum*, sont données par les deux équations

$$(10) \qquad \frac{ax + a'y + a''}{A} = \frac{bx + b'y + b''}{B} = \frac{cx + c'y + c''}{C}.$$

278. On obtient de suite la valeur commune k de ces trois rapports, en multipliant les deux termes de ces fractions respectivement par A, B, C, et en ajoutant les numérateurs ainsi que les dénominateurs. On trouve de la sorte, en tenant compte des égalités (7) et (8), que

$$k = \frac{\Delta}{A^2 + B^2 + C^2} = s^2.$$

Nos égalités (10) nous fournissent ainsi les trois équations

$$(11) \qquad \begin{cases} ax + a'y + a'' - As^2 = 0, \\ bx + b'y + b'' - Bs^2 = 0, \\ cx + c'y + c'' - Cs^2 = 0, \end{cases}$$

desquelles il sera facile de tirer les valeurs de x et y.

Pour avoir la valeur de x, nous multiplierons les équations (11) respectivement par $b'c'' - c'b''$, $c'a'' - a'c''$, $a'b'' - b'a''$ et nous ajouterons : le coefficient de x, dans le résultat, sera (équation 8)

$$a(b'c'' - c'b'') + b(c'a'' - a'c'') + c(a'b'' - b'a'') = \Delta;$$

celui de y deviendra nul, pendant que le terme connu se réduira au produit de $-s^2$ par

$$A(b'c'' - c'b'') + B(c'a'' - a'c'') + C(a'b'' - b'a'') = \begin{vmatrix} A & a' & a'' \\ B & b' & b'' \\ C & c' & c'' \end{vmatrix} = \Delta_1.$$

Nous avons par suite $\Delta x - s^2\Delta_1 = \Delta x - \dfrac{\Delta\Delta_1}{A^2 + B^2 + C^2} = 0$, d'où nous tirons

$$(\text{IV}) \qquad x = -\begin{vmatrix} A & a'' & a' \\ B & b'' & b' \\ C & c'' & c' \end{vmatrix} : \begin{vmatrix} A & a & a' \\ A & b & b' \\ C & c & c' \end{vmatrix},$$

en observant que

$$A^2 + B^2 + C^2 = A(bc' - cb') + B(ca' - ac') + C(ab' - ba') = \begin{vmatrix} A & a & a' \\ B & b & b' \\ C & c & c' \end{vmatrix}.$$

On trouverait semblablement que

$$(V) \qquad y = -\begin{vmatrix} A & a & a'' \\ B & b & b'' \\ C & c & c'' \end{vmatrix} : \begin{vmatrix} A & a & a' \\ B & b & b' \\ C & c & c' \end{vmatrix}.$$

279. Distance du point P (x', y', z') à la droite

$$(12) \qquad x = az + p, \quad y = bz + q.$$

Désignons par x, y, z les coordonnées d'un point quelconque M de cette droite; la distance PM = D des deux points P et M sera

$$D^2 = (x - x')^2 + (y - y')^2 + (z - z')^2$$

pour des axes rectangulaires; mais, le point M appartenant à la droite (12), on peut remplacer x et y par leurs valeurs (12), ce qui donne

$$D^2 = (az + p - x')^2 + (bz + q - y')^2 + (z - z')^2.$$

La valeur *minima* de D sera la distance demandée d.

Pour obtenir cette valeur, il nous suffira d'identifier cette expression avec celle (3) de S^2. Pour cela, dans (3), nous remplacerons x par z et nous poserons

$$c = 1, \quad a' = p - x', \quad b' = q - y', \quad c' = -z',$$

ce qui transformera les valeurs (4) dans les suivantes :

$$A = y' - bz' - q, \quad B = -x' + az' + p, \quad C = b(x' - p) - a(y' - q).$$

La distance d du point P à la droite (12) est donc, en vertu de la formule (II),

$$(VI) \qquad d^2 = \frac{(x' - az' - p)^2 + (y' - bz' - q)^2 + [b(x' - p) - a(y' - q)]^2}{a^2 + b^2 + 1},$$

et le z de l'extrémité de cette longueur sera, eu égard à (I),

$$(VII) \qquad z = \frac{ax' + by' + z' - (ap + bq)}{a^2 + b^2 + 1}.$$

280. Distance du point P (x', y', z') au plan

$$(13) \qquad ax + by + cz + d = 0.$$

Désignons par x, y, z les coordonnées d'un point quelconque M du plan (13); la distance PM = D des deux points P et M sera donnée par la formule

$$D^2 = (x - x')^2 + (y - y')^2 + (z - z')^2,$$

pour des coordonnées orthogonales. Mais, le point M appartenant au plan (13), on pourra remplacer z par sa valeur en fonction de x et y, que fournit l'équation (13) et qui est

$$z = -\frac{a}{c}x - \frac{b}{c}y - \frac{d}{c} = mx + ny + p,$$

en posant

$$m = -\frac{a}{c}, \quad n = -\frac{b}{c}, \quad p = -\frac{d}{c}.$$

Il vient ainsi

$$D^2 = (x - x')^2 + (y - y')^2 + (mx + ny + p - z')^2.$$

La valeur *minima* de D sera la distance cherchée d.

Pour obtenir cette valeur nous n'avons qu'à identifier cette expression avec celle (5) de S^2, en posant

$$\begin{array}{lll} a = 1, & b = 0, & c = m, \\ a' = 0, & b' = 1, & c' = n, \\ a'' = -x' & b'' = -y', & c'' = -z' + p. \end{array}$$

Ces hypothèses changent les valeurs (4) dans les suivantes :

$$A = -m, \quad B = -n, \quad C = 1,$$

de sorte que

$$A^2 + B^2 + C^2 = m^2 + n^2 + 1 = \frac{1}{c^2}(a^2 + b^2 + c^2),$$

pendant que le déterminant (8) ou Δ devient

$$\begin{vmatrix} 1 & 0 & m \\ 0 & 1 & n \\ -x' & -y' & -z'+p \end{vmatrix} = mx' + ny' + p - z' = -\frac{1}{c}(ax' + by' + cz' + d).$$

La distance d du point P au plan (13) est donc, en vertu de la formule (III),

$$\text{(VI)} \qquad d = \frac{ax' + by' + cz' + d}{\pm\sqrt{a^2 + b^2 + c^2}}.$$

Les x et y de l'extrémité de cette longueur sont fournies par les formules (IV) et (V).

285. Plus courte distance des deux droites

$$(14)\quad \begin{cases} \dfrac{x-p}{a} = \dfrac{y-q}{b} = \dfrac{z-r}{c} = u, \\[2ex] \dfrac{x-p'}{a'} = \dfrac{y-q'}{b'} = \dfrac{z-r'}{c'} = u'. \end{cases}$$

La distance D du point M (x, y, z) de la première droite au point M′ (x', y', z') de la seconde est donnée par la formule

$$D^2 = (x-x')^2 + (y-y')^2 + (z-z')^2.$$

Remplaçons ces coordonnées par leurs valeurs, tirées de (14) en fonction de u et u',

$$\begin{aligned} x &= au + p, & y &= bu + q, & z &= cu + r, \\ x' &= a'u' + p', & y' &= b'u' + q', & z' &= c'u' + r'; \end{aligned}$$

nous aurons

$$D^2 = (au - a'u' + p - p')^2 + (bu - b'u' + q - q')^2 + (cu - c'u' + r - r')^2.$$

Pour que cette expression soit identique avec (5), il nous suffira de remplacer dans cette dernière x et y par u et u', a', b', c' par $-a'$, $-b'$, $-c'$ et de poser en outre

$$a'' = p - p', \quad b'' = q - q', \quad c'' = r - r'.$$

Nous aurons ainsi

$$A = -(bc' - cb'), \quad B = -(ca' - ac'), \quad C = -(ab' - ba')$$

et

$$\Delta = (p - p')(bc' - cb') + (q - q^2)(ca' - ac') + (r - r')(ab' - ba').$$

La plus courte distance des deux droites (14) sera donc

$$(\text{VII})\quad d^2 = \frac{[(bc'-cb')(p-p') + (ca'-ac')(q-q') + (ab'-ba')(r-r')]^2}{(bc'-cb')^2 + (ca'-ac')^2 + (ab'-ba')^2}.$$

CHAPITRE IV.

LE TÉTRAÈDRE.

§ I. Propriétés du tétraèdre. — § II. Expressions diverses du volume du tétraèdre. — § III. Expressions diverses du rayon de la sphère circonscrite au tétraèdre. — § IV. Rayon de la sphère inscrite dans le tétraèdre. — § V. Tétraèdre circonscriptible par les arêtes. — § VI. Tétraèdre équifacial. — § VII. Tétraèdre à arêtes opposées rectangulaires.

§ I. — Propriétés du tétraèdre.

282. Notations. — Considérons le tétraèdre SABC (*fig.* 10). Nous représenterons par a, b, c les trois arêtes SA, SB, SC issues du sommet S et par λ, μ, ν les inclinaisons mutuelles BSC, CSA, ASB de ces arêtes. En outre, nous désignerons par

Fig. 10.

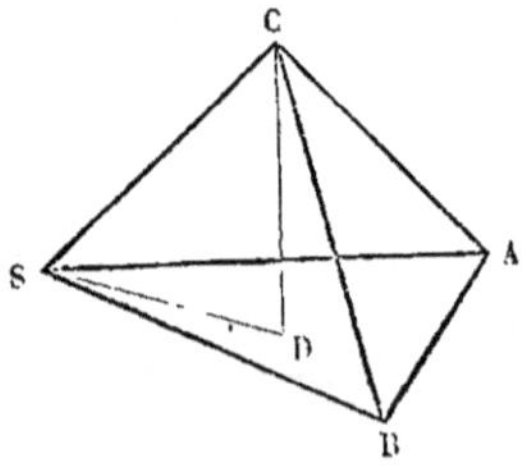

λ', μ', ν' les inclinaisons des mêmes arêtes a, b, c sur les faces opposées SBC, SCA, SAB du tétraèdre, et par a', b', c' les trois autres arêtes BC, CA, AB respectivement opposées aux premières. Nous indiquerons d'ailleurs par α, β, γ les angles que forment entre elles les arêtes opposées a et a', b et b', c et c' et par S, A, B, C les faces triangulaires ABC,

SBC, SCA, SAB du tétraèdre, qui sont respectivement opposées aux sommets qui portent les mêmes lettres.

Si nous récapitulons ces notations, nous voyons que

l'arête SA $= a$,	SB $= b$,	SC $= c$;
l'arête BC $= a'$,	CA $= b'$,	AB $= c'$;
l'angle plan BSC $= \lambda$,	l'angle CSA $= \mu$,	l'angle ASB $= \nu$;
l'angle (SA, SBC) $= \lambda'$,	l'angle (SB, SCA) $= \mu'$,	l'angle (SC, SAB) $= \nu'$;
l'angle (SA, BC) $= \alpha$,	l'angle (SB, CA) $= \beta$,	l'angle (SC, AB) $= \gamma$;
la face ABC $=$ S,	la face SBC $=$ A,	SCA $=$ B, SAC $=$ C.

Nous aurons toujours soin de désigner chaque angle dièdre du tétraèdre par la lettre qui représente l'arête d'intersection des deux faces du dièdre.

283. Théorème I. — *Dans tout tétraèdre, le double produit de deux arêtes opposées par le cosinus de leur inclinaison mutuelle est égal à la somme des carrés de deux arêtes opposées, diminuée de la somme des carrés des arêtes opposées restantes* (¹).

Projetons la ligne brisée CSAB (*fig.* 10) sur l'arête CB, nous obtenons l'égalité

$$\text{CS}\cos\text{SCB} + \text{SA}\cos\alpha + \text{AB}\cos\text{ABC} = \text{BC},$$

ou

$$c\cos\text{SCB} + a\cos\alpha + c'\cos\text{ABC} = a',$$

nous en tirons

$$a\cos\alpha = a' - c\cos\text{SCB} - c'\cos\text{ABC},$$

et, en multipliant par $2a'$,

$$(1)\qquad 2aa'\cos\alpha = 2a'^2 - 2ca'\cos\text{SCB} - 2c'a'\cos\text{ABC}.$$

Mais les deux triangles SBC, ABC donnent

$$b^2 = c^2 + a'^2 - 2c\,a'\cos\text{SCB},$$
$$b'^2 = c'^2 + a'^2 - 2c'a'\cos\text{ABC}$$

(¹) Dostor, *Nouvelles Annales de Mathématiques*, 2ᵉ série, 1867, t. VI, p. 452 — *Archives de Mathématiques et de Physique*, 1875, t. LVII, p. 138.

et, par suite,

$$a'^2 - 2c\,a'\cos SCB = b^2 - c^2,$$
$$a'^2 - 2c'a'\cos ABC = b'^2 - c'^2.$$

Substituant ces valeurs dans l'égalité (1) et concluant par analogie, on obtient les trois relations

$$(\text{I})\qquad \begin{cases} 2aa'\cos\alpha = b^2 + b'^2 - c^2 - c'^2, \\ 2bb'\cos\beta = c^2 + c'^2 - a^2 - a'^2, \\ 2cc'\cos\gamma = a^2 + a'^2 - b^2 - b'^2. \end{cases}$$

284. Corollaire. — Ajoutons ces trois égalités membres à membres, nous en déduisons la relation

$$(\text{II})\qquad aa'\cos\alpha + bb'\cos\beta + cc'\cos\gamma = 0,$$

qui prouve que *des trois angles α, β, γ l'un au moins est aigu et l'un au moins est obtus, et que, si deux de ces angles sont droits, le troisième l'est aussi.*

285. Théorème II. — *Dans tout tétraèdre, la projection d'une arête sur l'arête opposée est égale à la différence des projections de deux arêtes, adjacentes d'un même côté à la première arête, sur la même arête opposée.*

Dans la relation

$$2aa'\cos\alpha = b^2 + b'^2 - c^2 - c'^2,$$

remplaçons b'^2 et c'^2 par les valeurs

$$b'^2 = c^2 + a^2 - 2ca\cos\mu \quad \text{et} \quad c'^2 = a^2 + b^2 - 2ab\cos\nu,$$

que fournissent les deux triangles SCA et SAB; elle devient

$$2aa'\cos\alpha = 2ab\cos\nu - 2ca\cos\mu.$$

On en tire, en divisant par $2a$, puis par analogie,

$$(\text{III})\qquad \begin{cases} a'\cos\alpha = b\cos\nu - c\cos\mu, \\ b'\cos\beta = c\cos\lambda - a\cos\nu, \\ c'\cos\gamma = a\cos\mu - b\cos\lambda. \end{cases}$$

286. Corollaire. — Multiplions ces trois égalités respectivement par $\cos\lambda$, $\cos\mu$, $\cos\nu$ et ajoutons les équations résultantes; nous obtenons la relation remarquable

$$(\text{IV})\qquad a'\cos\alpha\cos\lambda + b'\cos\beta\cos\mu + c'\cos\gamma\cos\nu = 0.$$

287. Théorème III. — *Dans tout tétraèdre, chaque face est égale à la somme des produits qu'on obtient, en multipliant chacune des trois autres faces par le cosinus de son inclinaison sur la première face.*

En effet, chaque face est égale à la somme des projections sur elle des trois autres faces; or les projections des trois faces A, B, C sur la face S sont respectivement

$$A\cos a', \quad B\cos b', \quad C\cos c';$$

on a donc

$$S = A\cos a' + B\cos b' + C\cos c'.$$

288. Relation entre les six angles dièdres d'un tétraèdre. — D'après le théorème précédent, nous avons

$$(2)\quad \left\{\begin{aligned} -S + A\cos a' + B\cos b' + C\cos c' &= 0,\\ S\cos a' - A + B\cos c + C\cos b &= 0,\\ S\cos b' + A\cos c - B + C\cos a &= 0,\\ S\cos c' + A\cos b + B\cos a - C &= 0.\end{aligned}\right.$$

Éliminant les trois faces A, B, C entre ces quatre équations, nous obtenons la relation cherchée

$$(\text{V})\quad \begin{vmatrix} -1 & \cos a' & \cos b' & \cos c' \\ \cos a' & -1 & \cos c & \cos b \\ \cos b' & \cos c & -1 & \cos a \\ \cos c' & \cos b & \cos a & -1 \end{vmatrix} = 0,$$

dont le développement est

$$(\text{VI})\quad \left\{\begin{aligned} &\sin^2 a\cos^2 a' + 2(\cos b\cos c + \cos a)\cos b'\cos c'\\ &+ \sin^2 b\cos^2 b' + 2(\cos c\cos a + \cos b)\cos c'\cos a'\\ &+ \sin^2 c\cos^2 c' + 2(\cos a\cos b + \cos c)\cos a'\cos b'\\ &= 1 - \cos^2 a - \cos^2 b - \cos^2 c - 2\cos a\cos b\cos c.\end{aligned}\right.$$

289. Théorème IV. — *Dans tout tétraèdre, le carré de chaque face est égal à la somme des carrés des trois autres faces, diminuée de la somme des doubles produits qu'on obtient en multipliant deux quelconques de ces faces par le cosinus du dièdre compris.*

Les quatre équations (2) peuvent se mettre sous la forme

$$\begin{aligned} S \qquad - A\cos a' - B\cos b' - C\cos c' &= 0,\\ A - B\cos c - C\cos b - S\cos a' - 0.\cos b' - 0.\cos c' &= 0,\\ B - C\cos a - A\cos c - 0.\cos a' - S\cos b' - 0.\cos c' &= 0,\\ C - A\cos b - B\cos a - 0.\cos a' - 0.\cos b' - S\cos c' &= 0;\end{aligned}$$

si nous éliminons les trois quantités $-\cos a'$, $-\cos b'$, $-\cos c'$ entre ces quatre équations, nous obtenons la relation

$$(\text{VII})\qquad \begin{vmatrix} S & A & B & C \\ A - B\cos c - C\cos b & S & 0 & 0 \\ B - C\cos a - A\cos c & 0 & S & 0 \\ C - A\cos b - B\cos a & 0 & 0 & S \end{vmatrix} = 0,$$

qui, étant développée, revient à

$$(\text{VIII})\qquad S^2 = A^2 + B^2 + C^2 - 2BC\cos a - 2CA\cos b - 2AB\cos c.$$

290. Théorème V. — *Dans tout tétraèdre, les faces sont entre elles comme les sinus des suppléments des trièdres opposés* [1].

Dans les équations fondamentales (2) nous pouvons considérer comme inconnus le dièdre a' et les deux faces non adjacentes B et C. Pour éliminer ces quantités entre les quatre équations (2), nous mettrons celles-ci sous la forme

$$\begin{aligned} S + 0 + A(-\cos a') + \cos b'(-B) + \cos c'(-C) &= 0, \\ 0 + A + S(-\cos a') + \cos c\,(-B) + \cos b\,(-C) &= 0, \\ -S\cos b' - A\cos c + 0\,(-\cos a') - (-B) + \cos a\,(-C) &= 0, \\ -S\cos c' - A\cos b + 0\,(-\cos a') + \cos a\,(-B) - (-C) &= 0. \end{aligned}$$

Comme elles sont compatibles, le déterminant par rapport aux trois inconnues $-\cos a'$, $-B$, $-C$ est nul. Nous obtenons ainsi la relation

$$\begin{vmatrix} S + 0 & A & \cos b' & \cos c' \\ 0 + A & S & \cos c & \cos b \\ -S\cos b' - A\cos c & 0 & -1 & \cos a \\ -S\cos c' - A\cos b & 0 & \cos a & -1 \end{vmatrix} = 0,$$

qui, par la décomposition du premier membre en deux déterminants, peut s'écrire

$$\begin{vmatrix} S & A & \cos b' & \cos c' \\ 0 & S & \cos c & \cos b \\ -S\cos b' & 0 & -1 & \cos a \\ -S\cos c' & 0 & \cos a & -1 \end{vmatrix} + \begin{vmatrix} 0 & A & \cos b' & \cos c' \\ A & S & \cos c & \cos b \\ -A\cos c & 0 & -1 & \cos a \\ -A\cos b & 0 & \cos a & -1 \end{vmatrix} = 0.$$

Dans chacun de ces deux déterminants, nous pouvons intervertir les

---

[1] DOSTOR, *Archives de Mathématiques et de Physique*, 1875, t. LVII, p. 141.

deux premières colonnes, après avoir divisé la première colonne de l'un par S et de l'autre par A; il nous vient, en intervertissant aussi les deux premières lignes dans le premier déterminant résultant

$$-S\begin{vmatrix} S & 0 & \cos c & \cos b \\ A & -1 & \cos b' & \cos c' \\ 0 & \cos b' & -1 & \cos a \\ 0 & \cos c' & \cos a & -1 \end{vmatrix} + A\begin{vmatrix} A & 0 & \cos b' & \cos c' \\ S & -1 & \cos c & \cos b \\ 0 & \cos c & -1 & \cos a \\ 0 & \cos b & \cos a & -1 \end{vmatrix} = 0.$$

Développons suivant les éléments de la première colonne chacun de ces deux déterminants que nous représenterons par Δ_S, Δ_A; nous aurons

$$-S\Delta_S = -S^2\begin{vmatrix} -1 & \cos b' & \cos c' \\ \cos b' & -1 & \cos a \\ \cos c' & \cos a & -1 \end{vmatrix} + S.A\begin{vmatrix} 0 & \cos c & \cos b \\ \cos b' & -1 & \cos a \\ \cos c' & \cos a & -1 \end{vmatrix},$$

$$A\Delta_A = A^2\begin{vmatrix} -1 & \cos c & \cos b \\ \cos c & -1 & \cos a \\ \cos b & \cos a & -1 \end{vmatrix} - S.A\begin{vmatrix} 0 & \cos b' & \cos c' \\ \cos c & -1 & \cos a \\ \cos b & \cos a & -1 \end{vmatrix}.$$

Or le facteur de $-S.A$ ne diffère de celui de $+S.A$ que par le changement des lignes en colonnes et des colonnes en lignes; par suite ils sont égaux. On a donc l'égalité

$$-S^2\begin{vmatrix} -1 & \cos b' & \cos c' \\ \cos b' & -1 & \cos a \\ \cos c' & \cos a & -1 \end{vmatrix} + A^2\begin{vmatrix} -1 & \cos c & \cos b \\ \cos c & -1 & \cos a \\ \cos b & \cos a & -1 \end{vmatrix} = 0.$$

Mais le coefficient de S^2 est le carré du sinus du supplément du trièdre en A (236), sinus que nous pouvons représenter par $\sin(A')$; de même le coefficient de $-A^2$ est le carré du supplément du trièdre en S; par suite il vient

$$S^2\sin^2(A') - A^2\sin^2(S') = 0;$$

donc on a

$$\text{(IX)}\qquad \frac{S}{\sin(S')} = \frac{A}{\sin(A')} = \frac{B}{\sin(B')} = \frac{C}{\sin(C')}.$$

291. Somme des carrés des quatre faces en valeur des produits des arêtes opposées et des sinus des angles compris entre ces arêtes [1]. — Par le sommet C (*fig.* 11) menons le plan CC'A' perpen-

---

[1] Dostor, *Archives de Mathématiques et de Physique*, 1875, t. LVII, p. 143.

diculaire à l'arête SA ; par le sommet B tirons les droites BB', BA', l'une perpendiculaire et l'autre parallèle à la même arête SA ; puis menons la droite CA' qui sera perpendiculaire à BA'.

Fig. 11.

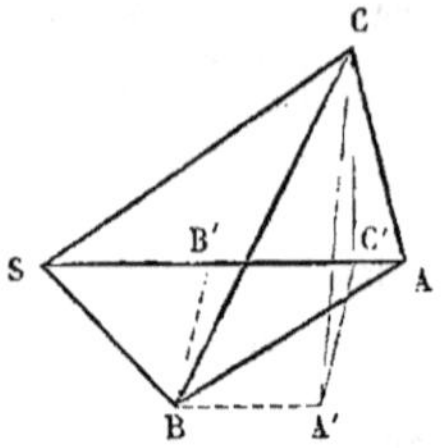

Dans le triangle A'CC' nous avons

$$A'C^2 = CC'^2 + A'C'^2 - 2CC'.A'C'.\cos CC'A' ;$$

or

$$\begin{aligned} A'C &= BC \sin CBA' = a' \sin \alpha, \\ CC' &= CS \sin CSC' = c \sin \mu, \\ A'C' &= BB' = BS \sin BSA = b \sin \nu, \\ \cos CC'A' &= \cos a ; \end{aligned}$$

par suite nous obtenons

$$a'^2 \sin^2 \alpha = c^2 \sin^2 \mu + b^2 \sin^2 \nu - 2c \sin \mu . b \sin \nu . \cos a,$$

et, en multipliant par a^2,

$$a^2 a'^2 \sin^2 \alpha = c^2 a^2 \sin^2 \mu + a^2 b^2 \sin^2 \nu - 2ca \sin \mu . ab \sin \nu . \cos a.$$

Mais

$$ca \sin \mu = 2B, \quad ab \sin \nu = 2C ;$$

donc il vient

$$\text{(X)} \qquad a^2 a'^2 \sin^2 \alpha = 4B^2 + 4C^2 - 8BC \cos a.$$

Nous aurions de même

$$\text{(XI)} \qquad a^2 a'^2 \sin^2 \alpha = 4A^2 + 4S^2 - 8AS \cos a'.$$

Nous trouvons ainsi les valeurs des dièdres a et a',

$$\text{(XII)} \qquad \left\{ \begin{aligned} \cos a &= \frac{4B^2 + 4C^2 - a^2 a'^2 \sin^2 \alpha}{8BC}, \\ \cos a' &= \frac{4A^2 + 4S^2 - a^2 a'^2 \sin^2 \alpha}{8AS}. \end{aligned} \right.$$

Ajoutons les trois égalités

$$4B^2 + 4C^2 - 8BC\cos a = a^2a'^2\sin^2\alpha,$$
$$4C^2 + 4A^2 - 8CA\cos b = b^2b'^2\sin^2\beta,$$
$$4A^2 + 4B^2 - 8AB\cos c = c^2c'^2\sin^2\gamma$$

membres à membres et avec l'égalité (VIII du n° 289)

$$4S^2 = 4A^2 + 4B^2 + 4C^2 - 8BC\cos a - 8CA\cos b - 8AB\cos c,$$

nous obtenons la relation remarquable

$$\text{(XIII)} \quad 4(A^2 + B^2 + C^2 + S^2) = a^2a'^2\sin^2\alpha + b^2b'^2\sin^2\beta + c^2c'^2\sin^2\gamma.$$

§ II. — Expressions diverses du volume du tétraèdre.

292. Volume du tétraèdre en valeur de trois arêtes contiguës, de l'angle de deux de ces arêtes et de l'inclinaison de la troisième arête sur le plan des deux premières. — Du sommet C (*fig.* 12) abaissons sur le plan de la face opposée

Fig. 12.

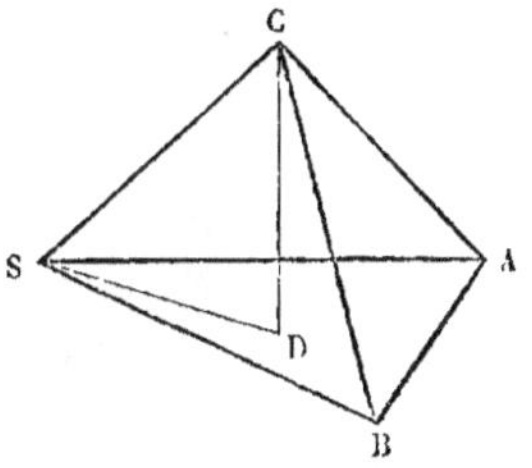

SAB la perpendiculaire CD. Le volume du tétraèdre sera

$$V = \tfrac{1}{3}SAB.CD.$$

Or la surface du triangle SAB est égale à

$$\tfrac{1}{2}SA.SB.\sin ASB = \tfrac{1}{2}ab\sin\nu,$$

et par le triangle rectangle SCD on a la hauteur

$$CD = SC\sin CSD = c\sin\nu';$$

il vient donc, en substituant,

(I) $$V = \tfrac{1}{6} abc \sin\nu \sin\nu'.$$

En désignant par Δ le sinus du trièdre en S, nous avons trouvé (233) que

$$\sin\nu \sin\nu' = \Delta = \sqrt{1 - \cos^2\lambda - \cos^2\mu - \cos^2\nu + 2\cos\lambda\cos\mu.\cos\nu};$$

par conséquent nous avons

(II) $$\left\{\begin{aligned} V &= \tfrac{1}{6} abc.\Delta \\ &= \tfrac{1}{6} abc\sqrt{1 - \cos^2\lambda - \cos^2\mu - \cos^2\nu + 2\cos\lambda\cos\mu.\cos\nu}. \end{aligned}\right.$$

Ainsi, *le volume du tétraèdre est égal au sixième du produit de trois arêtes contiguës, multiplié par le sinus du trièdre formé par ces trois arêtes.*

293. **Expression en déterminant du volume du tétraèdre en valeur de trois arêtes contiguës a, b, c et des inclinaisons mutuelles λ, μ, ν de ces arêtes.** — Dans l'égalité $36V^2 = a^2b^2c^2\Delta^2$, remplaçons Δ^2 par son expression (VI) en déterminant du n° 232; nous avons

$$36V^2 = a^2b^2c^2 \begin{vmatrix} 1 & \cos\nu & \cos\mu \\ \cos\nu & 1 & \cos\lambda \\ \cos\mu & \cos\lambda & 1 \end{vmatrix}.$$

Multiplions respectivement par a, b, c d'abord les trois lignes, puis les trois colonnes; le déterminant sera multiplié par le produit $a.b.c \times a.b.c = a^2b^2c^2$; par suite, si nous divisons hors barres par $a^2b^2c^2$, la valeur du second membre de l'égalité précédente ne sera pas altérée, et il viendra encore

(III) $$36V^2 = \begin{vmatrix} a^2 & ab\cos\nu & ca\cos\mu \\ ab\cos\nu & b^2 & bc\cos\lambda \\ ca\cos\mu & bc\cos\lambda & c^2 \end{vmatrix}.$$

294. **Expression développée du volume du tétraèdre en valeur des six arêtes a et a', b et b', c et c', opposées deux à deux.** — Dans le déterminant précédent (III) multiplions les trois lignes par 2, puis mettons-y les valeurs

(1) $$\left\{\begin{aligned} 2bc\cos\lambda &= b^2 + c^2 - a'^2, \\ 2ca\cos\mu &= c^2 + a^2 - b'^2, \\ 2ab\cos\nu &= a^2 + b^2 - c'^2, \end{aligned}\right.$$

que fournissent les trois triangles SBC, SCA, SAB; ce déterminant devient

$$288\,V^2 = \begin{vmatrix} 2a^2 & a^2+b^2-c'^2 & c^2+a^2-b'^2 \\ a^2+b^2-c'^2 & 2b^2 & b^2+c^2-a'^2 \\ c^2+a^2-b'^2 & b^2+c^2-a'^2 & 2c^2 \end{vmatrix}.$$

Si nous développons le second membre par la règle de Sarrus (52), nous obtenons

$$\begin{aligned} 288\,V^2 = 8a^2b^2c^2 &+ 2(b^2+c^2-a'^2)(c^2+a^2-b'^2)(a^2+b^2-c'^2) \\ &- 2a^2(b^2+c^2-a'^2) - 2b^2(c^2+a^2-b'^2) - 2c^2(a^2+b^2-c'^2), \end{aligned}$$

et, en effectuant,

$$\text{(IV)} \quad \left\{ \begin{aligned} 144\,V^2 = {} & a^2a'^2(b^2+b'^2+c^2+c'^2-a^2-a'^2) \\ & + b^2b'^2(c^2+c'^2+a^2+a'^2-b^2-b'^2) \\ & + c^2c'^2(a^2+a'^2+b^2+b'^2-c^2-c'^2) \\ & - a^2b^2c^2 - a^2b'^2c'^2 - b^2c'^2a'^2 - c^2a'^2b'^2. \end{aligned} \right.$$

295. **Expression en déterminant du volume du tétraèdre en valeur des six arêtes a et a', b et b', c et c', opposées deux à deux.** — Dans le déterminant (III) changeons les signes des trois lignes, puis remplaçons le déterminant résultant par un déterminant équivalent du cinquième ordre; nous pouvons écrire

$$288\,V^2 = -\begin{vmatrix} 1 & 0 & 0 & 0 & 0 \\ 0 & 1 & a^2 & b^2 & c^2 \\ a^2 & 0 & -2a^2 & -2ab\cos\nu & -2ca\cos\mu \\ b^2 & 0 & -2ab\cos\nu & -2b^2 & -2bc\cos\lambda \\ c^2 & 0 & -2ca\cos\mu & -2bc\cos\lambda & -2c^2 \end{vmatrix}$$

$$= \begin{vmatrix} 0 & 1 & 0 & 0 & 0 \\ 1 & 0 & a^2 & b^2 & c^2 \\ 0 & a^2 & -2a^2 & -2ab\cos\nu & -2ca\cos\mu \\ 0 & b^2 & -2ab\cos\nu & -2b^2 & -2bc\cos\lambda \\ 0 & c^2 & -2ca\cos\mu & -2bc\cos\lambda & -2c^2 \end{vmatrix}.$$

Dans le premier déterminant on a interverti l'ordre des deux premières colonnes.

Si, dans ce dernier déterminant, nous substituons les valeurs (1), nous obtiendrons

$$288\,V^2 = \begin{vmatrix} 0 & 1 & 0 & 0 & 0 \\ 1 & 0 & a^2 & b^2 & c^2 \\ 0 & a^2 & -2a^2 & c'^2 - a^2 - b^2 & b'^2 - c^2 - a^2 \\ 0 & b^2 & c'^2 - a^2 - b^2 & -2b^2 & a'^2 - b^2 - c^2 \\ 0 & c^2 & b'^2 - c^2 - a^2 & a'^2 - b^2 - c^2 & -2c^2 \end{vmatrix}.$$

Ajoutons d'abord la seconde ligne à chacune des trois suivantes, il vient

$$288\,V^2 = \begin{vmatrix} 0 & 1 & 0 & 0 & 0 \\ 1 & 0 & a^2 & b^2 & c^2 \\ 1 & a^2 & -a^2 & c'^2 - a^2 & b'^2 - a^2 \\ 1 & b^2 & c'^2 - b^2 & -b^2 & a'^2 - b^2 \\ 1 & c^2 & b'^2 - c^2 & a'^2 - c^2 & -c^2 \end{vmatrix}.$$

Si actuellement nous ajoutons la seconde colonne à chacune des trois suivantes, nous trouverons l'expression demandée

$$\text{(V)} \qquad 288\,V^2 = \begin{vmatrix} 0 & 1 & 1 & 1 & 1 \\ 1 & 0 & a^2 & b^2 & c^2 \\ 1 & a^2 & 0 & c'^2 & b'^2 \\ 1 & b^2 & c'^2 & 0 & a'^2 \\ 1 & c^2 & b'^2 & a'^2 & 0 \end{vmatrix}.$$

296. Surface de la base d'un tétraèdre en valeur des trois arêtes latérales et de leurs inclinaisons mutuelles. — Les trois côtés de la face ABC (*fig.* 14) étant $BC = a'$, $CA = b'$, $AB = c'$,

Fig. 13.

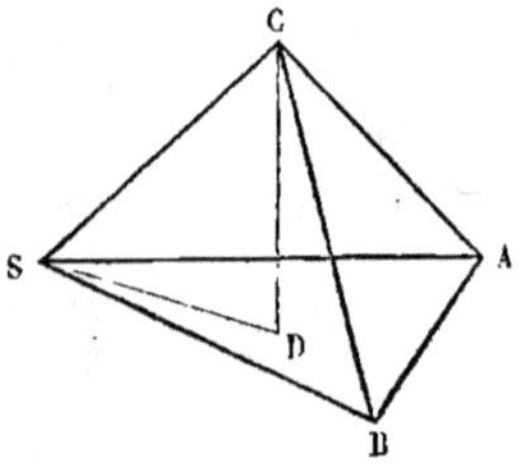

la surface S de ce triangle est donnée par la formule (204)

$$16\,S^2 = -\begin{vmatrix} 0 & 1 & 1 & 1 \\ 1 & 0 & c'^2 & b'^2 \\ 1 & c'^2 & 0 & a'^2 \\ 1 & b'^2 & a'^2 & 0 \end{vmatrix} = -\begin{vmatrix} 0 & 1 & 1 & 1 \\ 1 & 0 & -c'^2 & -b'^2 \\ 1 & -c'^2 & 0 & -a'^2 \\ 1 & -b'^2 & -a'^2 & 0 \end{vmatrix},$$

où le second déterminant a été déduit du premier, en y multipliant par -1 d'abord la première ligne, puis les trois dernières colonnes résultantes.

Dans le dernier déterminant, remplaçons a'^2, b'^2, c'^2 par leurs valeurs tirées des égalités (1) du n° 294; nous aurons

$$16S^2 = -\begin{vmatrix} 1 & 0 & 1 & 1 \\ 1 & 0 & 2ab\cos\nu - a^2 - b^2 & 2ca\cos\mu - c^2 - a^2 \\ 1 & 2ab\cos\nu - a^2 - b^2 & 0 & 2bc\cos\lambda - b^2 - c^2 \\ 1 & 2ca\cos\mu - c^2 - a^2 & 2bc\cos\lambda - b^2 - c^2 & 0 \end{vmatrix}.$$

Multiplions la première ligne successivement par a^2, b^2, c^2, et ajoutons les résultats respectivement aux trois autres lignes; il nous vient

$$16S^2 = -\begin{vmatrix} 1 & 0 & 1 & 1 \\ 1 & a^2 & 2ab\cos\nu - b^2 & 2ca\cos\mu - c^2 \\ 1 & 2ab\cos\nu - a^2 & b^2 & 2bc\cos\lambda - c^2 \\ 1 & 2ca\cos\mu - a^2 & 2bc\cos\lambda - b^2 & c^2 \end{vmatrix}.$$

Multiplions maintenant la première colonne successivement par a^2, b^2, c^2 et ajoutons le résultat aux trois dernières colonnes; nous trouvons que

$$16S^2 = -\begin{vmatrix} 0 & 1 & 1 & 1 \\ 1 & 2a^2 & 2ab\cos\nu & 2ca\cos\mu \\ 1 & 2ab\cos\nu & 2b^2 & 2bc\cos\nu \\ 1 & 2ca\cos\mu & 2bc\cos\lambda & 2c^2 \end{vmatrix}.$$

Multiplions enfin par 2 la première ligne, puis divisons par 2 les trois dernières lignes résultantes; le déterminant sera divisé par $2^3 : 2 = 4$. Nous obtenons ainsi l'expression demandée

$$\text{(VI)} \qquad 4S^2 = -\begin{vmatrix} 0 & 1 & 1 & 1 \\ 1 & a^2 & ab\cos\nu & ca\cos\mu \\ 1 & ab\cos\nu & b^2 & bc\cos\lambda \\ 1 & ca\cos\mu & bc\cos\lambda & c^2 \end{vmatrix},$$

dont le développement est

$$\begin{aligned} 4S^2 = {} & b^2c^2\sin^2\lambda + 2a^2bc(\cos\mu\cos\nu - \cos\lambda) \\ & + c^2a^2\sin^2\mu + 2b^2ca(\cos\nu\cos\lambda - \cos\mu) \\ & + a^2b^2\sin^2\nu + 2c^2ab(\cos\lambda\cos\mu - \cos\nu). \end{aligned}$$

Nous avons donné cette expression (VI) dans les *Archives de Mathématiques et de Physique*, 1875, t. LVII, p. 153.

297. Surface du triangle déterminé par l'intersection d'un plan

$$(2)\qquad Ax + By + Cz + D = 0$$

avec les trois plans de coordonnées. — Prenons le sommet S pour origine des coordonnées et les trois arêtes latérales SA, SB, SC pour axes des x, y, z; nous aurons

$$(3)\qquad a = SA = -\frac{D}{A},\quad b = SB = -\frac{D}{B},\quad c = SC = -\frac{D}{C}.$$

Cela étant, dans le déterminant (VI), divisons d'abord les trois dernières lignes, puis les trois dernières colonnes respectivement par a, b, c; nous aurons divisé le déterminant (VI) par le produit $a^2b^2c^2$, de sorte qu'il nous viendra

$$4S^2 = -a^2b^2c^2 \begin{vmatrix} 0 & \frac{1}{a} & \frac{1}{b} & \frac{1}{c} \\ \frac{1}{a} & 1 & \cos\nu & \cos\mu \\ \frac{1}{b} & \cos\nu & 1 & \cos\lambda \\ \frac{1}{c} & \cos\mu & \cos\lambda & 1 \end{vmatrix}.$$

Si nous multiplions la première ligne et la première colonne par $-D$, que nous divisions hors barres par D^2, et que dans le résultat nous remplacions $-\frac{D}{a}, -\frac{D}{b}, -\frac{D}{c}$ par leurs équivalents A, B, C tirés de (3), nous trouverons l'expression

$$(\text{VII})\qquad 4S^2 = -\frac{D^4}{A^2B^2C^2} \begin{vmatrix} 0 & A & B & C \\ A & 1 & \cos\nu & \cos\mu \\ B & \cos\nu & 1 & \cos\lambda \\ C & \cos\mu & \cos\lambda & 1 \end{vmatrix},$$

pour le *quadruple carré de la surface du triangle que déterminent les trois plans de coordonnées sur le plan* (2).

297 *bis*. Expression en déterminant de la surface du triangle, en valeur des coordonnées dans l'espace de ses trois sommets [1]. — 1° Supposons d'abord que le sommet A du triangle ABC soit situé à l'origine des coordonnées et soient

---

[1] DOSTOR, *Archives de Mathématiques et de Physique*, 1875, t. LVIII, p. 289.

x_1, y_1, z_1; x_2, y_2, z_2 les coordonnées des deux autres sommets B et C. Si nous désignons par S la surface du triangle, et par b et c les côtés AC et AB qui sont opposés aux sommets B et C, il nous viendra de suite

$$4S^2 = b^2c^2\sin^2 A = b^2c^2 - b^2c^2\cos^2 A,$$

ou

$$(4) \qquad 4S^2 = \begin{vmatrix} c^2 & bc\cos A \\ bc\cos A & b^2 \end{vmatrix}.$$

Représentons par α_1, β_1, γ_1 et α_2, β_2, γ_2 les inclinaisons des deux côtés AB et AC sur les axes de coordonnées, supposés rectangulaires, nous aurons

$$x_1 = c\cos\alpha_1, \quad y_1 = c\cos\beta_1, \quad z_1 = c\cos\gamma_1,$$
$$x_2 = b\cos\alpha_2, \quad y_2 = b\cos\beta_2, \quad z_2 = b\cos\gamma_2;$$

et, comme

$$\cos A = \cos\alpha_1\cos\alpha_2 + \cos\beta_1\cos\beta_2 + \cos\gamma_1\cos\gamma_2,$$

il vient, en multipliant par bc, puis en substituant,

$$bc\cos A = x_1x_2 + y_1y_2 + z_1z_2.$$

On sait d'ailleurs que

$$c^2 = x_1^2 + y_1^2 + z_1^2, \quad b^2 = x_2^2 + y_2^2 + z_2^2;$$

donc on obtient, en mettant ces valeurs dans l'égalité (4),

$$(5) \quad 4S^2 = \begin{vmatrix} x_1^2 + y_1^2 + z_1^2 & x_1x_2 + y_1y_2 + z_1z_2 \\ x_1x_2 + y_1y_2 + z_1z_2 & x_2^2 + y_2^2 + z_2^2 \end{vmatrix}.$$

Il n'est pas inutile de remarquer (112) que ce déterminant est la somme des carrés des trois déterminants qui sont compris dans le déterminant multiple

$$\begin{Vmatrix} x_1 & y_1 & z_1 \\ x_2 & y_2 & z_2 \end{Vmatrix},$$

et qui expriment les doubles projections de la surface du triangle ABC sur les trois plans de coordonnées.

2° Transportons actuellement l'origine des coordonnées en

un point quelconque de l'espace dont les coordonnées sont $-x$, $-y$, $-z$; et soient x', y', z'; x'', y'', z'' les nouvelles coordonnées des deux sommets B et C; les coordonnées du point A par rapport à la nouvelle origine sont x, y, z.

Cela fait, nous avons

$$x_1 = x' - x,\quad y_1 = y' - y,\quad z_1 = z' - z,$$
$$x_2 = x'' - x,\quad y_2 = y'' - y,\quad z_2 = z'' - z;$$

d'où nous tirons

$$\begin{aligned} x_1^2 + y_1^2 + z_1^2 &= (x' - x)^2 + (y' - y)^2 + (z' - z)^2 \\ &= (x^2 + y^2 + z^2) + (x'^2 + y'^2 + z'^2) - 2(xx' + yy' + zz'), \end{aligned}$$

$$\begin{aligned} x_2^2 + y_2^2 + z_2^2 &= (x'' - x)^2 + (y'' - y)^2 + (z'' - z)^2 \\ &= (x^2 + y^2 + z^2) + (x''^2 + y''^2 + z''^2) - 2(xx'' + yy'' + zz''), \end{aligned}$$

$$\begin{aligned} x_1x_2 + y_1y_2 + z_1z_2 &= (x' - x)(x'' - x) + (y' - y)(y'' - y) + (z' - z)(z'' - z) \\ &= (x^2 + y^2 + z^2) + (x'x'' + y'y'' + z'z'') \\ &\quad - (xx'' + yy'' + zz'') - (xx' + yy' + zz'). \end{aligned}$$

Si nous posons

$$(6)\qquad \begin{cases} x^2 + y^2 + z^2 = l, & x'x'' + y'y'' + z'z'' = p, \\ x'^2 + y'^2 + z'^2 = m, & x''x + y''y + z''z = q, \\ x''^2 + y''^2 + z''^2 = n, & xx' + yy' + zz' = r, \end{cases}$$

nous aurons

$$\begin{aligned} x_1^2 + y_1^2 + z_1^2 &= l + m - 2r, \\ x_2^2 + y_2^2 + z_2^2 &= l + n - 2q, \\ x_1x_2 + y_1y_2 + z_1z_2 &= l + p - q - r. \end{aligned}$$

La substitution de ces valeurs dans la formule (5) nous donne

$$4S^2 = \begin{vmatrix} l + m - 2r & l + p - q - r \\ l + p - q - r & l + n - 2q \end{vmatrix}$$
$$= \begin{vmatrix} 1 & r & q \\ 0 & l + m - 2r & l + p - q - r \\ 0 & l + p - q - r & l + n - 2q \end{vmatrix},$$

ou, en ajoutant la première ligne aux deux suivantes :

$$4S^2 = \begin{vmatrix} 1 & r & q \\ 1 & l+m-r & l+p-r \\ 1 & l+p-q & l+n-q \end{vmatrix}$$

$$= \begin{vmatrix} 1 & 0 & 0 & 0 \\ l & 1 & r & q \\ r & 1 & l+m-r & l+p-r \\ q & 1 & l+p-q & l+n-q \end{vmatrix}.$$

Dans ce dernier déterminant, multiplions la seconde colonne par $-l$, puis ajoutons la somme des deux premières colonnes à chacune des deux suivantes; il nous vient

$$4S^2 = \begin{vmatrix} 1 & 0 & 1 & 1 \\ l & 1 & r & q \\ r & 1 & m & p \\ q & 1 & p & n \end{vmatrix} = - \begin{vmatrix} 0 & 1 & 1 & 1 \\ 1 & l & r & q \\ 1 & r & m & p \\ 1 & q & p & n \end{vmatrix}.$$

Si nous remplaçons ici l, m, n et p, q, r par leurs expressions (6), nous obtiendrons enfin pour $4S^2$ la valeur cherchée

$$\text{(II)} \quad 4S^2 = - \begin{vmatrix} 0 & 1 & 1 & 1 \\ 1 & x^2+y^2+z^2 & xx'+yy'+zz' & xx''+yy''+zz'' \\ 1 & xx'+yy'+zz' & x'^2+y'^2+z'^2 & x'x''+y'y''+z'z'' \\ 1 & xx''+yy''+zz'' & x'x''+y'y''+z'z'' & x''^2+y''^2+z''^2 \end{vmatrix}.$$

Il est facile de vérifier que ce déterminant est le produit (111) des deux déterminants multiples

$$\Delta = \left\| \begin{matrix} 1 & 0 & 0 & 0 & 0 \\ 0 & 1 & x & y & z \\ 0 & 1 & x' & y' & z' \\ 0 & 1 & x'' & y'' & z'' \end{matrix} \right\|, \quad \Delta = - \left\| \begin{matrix} 0 & 1 & 0 & 0 & 0 \\ 1 & 0 & x & y & z \\ 1 & 0 & x' & y' & z' \\ 1 & 0 & x'' & y'' & z'' \end{matrix} \right\|.$$

298. **Volume du tétraèdre en valeur de deux arêtes opposées et de leur plus courte distance.** — Par les extrémités B et C de l'arête BC, menons les droites BB', CC' parallèles et égales à l'arête opposée SA;

tirons les droites SB′, SC′ et B′C′ (*fig.* 15). Nous formons ainsi le prisme triangulaire SABCC′B′.

Fig. 14.

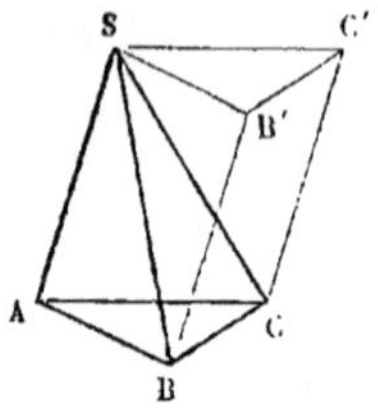

La distance de l'arête SA au plan BCC′B′ sera égale à la plus courte distance d des deux arêtes opposées SA et BC.

Nous avons le tétraèdre $SABC = \frac{1}{3} SABCC'B'$; or le prisme triangulaire SABCC′B′ est la moitié du parallélépipède qui a BCC′B′ pour base et d pour hauteur; et, comme le parallélogramme

$$BCC'B' = BB'.BC.\sin B'BC = aa'\sin\alpha,$$

on a

$$\text{vol. } SABCC'B' = \tfrac{1}{2} aa'\sin\alpha . d;$$

donc

(IX) $$\text{vol. } SABC \quad \text{ou} \quad V = \tfrac{1}{6} d . aa'\sin\alpha.$$

Ainsi *le volume d'un tétraèdre s'obtient aussi en multipliant le demi-produit de deux arêtes opposées par le sinus de l'angle compris et par le tiers de la plus courte distance de ces mêmes arêtes.*

299. **Relation entre les plus courtes distances d, d', d'' des arêtes opposées a et a', b et b', c et c' et les angles α, β, γ compris entre ces arêtes.** — La formule (IX) nous donne

$$daa'\sin\alpha = d'bb'\sin\beta = d''cc'\sin\gamma;$$

divisant par ces trois quantités égales les trois termes respectifs de l'égalité (II) du n° 284

$$aa'\cos\alpha + bb'\cos\beta + cc'\cos\gamma = 0,$$

nous obtenons la relation

(X) $$\frac{\cot\alpha}{d} + \frac{\cot\beta}{d'} + \frac{\cot\gamma}{d''} = 0.$$

300. Dans la formule (IX) mettons à la place de $aa'\sin\alpha$ sa valeur

tirée de la première des relations (I) du n° 283 ; elle devient, par l'élévation au carré,

$$144V^2 = d^2[4a^2a'^2 - (b^2 + b'^2 - c^2 - c'^2)^2],$$

et donne

$$\text{(XI)}\quad V = \frac{d}{12}\sqrt{(2aa' + b^2 + b'^2 - c^2 - c'^2)(2aa' + c^2 + c'^2 - b^2 - b'^2)}.$$

301. Volume du tétraèdre en valeur de trois faces et du sinus du supplément du trièdre compris. — L'expression (II) du n° 292 peut s'écrire

$$V^2 = \tfrac{1}{36}a^2b^2c^2\Delta^2 = \tfrac{1}{36}.bc\sin\lambda.ca\sin\mu.ab\sin\nu.\frac{\Delta^2}{\sin\lambda\sin\mu\sin\nu};$$

or on sait que

$$bc\sin\lambda = 2A,\quad ca\sin\mu = 2B,\quad ab\sin\nu = 2C;$$

d'ailleurs, en vertu de la formule (7) du n° 240, on a

$$\frac{\Delta^2}{\sin\lambda\sin\mu\sin\nu} = \Delta';$$

donc il vient

$$\text{(XII)}\qquad V^2 = \tfrac{2}{9}A.B.C.\Delta'.$$

Donc *le carré du volume du tétraèdre est egal aux $\frac{2}{9}$ du produit de trois faces multiplié par le sinus du supplément du trièdre compris.*

302. Volume du tétraèdre en valeur de deux faces et du dièdre compris. — Dans la *fig.* 12 (p. 255), menons SDE perpendiculaire sur l'arête AB et tirons CE. Nous avons

$$V = \tfrac{1}{3}SAB.CD = \tfrac{1}{3}SAB.CE\sin c' = \tfrac{1}{3}SAB.\frac{AB.CE}{AB}\sin c';$$

or le produit AB.CE est égal à la double face ABC que nous avons représentée par 2S, de même que la face SAB a été désignée par C; il vient par conséquent

$$\text{(XIII)}\qquad V = \tfrac{2}{3}S.C.\frac{\sin c'}{c} = \tfrac{1}{3}S.C.\sin c' : \frac{c}{2}.$$

Ainsi *le volume d'un tétraèdre est égal au tiers du produit de deux faces, multiplié par le sinus du dièdre compris et divisé par la moitié de l'arête de ce dièdre* (G. Dostor, *Nouvelles Annales de Mathématiques,* 2e série, 1867, t. VI, p. 413).

303. Rapport des produits des arêtes opposées. — La formule précédente donne

$$\frac{3Vc'}{2} = S.C.\sin c',$$

et de même

$$\frac{3Vc}{2} = A.B.\sin c;$$

on en tire, en multipliant,

$$\frac{9V^2cc'}{4} = S.A.B.C \sin c \sin c'.$$

Or nous avons vu au n° 300 que

$$V^2 = \tfrac{2}{9}A.B.C.\Delta';$$

par conséquent on a la face

$$S = \frac{\Delta'}{2}\cdot\frac{cc'}{\sin c.\sin c'}.$$

On en déduit

$$\text{(XIV)}\qquad \frac{2S}{\Delta'} = \frac{aa'}{\sin a \sin a'} = \frac{bb'}{\sin b \sin b'} = \frac{cc'}{\sin c \sin c'}.$$

Donc, *dans tout tétraèdre les produits des arêtes opposées sont entre eux comme les produits des sinus des dièdres qui émergent de ces arêtes.*

304. Volume du tétraèdre en valeur d'une face et de ses inclinaisons sur les trois autres faces. — L'expression (XIII) permet d'écrire

$$V = \tfrac{2}{3}S.A\frac{\sin a'}{a'} = \tfrac{2}{3}S.B\frac{\sin b'}{b'} = \tfrac{2}{3}S.C\frac{\sin c'}{c'},$$

d'où l'on tire les équations

$$\text{(XV)}\qquad \frac{A\sin a'}{a'} = \frac{B\sin b'}{b'} = \frac{C\sin c'}{c'},$$

qui, étant combinées entre elles et avec l'équation évidente

$$A\cos a' + B\cos b' + C\cos c' = S,$$

donnent d'abord

$$B = \frac{Ab'\sin a'}{a'},\quad C = \frac{Ac'\sin a'}{a'},$$

puis

$$A = \frac{S}{a' \cot a' + b' \cot b' + c' \cot c'} \cdot \frac{a'}{\sin a'}.$$

Mettant cette valeur de A dans l'expression $V = \frac{2}{3} S.A.\sin a'$, on trouve

$$\text{(XVI)} \qquad V = \frac{2}{3} \cdot \frac{S^2}{a' \cot a' + b' \cot b' + c' \cot c'}$$

pour le volume du tétraèdre en valeur de la face S et de ses inclinaisons sur les trois autres faces A, B, C (G. Dostor, *Nouvelles Annales de Mathématiques*, 2e série, 1867, t. VI, p. 414).

305. **Volume du tétraèdre SABC, ayant un sommet S à l'origine des coordonnées, en valeur des coordonnées x', y', z'; x'', y'', z''; x''', y''', z''' des trois autres sommets A, B, C.** — Supposons les axes des coordonnées rectangulaires. Nous avons

$$(7) \quad a^2 = x'^2 + y'^2 + z'^2, \quad b^2 = x''^2 + y''^2 + z''^2, \quad c^2 = x'''^2 + y'''^2 + z'''^2;$$

et, comme les équations des droites SA, SB, SC sont

$$\frac{x}{x'} = \frac{y}{y'} = \frac{z}{z'}, \quad \frac{x}{x''} = \frac{y}{y''} = \frac{z}{z''}, \quad \frac{x}{x'''} = \frac{y}{y'''} = \frac{z}{z'''},$$

il vient

$$\cos\nu = \frac{x'x'' + y'y'' + z'z''}{\sqrt{(x'^2 + y'^2 + z'^2)(x''^2 + y''^2 + z''^2)}} = \frac{x'x'' + y'y'' + z'z''}{ab},$$

de sorte qu'on a

$$(8) \quad \left\{ \begin{aligned} ab\cos\nu &= x'x'' + y'y'' + z'z'', \\ ca\cos\mu &= x'x''' + y'y''' + z'z''', \\ bc\cos\lambda &= x''x''' + y''y''' + z''z'''. \end{aligned} \right.$$

Si nous substituons les valeurs (7) et (8) dans la formule (III), nous obtenons l'égalité

$$36V^2 = \begin{vmatrix} x'^2 + y'^2 + z'^2 & x'x'' + y'y'' + z'z'' & x'x''' + y'y''' + z'z''' \\ x'x'' + y'y'' + z'z'' & x''^2 + y''^2 + z''^2 & x''x''' + y''y''' + z''z''' \\ x'x''' + y'y''' + z'z''' & x''x''' + y''y''' + z''z''' & x'''^2 + y'''^2 + z'''^2 \end{vmatrix}.$$

Le second membre est le carré du déterminant

$$\begin{vmatrix} x' & y' & z' \\ x'' & y'' & z'' \\ x''' & y''' & z''' \end{vmatrix};$$

par conséquent on a, en extrayant la racine carrée,

$$\text{(XVII)} \qquad 6V = \begin{vmatrix} x' & y' & z' \\ x'' & y'' & z'' \\ x''' & y''' & z''' \end{vmatrix}.$$

Si les axes de coordonnées étaient obliques, il faudrait multiplier le second membre par le sinus Δ du trièdre formé par ces axes.

306. **Volume du tétraèdre SABC en valeur des coordonnées x, y, z; x_1, y_1, z_1; x_2, y_2, z_2; x_3, y_3, z_3 des quatre sommets S, A, B, C.** — Transportons l'origine des coordonnées au sommet S, et soient x', y', z'; x'', y'', z''; x''', y''', z''' les nouvelles coordonnées des trois autres sommets A, B, C. Le volume du tétraèdre, exprimé en valeur de ces dernières coordonnées, sera donné par la formule précédente (XVII). Mais les égalités

$$x_1 = x + x', \quad y_1 = y + y', \quad z_1 = z + z';$$
$$x_2 = x + x'', \quad y_2 = y + y'', \quad z_2 = z + z'';$$
$$x_3 = x + x''', \quad y_3 = y + y''', \quad z_3 = z + z'''$$

donnent

$$x' = x_1 - x, \quad y' = y_1 - y, \quad z' = z_1 - z;$$
$$x'' = x_2 - x, \quad y'' = y_2 - y, \quad z'' = z_2 - z;$$
$$x''' = x_3 - x, \quad y''' = y_3 - y, \quad z''' = z_3 - z.$$

Si nous substituons ces valeurs dans la formule (XVII), elle devient

$$6V = \begin{vmatrix} x_1 - x & y_1 - y & z_1 - z \\ x_2 - x & y_2 - y & z_2 - z \\ x_3 - x & y_3 - y & z_3 - z \end{vmatrix} = \begin{vmatrix} 1 & x & y & z \\ 0 & x_1 - x & y_1 - y & z_1 - z \\ 0 & x_2 - x & y_2 - y & z_2 - z \\ 0 & x_3 - x & y_3 - y & z_3 - z \end{vmatrix}.$$

Dans le second déterminant, il suffira d'ajouter la première ligne à chacune des trois suivantes, pour avoir l'expression demandée

$$\text{(XVIII)} \qquad 6V = \begin{vmatrix} 1 & x & y & z \\ 1 & x_1 & y_1 & z_1 \\ 1 & x_2 & y_2 & z_2 \\ 1 & x_3 & y_3 & z_3 \end{vmatrix}.$$

307. **Méthode directe pour déterminer cette expression.** — Nous avons vu au n° 257 que le plan $M_1M_2M_3$, qui passe par les trois points

$$M_1(x_1, y_1, z_1), \quad M_2(x_2, y_2, z_2), \quad M_3(x_3, y_3, z_3),$$

a pour équation

$$(9)\qquad \begin{vmatrix} 1 & x & y & z \\ 1 & x_1 & y_1 & z_1 \\ 1 & x_2 & y_2 & z_2 \\ 1 & x_3 & y_3 & z_3 \end{vmatrix} = 0,$$

que, pour abréger, nous écrirons

$$(10)\qquad Ax + By + Cz + D = 0,$$

où x, y, z désignent les variables courantes.

Dans cette équation les coefficients A, B, C sont respectivement égaux aux déterminants mineurs

$$-\begin{vmatrix} 1 & y_1 & z_1 \\ 1 & y_2 & z_2 \\ 1 & y_3 & z_3 \end{vmatrix}, \quad +\begin{vmatrix} 1 & x_1 & z_1 \\ 1 & x_2 & z_2 \\ 1 & x_3 & z_3 \end{vmatrix}, \quad -\begin{vmatrix} 1 & x_1 & y_1 \\ 1 & x_2 & y_2 \\ 1 & x_3 & y_3 \end{vmatrix}.$$

Ces déterminants représentent, au signe près, les doubles surfaces des projections du triangle $M_1M_2M_3$ sur les plans de coordonnées OYZ, OZX, OXY (211); par suite, la racine carrée de la somme des carrés de ces trois déterminants exprime la double surface de ce triangle $M_1M_2M_3$, c'est-à-dire que $\sqrt{A^2 + B^2 + C^2} = 2\,M_1M_2M_3$.

Supposons que x, y, z soient les coordonnées d'un point S situé hors du plan (9) ou (10); la distance de ce point au plan (10) sera

$$d = \frac{Ax + By + Cz + D}{\sqrt{A^2 + B^2 + C^2}} = \frac{Ax + By + Cz + D}{2 . M_1M_2M_3},$$

on en tire

$$2 . M_1M_2M_3 . d = Ax + By + Cz + D.$$

Or $2 . M_1M_2M_3 . d$ est égal à six fois le volume V du tétraèdre $SM_1M_2M_3$; donc on a

$$6V = Ax + By + Cz + D,$$

ou bien

$$\text{(XIX)} \qquad 6V = \begin{vmatrix} 0 & x & y & z \\ 1 & x_1 & y_1 & z_1 \\ 1 & x_2 & y_2 & z_2 \\ 1 & x_3 & y_3 & z_3 \end{vmatrix}.$$

308. Multiplions la première colonne successivement par les quantités arbitraires a, b, c et retranchons les produits obtenus des trois autres colonnes; la valeur du déterminant (XIX) n'est pas altérée, et il vient encore

$$\text{(XX)} \qquad 6V = \begin{vmatrix} 1 & x-a & y-b & z-c \\ 1 & x_1-a & y_1-b & z_1-c \\ 1 & x_2-a & y_2-b & z_2-c \\ 1 & x_3-a & y_3-b & z_3-c \end{vmatrix},$$

où a, b, c sont des constantes quelconques.

309. **Volume du tétraèdre compris sous les quatre plans**

$$\begin{aligned} P &= Ax + By + Cz + D = 0, \\ P' &= A'x + B'y + C'z + D' = 0, \\ P'' &= A''x + B''y + C''z + D'' = 0, \\ P''' &= A'''x + B'''y + C'''z + D''' = 0. \end{aligned}$$

Soient x, y, z les coordonnées du point d'intersection M des trois plans P', P'', P'''; x', y', z' celles du point d'intersection M′ des plans P'', P''', P; x'', y'', z'' les coordonnées de l'intersection M″ des plans P''', P, P'; enfin x''', y''', z''' celles de l'intersection M‴ des plans P, P', P''. Le volume V du tétraèdre MM′M″M‴ sera donné par

$$6V = \begin{vmatrix} 1 & x & y & z \\ 1 & x' & y' & z' \\ 1 & x'' & y'' & z'' \\ 1 & x''' & y''' & z''' \end{vmatrix}.$$

Multiplions ce déterminant par le suivant :

$$\mathfrak{D} = \begin{vmatrix} D & A & B & C \\ D' & A' & B' & C' \\ D'' & A'' & B'' & C'' \\ D''' & A''' & B''' & C''' \end{vmatrix} = (DA'B''C''');$$

nous obtenons

$$(11)\quad 6V\textcircled{\scriptsize D} = \begin{vmatrix} D + Ax + By + Cz & D' + A'x + B'y + C'z & D'' + A''x + B''y + C''z & D''' + A'''x + B'''y + C'''z \\ D + Ax' + By' + Cz' & D' + A'x' + B'y' + C'z' & D'' + A''x' + B''y' + C''z' & D''' + A'''x' + B'''y' + C'''z' \\ D + Ax'' + By'' + Cz'' & D' + A'x'' + B'y'' + C'z'' & D'' + A''x'' + B''y'' + C''z'' & D''' + A'''x'' + B'''y'' + C'''z'' \\ D + Ax''' + By''' + Cz''' & D' + A'x''' + B'y''' + C'z''' & D'' + B''x''' + B''y''' + C''z''' & D''' + A'''x''' + B'''y''' + C'''z''' \end{vmatrix}$$

Cela posé, le point M appartenant aux trois plans P', P'', P''', et se trouvant extérieur au plan P, on a évidemment

$$(12)\quad \begin{cases} Ax + By + Cz + D = \lambda, \\ A'x + B'y + C'z + D' = 0, \\ A''x + B''y + C''z + D'' = 0, \\ A'''x + B'''y + C'''z + D''' = 0. \end{cases}$$

On a pareillement

$$\begin{array}{lll} Ax' + By' + Cz' + D = 0, & Ax'' + By'' + Cz'' + D = 0, & Ax''' + By''' + Cz''' + D = 0, \\ A'x' + B'y' + C'z' + D' = \lambda', & A'x'' + B'y'' + C'z'' + D' = 0, & A'x''' + B'y''' + C'z''' + D' = 0, \\ A''x' + B''y' + C''z' + D'' = 0, & A''x'' + B''y'' + C''z'' + D'' = \lambda'', & A''x''' + B''y''' + C''z''' + D'' = 0, \\ A'''x' + B'''y' + C'''z' + D''' = 0; & A'''x'' + B'''y'' + C'''z'' + D''' = 0; & A'''x''' + B'''y''' + C'''z''' + D''' = \lambda'''. \end{array}$$

Ces équations réduisent la valeur (11) à

$$(13)\quad 6V\textcircled{\scriptsize D} = \begin{vmatrix} \lambda & 0 & 0 & 0 \\ 0 & \lambda' & 0 & 0 \\ 0 & 0 & \lambda'' & 0 \\ 0 & 0 & 0 & \lambda''' \end{vmatrix} = \lambda\lambda'\lambda''\lambda''',$$

où il reste à déterminer les constantes λ, λ', λ'' et λ'''.

Pour avoir λ, il nous suffira d'éliminer les trois variables x, y, z entre les quatre équations (12); nous obtenons ainsi l'égalité (134)

$$0 = \begin{vmatrix} A & B & C & D-\lambda \\ A' & B' & C' & D'-0 \\ A'' & B'' & C'' & D''-0 \\ A''' & B''' & C''' & D'''-0 \end{vmatrix} = \begin{vmatrix} A & B & C & D \\ A' & B' & C' & D' \\ A'' & B'' & C'' & D'' \\ A''' & B''' & C''' & D''' \end{vmatrix} - \begin{vmatrix} A & B & C & \lambda \\ A' & B' & C' & 0 \\ A'' & B'' & C'' & 0 \\ A''' & B''' & C''' & 0 \end{vmatrix},$$

qui, par l'emploi de la notation abrégée (18), revient à

$$0 = (AB'C''D''') - \lambda(A'B''C'''),$$

qui donne

$$\lambda = -\frac{(AB'C''D''')}{(A'B''C''')}.$$

On trouverait de même que

$$\lambda' = -\frac{(AB'C''D''')}{(A''B'''C)}, \quad \lambda'' = -\frac{(AB'C''D''')}{(A'''BC')}, \quad \lambda''' = -\frac{(AB'C''D''')}{(AB'C'')};$$

par conséquent il vient

$$\lambda\lambda'\lambda''\lambda''' = \frac{(AB'C''D''')^4}{(AB'C'').(A'B''C''').(A''B'''C).(A'''BC')}.$$

Si nous substituons cette valeur dans l'équation (13), nous trouverons, pour le volume demandé,

$$\text{(XXI)} \qquad 6V = \frac{(AB'C''D''')^3}{(AB'C'').(A'B''C''').(A''B'''C).(A'''BC')}.$$

Cette formule et la méthode suivie pour l'obtenir sont dues à JOACHIMSTHAL (*Journal der reinen und angewandten Mathematik von Crelle*, t. XL, p. 21-47).

* 310. **Produit des volumes de deux tétraèdres en valeur des seize distances des quatre sommets du premier tétraèdre aux quatre sommets du second.** — Soient V et V' les volumes des deux tétraèdres SABC, S'A'B'C', ayant leurs sommets respectifs aux points

$$S(x, y, z), \quad A(x_1, y_1, z_1), \quad B(x_2, y_2, z_2), \quad C(x_3, y_3, z_3);$$
$$S'(x', y', z'), \quad A'(x'_1, y'_1, z'_1), \quad B'(x'_2, y'_2, z'_2), \quad C'(x'_3, y'_3, z'_3).$$

Nous avons (306)

$$6V = \begin{vmatrix} 1 & 0 & 0 & 0 & 0 \\ 0 & 1 & x & y & z \\ 0 & 1 & x_1 & y_1 & z_2 \\ 0 & 1 & x_2 & y_2 & z_2 \\ 0 & 1 & x_3 & y_3 & z_3 \end{vmatrix}, \quad 6V' = -\begin{vmatrix} 0 & 1 & 0 & 0 & 0 \\ 1 & 0 & x' & y' & z' \\ 1 & 0 & x'_1 & y'_1 & z'_1 \\ 1 & 0 & x'_2 & y'_2 & z'_2 \\ 1 & 0 & x'_3 & y'_3 & z'_3 \end{vmatrix}.$$

Multiplions ces deux égalités membre à membre, il vient

$$36\,VV' = -\begin{vmatrix} 0 & 1 & 1 & 1 & 1 \\ 1 & xx' + yy' + zz' & xx'_1 + yy'_1 + zz'_1 & xx'_2 + yy'_2 + zz'_2 & xx'_3 + yy'_3 + zz'_3 \\ 1 & x_1x' + y_1y' + z_1z' & x_1x'_1 + y_1y'_1 + z_1z'_1 & x_1x'_2 + y_1y'_2 + z_1z'_2 & x_1x'_3 + y_1y'_3 + z_1z'_3 \\ 1 & x_2x' + y_2y' + z_2z' & x_2x'_1 + y_2y'_1 + z_2z'_1 & x_2x'_2 + y_2y'_2 + z_2z'_2 & x_2x'_3 + y_2y'_3 + z_2z'_3 \\ 1 & x_3x' + y_3y' + z_3z' & x_3x'_1 + y_3y'_1 + z_3z'_1 & x_3x'_2 + y_3y'_2 + z_3z'_2 & x_3x'_3 + y_3y'_3 + z_3z'_3 \end{vmatrix}.$$

Représentons les distances des sommets du premier tétraèdre à ceux du second par les notations

$$\begin{array}{llll} SS' = d_{11}, & AS' = d_{21}, & BS' = d_{31}, & CS' = d_{41}, \\ SA' = d_{12}, & AA' = d_{22}, & BA' = d_{32}, & CA' = d_{42}, \\ SB' = d_{13}, & AB' = d_{23}, & BB' = d_{33}, & CB' = d_{43}, \\ SC' = d_{14}, & AB'' = d_{24}, & BC' = d_{34}, & CC' = d_{44}; \end{array}$$

et désignons les distances des mêmes sommets à l'origine des coordonnées par les lettres suivantes :

$$\begin{array}{llll} SO = s, & AO = a, & BO = b, & CO = c, \\ S'O = s', & A'O = a', & B'O = b', & C'O = c'. \end{array}$$

Il est évident que

$$d_{11}^2 = (x - x')^2 + (y - y')^2 + (z - z')^2 = (x^2 + y^2 + z^2) + (x'^2 + y'^2 + z'^2) - 2(xx' + yy' + zz') = s^2 + s'^2 - 2(xx' + yy' + zz');$$

on en tire

$$2(xx' + yy' + zz') = s^2 + s'^2 - d_{11}^2.$$

On obtiendrait des valeurs analogues pour les autres sommes de produits.

Cela étant, dans notre dernier déterminant, multiplions les quatre dernières lignes par 2, puis divisons par 2 la première colonne résultante; le déterminant sera multiplié par $2^4 : 2 = 2^3 = 8$. Remplaçons les doubles sommes de produits par leurs valeurs $s^2 + s'^2 - d_{11}^2$, $s^2 + a'^2 - d_{12}^2, \ldots$, nous obtenons

$$288\,VV' = -\begin{vmatrix} 0 & 1 & 1 & 1 & 1 \\ 1 & s^2+s'^2-d_{11}^2 & s^2+a'^2-d_{12}^2 & s^2+b'^2-d_{13}^2 & s^2+c'^2-d_{14}^2 \\ 1 & a^2+s'^2-d_{21}^2 & a^2+a'^2-d_{22}^2 & a^2+b'^2-d_{23}^2 & a^2+c'^2-d_{24}^2 \\ 1 & b^2+s'^2-d_{31}^2 & b^2+a'^2-d_{32}^2 & b^2+b'^2-d_{33}^2 & b^2+c'^2-d_{34}^2 \\ 1 & c^2+s'^2-d_{41}^2 & c^2+a'^2-d_{42}^2 & c^2+b'^2-d_{43}^2 & c^2+c'^2-d_{44}^2 \end{vmatrix}.$$

Pour transformer ce déterminant, conservons la première ligne; multiplions-la ensuite successivement par s^2, a^2, b^2, c^2 et retranchons les produits respectivement des quatre dernières lignes; le déterminant ne change pas de valeur et nous avons

$$288\,VV' = -\begin{vmatrix} 0 & 1 & 1 & 1 & 1 \\ 1 & s'^2-d_{11}^2 & a'^2-d_{12}^2 & b'^2-d_{13}^2 & c'^2-d_{14}^2 \\ 1 & s'^2-d_{21}^2 & a'^2-d_{22}^2 & b'^2-d_{23}^2 & c'^2-d_{24}^2 \\ 1 & s'^2-d_{31}^2 & a'^2-d_{32}^2 & b'^2-d_{33}^2 & c'^2-d_{34}^2 \\ 1 & s'^2-d_{41}^2 & a'^2-d_{42}^2 & b'^2-d_{43}^2 & c'^2-d_{44}^2 \end{vmatrix}.$$

Dans ce déterminant conservons la première colonne; multiplions-la ensuite successivement par s'^2, a'^2, b'^2, c'^2 et retranchons les produits respectivement des quatre dernières colonnes; le déterminant conserve encore sa valeur et il vient

$$288\,VV' = -\begin{vmatrix} 0 & 1 & 1 & 1 & 1 \\ 1 & -d_{11}^2 & -d_{12}^2 & -d_{13}^2 & -d_{14}^2 \\ 1 & -d_{21}^2 & -d_{22}^2 & -d_{23}^2 & -d_{24}^2 \\ 1 & -d_{31}^2 & -d_{32}^2 & -d_{33}^2 & -d_{34}^2 \\ 1 & -d_{41}^2 & -d_{42}^2 & -d_{43}^2 & -d_{44}^2 \end{vmatrix}.$$

Enfin, si dans ce déterminant nous multiplions par -1 d'abord les quatre dernières lignes, puis la première colonne résultante, le déterminant sera multiplié par la cinquième puissance de -1, changera de signe et deviendra

$$\text{(XXII)} \qquad 288\,VV' = \begin{vmatrix} 0 & 1 & 1 & 1 & 1 \\ 1 & d_{11}^2 & d_{12}^2 & d_{13}^2 & d_{14}^2 \\ 1 & d_{21}^2 & d_{22}^2 & d_{23}^2 & d_{24}^2 \\ 1 & d_{31}^2 & d_{32}^2 & d_{33}^2 & d_{34}^2 \\ 1 & d_{41}^2 & d_{42}^2 & d_{43}^2 & d_{44}^2 \end{vmatrix}.$$

Telle est l'expression demandée.

Si le second tétraèdre se confond avec le premier, on aura

$$
\begin{aligned}
&\mathrm{d}_{11}=0, \quad \mathrm{d}_{12}=\mathrm{d}_{21}=a, \quad \mathrm{d}_{13}=\mathrm{d}_{31}=b, \quad \mathrm{d}_{14}=\mathrm{d}_{41}=c,\\
&\mathrm{d}_{22}=0, \quad \mathrm{d}_{23}=\mathrm{d}_{32}=c', \quad \mathrm{d}_{24}=\mathrm{d}_{42}=b',\\
&\mathrm{d}_{33}=0, \quad \mathrm{d}_{34}=\mathrm{d}_{43}=a',\\
&\mathrm{d}_{44}=0;
\end{aligned}
$$

de sorte qu'il viendra

$$
288\,V^2=\begin{vmatrix}
0 & 1 & 1 & 1 & 1\\
1 & 0 & a^2 & b^2 & c^2\\
1 & a^2 & 0 & c'^2 & b'^2\\
1 & b^2 & c'^2 & 0 & a'^2\\
1 & c^2 & b'^2 & a'^2 & 0
\end{vmatrix},
$$

comme au n° 304.

§ III. — Expressions diverses du rayon de la sphère circonscrite au tétraèdre (¹).

311. Expression en déterminant du rayon R de la sphère circonscrite au tétraèdre SABC (*fig.* 15), en valeur des trois arêtes contiguës SA $= a$, SB $= b$, SC $= c$ et des inclinaisons mutuelles de ces arêtes BSC $= \lambda$, CSA $= \mu$, ASB $= \nu$. — Prenons le sommet S pour ori-

Fig. 15.

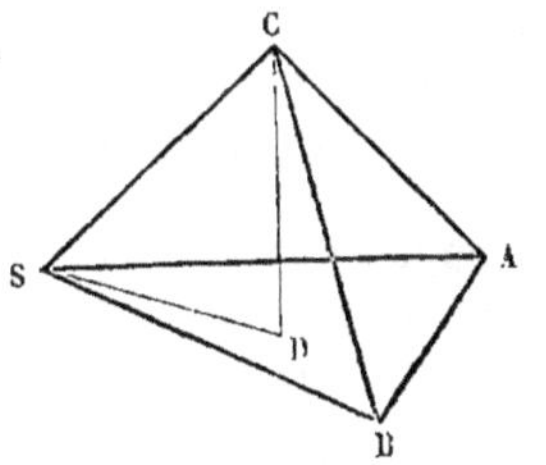

gine et les arêtes SA, SB, SC pour axes des coordonnées. Soit O le centre de la sphère circonscrite. Le rayon SO $=$ R a pour projections sur les

(¹) Dostor, *Nouvelles Annales de Mathématiques*, 2ᵉ série, 1873, t. XII, p. 370, et *Archives de Mathématiques et de Physique*, 1875, t. LVII, p. 163.

trois axes les demi-arêtes $\frac{a}{2}$, $\frac{b}{2}$, $\frac{c}{2}$, de sorte que, si α, β, γ désignent les inclinaisons de SO sur ces axes, on aura

$$(1)\qquad \frac{a}{2} = \mathrm{R}\cos\alpha,\quad \frac{b}{2} = \mathrm{R}\cos\beta,\quad \frac{c}{2} = \mathrm{R}\cos\gamma.$$

Dans la relation (III) du n° 231, mettons à la place de $\cos\alpha$, $\cos\beta$, $\cos\gamma$ leurs valeurs tirées des égalités (1); cette relation deviendra

$$\begin{vmatrix} 1 & \frac{a}{2\mathrm{R}} & \frac{b}{2\mathrm{R}} & \frac{c}{2\mathrm{R}} \\ \frac{a}{2\mathrm{R}} & 1 & \cos\nu & \cos\mu \\ \frac{b}{2\mathrm{R}} & \cos\nu & 1 & \cos\lambda \\ \frac{c}{2\mathrm{R}} & \cos\mu & \cos\lambda & 1 \end{vmatrix} = 0,$$

ou, en multipliant la première ligne et la première colonne chacune par $2\mathrm{R}$,

$$\begin{vmatrix} 4\mathrm{R}^2 & a & b & c \\ a & 1 & \cos\nu & \cos\mu \\ b & \cos\nu & 1 & \cos\lambda \\ c & \cos\mu & \cos\lambda & 1 \end{vmatrix} = 0.$$

Cette relation nous donne l'expression en question

$$(\mathrm{I})\qquad 4\mathrm{R}^2\Delta^2 = -\begin{vmatrix} 0 & a & b & c \\ a & 1 & \cos\nu & \cos\mu \\ b & \cos\nu & 1 & \cos\lambda \\ c & \cos\mu & \cos\lambda & 1 \end{vmatrix}.$$

312. **Expression développée du rayon de la sphère circonscrite au tétraèdre, en valeur de trois arêtes contiguës et des inclinaisons mutuelles de ces arêtes.** — Si nous développons le déterminant (I), nous trouverons que

$$(\mathrm{II})\qquad \left\{\begin{aligned} 4\mathrm{R}^2\Delta^2 = a^2\sin^2\lambda &+ 2bc(\cos\mu\cos\nu - \cos\lambda) \\ + b^2\sin^2\mu &+ 2ca(\cos\nu\cos\lambda - \cos\mu) \\ + c^2\sin^2\nu &+ 2ab(\cos\lambda\cos\mu - \cos\nu). \end{aligned}\right.$$

313. **Expression en déterminant du rayon de la sphère circonscrite au tétraèdre, en valeur des six arêtes a et a', b et b', c et c',**

opposées deux à deux. — Dans le déterminant (I) multiplions les trois dernières colonnes respectivement par $2a$, $2b$, $2c$, puis les quatre lignes résultantes par $\frac{1}{2}$, a, b, c; l'équation deviendra

$$16a^2b^2c^2\Delta^2R^2 = -\begin{vmatrix} 0 & a^2 & b^2 & c^2 \\ a^2 & 2a^2 & 2ab\cos\nu & 2ca\cos\mu \\ b^2 & 2ab\cos\nu & 2b^2 & 2bc\cos\lambda \\ c^2 & 2ca\cos\mu & 2bc\cos\lambda & 2c^2 \end{vmatrix},$$

ou, en remarquant que $a^2b^2c^2\Delta^2 = 36V^2$ et en tenant compte des égalités (1) du n° 294,

$$576V^2R^2 = -\begin{vmatrix} 0 & a^2 & b^2 & c^2 \\ a^2 & 2a^2 & a^2+b^2-c'^2 & c^2+a^2-b'^2 \\ b^2 & a^2+b^2-c'^2 & 2b^2 & b^2+c^2-a'^2 \\ c^2 & c^2+a^2-b'^2 & b^2+c^2-a'^2 & 2c^2 \end{vmatrix}.$$

Retranchons d'abord la première ligne de chacune des trois suivantes, puis la première colonne aussi des trois suivantes; il nous viendra

$$576V^2R^2 = -\begin{vmatrix} 0 & a^2 & b^2 & c^2 \\ a^2 & 0 & -c'^2 & -b'^2 \\ b^2 & -c'^2 & 0 & -a'^2 \\ c^2 & -b'^2 & -a'^2 & 0 \end{vmatrix}.$$

Enfin changeons les signes des trois dernières lignes, puis le signe de la première colonne résultante; le déterminant sera multiplié par $(-1)^4 = 1$ et n'aura pas changé de signe. Nous avons ainsi l'expression demandée

$$\text{(III)} \qquad 576V^2R^2 = -\begin{vmatrix} 0 & a^2 & b^2 & c^2 \\ a^2 & 0 & c'^2 & b'^2 \\ b^2 & c'^2 & 0 & a'^2 \\ c^2 & b'^2 & a'^2 & 0 \end{vmatrix}.$$

314. Autres formes de ce déterminant (III). — Si nous nous reportons aux transformations du n° 73, nous verrons que cette expression affecte encore les deux formes suivantes :

$$\text{(IV)} \qquad 576V^2R^2 = -\begin{vmatrix} 0 & 1 & 1 & 1 \\ 1 & 0 & c^2c'^2 & b^2b'^2 \\ 1 & c^2c'^2 & 0 & a^2a'^2 \\ 1 & b^2b'^2 & a^2a'^2 & 0 \end{vmatrix}$$

et

$$(\mathrm{V}) \qquad 576\,\mathrm{V}^2\mathrm{R}^2 = -\begin{vmatrix} 0 & aa' & bb' & cc' \\ aa' & 0 & cc' & bb' \\ bb' & cc' & 0 & aa' \\ cc' & bb' & aa' & 0 \end{vmatrix}.$$

315. Expression, développée en produit, de la valeur de $576\,\mathrm{V}^2\mathrm{R}^2$. — Dans le déterminant (V) remplaçons la première colonne par la somme des quatre colonnes; nous obtenons

$$576\,\mathrm{V}^2\mathrm{R}^2 = -\begin{vmatrix} aa'+bb'+cc' & aa' & bb' & cc' \\ aa'+bb'+cc' & 0 & cc' & bb' \\ aa'+bb'+cc' & cc' & 0 & aa' \\ aa'+bb'+cc' & bb' & aa' & 0 \end{vmatrix}.$$

Nous voyons ainsi que le déterminant (V) est divisible par $aa'+bb'+cc'$. Si l'on avait remplacé la première colonne par la somme des quatre colonnes respectivement multipliées par 1, 1, -1 et -1, on aurait trouvé que le déterminant (V) est aussi divisible par $bb'+cc'-aa'$. Il est aisé de voir qu'il est de même divisible par $cc'+aa'-bb'$ et par $aa'+bb'-cc'$ et qu'en définitive on a

$$(\mathrm{VI}) \qquad \left\{ \begin{aligned} 576\,\mathrm{V}^2\mathrm{R}^2 = {} & (aa'+bb'+cc')(bb'+cc'-aa') \\ & \times (cc'+aa'-bb')(aa'+bb'-cc'), \end{aligned} \right.$$

ou

$$(\mathrm{VII}) \qquad 72\,\mathrm{V}^2\mathrm{R}^2 = \mathrm{P}^2(\mathrm{P}^2-aa')(\mathrm{P}^2-bb')(\mathrm{P}^2-cc'),$$

en posant

$$aa'+bb'+cc' = 2\,\mathrm{P}^2.$$

Cette dernière formule (VII) est due à Crelle (Crelle, *Sammlung mathematischer Aufsätze und Bemerkungen*, t. I, 3, p. 105).

316. Calcul direct du déterminant (III). — Supposons que le tétraèdre SABC soit rapporté au centre O de la sphère circonscrite et désignons par x, y, z; x_1, y_1, z_1; x_2, y_2, z_2; x_3, y_3, z_3 les coordonnées des quatre sommets S, A, B, C.

Dans l'expression (XVIII) du n° 306, qui donne le volume V du tétraèdre, multiplions la première colonne du déterminant successivement par R et $-$R; nous obtenons les deux égalités

$$6\,\mathrm{VR} = \begin{vmatrix} \mathrm{R} & x & y & z \\ \mathrm{R} & x_1 & y_1 & z_1 \\ \mathrm{R} & x_2 & y_2 & z_2 \\ \mathrm{R} & x_3 & y_3 & z_3 \end{vmatrix}, \qquad -6\,\mathrm{VR} = \begin{vmatrix} -\mathrm{R} & x & y & z \\ -\mathrm{R} & x_1 & y_1 & z_1 \\ -\mathrm{R} & x_2 & y_2 & z_2 \\ -\mathrm{R} & x_3 & y_3 & z_3 \end{vmatrix},$$

dont le produit est

$$-36V^2R^2 = \begin{vmatrix} -R^2 + x^2 + y^2 + z^2 & -R^2 + xx_1 + yy_1 + zz_1 & -R^2 + xx_2 + yy_2 + zz_2 & -R^2 + xx_3 + yy_3 + zz_2 \\ -R^2 + xx_1 + yy_1 + zz_1 & -R^2 + x_1^2 + y_1^2 + z_1^2 & -R^2 + x_1x_2 + y_1y_2 + z_1z_2 & -R^2 + x_1x_3 + y_1y_3 + z_1z_3 \\ -R^2 + xx_2 + yy_2 + zz_2 & -R^2 + x_1x_2 + y_1y_2 + z_1z_2 & -R^2 + x_2^2 + y_2^2 + z_2^2 & -R^2 + x_2x_3 + y_2y_3 + z_2z_3 \\ -R^2 + xx_3 + yy_3 + zz_3 & -R^2 + x_1x_3 + y_1y_3 + z_1z_3 & -R^2 + x_2x_3 + y_2y_3 + z_2z_3 & -R^2 + x_3^2 + y_3^2 + z_3^2 \end{vmatrix}.$$

Cela trouvé, les sommets S, A, B, C étant situés sur la sphère, nous avons d'abord

$$-R^2 + x^2 + y^2 + z^2 = 0, \quad -R^2 + x_1^2 + y_1^2 + z_1^2 = 0,$$
$$-R^2 + x_2^2 + y_2^2 + z_2^2 = 0, \quad -R^2 + x_3^2 + y_3^2 + z_3^2 = 0.$$

Il vient ensuite

$$SA^2 = (x - x_1)^2 + (y - y_1)^2 + (z - z_1)^2 = (x^2 + y^2 + z^2) + (x_1^2 + y_1^2 + z_1^2) - 2(xx_1 + yy_1 + zz_1),$$

ou

$$a^2 = 2[R^2 - (xx_1 + yy_1 + zz_1)],$$

de sorte qu'on a

$$-R^2 + xx_1 + yy_1 + zz_1 = -\frac{a^2}{2}, \quad -R^2 + x_2x_3 + y_2y_3 + z_2z_3 = -\frac{a'^2}{2},$$
$$-R^2 + xx_2 + yy_2 + zz_2 = -\frac{b^2}{2}, \quad -R^2 + x_1x_3 + y_1y_3 + z_1z_3 = -\frac{b'^2}{2},$$
$$-R^2 + xx_3 + yy_3 + zz_3 = -\frac{c^2}{2}, \quad -R^2 + x_1x_2 + y_1y_2 + z_1z_2 = -\frac{c'^2}{2}.$$

Substituons toutes ces valeurs dans notre dernier déterminant et multiplions les quatre lignes par -2; le déterminant sera multiplié par $(-2)^4 = 16$ et nous obtiendrons encore la formule (III).

§ IV. — Rayon de la sphère inscrite dans le tétraèdre (¹).

* 317. Prenons encore le sommet S pour origine et les arêtes SA, SB, SC pour axes des coordonnées. Soit O le centre de la sphère inscrite dans le tétraèdre et r le rayon de cette sphère.

Si x', y', z' sont les coordonnées du centre O, les distances de ce centre aux plans de coordonnées SAB, SAC, SBC étant toutes trois égales à r, on aura, en vertu des formules (III) du n° 270,

$$(1)\qquad r = \frac{\Delta x'}{\sin\lambda} = \frac{\Delta y'}{\sin\mu} = \frac{\Delta z'}{\sin\nu}.$$

D'ailleurs le plan de la quatrième face ABC du tétraèdre est

$$\frac{x}{a} + \frac{y}{b} + \frac{z}{c} - 1 = 0.$$

Nous voyons ainsi qu'il suffit de remplacer, dans la formule (3) du n° 269, A, B, C et D par $\frac{1}{a}$, $\frac{1}{b}$, $\frac{1}{c}$ et -1, p par r, et x', y', z' par leurs valeurs $\frac{r\sin\lambda}{\Delta}$, $\frac{r\sin\mu}{\Delta}$, $\frac{r\sin\nu}{\Delta}$ tirées de (1), pour avoir l'équation

$$(2)\qquad \left(\frac{\sin\lambda}{a} + \frac{\sin\mu}{b} + \frac{\sin\nu}{c} - \frac{\Delta}{r}\right)^2 = -\begin{vmatrix} 0 & \frac{1}{a} & \frac{1}{b} & \frac{1}{c} \\ \frac{1}{a} & 1 & \cos\nu & \cos\mu \\ \frac{1}{b} & \cos\nu & 1 & \cos\lambda \\ \frac{1}{c} & \cos\mu & \cos\lambda & 1 \end{vmatrix},$$

qui nous fournira la valeur du rayon r de la sphère inscrite.

Dans le déterminant du second membre, multiplions les trois dernières lignes, ainsi que les trois dernières colonnes, respectivement par a, b et c et divisons hors barres par le produit $a.b.c \times a.b.c = a^2b^2c^2$; ce

(¹) G. Dostor, *Nouvelles Annales de Mathématiques*, 2ᵉ série, t. XII, p. 367. — *Archives de Mathématiques*, 1875, t. LVII, p. 170.

déterminant prend la forme

$$-\frac{1}{a^2b^2c^2}\begin{vmatrix} 0 & 1 & 1 & 1 \\ 1 & a^2 & ab\cos\nu & ca\cos\mu \\ 1 & ab\cos\nu & b^2 & bc\cos\lambda \\ 1 & ca\cos\mu & bc\cos\lambda & c^2 \end{vmatrix},$$

et montre (297) que le second membre de l'équation (2) est égal au carré de la double surface S du triangle ABC divisé par $a^2b^2c^2$. Nous avons donc

$$\left(\frac{\sin\lambda}{a}+\frac{\sin\mu}{b}+\frac{\sin\nu}{c}-\frac{\Delta}{r}\right)^2=\frac{4S^2}{a^2b^2c^2},$$

d'où nous tirons

$$\text{(I)}\qquad \frac{\Delta}{r}=\frac{\sin\lambda}{a}+\frac{\sin\mu}{b}+\frac{\sin\nu}{c}\pm\frac{2S}{abc}.$$

Cette formule donne les deux rayons des deux sphères tangentes aux quatre faces du tétraèdre, lesquelles sphères ont leurs centres situés sur la droite (271)

$$\frac{x}{\sin\lambda}=\frac{y}{\sin\mu}=\frac{z}{\sin\nu}.$$

* 318. Si l'on a soin de changer dans cette équation (I) successivement le signe de $\sin\lambda$, $\sin\mu$, $\sin\nu$, on formera les trois équations

$$\text{(II)}\qquad \left\{\begin{aligned} \frac{\Delta}{r'}&=\frac{\sin\mu}{b}+\frac{\sin\nu}{c}-\frac{\sin\lambda}{a}\pm\frac{2S}{abc},\\ \frac{\Delta}{r''}&=\frac{\sin\nu}{c}+\frac{\sin\lambda}{a}-\frac{\sin\mu}{b}\pm\frac{2S}{abc},\\ \frac{\Delta}{r'''}&=\frac{\sin\lambda}{a}+\frac{\sin\mu}{b}-\frac{\sin\nu}{c}\pm\frac{2S}{abc}, \end{aligned}\right.$$

qui donnent les rayons des six autres sphères tangentes aux plans des quatre faces du tétraèdre.

Ces sphères ont leurs centres situés, deux par deux, sur les droites respectives (271)

$$-\frac{x}{\sin\lambda}=\frac{y}{\sin\mu}=\frac{z}{\sin\nu},$$

$$\frac{x}{\sin\lambda}=-\frac{y}{\sin\mu}=\frac{z}{\sin\nu},$$

$$\frac{x}{\sin\lambda}=\frac{y}{\sin\mu}=-\frac{z}{\sin\nu},$$

qui, étant dirigées dans l'intérieur des trois dièdres

SA'BC, SAB'C, SABC',

formés par deux des arêtes SA, SB, SC et le prolongement de la troisième, sont les lieux des points équidistants des faces de ces trièdres.

§ V. — Tétraèdre circonscriptible par les arêtes [1].

* 319. Nous donnerons ce nom aux tétraèdres, dont les six arêtes sont tangentes à une même sphère.

Conservons toutes les notations précédentes, et appelons α, β, γ, δ les segments des arêtes qui sont compris entre les sommets A, B, C, S du tétraèdre et les points de contact de ces arêtes avec la sphère.

Si nous supposons que la sphère touche à la fois les six arêtes et non leurs prolongements, nous aurons

$$(1)\qquad \left\{\begin{aligned} a &= \alpha+\delta, & b &= \beta+\delta, & c &= \gamma+\delta,\\ a' &= \beta+\gamma, & b' &= \gamma+\alpha, & c' &= \alpha+\beta; \end{aligned}\right.$$

d'où nous tirons, en ajoutant verticalement,

$$(\mathrm{I})\qquad \alpha+\beta+\gamma+\delta = a+a' = b+b' = c+c'.$$

Donc, *dans tout tétraèdre circonscriptible intérieurement par les arêtes, les sommes des arêtes opposées sont égales entre elles.*

* 320. **Cosinus des angles au sommet** S. — Désignons toujours ces angles BSC, CSA, ASB par λ, μ, ν. Puisque

$$a'^2 = b^2 + c^2 - 2bc\cos\lambda,$$

il vient

$$\cos\lambda = \frac{b^2+c^2-a'^2}{2bc} = \frac{(\beta+\delta)^2+(\gamma+\delta)^2-(\beta+\gamma)^2}{2bc} = \frac{2(\beta+\delta)(\gamma+\delta)-4\beta\gamma}{2bc};$$

nous avons donc

$$(\mathrm{II})\qquad \cos\lambda = 1-\frac{2\beta\gamma}{bc},\quad \cos\mu = 1-\frac{2\gamma\alpha}{ca},\quad \cos\nu = 1-\frac{2\alpha\beta}{bc},$$

---

(1) G. Dostor, *Nouvelles Annales de Mathématiques*, 2e série, 1874, t. XIII, p. 563. — *Archives de Mathématiques*, 1875, t. LVII, p. 172.

d'où nous tirons

$$\text{(III)} \qquad \sin^2\frac{\lambda}{2} = \frac{\beta\gamma}{bc}, \quad \sin^2\frac{\mu}{2} = \frac{\gamma\alpha}{ca}, \quad \sin^2\frac{\nu}{2} = \frac{\alpha\beta}{ab}.$$

321. **Volume du tétraèdre.** — La formule (III) du n° 293 nous donne

$$36V^2 = -a^2b^2c^2 \begin{vmatrix} -1 & -\cos\nu & -\cos\mu \\ -\cos\nu & 1 & -\cos\lambda \\ -\cos\mu & \cos\lambda & -1 \end{vmatrix}$$

$$= -a^2b^2c^2 \begin{vmatrix} 1 & 0 & 0 & 0 \\ 1 & -1 & -\cos\nu & -\cos\mu \\ 1 & -\cos\mu & -1 & -\cos\lambda \\ 1 & -\cos\mu & -\cos\lambda & -1 \end{vmatrix}.$$

Ajoutons la première colonne à chacune des trois suivantes; il nous vient

$$36V^2 = -a^2b^2c^2 \begin{vmatrix} 1 & 1 & 1 & 1 \\ 1 & 0 & 1-\cos\nu & 1-\cos\mu \\ 1 & 1-\cos\nu & 0 & 1-\cos\lambda \\ 1 & 1-\cos\mu & 1-\cos\lambda & 0 \end{vmatrix}.$$

Si dans ce déterminant nous substituons les valeurs (II) et que nous multipliions par a, b, c d'abord les trois dernières lignes, puis les trois dernières colonnes, nous aurons

$$36V^2 = -\begin{vmatrix} 1 & a & b & c \\ a & 0 & 2\alpha\beta & 2\gamma\alpha \\ b & 2\alpha\beta & 0 & 2\beta\gamma \\ c & 2\gamma\alpha & 2\beta\gamma & 0 \end{vmatrix}.$$

Divisons enfin les trois dernières lignes par 2 et multiplions aussi par 2 la première colonne résultante; le déterminant sera divisé par 4, et il nous viendra en définitive

$$\text{(IV)} \qquad 9V^2 = -\begin{vmatrix} 2 & a & b & c \\ a & 0 & \alpha\beta & \gamma\alpha \\ b & \alpha\beta & 0 & \beta\gamma \\ c & \gamma\alpha & \beta\gamma & 0 \end{vmatrix},$$

pour le triple carré du volume du tétraèdre.

* 322. **Rayon de la sphère tangente aux six arêtes du tétraèdre.** — Soient ω le centre de cette sphère et ρ son rayon. Appelons φ l'inclinaison

commune de la droite $S\omega$ sur les trois arêtes du trièdre S. Nous avons, en ayant égard à la formule (XXVI) du n° 246,

$$\rho = \delta \operatorname{tang} \varphi = \frac{4\delta \sin\frac{\lambda}{2} \sin\frac{\mu}{2} \sin\frac{\nu}{2}}{\Delta};$$

et, si nous mettons dans cette expression les valeurs (III), nous trouverons que

$$\text{(V)} \qquad \rho = \frac{4\alpha\beta\gamma\delta}{abc\Delta} = \frac{2\alpha\beta\gamma\delta}{3V}.$$

323. Angles des arêtes opposées. — Représentons par $\mathcal{A}$, $\mathcal{B}$, $\mathcal{C}$ les inclinaisons mutuelles des arêtes opposées a et a', b et b', c et c'. Nous avons (283)

$$2aa' \cos\mathcal{A} = b^2 + b'^2 - c^2 - c'^2;$$

remplaçant les arêtes par leurs valeurs (1) en fonction de α, β, γ, δ, nous obtenons

$$\text{(VI)} \qquad \begin{cases} \cos\mathcal{A} = \dfrac{(\beta-\gamma)(\delta-\alpha)}{(\beta+\gamma)(\delta+\alpha)}, \\[2ex] \cos\mathcal{B} = \dfrac{(\gamma-\alpha)(\delta-\beta)}{(\gamma+\alpha)(\delta+\beta)}, \\[2ex] \cos\mathcal{C} = \dfrac{(\alpha-\beta)(\delta-\gamma)}{(\alpha+\beta)(\delta+\gamma)}; \end{cases}$$

d'où nous tirons

$$\text{(VI)} \quad \operatorname{tang}^2\frac{\mathcal{A}}{2} = \frac{\alpha\beta+\gamma\delta}{\alpha\gamma+\beta\delta}, \quad \operatorname{tang}^2\frac{\mathcal{B}}{2} = \frac{\beta\gamma+\alpha\delta}{\beta\alpha+\gamma\delta}, \quad \operatorname{tang}^2\frac{\mathcal{C}}{1} = \frac{\gamma\alpha+\beta\delta}{\gamma\beta+\alpha\delta},$$

et par suite

$$\text{(VIII)} \qquad \operatorname{tang}\frac{\mathcal{A}}{2} \operatorname{tang}\frac{\mathcal{B}}{2} \operatorname{tang}\frac{\mathcal{C}}{2} = 1.$$

* **324.** Si la sphère, tangente aux arêtes BC, CA, AB, touchait extérieurement les arêtes SA, SB, SC aux points A_1, B_1, C_1, on aurait toujours

$$a' = \beta + \gamma, \quad b' = \gamma + \alpha, \quad c' = \alpha + \beta;$$

mais il viendrait

$$a = \delta' - \alpha, \quad b = \delta' - \beta, \quad c = \delta' - \gamma,$$

où

$$\delta' = SA_1 = SB_1 = SC_1.$$

On trouverait alors que

$$\text{(IX)} \qquad \alpha + \beta + \gamma - \delta' = a' - a = b' - b = c' - c,$$

c'est-à-dire que *les différences des arêtes opposées seraient égales entre elles.*

Le rayon de la sphère serait dans ce cas

$$\text{(X)} \qquad \rho' = \frac{2\alpha\beta\gamma\delta'}{3\mathrm{V}}.$$

* 325. Pour le *tétraèdre régulier*, on a

$$\alpha = \beta = \gamma = \delta = \frac{a}{2} \quad \text{et} \quad \mathrm{V} = \frac{a^3\sqrt{2}}{12};$$

il vient, par suite,

$$\rho = \frac{1}{4} a\sqrt{2},$$

et, commeles rayons des deux sphères, l'une inscrite, l'autre circonscrite, sont

$$r = \frac{a\sqrt{6}}{12}, \quad \mathrm{R} = \frac{a\sqrt{6}}{4},$$

on voit que

$$\text{(XI)} \qquad \rho^2 = \frac{a^2}{8} = \mathrm{R}r.$$

Donc, *dans le tétraèdre régulier, le rayon de la sphère tangente aux six arêtes est moyen proportionnel entre le rayon de la sphère inscrite et celui de la sphère circonscrite.*

§ VI. — Tétraèdre équifacial (¹).

* 326. Nous donnerons ce nom au tétraèdre dont les quatre faces sont des triangles égaux; les arêtes opposées y sont deux à deux égales et les angles plans de chaque trièdre valent ensemble deux droits.

Nous représenterons par a, b, c les trois côtés du triangle générateur ABC et par A, B, C les angles opposés à ces côtés. Nous désignerons d'ailleurs par les mêmes lettres a, b, c les angles dièdres qui sont adjacents aux arêtes a, b, c du tétraèdre.

(¹) G. Dostor, *Archives de Mathématiques et de Physique*, 1875, t. LVII, p. 179.

Dans les formules du n° 248 remplaçons α, μ, ν par A, B, C et X, Y, Z par a, b, c; elles deviennent

$$\text{(I)} \qquad \cos a + \cos b + \cos c = 1,$$

$$\text{(II)} \qquad \Delta = 2\sqrt{\cos A \cos B \cos C} = 2 \operatorname{tang}\frac{a}{2} \operatorname{tang}\frac{b}{2} \operatorname{tang}\frac{c}{2}.$$

* 327. **Volume du tétraèdre.** — Mettons cette valeur de Δ dans la formule (II), $V = \frac{1}{6} abc\Delta$, du n° 292; nous obtenons pour le volume du tétraèdre

$$V = \frac{1}{3} abc \sqrt{\cos A \cos B \cos C};$$

or le triangle générateur nous donne

$$\cos A = \frac{b^2 + c^2 - a^2}{2bc}, \quad \cos B = \frac{c^2 + a^2 - b^2}{2ca}, \quad \cos C = \frac{a^2 + b^2 - c^2}{2ab};$$

par suite, nous trouvons, en substituant et en élevant au carré,

$$\text{(III)} \qquad 72 V^2 = (b^2 + c^2 - a^2)(c^2 + a^2 - b^2)(a^2 + b^2 - c^2).$$

* 328. **Rayon des sphères inscrite et exinscrite.** — Désignons ces rayons par r et r', et par S la surface du triangle générateur. Il est évident que

$$V = \frac{4}{3} S r = \frac{2}{3} S r';$$

il vient donc

$$\text{(IV)} \qquad 8r^2 = 2r'^2 = \frac{(b^2 + c^2 - a^2)(c^2 + a^2 - b^2)(a^2 + b^2 - c^2)}{(a + b + c)(b + c - a)(c + a - b)(a + b - c)}.$$

Si H est la hauteur du tétraèdre, on aura

$$H = \frac{3V}{S} - 4r = 2r'.$$

Ainsi *la hauteur du tétraèdre équifacial est égale au diamètre de la sphère exinscrite et égale au double diamètre de la sphère inscrite.*

* 329. **Rayon de la sphère circonscrite.** — Les arêtes opposées du tétraèdre équifacial étant égales, la formule (VI) du n° 315 nous donnera

$$576 V^2 R^2 = (a^2 + b^2 + c^2)(b^2 + c^2 - a^2)(c^2 + a^2 - b^2)(a^2 + b^2 - c^2);$$

divisant cette égalité membre à membre par la relation (III) qui précède, nous obtenons

$$\text{(V)} \qquad 8R^2 = a^2 + b^2 + c^2.$$

Donc *le double diamètre de la sphère circonscrite au tétraèdre équifacial est égale à la racine carrée de la somme des carrés des six arêtes du tétraèdre.*

§ I. — Tétraèdre a arêtes opposées rectangulaires (1).

* 330. **Théorème I.** — *Dans tout tétraèdre à arêtes opposées rectangulaires, les sommes des carrés des arêtes opposées sont égales entre elles.*

Nous avons vu au n° 284 que, si deux systèmes d'arêtes opposées sont rectangulaires, les deux arêtes opposées restantes sont aussi perpendiculaires entre elles. En supposant donc

$$(1) \qquad \alpha = \beta = \gamma = \frac{\pi}{2}, \quad \text{d'où} \quad \cos\alpha = \cos\beta = \cos\gamma = 0,$$

les trois formules (I) du n° 283 donnent de suite

$$\text{(I)} \qquad a^2 + a'^2 = b^2 + b'^2 = c^2 + c'^2.$$

* 331. **Théorème II.** — *Dans tout tétraèdre à arêtes opposées rectangulaires, les trois arêtes d'un même trièdre sont proportionnelles aux cosinus des faces opposées de ce trièdre.*

Car l'hypothèse (1) réduit les égalités (III) du n° 285 aux suivantes :

$$a\cos\mu = b\cos\lambda, \quad b\cos\nu = c\cos\mu, \quad c\cos\lambda = \cos\nu,$$

qui donnent

$$\text{(II)} \qquad \frac{a}{\cos\lambda} = \frac{b}{\cos\mu} = \frac{c}{\cos\nu}.$$

* 332. **Relation entre les trois arêtes d'un même trièdre et les angles dièdres adjacents.** — Soit $\frac{1}{r}$ la valeur commune des trois rapports (II), de sorte que

$$(2) \qquad \cos^2\lambda = a^2 r^2, \quad \cos^2\mu = b^2 r^2, \quad \cos^2\nu = c^2 r^2.$$

(1) G. Dostor, *Archives de Mathématiques et de Physique*, 1875, t. LVII, p. 177.

Le trièdre S nous donne aussi

$$\frac{\sin^2\lambda}{\sin^2 a} = \frac{\sin^2\mu}{\sin^2 b} = \frac{\sin^2\nu}{\sin^2 c} = r'^2,$$

d'où nous tirons

$$(3) \qquad \sin^2\lambda = r'^2\sin^2 a, \quad \sin^2\mu = r'^2\sin^2 b, \quad \sin^2\nu = r'^2\sin^2 c.$$

Ajoutant les égalités (2) et (3), nous obtenons

$$\begin{aligned} -1 + r^2a^2 + r'^2\sin^2 a &= 0,\\ -1 + r^2b^2 + r'^2\sin^2 b &= 0,\\ -1 + r^2c^2 + r'^2\sin^2 c &= 0. \end{aligned}$$

Éliminant les inconnues r^2 et r'^2 entre ces trois équations, nous trouvons la relation

$$(\text{III}) \qquad \begin{vmatrix} 1 & a^2 & \sin^2 a \\ 1 & b^2 & \sin^2 b \\ 1 & c^2 & \sin^2 c \end{vmatrix} = 0,$$

qui, étant développée, se met sous la forme

$$(\text{IV}) \quad \frac{1}{a^2}\left(\frac{\sin^2 b}{b^2} - \frac{\sin^2 c}{c^2}\right) + \frac{1}{b^2}\left(\frac{\sin^2 c}{c^2} - \frac{\sin^2 a}{a^2}\right) + \frac{1}{c^2}\left(\frac{\sin^2 a}{a^2} - \frac{\sin^2 b}{b^2}\right) = 0.$$

On a pareillement les égalités

$$\begin{vmatrix} 1 & a^2 & \sin^2 a \\ 1 & b'^2 & \sin^2 b' \\ 1 & c'^2 & \sin^2 c' \end{vmatrix} = 0, \qquad \begin{vmatrix} 1 & b^2 & \sin^2 b \\ 1 & c'^2 & \sin^2 c' \\ 1 & a'^2 & \sin^2 a' \end{vmatrix} = 0, \qquad \begin{vmatrix} 1 & c^2 & \sin^2 c \\ 1 & a'^2 & \sin^2 a' \\ 1 & b'^2 & \sin^2 b' \end{vmatrix} = 0.$$

*333. Dans les relations (X) et (XI) du n° 291 posons $\alpha = \frac{\pi}{2}$; elles donnent

$$(\text{V}) \qquad \frac{a^2a'^2}{4} = B^2 + C^2 - 2\,BC\cos a = A^2 + S^2 - 2\,AS\cos a'.$$

On en conclut que :

Théorème III. — *Dans tout tétraèdre à arêtes opposées rectangulaires, le carré du demi-produit de deux arêtes opposées égale la somme des carrés des deux faces adjacentes à l'une de ces arêtes, moins le double produit de ces deux faces par le cosinus du dièdre compris.*

* 334. Faisons $\sin\alpha = \sin\beta = \sin\gamma = 1$ dans la relation (XIII) du même numéro 291 ; nous trouvons que

$$\text{(VI)} \qquad \frac{1}{4}(a^2a'^2 + b^2b'^2 + c^2c'^2) = A^2 + B^2 + C^2 + S^2.$$

Ainsi :

Théorème IV. — *Dans tout tétraèdre à arêtes opposées rectangulaires, la somme des carrés des produits des arêtes opposées est égale à quatre fois la somme des carrés des quatre faces.*

* 335. **Volume du tétraèdre.** — Les égalités (II) donnent

$$\frac{a^2}{\cos^2\lambda} = \frac{b^2 + c^2 - 2bc\cos\lambda}{\cos^2\mu + \cos^2\nu - 2\cos\lambda\cos\mu\cos\nu} = \frac{a'^2}{\sin^2\lambda - \Delta^2},$$

d'où l'on tire

$$a^2\Delta^2 = a^2\sin^2\lambda - a'^2\cos^2\lambda.$$

On trouve ainsi que

$$\text{(VII)} \qquad \left\{ \begin{aligned} 36V^2 = a^2b^2c^2\Delta^2 &= b^2c^2(a^2\sin^2\lambda - a'^2\cos^2\lambda) \\ &= c^2a^2(b^2\sin^2\mu - b'^2\cos^2\mu) \\ &= a^2b^2(c^2\sin^2\nu - c'^2\sin^2\nu). \end{aligned} \right.$$

CHAPITRE V.

LES SURFACES DU SECOND DEGRÉ.

§ I. La sphère. — § II. Les surfaces du second degré à centre. — § III. Les surfaces cylindriques du second degré. — § IV. Les surfaces de révolution du second degré.

§ I. — La sphère.

336. **Expression en déterminant de l'équation de la sphère en valeur des dérivées et du rayon** [1]. — Soient a, b, c les coordonnées du centre C d'une sphère, R le rayon de la sphère et x, y, z les coordonnées d'un point quelconque de la surface. L'équation de la sphère sera

$$(1)\quad \left\{\begin{aligned} f(x,y,z) = {} & (x-a)^2+(y-b)^2+(z-c)^2+2(y-b)(z-c)\cos\lambda \\ & +2(z-c)(x-a)\cos\mu+2(x-a)(y-b)\cos\nu - R^2 = 0. \end{aligned}\right.$$

On en tire

$$\begin{aligned} f'_x &= 2(x-a)+2(y-b)\cos\nu+2(z-c)\cos\mu, \\ f'_y &= 2(x-a)\cos\nu+2(y-b)+2(z-c)\cos\lambda, \\ f'_z &= 2(x-a)\cos\mu+2(y-b)\cos\lambda+2(z-c). \end{aligned}$$

Mais l'équation (1) de la sphère peut se mettre sous la forme (200)

$$(x-a)f'_x+(y-b)f'_y+(z-c)f'_z-2R^2=0.$$

Nous avons, par suite, quatre équations

$$\begin{aligned} 4R^2+2(a-x)f'_x+2(b-y)f'_y+2(c-z)f'_z &= 0, \\ f'_x+2(a-x)+2(b-y)\cos\nu+2(c-z)\cos\mu &= 0, \\ f'_y+2(a-x)\cos\nu+2(b-y)+2(c-z)\cos\lambda &= 0, \\ f'_z+2(a-x)\cos\mu+2(b-y)\cos\lambda+2(c-z) &= 0, \end{aligned}$$

(1) G. Dostor, *Archives de Mathématiques et de Physique*, 1874, t. LVI, p. 103.

entre les trois variables $2(a-x)$, $2(b-y)$, $2(c-z)$. Éliminant ces variables, il nous vient l'équation

$$
(1) \qquad \begin{vmatrix} 4R^2 & f'_x & f'_y & f'_z \\ f'_x & 1 & \cos\nu & \cos\mu \\ f'_y & \cos\nu & 1 & \cos\lambda \\ f'_z & \cos\mu & \cos\lambda & 1 \end{vmatrix} = 0,
$$

pour celle de la sphère.

En développant le premier membre, on ramène cette équation à la forme

$$
(\text{II}) \qquad \left\{ \begin{aligned} 4\Delta^2 R^2 = & \sin^2\lambda\, f'^2_x + 2(\cos\mu\cos\nu - \cos\lambda) f'_y \cdot f'_z \\ & + \sin^2\mu\, f'^2_y + 2(\cos\nu\cos\lambda - \cos\mu) f'_z \cdot f'_x \\ & + \sin^2\nu\, f'^2_z + 2(\cos\lambda\cos\mu - \cos\nu) f'_x \cdot f'_y, \end{aligned} \right.
$$

où Δ exprime le sinus du trièdre formé par les axes de coordonnées.

337. Équation de la sphère passant par quatre points donnés. — Si les axes de coordonnées sont rectangulaires, l'équation de la sphère sera de la forme

$$
(2) \qquad d + 2ax + 2by + 2cz + x^2 + y^2 + z^2 = 0.
$$

La sphère contiendra les quatre points M_1, M_2, M_3, M_4, si les coordonnées de ces points

$$
x_1,\ y_1,\ z_1; \quad x_2,\ y_2,\ z_2; \quad x_3,\ y_3,\ z_3; \quad x_4,\ y_4,\ z_4
$$

satisfont à l'équation (2). On obtient ainsi les quatre équations

$$
(3) \qquad \left\{ \begin{aligned} d + 2ax_1 + 2by_1 + 2cz_1 + x_1^2 + y_1^2 + z_1^2 = 0, \\ d + 2ax_2 + 2by_2 + 2cz_2 + x_2^2 + y_2^2 + z_2^2 = 0, \\ d + 2ax_3 + 2by_3 + 2cz_3 + x_3^2 + y_3^2 + z_3^2 = 0, \\ d + 2ax_4 + 2by_4 + 2cz_4 + x_4^2 + y_4^2 + z_4^2 = 0, \end{aligned} \right.
$$

qui fournissent les valeurs de a, b, c et d. La substitution de ces valeurs dans l'équation (2) donnera l'équation de la sphère.

Cette équation peut s'obtenir immédiatement. En effet, les cinq équations précédentes (2) et (3) sont du premier degré par rapport aux quatre inconnues d, $2a$, $2b$ et $2c$; elles sont forcément compatibles; donc leur déterminant est nul. On trouve ainsi

$$\text{(III)}\qquad \begin{vmatrix} 1 & x & y & z & x^2+y^2+z^2 \\ 1 & x_1 & y_1 & z_1 & x_1^2+y_1^2+z_1^2 \\ 1 & x_2 & y_2 & z_2 & x_2^2+y_2^2+z_2^2 \\ 1 & x_3 & y_3 & z_3 & x_3^2+y_3^2+z_3^2 \\ 1 & x_4 & y_4 & z_4 & x_4^2+y_4^2+z_4^2 \end{vmatrix} = 0,$$

pour l'équation demandée de la sphère.

338. **Relation entre les distances mutuelles de cinq points** $M(x, y, z)$, $M_1(x_1, y_1, z_1)$, $M_2(x_2, y_2, z_2)$, $M_3(x_3, y_3, z_3)$, $M_4(x_4, y_4, z_4)$ **situés sur la surface d'une même sphère.** — Les coordonnées de ces cinq points satisfaisant à l'équation (2), on en déduit la relation (III), qui peut se mettre sous chacune des deux formes suivantes :

$$\begin{vmatrix} 1 & x^2+y^2+z^2 & -2x & -2y & -2z \\ 1 & x_1^2+y_1^2+z_1^2 & -2x_1 & -2y_1 & -2z_1 \\ 1 & x_2^2+y_2^2+z_2^2 & -2x_2 & -2y_2 & -2z_2 \\ 1 & x_3^2+y_3^2+z_3^2 & -2x_3 & -2y_3 & -2z_3 \\ 1 & x_4^2+y_4^2+z_4^2 & -2x_4 & -2y_4 & -2z_4 \end{vmatrix} = 0, \qquad \begin{vmatrix} x^2+y^2+z^2 & 1 & x & y & z \\ x_1^2+y_1^2+z_1^2 & 1 & x_1 & y_1 & z_1 \\ x_2^2+y_2^2+z_2^2 & 1 & x_2 & y_2 & z_2 \\ x_3^2+y_3^2+z_3^2 & 1 & x_3 & y_3 & z_3 \\ x_4^2+y_4^2+z_4^2 & 1 & x_4 & y_4 & z_4 \end{vmatrix} = 0.$$

Faisons le produit de ces deux déterminants, en multipliant lignes par lignes; nous obtenons la relation

$$\begin{vmatrix} 0 & (x-x_1)^2+(y-y_1)^2+(z-z_1)^2 & (x-x_2)^2+(y-y_2)^2+(z-z_2)^2 & (x-x_3)^2+(y-y_3)^2+(z-z_3)^2 & (x-x_4)^2+(y-y_4)^2+(z-z_4)^2 \\ (x_1-x)^2+(y_1-y)^2+(z_1-z)^2 & 0 & (x_1-x_2)^2+(y_1-y_2)^2+(z_1-z_2)^2 & (x_1-x_3)^2+(y_1-y_3)^2+(z_1-z_3)^2 & (x_1-x_4)^2+(y_1-y_4)^2+(z_1-z_4)^2 \\ (x_2-x)^2+(y_2-y)^2+(z_2-z)^2 & (x_2-x_1)^2+(y_2-y_1)^2+(z_2-z_1)^2 & 0 & (x_2-x_3)^2+(y_2-y_3)^2+(z_2-z_3)^2 & (x_2-x_4)^2+(y_2-y_4)^2+(z_2-z_4)^2 \\ (x_3-x)^2+(y_3-y)^2+(z_3-z)^2 & (x_3-x_1)^2+(y_3-y_1)^2+(z_3-z_1)^2 & (x_3-x_2)^2+(y_3-y_2)^2+(z_3-z_2)^2 & 0 & (x_3-x_4)^2+(y_3-y_4)^2+(z_3-z_4)^2 \\ (x_4-x)^2+(y_4-y)^2+(z_4-z)^2 & (x_4-x_1)^2+(y_4-y_1)^2+(z_4-z_1)^2 & (x_4-x_2)^2+(y_4-y_2)^2+(z_4-z_2)^2 & (x_4-x_3)^2+(y_4-y_3)^2+(z_4-z_3)^2 & 0 \end{vmatrix} = 0.$$

Cela obtenu, posons

$$(x - x_1)^2 + (y - y_1)^2 + (z - z_1)^2 = \overline{\mathrm{M}\,\mathrm{M}_1}^2 = a^2,$$

$$(x_1 - x_2)^2 + (y_1 - y_2)^2 + (z_1 - z_2)^2 = \overline{\mathrm{M}_1\mathrm{M}_2}^2 = b^2,$$

$$(x_2 - x_3)^2 + (y_2 - y_3)^2 + (z_2 - z_3)^2 = \overline{\mathrm{M}_2\mathrm{M}_3}^2 = c^2,$$

$$(x_3 - x_4)^2 + (y_3 - y_4)^2 + (z_3 - z_4)^2 = \overline{\mathrm{M}_3\mathrm{M}_4}^2 = d^2,$$

$$(x_4 - x)^2 + (y_4 - y)^2 + (z_4 - z)^2 = \overline{\mathrm{M}_4\mathrm{M}_1}^2 = e;$$

puis

$$(x_2 - x_4)^2 + (y_2 - y_4)^2 + (z_2 - z_4)^2 = \overline{\mathrm{M}_2\mathrm{M}_4}^2 = \alpha^2,$$

$$(x_3 - x)^2 + (y_3 - y)^2 + (z_3 - z)^2 = \overline{\mathrm{M}_3\mathrm{M}}^2 = \beta^2,$$

$$(x_4 - x_1)^2 + (y_4 - y_1)^2 + (z_4 - z_1)^2 = \overline{\mathrm{M}_4\mathrm{M}_1}^2 = \gamma^2,$$

$$(x - x_2)^2 + (y - y_2)^2 + (z - z_2)^2 = \overline{\mathrm{M}\,\mathrm{M}_2}^2 = \delta^2,$$

$$(x_1 - x_3)^2 + (y_1 - y_3)^2 + (z_1 - z_3)^2 = \overline{\mathrm{M}_1\mathrm{M}_3}^2 = \varepsilon^2.$$

Si nous substituons ces carrés dans la dernière équation qui précède, nous obtiendrons la relation à trouver

$$\text{(IV)} \qquad \begin{vmatrix} 0 & a^2 & \delta^2 & \beta^2 & e^2 \\ a^2 & 0 & b^2 & \varepsilon^2 & \gamma^2 \\ \delta^2 & b^2 & 0 & c^2 & \alpha^2 \\ \beta^2 & \varepsilon^2 & c^2 & 0 & d^2 \\ e^2 & \gamma^2 & \alpha^2 & d^2 & 0 \end{vmatrix} = 0.$$

§ II. — Les surfaces du second degré a centre.

339. Forme en déterminant de l'équation de l'ellipsoïde et des deux hyperboloïdes. — Considérons l'ellipsoïde

$$\frac{x^2}{a'^2} + \frac{y^2}{b'^2} + \frac{z^2}{c'^2} = 1,$$

rapporté à trois diamètres conjugués $2a'$, $2b'$, $2c'$. L'équation peut se mettre sous la forme

$$(1) \qquad b'^2c'^2x^2 + c'^2a'^2y^2 + a'^2b'^2z^2 = a'^2b'^2c'^2.$$

Joignons un point quelconque M de la surface (*fig.* 16) dont les coordonnées sont x, y, z, au centre O de la surface et aux extrémités A′, B′, C′ des demi-diamètres positifs OA′, OB′, OC′ et tirons les droites B′C′, C′A′, A′B′. Nous formons ainsi les quatre tétraèdres OMB′C′, OMC′A′, OMA′B′ et OA′B′C′.

Fig. 16.

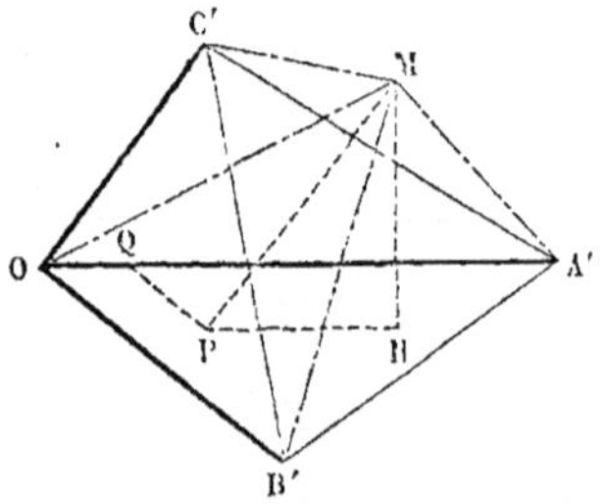

Appelons ν l'angle A′OB′ compris entre les deux demi-diamètres OA′, OB′ et désignons par ν' l'inclinaison du troisième demi-diamètre OC′ sur le plan OA′B′ des deux précédents.

Si nous prenons le triangle OA′B′ pour base du tétraèdre MOA′B′, la hauteur de ce solide sera la perpendiculaire MH abaissée du point M sur le plan OA′B′.

Or il est facile de voir qu'on a le triangle OA′B′ égal à

$$\tfrac{1}{2}\mathrm{OA'}.\mathrm{OB'}.\sin \mathrm{A'OB'} = \tfrac{1}{2}a'b'\sin\nu;$$

de plus, si nous menons MP parallèle à OC′ jusqu'à la rencontre du plan OA′B′ en P et que nous tirions PH, nous aurons MP $= z$ et l'angle MPH $= \nu'$; par suite on voit aussi que

$$\mathrm{HM} = \mathrm{MP}.\sin \mathrm{MPH} = z\sin\nu'.$$

Il s'ensuit que le volume du tétraèdre MOA′B′ sera

$$\tfrac{1}{3}\mathrm{OA'B'}.\mathrm{MH} = \tfrac{1}{6}a'b'\sin\nu . z\sin\nu = \tfrac{1}{6}a'b'z.\sin\nu\sin\nu'.$$

Mais $\sin\nu\sin\nu'$ est précisément (233) le sinus Δ du trièdre OA′B′C′ formé par les trois demi-diamètres OA′, OB′, OC′; donc il nous vient

$$\mathrm{vol.OMA'B'} = \tfrac{1}{6}a'b'z.\Delta.$$

On verrait de même qu'on a

$$\text{vol.OMC}'\text{A}' = \tfrac{1}{6}c'a'y.\Delta, \quad \text{vol.OMB}'\text{C}' = \tfrac{1}{6}b'c'x.\Delta;$$

et, comme vol.OA′B′C′ $= \frac{1}{6}a'b'c'.\Delta$, on trouve que, si l'on multiplie l'équation (1) par $\frac{1}{36}\Delta^2$, on aura

$$(2)\quad \text{vol}^2.\text{MOB}'\text{C}' + \text{vol}^2.\text{MOC}'\text{A}' + \text{vol}^2.\text{MOA}'\text{B}' = \text{vol}^2.\text{OA}'\text{B}'\text{C}'.$$

Ainsi *l'équation* (1) *de l'ellipsoïde, rapporté à trois diamètres conjugués, exprime que, si l'on joint un point quelconque de la surface aux extrémités des trois demi-diamètres conjugués, la somme des carrés des trois tétraèdres ainsi obtenus est égale au carré du tétraèdre formé par ces trois demi-diamètres.*

340. Cela étant compris, supposons que l'ellipsoïde soit rapporté à trois axes quelconques passant par le centre de la surface et comprenant entre eux un trièdre, dont nous représenterons le sinus par Δ. Soient x_1, y_1, z_1; x_2, y_2, z_2; x_3, y_3, z_3 les coordonnées des extrémités de trois demi-diamètres conjugués quelconques OA′, OB′, OC′; et désignons par x, y, z les coordonnées d'un point quelconque M de l'ellipsoïde.

Nous avons (307) le tétraèdre MOB′C′ égal à

$$\pm\tfrac{1}{6}\Delta\begin{vmatrix} x & y & z \\ x_2 & y_2 & z_2 \\ x_3 & y_3 & z_3 \end{vmatrix},$$

et, comme les expressions pour les volumes MOC′A′, MOA′B′ et OA′B′C′ sont analogues, nous obtenons, en substituant dans l'égalité (2) et en divisant par $\frac{1}{36}\Delta^2$,

$$(\text{I})\quad \begin{vmatrix} x & y & z \\ x_2 & y_2 & z_2 \\ x_3 & y_3 & z_3 \end{vmatrix}^2 + \begin{vmatrix} x & y & z \\ x_3 & y_3 & z_3 \\ x_1 & y_1 & z_1 \end{vmatrix}^2 + \begin{vmatrix} x & y & z \\ x_1 & y_1 & z_1 \\ x_2 & y_2 & z_2 \end{vmatrix}^2 = \begin{vmatrix} x_1 & y_1 & z_1 \\ x_2 & y_2 & z_2 \\ x_3 & y_3 & z_3 \end{vmatrix}^2.$$

Telle est *l'équation de l'ellipsoïde rapportée à son centre, en valeur des coordonnées des extrémités de trois demi-diamètres conjugués* (1).

(1) G. Dostor, *La Science*, 1855, 2e semestre, p. 998. — *Archives de Mathématiques et de Physique*, 1866, t. LVI, Revue bibliographique, p. 5.

En développant les déterminants, on ramène cette équation à la forme

$$(\text{II})\quad \left\{\begin{aligned} &(x\,y_2z_3 - x\,z_2y_3 + y\,z_2x_3 - y\,x_2z_3 + z\,x_2y_3 - z\,y_2x_3)^2\\ +&(x\,y_3z_1 - x\,z_3y_1 + y\,z_3x_1 - y\,x_3z_1 + z\,x_3y_1 - z\,y_3x_1)^2\\ +&(x\,y_1z_2 - x\,z_1y_2 + y\,z_1x_2 - y\,x_1z_2 + z\,x_1y_2 - z\,y_1x_2)^2\\ =&(x_1y_2z_3 - x_1z_2y_3 + y_1z_2x_3 - y_1x_2z_3 + z_1x_2y_3 - z_1y_2x_3)^2.\end{aligned}\right.$$

341. Lorsque les coordonnées sont rectangulaires et que les demi-diamètres OA′, OB′, OC′ sont les axes de la surface (1), l'équation (I) se réduit à

$$(\text{III})\quad \left\{\begin{aligned} &\frac{xx_1 + yy_1 + zz_1}{x_1^2 + y_1^2 + z_1^2} + \left(\frac{xx_2 + yy_2 + zz_2}{x_2^2 + y_2^2 + z_2^2}\right)^2\\ &\qquad + \left(\frac{xx_3 + yy_3 + zz_3}{x_3^2 + y_3^2 + z_3^2}\right)^2 = 1,\end{aligned}\right.$$

avec la triple condition

$$(3)\quad \left\{\begin{aligned} x_2x_3 + y_2y_3 + z_2z_3 &= 0,\\ x_3x_1 + y_3y_1 + z_3z_1 &= 0,\\ x_1x_2 + y_1y_2 + z_1z_2 &= 0.\end{aligned}\right.$$

342. Si les coordonnées x_3, y_3, z_3 sont seules imaginaires et de la forme $\beta\sqrt{-1}$, l'équation (I) représentera un hyperboloïde à une nappe; si ces coordonnées seules sont réelles et les autres imaginaires, on aura l'hyperboloïde à deux nappes.

343. Équation aux axes des surfaces du second degré. — Supposons que a, b, c soient les coordonnées du centre de la surface du second degré

$$(4)\quad \left\{\begin{aligned} f(x, y, z) = {} & \mathrm{A}x^2 + \mathrm{A}'y^2 + \mathrm{A}''z^2\\ & + 2\mathrm{B}yz + 2\mathrm{B}'zx + 2\mathrm{B}''xy\\ & + 2\mathrm{C}x + 2\mathrm{C}'y + 2\mathrm{C}''z + \mathrm{D} = 0.\end{aligned}\right.$$

Cette équation peut s'écrire

$$(5)\quad \left\{\begin{aligned} f(x,y,z) = {} & \mathrm{A}(x-a)^2 + \mathrm{A}'(y-b)^2 + \mathrm{A}''(z-c)^2\\ & + 2\mathrm{B}(y-b)(z-c) + 2\mathrm{B}'(z-c)(x-a)\\ & + 2\mathrm{B}''(x-a)(y-b) + \mathrm{H} = 0\end{aligned}\right.$$

ou encore

$$(6) \quad 2f(x,y,z) = (x-a)f''_x + (y-b)f''_y + (z-c)f''_z + 2\mathrm{H} = 0,$$

où l'on a

$$(7) \quad \mathrm{H} = \mathrm{C}a + \mathrm{C}'b + \mathrm{C}''c + \mathrm{D}.$$

L'équation du plan tangent au point (x', y', z') de la surface (4) sera

$$(8) \quad (x-x')f'_x + (y-y')f'_y + (z-z')f'_z = 0,$$

pendant que la droite menée du centre (a, b, c) au point (x', y', z') sera représentée par les équations

$$(9) \quad \frac{x-a}{x'-a} = \frac{y-b}{y'-b} = \frac{z-c}{z'-c}.$$

Pour que le point (x', y', z') soit un sommet de la surface (6), il faut et il suffit que le rayon central (9) soit perpendiculaire au plan tangent (8). On obtient ainsi les égalités de condition (**268**)

$$(\mathrm{IV}) \quad \left\{ \begin{aligned} & \frac{f'_{x'}}{(x'-a) + (y'-b)\cos\nu + (z'-c)\cos\mu} \\ & = \frac{f'_{y'}}{(x'-a)\cos\nu + (y'-b) + (z'-c)\cos\lambda} \\ & = \frac{f'_{z'}}{(x'-a)\cos\mu + (y'-b)\cos\lambda + (z'-c)}; \end{aligned} \right.$$

où λ, μ, ν sont les angles des axes.

Ces équations (IV) existent pour toute droite menée du centre à un sommet quelconque de la surface; il suffit donc d'y supprimer les accents des variables pour avoir les équations qui déterminent les axes de la surface (4).

344. Grandeur des axes des surfaces du second degré. — Dans les équations des axes (IV), où x, y, z désignent les coordonnées d'un sommet,

$$(\mathrm{V})\quad \left\{\begin{aligned} &\frac{f'_x}{(x-a)+(y-b)\cos\nu+(z-c)\cos\mu}\\ &=\frac{f'_y}{(x-a)\cos\nu+(y-b)+(z-c)\cos\lambda}\\ &=\frac{f'_z}{(x-a)\cos\mu+(y-b)\cos\lambda+(z-c)},\end{aligned}\right.$$

multiplions les deux termes de la première fraction par $x-a$, ceux de la seconde par $x-b$ et les termes de la troisième par $z-c$, puis faisons la somme des numérateurs et celle des dénominateurs ; nous obtenons une fraction, dont le numérateur, en vertu de l'équation (6), est égal à $-2\mathrm{H}$ et dont le dénominateur est égal à R^2, R désignant la distance du centre au sommet.

Nous formons ainsi les trois équations

$$\begin{aligned} &\mathrm{R}^2 f'_x+2\mathrm{H}\,[x-a+(y-b)\cos\nu+(z-c)\cos\mu]=0,\\ &\mathrm{R}^2 f'_y+2\mathrm{H}\,[(x-a)\cos\nu+y-b+(z-c)\cos\lambda]=0,\\ &\mathrm{R}^2 f'_z+2\mathrm{H}\,[(x-a)\cos\mu+(y-b)\cos\lambda+(z-c)]=0,\end{aligned}$$

que nous pouvons transformer.

En effet, l'équation (5) donne pour les demi-dérivées les valeurs

$$\begin{aligned} &\tfrac{1}{2}f'_x=\mathrm{A}\ \ (x-a)+\mathrm{B}''(y-b)+\mathrm{B}''(z-c),\\ &\tfrac{1}{2}f'_y=\mathrm{B}''(x-a)+\mathrm{A}'\,(y-b)+\mathrm{B}\ \,(z-c),\\ &\tfrac{1}{2}f'_z=\mathrm{B}'\,(x-a)+\mathrm{B}\ \,(y-b)+\mathrm{A}''(z-c);\end{aligned}$$

en les substituant dans les trois équations qui précèdent, on les change en

$$(10)\quad \left\{\begin{aligned} &(\mathrm{AR}^2+\mathrm{H})(x-a)+(\mathrm{B}''\mathrm{R}^2+\mathrm{H}\cos\nu)(y-b)\\ &\qquad\qquad+(\mathrm{B}'\mathrm{R}^2+\mathrm{H}\cos\mu)(z-c)=0,\\ &(\mathrm{B}''\mathrm{R}^2+\mathrm{H}\cos\nu)(x-a)+(\mathrm{A}'\mathrm{R}^2+\mathrm{H})(y-b)\\ &\qquad\qquad+(\mathrm{BR}^2+\mathrm{H}\cos\lambda)(z-c)=0,\\ &(\mathrm{B}'\mathrm{R}_2+\mathrm{H}\cos\mu)(x-a)+(\mathrm{BR}^2+\mathrm{H}\cos\lambda(y-b)\\ &\qquad\qquad+(\mathrm{A}''\mathrm{R}^2+\mathrm{H})(z-c)=0.\end{aligned}\right.$$

Ces trois équations sont homogènes et du premier degré par rapport aux variables $x-a$, $y-b$ et $z-c$; si nous éliminons ces variables, nous obtenons la résultante

$$\text{(VI)}\quad \begin{vmatrix} AR^2+H & B''R^2+H\cos\nu & B'R^2+H\cos\mu \\ B''R^2+H\cos\nu & A'R^2+H & BR^2+H\cos\lambda \\ B'R^2+H\cos\mu & BR^2+H\cos\lambda & A''R^2+H \end{vmatrix} = 0,$$

qui nous fournit les carrés des demi-axes de la surface du second degré (4).

Développons ce déterminant par la méthode de Sarrus, il nous vient

$$\begin{aligned}(AR^2+H)(A'R^2+H)(A''R^2+H)\\ +2(BR^2+H\cos\lambda)(B'R^2+H\cos\mu)(B''R^2+H\cos\nu)\\ -(AR^2+H)(BR^2+H\cos\lambda)^2-(A'R^2+H)(B'R^2+H\cos\mu)^2\\ -(A''R^2+H)(B''R^2+H\cos\nu)^2=0,\end{aligned}$$

et, en effectuant,

$$\text{(VII)}\quad \left\{\begin{aligned}&(AA'A''+2B'BB''-AB^2-A'B'^2-A''B''^2)R^6\\ &-[(B^2-A'A'')+(B'^2-A''A)+(B''^2-AA')+2(AB-B'B'')\cos\lambda\\ &\qquad+2(A'B'-B''B)\cos\mu+2(A''B''-BB')\cos\nu]HR^4\\ &+[A\sin^2\lambda+A'\sin^2\mu+A''\sin^2\nu+2B(\cos\mu\cos\nu-\cos\lambda)\\ &\qquad+2B'(\cos\nu\cos\lambda-\cos\mu)+2B''(\cos\lambda\cos\mu-\cos\nu)]H^2R^2\\ &\qquad+(1-\cos^2\lambda-\cos^2\mu-\cos^2\nu+2\cos\lambda\cos\mu\cos\nu)H^3=0.\end{aligned}\right.$$

344 *bis*. Équation d'un axe en valeur de la grandeur de cet axe. — Multiplions les égalités (10) respectivement par $BR^2+H\cos\lambda$, $B'R^2+H\cos\mu$, $B''R^2+H\cos\nu$ et retranchons chaque résultat du précédent, nous obtenons les nouvelles égalités

$$\text{(VIII)}\quad \left\{\begin{aligned}&[(AB-B'B'')R^4+(B-B'\cos\nu-B''\cos\mu\\ &\qquad+A\cos\lambda)HR^2-(\cos\mu\cos\nu-\cos\lambda)H^2](x-a)\\ &=[(A'B'-B''B)R^4+(B'-B''\cos\lambda-B\cos\nu\\ &\qquad+A'\cos\mu)HR^2-(\cos\nu\cos\lambda-\cos\mu)H^2](y-b)\\ &=[(A''B''-BB')R^4+(B''-B\cos\mu-B'\cos\lambda\\ &\qquad+A'\cos\nu)HR^2-(\cos\lambda\cos\mu-\cos\nu)H^2](z-c),\end{aligned}\right.$$

qui constituent les équations de l'un quelconque des trois axes en valeur de la grandeur R de cet axe.

345. Équation et grandeur des axes des surfaces du second degré, pour des coordonnées rectangulaires. — Ces équations s'obtiennent en faisant $\cos\lambda = \cos\mu = \cos\nu = 0$, $\sin\lambda = \sin\mu = \sin\nu = 1$ dans les formules (V), (VI), (VII) et (VIII). On trouve ainsi

$$\text{(IX)} \qquad \frac{f'_x}{x-a} = \frac{f'_y}{y-b} = \frac{f'_z}{z-c}$$

pour les *équations aux axes ;*

$$\text{(X)} \qquad \begin{vmatrix} AR^2+H & B''R^2 & B'R^2 \\ B''R^2 & A'R^2+H & BR^2 \\ B'R^2 & BR^2 & A''R^2+H \end{vmatrix} = 0,$$

ou

$$\text{(XI)} \quad \left\{ \begin{aligned} &(AA'A''+2BB'B''-AB^2-A'B'^2-A''B''^2)R^6 \\ &\quad +(A'A''-B^2+A''A-B'^2+AA'-B''^2)HR^4 \\ &\qquad +(A+A'+A'')H^2R^2+H^3=0 \end{aligned} \right.$$

pour *l'équation qui donne la grandeur d'un axe,* et

$$\text{(XII)} \quad \left\{ \begin{aligned} &[(AB-B'B'')R^2+BH](x-a) \\ &=[(A'B'-B''B)R^2+B'H](y-b) \\ &=[(A''B''-BB')R^2+B''H](z-c) \end{aligned} \right.$$

pour les *équations d'un axe en valeur de la grandeur de cet axe.*

346. Réalité des racines de l'équation du troisième degré en S. — Soient α, β, γ les cosinus de direction, pour des axes rectangulaires, d'un système de cordes parallèles dans la surface du second degré (4); les équations de l'une de ces cordes seront

$$\text{(11)} \qquad \frac{x-a}{\alpha} = \frac{y-b}{\beta} = \frac{z-c}{\gamma},$$

a, b, c étant les coordonnées d'un point de la corde. Le plan diamétral correspondant sera représenté par l'équation

$$\alpha f'_x + \beta f'_y + \gamma f'_z = 0,$$

dont la développée est

$$(A\alpha + B''\beta + B'\gamma)x + (B''\alpha + A'\beta + B\gamma)y \\ + (B'\alpha + B\beta + A''\gamma)z + C\alpha + C'\beta + C''\gamma = 0.$$

Pour que ce plan soit perpendiculaire à la corde (11), il faut et il suffit que l'on ait

$$\frac{A\alpha + B''\beta + B'\gamma}{\alpha} = \frac{B''\alpha + A'\beta + B\gamma}{\beta} = \frac{B'\alpha + B\beta + A''\gamma}{\gamma} = S,$$

S désignant la valeur commune de ces trois rapports.

Ces relations de condition reviennent aux trois suivantes :

$$(12) \quad \left\{\begin{array}{l} (A - S)\alpha + B''\beta + B'\gamma = 0, \\ B''\alpha + (A' - S)\beta + B\gamma = 0, \\ B'\alpha + B\beta + (A'' - S)\gamma = 0, \end{array}\right.$$

qui, pour être vérifiées par un même système de valeurs pour α, β, γ, exigent que l'on ait

$$(\text{XIII}) \quad \begin{vmatrix} A - S & B'' & B' \\ B'' & A' - S & B \\ B' & B & A'' - S \end{vmatrix} = 0.$$

Il s'agit de prouver que les trois racines de cette équation sont toujours réelles.

Cette proposition a été établie de plusieurs manières, entre autres par MM. Cauchy, Kummer, Borchardt et Jacobi ; M. Sylvester l'a démontrée aussi d'une manière très-simple et fort élégante, en y appliquant la multiplication des déterminants [1]. M. Gérono l'a encore prouvée tout récemment, au moyen des déterminants, dans son journal les *Nouvelles Annales de Mathématiques*, 2e série, 1872, t. XI, p. 305.

La démonstration suivante nous paraît très-avantageuse par sa grande simplicité.

Multiplions les égalités (12) respectivement par B, B', B'', que nous supposons tous les trois différents de zéro; elles

(1) *Philosophical Magazine*, 1852.

deviennent

$$\begin{gathered}(AB - SB)\alpha + B''B\beta + BB'\gamma = 0,\\ B'B''\alpha + (A'B' - SB')\beta + BB'\gamma = 0,\\ B'B''\alpha + B''B\beta + (A''B'' - SB'')\gamma = 0.\end{gathered}$$

Si nous posons dans celles-ci

$$AB - B'B'' = aB, \quad A'B' - B''B = a'B', \quad A''B'' - BB' = a''B'',$$

elles se changent en

$$(13) \quad \left\{\begin{aligned}(a - S)B\alpha + B'B''\alpha + B''B\beta + BB'\gamma = 0,\\ (a' - S)B'\beta + B'B''\alpha + B''B\beta + BB'\gamma = 0,\\ (a'' - S)B''\gamma + B'B''\alpha + B''B\beta + BB'\gamma = 0,\end{aligned}\right.$$

lesquelles prouvent que

$$(a - S)B\alpha = (a' - S)B'\beta = (a'' - S)B''\gamma.$$

Représentons par P chacun de ces trois produits égaux; nous avons les valeurs

$$\alpha = \frac{P}{(a - S)B}, \quad \beta = \frac{P}{(a' - S)B'}, \quad \gamma = \frac{P}{(a'' - S)B''},$$

qui, étant substituées dans l'une des équations (13), nous fournissent immédiatement l'équation en S

$$1 + \frac{B'B''}{(a - S)B} + \frac{B''B}{(a' - S)B'} + \frac{BB'}{(a'' - S)B''} = 0,$$

qui devient, par l'évanouissement des dénominateurs,

$$(\text{XIV}) \quad \left\{\begin{aligned}&BB'B''(S - a)(S - a')(S - a'')\\ &\quad - B'^2B''^2(S - a')(S - a'') - B''^2B^2(S - a'')(S - a)\\ &\qquad - B^2B'^2(S - a)(S - a') = 0.\end{aligned}\right.$$

Pour fixer les idées, supposons que le produit $BB'B''$ soit positif :

1° Admettons d'abord que les trois quantités a, a', a'' soient inégales et rangées par ordre de grandeurs croissantes.

Si, dans l'équation (XIV), nous remplaçons S successivement par $-\infty$, a, a', a'' et $+\infty$, le premier membre prendra les valeurs correspondantes

$$\begin{aligned} -\infty, \quad & -\mathrm{B}'^2\mathrm{B}''^2(a'-a)(a''-a),\\ & +\mathrm{B}''^2\mathrm{B}^2(a''-a')(a'-a),\\ & -\mathrm{B}^2\mathrm{B}'^2(a''-a)(a''-a'), \quad +\infty, \end{aligned}$$

qui présentent trois variations; donc l'équation (XIV) a une racine comprise entre a et a', une autre entre a' et a'' et la troisième entre a'' et $+\infty$.

2° Si deux des trois quantités a, a', a'', par exemple a' et a'', sont égales, l'équation (XIV) se réduira à

$$(\mathrm{S}-a')[\mathrm{B}'\mathrm{B}''(\mathrm{S}-a')\{\mathrm{B}(\mathrm{S}-a)-\mathrm{B}'\mathrm{B}''\}-\mathrm{B}^2(\mathrm{B}'^2+\mathrm{B}''^2)(\mathrm{S}-a)]=0$$

et admettra une racine comprise entre a et a', une seconde égale à a' et la troisième plus grande que a'.

3° Si les trois quantités a, a', a'' sont égales entre elles, l'équation (XIV) a deux racines égales à a et la troisième plus grande que a.

§ III. — Les surfaces cylindriques du second degré.

347. Condition pour qu'une surface

$$(1) \qquad f(x, y, z) = 0$$

soit cylindrique. — Cette surface sera un cylindre parallèle à la droite

$$(2) \qquad \frac{x}{a} = \frac{y}{b} = \frac{z}{c},$$

si le plan tangent

$$(3) \qquad (x-x')f'_{x'} + (y-y')f'_{y'} + (z-z')f'_{z'} = 0,$$

mené en un point quelconque (x, y, z) de la surface (1), contient la droite

$$(4) \qquad \frac{x-x'}{a} = \frac{y-y'}{b} = \frac{z-z'}{c} = u,$$

qui est menée par le même point (x', y', z') parallèlement à la droite (2). On obtient de la sorte, entre les quatre inconnues $x - x'$, $y - y'$, $z - z'$ et $-u$, les quatre équations homogènes du premier degré

$$\begin{aligned}
&o. - u + f'_{x'}(x - x') + f'_{y'}(y - y') + f'_{z'}(z - z') = 0,\\
&a. - u + 1.(x - x') + 0.(y - y') + 0.(z - z') = 0,\\
&b. - u + 0.(x - x') + 1.(y - y') + 0.(z - z') = 0,\\
&c. - u + 0.(x - x') + 0.(y - y') + 1.(z - z') = 0,
\end{aligned}$$

qui, pour être compatibles, exigent que leur déterminant soit nul. On trouve ainsi la relation de condition

$$\text{(I)} \qquad \begin{vmatrix} 0 & f'_{x'} & f'_{y'} & f'_{z'} \\ a & 1 & 0 & 0 \\ b & 0 & 1 & 0 \\ c & 0 & 1 & 1 \end{vmatrix} = 0,$$

qui doit exister quel que soit le point (x', y', z') de la surface (1).

Cette relation, qui, par la suppression des accents, revient à

$$\text{(II)} \qquad af'_x + bf'_y + cf'_z = 0,$$

se nomme l'*équation aux différences partielles des surfaces cylindriques* parallèles à la droite (2). Elle s'obtient immédiatement en remplaçant dans (3) $x - x'$, $y - y'$ et $z - z'$ par leurs valeurs tirées des équations (4).

348. Conditions pour que l'équation générale des surfaces du second degré représente un cylindre. — Dans la relation (II) remplaçons f'_x, f'_y, f'_z par les expressions qu'en fournit l'équation

$$f(x, y, z) = Ax^2 + A'y^2 + A''z^2 + 2Byz + 2B'zx + 2B''xy + 2Cx + 2C'y + 2C''z + D = 0;$$

nous obtenons l'égalité

$$a(Ax + B''y + B'z + C) + b(B''x + A'y + Bz + C') + c(B'x + By + A''z + C'') = 0,$$

ou, en ordonnant par rapport à x, y, z,

$$(Aa+B''b+B'c)x+(B''a+A'b+Bc)y \\ +(B'a+Bb+A''c)z+Ca+C'b+C''c=0.$$

Cette dernière égalité devant avoir lieu pour toutes les valeurs de x, y, z, qui satisfont à l'équation (5) de la surface, exige que l'on ait à la fois

$$(6)\quad \begin{cases} Aa+B''b+B'c=0,\\ B''a+A'b+Bc=0,\\ B'a+Bb+A''c=0,\\ Ca+C'b+C''c=0. \end{cases}$$

Ces quatre équations sont homogènes et du premier degré par rapport aux trois inconnues a, b, c; pour qu'elles soient compatibles, il faut et il suffit que, étant considérées trois par trois, elles fournissent des déterminants nuls. On obtient ainsi les quatre relations

$$(\text{III})\qquad \begin{vmatrix} A & B'' & B' \\ B'' & A' & B \\ B' & B & A'' \end{vmatrix}=0;$$

$$(\text{IV})\quad \begin{vmatrix} B'' & A' & B \\ B' & B & A'' \\ C & C' & C'' \end{vmatrix}=0,\quad \begin{vmatrix} B' & B & A'' \\ C & C' & C'' \\ A & B'' & B' \end{vmatrix}=0,\quad \begin{vmatrix} C & C' & C'' \\ A & B'' & B' \\ B'' & A & B \end{vmatrix}=0,$$

dont deux quelconques sont une conséquence des deux autres.

En développant ces déterminants, on a les équations

$$(\text{V})\qquad AA'A''+2BB'B''-AB^2-A'B'^2-A''B''^2=0;$$

$$(\text{VI})\quad \begin{cases} C(B^2-A'A'')+C'(A''B''-BB')+C''(A'B'-B''B)=0,\\ C'(B'^2-A''A)+C''(AB-B'B'')+C(A''B''-BB')=0,\\ C''(B''^2-AA')+C(A'B'-B''B)+C'(AB-B'B'')=0. \end{cases}$$

349. Reprenons les équations (6). Si nous éliminons c entre la première de ces équations et la seconde, a entre la seconde

et la troisième, nous obtiendrons les égalités

$$(7) \quad a(AB - B'B'') = b(A'B' - B''B) = c(A''B'' - BB');$$

divisant les trois termes de la dernière des équations (6) par ces trois quantités égales, on trouve la relation

$$(\text{VII}) \quad \frac{C}{AB - B'B''} + \frac{C'}{A'B' - B''B} + \frac{C''}{A''B'' - BB'} = 0$$

ou

$$(\text{VIII}) \quad \begin{vmatrix} 0 & C & C' & C \\ 1 & AB - B'B'' & 0 & 0 \\ & 0 & A'B' - B''B & 0 \\ 1 & 0 & 0 & A''B'' - BB' \end{vmatrix} = 0,$$

qu'il suffit de joindre à la relation (III) pour avoir les deux conditions nécessaires et suffisantes pour que l'équation (5) représente un cylindre.

350. Direction du cylindre. — Multiplions membres à membres les équations (2) et (7); nous trouvons

$$(\text{IX}) \quad x(AB - B'B'') = y(A'B' - B''B) = z(A''B'' - BB')$$

pour les *équations de la droite menée par l'origine parallèlement au cylindre.*

Le plan, mené par l'origine perpendiculairement aux génératrices du cylindre, est représenté, dans le cas d'axes rectangulaires, par l'équation

$$(\text{X}) \quad \frac{x}{AB - B'B''} + \frac{y}{A'B' - B''B} + \frac{z}{A''B'' - BB'} = 0.$$

351. Équation du cylindre parallèle à une droite donnée (2), **qui est circonscrit à la surface du second degré** (348). — Désignons par x, y, z les coordonnées d'un point quelconque M d'une génératrice CM de ce cylindre, et par x', y', z' celles du point de contact C de cette génératrice avec la surface (348). Cette génératrice, devant être parallèle à la droite (2), est représentée par les équations

$$(8)\qquad \frac{x-x'}{a}=\frac{y-y'}{b}=\frac{z-z'}{c}=\lambda,$$

qui donnent

$$x'=x+a\lambda,\quad y'=y+b\lambda,\quad z'=z+c\lambda,$$

où la valeur de l'indéterminée λ dépend de la position du point de contact C sur la génératrice CM.

Le point de contact C appartenant à la surface (348), on a

$$f(x',y',z')=f(x+a\lambda,\, y+b\lambda,\, z+c\lambda)=0,$$

ou

$$f(x,y,z)+\lambda(af'_x+bf'_y+cf'_z)+\lambda^2\mathrm{F}(a,b,c)=0,$$

en posant

$$\mathrm{F}(a,b,c)=\mathrm{A}a^2+\mathrm{A}'b^2+\mathrm{A}''c^2+2\mathrm{B}bc+2\mathrm{B}'ca+2\mathrm{B}''ab.$$

Mais la génératrice (8) ne rencontrant la surface (348) qu'en un seul point, la quantité λ ne saurait avoir qu'une seule valeur : par suite les deux racines de l'équation précédente sont égales. On trouve ainsi, entre les coordonnées x, y, z d'un point quelconque M du cylindre, la relation

$$(\mathrm{XI})\qquad (af'_x+bf'_y+cf'_z)^2-4f(x,y,z)\mathrm{F}(a,b,c)=0,$$

qui est *l'équation* demandée *du cylindre*.

352. **Courbe de contact de ce cylindre.** — L'équation précédente est satisfaite par les coordonnées des points situés à la fois sur la surface (348) et dans le plan

$$(9)\qquad af'_x+bf'_y+cf'_z=0;$$

par conséquent le cylindre (XI) touche la surface (348) le long de la courbe située dans le plan (9) ou dans le plan

$$(\mathrm{XII})\quad \left\{\begin{array}{l}(\mathrm{A}a+\mathrm{B}''b+\mathrm{B}'c)x+(\mathrm{B}''a+\mathrm{A}'b+\mathrm{B}c)y\\ \quad+(\mathrm{B}'a+\mathrm{B}b+\mathrm{A}''c)z+\mathrm{C}a+\mathrm{C}'b+\mathrm{C}''c=0.\end{array}\right.$$

353. **Exemple.** — *Circonscrire à l'ellipsoïde*

$$\mathrm{A}x^2+\mathrm{A}'y^2+\mathrm{A}''z^2=1$$

un cylindre parallèle à la droite (2). Puisque

$$f'_x = 2Ax, \quad f'_y = 2A'y, \quad f'_z = 2A''z,$$

et que

$$F(a, b, c) = Aa^2 + A'b^2 + A''c^2,$$

l'équation du cylindre en question sera

$$\begin{aligned}(Aax + A'by + A''cz)^2 \\ = (Ax^2 + A'y^2 + A''z^2 - 1)(Aa^2 + A'b^2 + A''c^2).\end{aligned}$$

Si l'ellipsoïde est donné sous la forme

$$\frac{x_2}{a^2} + \frac{y^2}{b^2} + \frac{z^2}{c^2} = 1,$$

et que R soit le demi-diamètre parallèle au cylindre; α, β, γ les inclinaisons de ce diamètre sur les trois axes, on trouvera que l'équation du cylindre circonscrit est

$$R^2\left(\frac{x\cos\alpha}{a^2} + \frac{y\cos\beta}{b^2} + \frac{z\cos\gamma}{c^2}\right)^2 = \frac{x^2}{a^2} + \frac{y^2}{b^2} + \frac{z^2}{c^2} - 1.$$

354. Équation du cylindre circonscrit à la surface du second degré (348) et qui touche cette surface suivant son intersection avec le plan

$$(10) \qquad px + qy + rz + s = 0.$$

Ce cylindre sera parallèle à la droite (2) si le plan (9) ou (XII) est identique avec le plan donné (10), c'est-à-dire si l'on a les égalités

$$(11)\left\{\begin{aligned}\frac{Aa + B''b + B'c}{p} &= \frac{B''a + A'b + Bc}{q} \\ &= \frac{B'a + Bb + A''c}{r} = \frac{Ca + C'b + C''c}{s} = \lambda.\end{aligned}\right.$$

Multiplions les deux termes des trois premières de ces fractions respectivement par a, b, c et faisons la somme des numérateurs et celle des dénominateurs; nous obtenons l'égalité

$$Aa^2 + A'b^2 + A''c^2 + 2Bbc + 2B'ca + 2B''ab = (pa + qb + rc)\lambda,$$

qui, jointe aux trois premières des égalités (11), fournit le système des quatre équations

$$\begin{aligned} -F(a,b,c)+\lambda pa+\lambda qb+\lambda rc&=0,\\ -\lambda p+Aa+B''b+B'c&=0,\\ -\lambda q+B''a+A'b+Bc&=0,\\ -\lambda r+B'a+Bb+A''c&=0,\end{aligned}$$

entre les trois inconnues a, b, c au premier degré. Éliminant ces inconnues, on trouve la relation

$$\begin{vmatrix} F(a,b,c) & \lambda p & \lambda q & \lambda r\\ \lambda p & A & B'' & B'\\ \lambda q & B'' & A' & B\\ \lambda r & B' & B & A''\end{vmatrix}=0,$$

qui donne

$$(12)\qquad F(a,b,c)=-\lambda^2\begin{vmatrix} 0 & p & q & r\\ p & A & B'' & B'\\ q & B'' & A' & B\\ r & B' & B & A''\end{vmatrix}:\begin{vmatrix} A & B'' & B'\\ B'' & A' & B\\ B' & B & A''\end{vmatrix}.$$

Multiplions les deux termes des quatre fractions (11) respectivement par $2x$, $2y$, $2z$ et 2, et faisons encore la somme des numérateurs et celle des dénominateurs; nous obtenons l'équation

$$\begin{aligned} 2(Aa+B''b+B'c)x&+2(B''a+A'b+Bc)y\\ &+2(B'a+Bb+A''c)z+2(Ca+C'b+C''c)\\ &=2\lambda(px+qy+rz+s),\end{aligned}$$

qui peut s'écrire

$$\begin{aligned} 2a(Ax+B''y+B'z+C)&\\ +2b(B''x+A'y+Bz+C')&+2c(B'x+By+A''z+C'')\\ =2\lambda(px+qy+rz+s),&\end{aligned}$$

ou encore

$$(13)\qquad af'_x+bf'_y+cf'_z=2\lambda(px+qy+rz+s).$$

Il nous suffira maintenant de substituer les valeurs (12) et (13) dans l'équation (XI), pour avoir l'équation

$$(\text{XIII})\quad \left\{ \begin{aligned} & f(x,y,z)\begin{vmatrix} 0 & p & q & r \\ p & A & B'' & B' \\ q & B'' & A' & B \\ r & B' & B & A'' \end{vmatrix} \\ & \quad + (px+qy+rz+s)^2 \begin{vmatrix} A & B'' & B' \\ B'' & A' & B \\ B' & B & A' \end{vmatrix} = 0 \end{aligned} \right.$$

du cylindre circonscrit à la surface du second degré (348), qui touche cette surface suivant son intersection avec le plan (10).

355. Exemple. — *Circonscrire au paraboloïde*

$$(14)\qquad f(x,y,z) = A'y^2 + A''z^2 - 2x = 0$$

un cylindre qui touche la surface suivant le plan

$$(15)\qquad lx + my + nz + r = 0.$$

Pour les paraboloïdes, le déterminant

$$\begin{vmatrix} A & B'' & B' \\ B'' & A' & B \\ B' & B & A'' \end{vmatrix}$$

se réduit à zéro; par conséquent la formule précédente (XIII) leur est inapplicable.

Dans ce cas on a recours à l'équation non transformée (XI), où l'on remplace a, b, c par les valeurs que l'on trouve, en identifiant les deux équations (9) et (15)

$$af'_x + bf'_y + cf'_z = 0 \quad \text{et} \quad lx + my + nz + r = 0.$$

On voit d'abord que $l = 0$, ce qui réduit le plan de la ligne de contact à

$$(16)\qquad my + nz + r = 0.$$

Donc, *lorsqu'un cylindre est circonscrit à un paraboloïde, la courbe de contact est située dans un plan parallèle à l'axe du paraboloïde.*

On trouve ensuite que

$$af'_x + bf'_y + cf'_z = 2(A'by + A''cz - a) = 2\lambda(my + nz + r),$$

ce qui donne

$$a = r\lambda, \quad b = \frac{m\lambda}{A'}, \quad c = \frac{n\lambda}{A''},$$

et, par suite,

$$F(a, b, c) = A'b^2 + A''c^2 = \lambda^2\left(\frac{m^2}{A'} + \frac{n^2}{A''}\right).$$

Substituant ces valeurs dans l'équation (XI), on obtient

$$(my + nz + r)^2 = (A'y^2 + A''z^2 - 2x)\left(\frac{m^2}{A'} + \frac{n^2}{A''}\right),$$

pour l'*équation du cylindre circonscrit au paraboloïde* (14), *et touchant cette surface suivant une courbe située dans le plan* (16).

Si le plan de la courbe de contact est en même temps parallèle à l'axe des y et situé à une distance d du plan des xy, le cylindre circonscrit au paraboloïde

$$\frac{y^2}{2p} + \frac{z^2}{2q} = x$$

aura pour équation

$$qy^2 - 2pqx + 2pdz - pd^2 = 0.$$

Pour $d = 0$, le cylindre touche le paraboloïde suivant la parabole

$$y^2 = 2px, \quad z = 0.$$

§ IV. — Les surfaces de révolution du second degré.

356. **Condition pour qu'une surface**

(1) $$f(x, y, z) = 0$$

soit de révolution. — Soient x, y, z les coordonnées d'un point quelconque de la surface (1). La normale en ce point a pour équations

$$(2) \qquad \frac{X-x}{f'_x} = \frac{Y-y}{f'_y} = \frac{Z-z}{f'_z} = u,$$

les axes des coordonnées étant rectangulaires, et X, Y, Z désignant les coordonnées courantes.

La surface (1) sera évidemment de révolution autour de la droite

$$(3) \qquad \frac{X-p}{a} = \frac{Y-q}{b} = \frac{Z-r}{c} = v,$$

si cette ligne est toujours rencontrée par la normale (2), quel que soit le point M ou (x, y, z) de la surface (1). Pour que cela ait toujours lieu, il faut et il suffit que les équations (2) et (3) admettent toujours un même système de valeurs pour X, Y, Z.

Ces équations (2) et (3), au nombre de six, contiennent au premier degré les cinq inconnues X, Y, Z, u et v; si donc nous éliminons ces cinq inconnues entre les six équations (2) et (3), nous obtiendrons une relation entre les paramètres de la surface donnée (1), ceux de l'équation (3) et les coordonnées x, y, z du point M.

Cette relation se calcule aisément. En effet, les équations (2) et (3) pouvant s'écrire

$$X - uf'_x - x = 0, \quad Y - uf'_y - y = 0, \quad Z - uf'_z - z = 0,$$
$$av - X \ + p = 0, \quad bv - Y \ + q = 0, \quad cv - Z \ + r = 0,$$

nous éliminerons d'abord X, Y, Z, en ajoutant verticalement, ce qui nous fournit les trois équations

$$av - uf'_x - (x-p) = 0,$$
$$bv - uf'_y - (y-q) = 0,$$
$$cv - uf'_z - (z-r) = 0,$$

entre les deux inconnues u et v.

Pour que ces trois équations soient compatibles, il faut et il suffit que leur déterminant soit nul. Nous trouvons ainsi la relation demandée

$$(\text{I}) \qquad \begin{vmatrix} a & f'_x & x-p \\ b & f'_y & y-q \\ c & f'_z & z-r \end{vmatrix} = 0,$$

dans laquelle nous avons changé les signes des éléments des deux dernières colonnes.

Cette relation est l'*équation aux différences partielles des surfaces de révolution*. Elle doit exister, quelle que soit la position du point M sur la surface (1), ou quelles que soient les valeurs des coordonnées x, y, z satisfaisant à l'équation (1). Si on la développe, elle prendra la forme

$$\text{(II)}\quad \left\{\begin{aligned} &\frac{1}{a}\left(\frac{y-q}{b}-\frac{z-r}{c}\right)f'_x+\frac{1}{b}\left(\frac{z-r}{c}-\frac{x-p}{a}\right)f'_y\\ &\qquad+\frac{1}{c}\left(\frac{x-p}{a}-\frac{y-q}{b}\right)f'_z=0.\end{aligned}\right.$$

357. Conditions pour que l'équation générale du second degré

$$(4)\left\{\begin{aligned} f(x,y,z)&=Ax^2+A'y^2+A''z^2\\ &+2Byz+2B'zx+2B''xy+2Cx+2C'y+2C''z+D=0\end{aligned}\right.$$

représente une surface de révolution. — L'axe de révolution passe nécessairement par le centre de la surface, lequel est déterminé par le système des trois équations

$$f'_x=0,\quad f'_y=0,\quad f'_z=0.$$

Les équations de l'axe sont par suite de la forme

$$(5)\quad\left\{\begin{aligned} \frac{AX+B''Y+B'Z+C}{\alpha}&=\frac{B''X+A'Y+BZ+C'}{\alpha'}\\ &=\frac{B'X+BY+A''Z+C''}{\alpha''}=v,\end{aligned}\right.$$

où α, α', α'' sont trois constantes indéterminées et v une inconnue.

Dans ces équations (5) substituons à X, Y, Z leurs valeurs

$$X=x+uf'_x,\quad Y=y+uf'_y,\quad Z=z+uf'_z,$$

tirées des équations (2) de la normale ; la première devient

$$\begin{aligned} av&=A(x+uf'_x)+B''(y+uf'_y)+B'(z+uf'_z)+C\\ &=Ax+B''y+B'z+C+u(Af'_x+B''f'_y+B'f'_z)\\ &=\tfrac{1}{2}f'_x+u(Af'_x+B''f'_y+B'f'_z).\end{aligned}$$

Nous obtenons ainsi les trois équations

$$\begin{aligned} -2\alpha\, v+f'_x+2u(A\,f'_x+B''f'_y+B'f'_z)&=0,\\ -2\alpha' v+f'_y+2u(B''f'_x+A'f'_y+B\,f'_z)&=0,\\ -2\alpha'' v+f'_z+2u(B'f'_x+B\,f'_y+A''f'_z)&=0,\end{aligned}$$

entre les deux inconnues $-2v$ et $2u$. Éliminant ces inconnues, nous trouvons la relation de condition

$$\text{(III)}\qquad \begin{vmatrix} \alpha & f'_x & A f'_x + B'' f'_y + B' f'_z \\ \alpha' & f'_y & B'' f'_x + A' f'_y + B f'_z \\ \alpha'' & f'_z & B' f'_x + B f'_y + A'' f'_z \end{vmatrix} = 0.$$

Ce déterminant doit être identiquement nul, quelle que soit la position du point M sur la surface (4); par suite il faut et il suffit que les deux colonnes variables, la seconde et la troisième, ne diffèrent que par un facteur constant.

Soit s ce facteur, qui rend les éléments de la seconde colonne égaux à ceux de la troisième; nous obtenons les trois équations

$$sf'_x = A f'_x + B'' f'_y + B' f'_z,$$
$$sf'_y = B'' f'_x + A' f'_y + B f'_z,$$
$$sf'_z = B' f'_x + B f'_y + A'' f'_z.$$

Considérons le cas où les coefficients B, B', B'' des rectangles des variables sont tous différents de zéro.

Si nous éliminons f'_z entre la première et la seconde de ces équations, f'_x entre la seconde et la troisième, il nous vient

$$(Bs - AB + B'B'')f'_x = (B's - A'B' + B''B)f'_y = (B''s - A''B'' + BB')f'_z.$$

Or dans ces trois produits les facteurs f'_x, f'_y, f'_z sont variables : car leurs valeurs changent avec la position du point (x, y, z) sur la surface (4); par suite, pour que ces égalités soient possibles, il faut et il suffit que l'on ait

$$0 = Bs - AB + B'B'' = B's - A'B' + B''B = B''s - A''B'' + BB'.$$

On en déduit les relations de condition connues

$$\text{(IV)}\qquad s = A - \frac{B'B''}{B} = A' - \frac{B''B}{B'} = A'' - \frac{BB'}{B''}.$$

358. **Forme implicite des équations de l'axe de révolution.** — Nous l'obtiendrons au moyen des égalités (5) en y substituant les valeurs propres de α, α', α'' que nous allons calculer.

Dans le déterminant (III) multiplions les trois lignes respectivement par B, B', B''; puis, dans ce résultat, remplaçons AB, A'B', A''B'' par leurs valeurs $Bs + B'C''$, $B's + B''B$, $B''s + BB'$ tirées des relations (IV); l'équation (III) devient

$$\begin{vmatrix} B\alpha & Bf'_x & sBf'_x + B'B''f'_x + B''Bf'_y + BB'f'_z \\ B'\alpha' & B'f'_y & sB'f'_y + B'B''f'_x + B''Bf'_y + BB'f'_z \\ B''\alpha'' & B''f'_z & sB''f'_z + B'B''f'_x + B''Bf'_y + BB'f'_z \end{vmatrix} = 0,$$

ou, en retranchant s fois la seconde colonne de la troisième et en divisant la différence obtenue par $B'B''f'_x + B''Bf'_y + BB'f'_z$,

$$\begin{vmatrix} B\alpha & f'_x & 1 \\ B'\alpha' & f'_y & 1 \\ B''\alpha'' & f'_z & 1 \end{vmatrix} = 0.$$

Pour que cette égalité puisse avoir lieu, quels que soient x, y, z, il faut et il suffit que les colonnes à éléments constants ne diffèrent que par un facteur m; on a donc $B\alpha = B'\alpha' = B''\alpha'' = 1 \times m = m$; d'où l'on tire

$$\frac{1}{\alpha} = \frac{B}{m}, \quad \frac{1}{\alpha'} = \frac{B'}{m}, \quad \frac{1}{\alpha''} = \frac{B''}{m}.$$

Substituons ces valeurs dans les égalités (5) et prenons x, y, z pour les coordonnées courantes, nous obtenons immédiatement

$$B(Ax + B''y + B'z + C) = B'(B''x + A'y + Bz + C')$$
$$= B''(B'x + By + A''z + C'')$$

ou

$$\text{(V)} \qquad Bf'_x = B'f'_y = B''f'_z,$$

pour les équations de l'axe de révolution. *Voir*, pour plus de développements, notre *Théorie générale des surfaces de révolution du second degré* (¹).

(¹) G. Dostor, *Nouvelles Annales de Mathématiques*, 2ᵉ série, t. XI, p. 362, et *Archives de Mathématiques et de Physique*, 1873, t. LV, p. 302.

LIVRE IV.

LES DISCRIMINANTS ET LES INVARIANTS.

CHAPITRE PREMIER.

LES DISCRIMINANTS.

§ I. Définition et calcul des discriminants. — § II. Application des discriminants aux courbes du second degré. — § III. Le plan tangent aux surfaces du second degré. — § IV. Les surfaces coniques du second degré.

§ I. — Définition et calcul des discriminants.

359. **Définition.** — Étant donnée une fonction homogène de n variables, si l'on prend la dérivée de cette fonction par rapport à chacune de ces n variables, le résultant de ces n dérivées, égalées à zéro, se nomme le *discriminant* de la fonction.

Lorsque la fonction est du second degré, ses dérivées seront du premier degré. Si l'on égale ces dérivées à zéro, on obtiendra n équations homogènes du premier degré par rapport à n variables. L'élimination de ces n variables entre les n équations fournira précisément leur déterminant. Il s'ensuit que :

Le discriminant d'une fonction homogène du second degré à n variables est le déterminant des premiers membres des n équations que l'on obtient, en égalant à zéro les n dérivées de la fonction, prises par rapport à ces n variables.

Nous représenterons par $\mathfrak{D}_2$, $\mathfrak{D}_3$, $\mathfrak{D}_4$, ... les discriminants des fonctions homogènes du second degré à 2, 3, 4, ... variables.

360. Discriminants des fonctions homogènes du second degré. — 1° Le discriminant de la fonction homogène *à deux variables*

$$(1) \qquad f(x, y) = Ax^2 + 2Bxy + Cy^2,$$

est le résultant des deux équations

$$\tfrac{1}{2}f'_x = Ax + By = 0,$$
$$\tfrac{1}{2}f'_y = Bx + Cy = 0,$$

c'est-à-dire le déterminant (136)

$$(\mathrm{I}) \qquad \mathcal{D}_2 = \begin{vmatrix} A & B \\ B & C \end{vmatrix} = AC - B^2.$$

2° Le discriminant de la fonction homogène *à trois variables*

$$(2) \quad f(x, y, z) = Ax^2 + 2Bxy + Cy^2 + 2Dxz + 2Eyz + Fz^2$$

est de même le résultant des trois équations

$$\tfrac{1}{2}f'_x = Ax + By + Dz = 0,$$
$$\tfrac{1}{2}f'_y = Bx + Cy + Ez = 0,$$
$$\tfrac{1}{2}f'_z = Dx + Ey + Fz = 0,$$

ou bien le déterminant

$$(\mathrm{II}) \quad \mathcal{D}_3 = \begin{vmatrix} A & B & D \\ B & C & E \\ C & E & F \end{vmatrix} = ACF + 2BDE - AE^2 - CD^2 - FB^2.$$

Si la fonction précédente était donnée sous la forme

$$(3) \quad f(x, y, z) = Ax^2 + A'y^2 + A''z^2 + 2Byz + 2B'zx + 2B''xy,$$

le discriminant serait

$$(\mathrm{III}) \quad \left\{ \begin{aligned} \mathcal{D}_3 &= \begin{vmatrix} A & B'' & B' \\ B'' & A' & B \\ B' & B & A'' \end{vmatrix} \\ &= AA'A'' + 2BB'B'' - AB^2 - A'B'^2 - A''B''^2. \end{aligned} \right.$$

3° Soit donnée la fonction homogène du second degré *à quatre variables*

$$(4)\quad \begin{cases} f(x,y,z,t) = Ax^2 + A'y^2 + A''z^2 + 2Byz + 2B'zx + 2B''xy \\ \qquad + 2Cxt + 2C'yt + 2C''zt + Dt^2. \end{cases}$$

Égalons à zéro les demi-dérivées de cette fonction prises successivement par rapport aux quatre variables x, y, z, t; nous formerons les quatre équations

$$\begin{aligned} \tfrac{1}{2}f'_x &= A\,x + B''y + B'\,z + C\,t = 0, \\ \tfrac{1}{2}f'_y &= B''x + A'y + B\,z + C'\,t = 0, \\ \tfrac{1}{2}f'_z &= B'\,x + B\,y + A''z + C''t = 0, \\ \tfrac{1}{2}f'_t &= C\,x + C'y + C''z + D\,t = 0, \end{aligned}$$

dont le résultant est le déterminant

$$(\text{IV})\qquad \begin{vmatrix} A & B'' & B' & C \\ B'' & A' & B & C' \\ B' & B & A'' & C'' \\ C & C' & C'' & D \end{vmatrix};$$

c'est le discriminant demandé.

Ce discriminant, que nous représenterons par $\mathfrak{D}_4$, joue un grand rôle dans l'analyse des surfaces du second degré; il se développe suivant le polynôme

$$(7)\quad \begin{cases} \mathfrak{D}_4 = D(AA'A'' + 2BB'B'' - AB^2 - A'B'^2 - A''B''^2) \\ \qquad + C^2(B^2 - A'A'') + C'^2(B'^2 - A''A) + C''^2(B''^2 - AA') \\ \qquad + 2C'C''(AB - B'B'') + 2C''C(A'B' - B''B) + 2CC'(A''B'' - BB'). \end{cases}$$

361. Discriminant de la fonction homogène du troisième degré à deux variables

$$(5)\qquad f(x,y) = ax^3 + 3bx^2y + 3cxy^2 + dy^3.$$

De cette égalité nous tirons les quatre équations homogènes (146)

$$\begin{aligned} \tfrac{1}{3}xf'_x &= ax^3 + 2bx^2y + cxy^2 = 0, \\ \tfrac{1}{3}yf'_x &= \phantom{ax^3 +{}} ax^2y + 2bxy^2 + cy^3 = 0, \\ \tfrac{1}{3}xf'_y &= b\,x^3 + 2cx^2y + dxy^2 = 0, \\ \tfrac{1}{3}yf'_y &= \phantom{ax^3 +{}} bx^2y + 2cxy^2 + dy^3 = 0, \end{aligned}$$

entre les quatre inconnues x^3, x^2y, xy^2, y^3. Éliminant ces variables, on obtient le discriminant

$$(\text{VI})\quad \begin{vmatrix} a & 2b & c & 0 \\ 0 & a & 2b & c \\ b & 2c & d & 0 \\ 0 & b & 2c & d \end{vmatrix} = (ad - bc)^2 - 4(b^2 - ac)(c^2 - bd).$$

362. Discriminant de la fonction homogène du quatrième degré à deux variables

$$(6)\qquad f(x, y) = ax^4 + 4bx^3y + 6cx^2y^2 + 4dxy^3 + ey^4.$$

Egalons encore à zéro les dérivées de cette fonction prises par rapport à x et y; nous formons les deux équations

$$ax^3 + 3bx^2y + 3cxy^2 + dy^3 = 0,$$
$$bx^3 + 3cx^2y + 3dxy^2 + ey^3 = 0.$$

Multiplions-les successivement par x^2, xy, y^2; nous en tirons les six équations

$$\begin{aligned}
&ax^5 + 3bx^4y + 3cx^3y^2 + dx^2y^3 = 0,\\
&ax^4y + 3bx^3y^2 + 3cx^2y^3 + dxy^4 = 0,\\
&ax^3y^2 + 3bx^2y^3 + 3cxy^4 + dy^5 = 0,\\
&bx^5 + 3cx^4y + 3dx^3y^2 + cx^2y^3 = 0,\\
&bx^4y + 3cx^3y^2 + 3dx^2y^3 + exy^4 = 0,\\
&bx^3y^2 + 3cx^2y^3 + 3dxy^4 + ey^5 = 0,
\end{aligned}$$

entre les six inconnues x^5, x^4y, x^3y^2, x^2y^3, xy^4, y^5. L'élimination de ces variables nous fournit le discriminant

$$(\text{VII})\quad \begin{vmatrix} a & 3b & 3c & d & 0 & 0 \\ 0 & a & 3b & 3c & d & 0 \\ 0 & 0 & a & 3b & 3c & d \\ b & 3c & 3d & e & 0 & 0 \\ 0 & b & 3c & 3d & e & 0 \\ 0 & 0 & b & 3c & 3d & e \end{vmatrix} = \begin{cases} (ae - 4bd + 3c^2)^2 \\ \quad + 27(ace + 2bcd - ad^2 - eb^2 - c^3)^3. \end{cases}$$

§ II. — Application des discriminants aux courbes du second degré.

363. Condition pour que l'équation générale du second degré à deux variables

(1) $f(x,y) = Ax^2 + 2Bxy + Cy^2 + 2Dx + 2Ey + F = 0$

représente deux droites qui se coupent. — Dans ce cas, le centre est nécessairement situé sur la courbe (1). Soient donc a, b, c les coordonnées homogènes de ce centre et

(2) $f(x,y,z) = Ax^2 + 2Bxy + Cy^2 + 2Dxz + 2Ez + Fz^2 = 0$

l'équation homogène de la courbe. On a (200)

$$2f(x,y,z) = xf'_x + yf'_y + zf'_z = 0;$$

et, comme les coordonnées a, b, c doivent satisfaire à cette équation, il vient

$$af'_a + bf'_b + cf'_c = 0.$$

Mais on sait que les coordonnées du centre annulent les dérivées f'_x et f'_y, de sorte que $f'_a = 0$ et $f'_b = 0$; par suite on a aussi $f'_c = 0$.

Les coordonnées a, b, c du centre satisfont donc simultanément aux trois équations

$$\tfrac{1}{2}f'_x = Ax + By + Dz = 0,$$
$$\tfrac{1}{2}f'_y = Bx + Cy + Ez = 0,$$
$$\tfrac{1}{2}f'_z = Dx + Ey + Fz = 0,$$

qui, pour être compatibles, exigent que leur déterminant soit nul. On trouve ainsi la relation de condition

$$\text{(I)} \qquad \mathfrak{D}_2 = \begin{vmatrix} A & B & D \\ B & C & E \\ D & E & F \end{vmatrix} = 0.$$

Donc (360, 2°) : *Pour que l'équation du second degré à deux variables représente deux droites concourantes, il faut et il suffit que le discriminant de son premier membre, rendu homogène, soit égal à zéro.*

364. Condition pour que l'équation générale du second degré (1) représente deux droites parallèles (¹). — L'équation (1) représentera deux droites parallèles à la droite

$$\frac{x}{a} = \frac{y}{b},$$

si toute tangente

$$(x - x')f'_{x'} + (y - y')f'_{y'} = 0$$

est parallèle à cette droite, c'est-à-dire si l'équation

$$af'_{x'} + bf'_{y'} = 0 \tag{3}$$

est vérifiée, quelles que soient les coordonnées x', y' du point de contact.

Or l'équation précédente (3) revient à

$$(\text{A}a + \text{B}b)x' + (\text{B}a + \text{C}b)y' + \text{D}a + \text{E}b = 0;$$

et, pour que celle-ci soit satisfaite par les coordonnées de tout point de la courbe (1), il faut et il suffit que l'on ait à la fois

$$\begin{aligned} \text{A}a + \text{B}b &= 0,\\ \text{B}a + \text{C}b &= 0,\\ \text{D}a + \text{E}b &= 0. \end{aligned}$$

Ces trois équations ne sauraient être satisfaites par les mêmes valeurs des paramètres a et b, que si l'on a les trois relations

$$\begin{vmatrix} \text{A} & \text{B} \\ \text{B} & \text{C} \end{vmatrix} = 0, \quad \begin{vmatrix} \text{A} & \text{B} \\ \text{D} & \text{E} \end{vmatrix} = 0, \quad \begin{vmatrix} \text{B} & \text{C} \\ \text{D} & \text{E} \end{vmatrix} = 0, \tag{II}$$

(¹) Quoique cette question soit indépendante des discriminants, elle trouve ici sa place, à la suite de l'équation de deux droites concourantes.

qui reviennent à

(III) $B^2 - AC = 0, \quad BD - AE = 0, \quad BE - CD = 0.$

Chacune de ces trois égalités est une conséquence des deux autres. Elles peuvent s'écrire

(IV) $$\frac{A}{B} = \frac{B}{C} = \frac{D}{E}.$$

Les équations des deux parallèles seront

(V) $$Ax + By + D = \pm \sqrt{D^2 - 2AF}.$$

365. Condition pour que la droite

(4) $$ax + by + cz = 0$$

soit tangente à la conique (2). — Soient x', y', z' les coordonnées homogènes du point de contact. L'équation homogène de la tangente sera

$$xf'_{x'} + yf'_{y'} + zf'_{z'} = 0;$$

elle sera identique avec l'équation (4) de la droite, si l'on a

$$\frac{f'_{x'}}{a} = \frac{f'_{y'}}{b} = \frac{f'_{z'}}{c} = 2\lambda,$$

ou

$$f'_{x'} = 2a\lambda, \quad f'_{y'} = 2b\lambda, \quad f'_{z'} = 2c\lambda.$$

Nous avons ainsi, pour déterminer x', y', z' et λ, les quatre équations

(5) $$\left\{\begin{aligned} 0.\lambda + a\,x' + b\,y' + c\,z' &= 0,\\ -a.\lambda + A\,x' + B\,y' + D\,z' &= 0,\\ -b.\lambda + B\,x' + C\,y' + E\,z' &= 0,\\ -c.\lambda + D\,x' + E\,y' + F\,z' &= 0,\end{aligned}\right.$$

dont la première exprime que le point de contact (x', y', z') est situé sur la tangente (4).

Ces équations du premier degré sont homogènes entre les quatre inconnues $-\lambda, x', y', z'$; elles ne seront compatibles que si leur déterminant est nul, c'est-à-dire si l'on a

$$(\mathrm{VI})\qquad \begin{vmatrix} 0 & a & b & c \\ a & A & B & D \\ b & B & C & E \\ c & D & E & F \end{vmatrix} = 0;$$

c'est l'équation de condition demandée.

366. Considérons la fonction

$$(6)\qquad F(x, y, z, \lambda) = f(x, y, z) - 2\lambda(ax + by + cz),$$

des quatre variables x, y, z et λ, et égalons à zéro les dérivées de cette fonction prises successivement par rapport à ces quatre variables; nous obtenons les quatre équations (5). Il s'ensuit que le premier membre de la relation (VI) est précisément le discriminant de la fonction (6). De là le théorème suivant :

Pour qu'une droite $ax + by + cz = 0$ soit tangente à une courbe du second degré $f(x, y, z) = 0$, il faut et il suffit que l'on obtienne zéro pour le discriminant de la fonction que l'on forme, en ajoutant au premier membre de l'équation de la courbe le double produit du premier membre de l'équation de la droite par une nouvelle variable λ.

367. **Condition pour que la ligne du second degré (2) soit tangente à l'un des axes de coordonnées.** — Supposons que la conique (1) soit tangente à l'axe des x; l'équation de cet axe étant $y = 0$, il faudra faire $a = c = 0$ dans l'équation (4) de la tangente, ainsi que dans la relation de condition (VI). Le premier membre de celle-ci devient ainsi

$$\begin{vmatrix} 0 & 0 & b & 0 \\ 0 & A & B & D \\ b & B & C & E \\ 0 & D & E & F \end{vmatrix} = b \begin{vmatrix} 0 & b & 0 \\ A & B & D \\ D & E & F \end{vmatrix} = -b^2 \begin{vmatrix} A & D \\ D & F \end{vmatrix} = b^2(D^2 - AF).$$

Comme b est différent de zéro, il faudra que l'on ait

$$D^2 - AF = 0.$$

La conique sera tangente aux deux axes, si l'on a en même temps

$$\text{(VII)} \qquad D^2 - AF = 0, \quad E^2 - CF = 0.$$

Dans ce cas, l'équation de la conique prend une forme particulière que nous pouvons déterminer.

Multiplions par F tous les termes de l'équation (1), et dans le résultat remplaçons AF et CF par leurs équivalents D^2 et E^2 tirés de (VII); cette équation devient

$$D^2x^2 + E^2y^2 + 2BFxy + 2DFx + 2EFy + F^2 = 0,$$

ou

$$(Dx + Ey + F)^2 = -2BFxy.$$

En posant $-2BF = P$, on voit que

$$\text{(VIII)} \qquad (Dx + Ey + F)^2 = Pxy$$

est l'*équation générale des coniques qui sont tangentes aux deux axes de coordonnées*. La droite $Dx + Ey + F = 0$ est la polaire de l'origine des coordonnées.

Désignons par a et b les distances à l'origine des deux points de contact et posons $\frac{F^2}{P} = k^2$; l'équation (VIII) deviendra

$$(7) \qquad \left(\frac{x}{a} + \frac{y}{b} - 1\right)^2 = \frac{xy}{h^2}.$$

Considérons le triangle OAB ayant pour sommet l'origine et $OA = 2a$, $OB = 2b$ pour côtés adjacents; le troisième côté AB du triangle sera représenté par l'équation

$$\frac{x}{a} + \frac{y}{b} - 2 = 0;$$

il est coupé par la conique (7) aux points

$$\frac{x}{a} = 1 \pm \sqrt{1 - \frac{k^2}{ab}}, \quad \frac{y}{b} = 1 \pm \sqrt{1 - \frac{h^2}{ab}}.$$

La courbe (7) touche les deux côtés OA et OB en leurs milieux; elle sera aussi tangente au côté AB en son milieu, si l'on a $k^2 = ab$.

Donc la conique

$$(8) \qquad \left(\frac{x}{a} + \frac{y}{b} - 1\right)^2 = \frac{xy}{ab}$$

touche en leurs milieux les trois côtés du triangle OAB, dont les côtés OA, OB, issus de l'origine et dirigés suivant les axes de coordonnées, sont respectivement égaux à $2a$ et $2b$.

Les coordonnées du centre sont données par les deux équations

$$\frac{a}{2} f'_x = \frac{x}{a} + \frac{y}{2b} - 1 = 0, \quad \frac{b}{2} f'_y = \frac{x}{2a} + \frac{y}{b} - 1 = 0,$$

et ont pour valeurs

$$x = \tfrac{2}{3} a, \quad y = \tfrac{2}{3} b;$$

donc le centre de la conique (8) se trouve au centre de gravité du triangle OAB.

368. Condition pour que l'intersection des deux droites

$$(9) \qquad ax + by + cz = 0, \quad a'x + b'y + c'z = 0,$$

appartienne à la conique (2). — Admettons que les deux droites (9) se coupent sur la conique (2) au point (x, y, z).

Les droites qui passent par l'intersection des deux droites (9) sont représentées par l'équation générale

$$ax + by + cz + \lambda'(a'x + b'y + c'z) = 0,$$

ou

$$(10) \qquad (a + a'\lambda')x + (b + b'\lambda)y + (c + \lambda' c')z = 0.$$

Or l'une de ces droites est tangente à la conique (2) au point d'intersection même des deux droites (9). Si l'équation (10) représente cette tangente, on devra avoir les égalités de condition

$$\frac{f'_x}{a + a'\lambda'} = \frac{f'_y}{b + b'\lambda'} = \frac{f'_z}{c + c'\lambda'} = -2\lambda.$$

Les coordonnées x, y, z du point (9) et les deux indéterminées λ et $\lambda\lambda'$ devront donc satisfaire aux cinq équations

$$\begin{aligned}
0.\lambda + 0.\lambda\lambda' + a\,x + b\,y + c\,z &= 0,\\
0.\lambda + 0.\lambda\lambda' + a'\,x + b'\,y + c'\,z &= 0,\\
a.\lambda + a'.\lambda\lambda' + \mathrm{A}\,x + \mathrm{B}\,y + \mathrm{D}\,z &= 0,\\
b.\lambda + b'.\lambda\lambda' + \mathrm{B}\,x + \mathrm{C}\,y + \mathrm{E}\,z &= 0,\\
c.\lambda + c'.\lambda\lambda' + \mathrm{D}\,x + \mathrm{E}\,y + \mathrm{F}\,z &= 0,
\end{aligned}$$

dont les deux premières expriment que le point d'intersection (x, y, z) appartient aux deux droites (9).

Pour que ces cinq équations, linéaires et homogènes par rapport aux cinq inconnues λ, $\lambda\lambda'$, x, y, z, soient vérifiées par les mêmes valeurs de ces inconnues, il faut et il suffit que leur déterminant soit nul. La condition cherchée est donc

$$\text{(IX)} \qquad \begin{vmatrix} 0 & 0 & a & b & c \\ 0 & 0 & a' & b' & c' \\ a & a' & \mathrm{A} & \mathrm{B} & \mathrm{D} \\ b & b' & \mathrm{B} & \mathrm{C} & \mathrm{E} \\ c & c' & \mathrm{D} & \mathrm{E} & \mathrm{F} \end{vmatrix} = 0.$$

Il est facile de voir que le premier membre de cette relation est le discriminant de la fonction

$$2\lambda(ax + by + cz) + 2\lambda'(a'x + b'y + c'z) + f(x, y, z),$$

pris par rapport aux cinq variables x, y, z, λ et λ'. Par conséquent:

Pour que l'intersection de deux droites soit située sur une conique, il faut et il suffit que l'on trouve zéro pour le discriminant de la fonction que l'on obtient, en ajoutant, au premier membre de l'équation homogène de la conique, les doubles produits respectifs des premiers membres des équations homogènes des deux droites par deux nouvelles variables.

Ainsi l'intersection des deux droites

$$x + 2y - 5 = 0, \quad 2x - 3y + 4 = 0$$

appartient à la conique

$$5x^2 + 4xy + y^2 - 2x - 15 = 0;$$

car on a

$$\begin{vmatrix} 0 & 0 & 1 & 2 & -5 \\ 0 & 0 & 2 & -3 & 4 \\ 1 & 2 & 5 & 2 & -1 \\ 2 & -3 & 2 & 1 & 0 \\ -5 & -4 & -1 & -5 & -15 \end{vmatrix} = \begin{vmatrix} 0 & 1 & 2 & -5 \\ 0 & 2 & -3 & 4 \\ -7 & -8 & -3 & 2 \end{vmatrix}.$$

369. Équation des tangentes menées, d'un point extérieur, à la courbe du second degré (2). — Soient x_1, y_1, z_1 les coordonnées homogènes du point donné P, et x, y, z celles d'un point quelconque M de l'une des deux tangentes menées de ce point P à la conique (2). L'équation de cette tangente sera

$$(11) \qquad \frac{X - x_1}{x - x_1} = \frac{Y - y_1}{y - y_1} = \frac{Z - z_1}{z - z_1},$$

X, Y, Z étant les coordonnées courantes de cette droite.

Désignons par x', y', z' les coordonnées du point de contact C de la tangente (11); on a évidemment (193)

$$(12) \qquad x' = \frac{x + \lambda x_1}{1 + \lambda}, \quad y' = \frac{y + \lambda y_1}{1 + \lambda}, \quad z' = \frac{1 + \lambda z_1}{1 + \lambda},$$

où λ est une indéterminée, dont la valeur dépend de la position du point M sur la tangente (11).

Puisque le point C appartient à la conique (2), nous avons

$$f(x', y', z') = 0,$$

ou, en ayant égard aux valeurs (12),

$$f\left(\frac{x + \lambda x_1}{1 + \lambda}, \frac{y + \lambda y_1}{1 + \lambda}, \frac{z + \lambda z_1}{1 + \lambda}\right)$$
$$= \frac{1}{(1 + \lambda)^2} f(x + \lambda x_1, y + \lambda y_1, z + \lambda z_1) = 0.$$

Or on sait que (200)

$$f(x+\lambda x_1,\ y+\lambda y_1,\ z+\lambda z_1)$$
$$= f(x, y, z) + x_1\lambda f'_x + y_1\lambda f'_y + \lambda z_1 f'_z + \lambda^2 f(x_1, y_1, z_1);$$

par suite, puisque $x_1 f'_x + y_1 f'_y + z_1 f'_z = x f'_{x_1} + y f'_{y_1} + z f'_{z_1}$, nous avons, pour déterminer la valeur de λ, l'équation du second degré

$$\lambda^2 f(x_1, y_1, z_1) + \lambda(x f'_{x_1} + y f'_{y_1} + z f'_{z_1}) + f(x, y, z) = 0.$$

Mais la droite (12) étant tangente, λ ne peut avoir qu'une seule et même valeur; il s'ensuit que les deux racines de l'équation précédente sont égales, ce qui nous fournit la relation

$$\text{(X)}\quad (x f'_{x_1} + y f'_{y_1} + z f'_{z_1})^2 - 4 f(x, y, z) \cdot f(x_1, y_1, z_1) = 0,$$

ou

$$\text{(XI)}\quad \begin{vmatrix} 2f(x, y, z) & x f'_{x_1} + y f'_{y_1} + z f'_{z_1} \\ x_1 f'_x + y_1 f'_y + z_1 f'_z & 2f(x_1, y_1, z_1) \end{vmatrix} = 0,$$

qui existe entre les coordonnées x, y, z d'un point quelconque M de l'une ou l'autre des deux tangentes issues du point $P(x_1, y_1, z_1)$; elle est donc l'équation de ces deux tangentes.

370. Équation des tangentes menées à une courbe du second degré (2) par les intersections de cette courbe avec une droite donnée

$$\text{(13)}\qquad px + qy + rz = 0.$$

Si nous appelons x_1, y_1, z_1 les coordonnées inconnues du point de concours P de ces tangentes, le point P sera le pôle de la droite (13), qui elle-même est dite la corde de contact des deux tangentes. Or l'équation de la corde de contact des deux tangentes issues du point (x_1, y_1, z_1), c'est-à-dire l'équation

$$x f'_{x_1} + y f'_{y_1} + z f'_{z_1} = 0,$$

devant être identique avec (13), on a nécessairement

$$(14)\qquad f'_{x_1}=2p\lambda,\quad f'_{y_1}=2q\lambda,\quad f'_{z_1}=2r\lambda,$$

où λ est une indéterminée.

Multiplions ces trois équations (14) par les coordonnées respectives x_1, y_1, z_1 et ajoutons; nous obtenons l'égalité

$$x_1 f'_{x_1}+y_1 f'_{y_1}+z_1 f'_{z_1}\quad \text{ou}\quad 2f(x_1,y_1,z_1)=2\lambda(px_1+qy_1+rz_1),$$

qui, jointe aux équations (14), fournit le système des quatre équations

$$\begin{aligned}
-f(x_1,y_1,z_1)+\lambda p x_1+\lambda q y_1+\lambda r z_1&=0,\\
-\lambda p \qquad + A x_1+B y_1+D z_1&=0,\\
-\lambda q \qquad + B x_1+C y_1+E z_1&=0,\\
-\lambda r \qquad + D x_1+E y_1+F z_1&=0,
\end{aligned}$$

entre les inconnues x_1, y_1, z_1. Ces équations sont nécessairement compatibles; par suite leur déterminant est nul, ce qui nous fournit l'égalité de condition

$$\begin{vmatrix} f(x_1,y_1,z_1) & \lambda p & \lambda q & \lambda r\\ \lambda p & A & B & D\\ \lambda q & B & C & E\\ \lambda r & D & E & F \end{vmatrix}=0.$$

On en tire

$$(15)\qquad f(x_1,y_1,z_1)=-\frac{\lambda^2}{\Delta}\begin{vmatrix} 0 & p & q & r\\ p & A & B & D\\ q & B & C & E\\ r & D & E & F \end{vmatrix},$$

où Δ est le discriminant (II, 360) du premier membre de l'équation (2) de la conique.

Les relations (14) donnent aussi

$$(16)\qquad x f'_{x_1}+y f'_{y_1}+z f'_{z_1}=2\lambda(px+qy+rz).$$

Il nous reste à substituer les valeurs (15) et (16) dans l'équation (X) pour avoir l'équation demandée des deux tangentes. Celle-ci est donc

$$(\text{XII})\quad f(x, y, z)\begin{vmatrix} 0 & p & q & r \\ p & A & B & D \\ q & B & C & E \\ r & D & E & F \end{vmatrix} + (px + qy + rz)^2 \begin{vmatrix} A & B & D \\ B & C & E \\ D & E & F \end{vmatrix} = 0.$$

§ III. — Le plan tangent aux surfaces du second degré.

371. Condition pour que le plan

$$(1)\qquad ax + by + cz + dt = 0$$

soit tangent à la surface du second degré

$$(2)\quad \begin{cases} f(x, y, z, t) = Ax^2 + A'y^2 + A''z^2 + 2Byz + 2B'zx + 2B''xy \\ \qquad + 2Ctx + 2C'ty + 2C''tz + Dt^2 = 0 \ (^1). \end{cases}$$

Soient x', y', z', t' les coordonnées homogènes du point de contact. L'équation homogène du plan tangent sera

$$xf'_{x'} + yf'_{y'} + zf'_{z'} + tf'_{t'} = 0;$$

elle sera identique avec l'équation (1) du plan donné, si l'on a

$$f'_{x'} = 2a\lambda,\quad f'_{y'} = 2b\lambda,\quad f'_{z'} = 2c\lambda,\quad f'_{t'} = 2d\lambda,$$

λ désignant une indéterminée.

Nous avons ainsi entre les cinq inconnues x', y', z', t' et λ les cinq équations homogènes

$$\begin{aligned} -0.\lambda + a\,x' + b\,y' + c\,z' + d\,t' &= 0, \\ -a.\lambda + A\,x' + B''y' + B'z' + C\,t' &= 0, \\ -b.\lambda + B''x' + A'y' + B\,z' + C'\,t' &= 0, \\ -c.\lambda + B'x' + B\,y' + A''z' + C''t' &= 0, \\ -d.\lambda + C\,x' + C'y' + C''z' + D\,t' &= 0, \end{aligned}$$

(1) G. Dostor, *Archives de Mathématiques et de Physique*, 1875, t. LVII, p. 198.

dont la première exprime que le point de contact (x', y', z', t') appartient au plan tangent (1). Pour que ces équations soient compatibles, il faut et il suffit que leur déterminant soit nul. On trouve ainsi la condition demandée

$$(\mathrm{I}) \qquad \begin{vmatrix} 0 & a & b & c & d \\ a & A & B'' & B' & C \\ b & B''' & A' & B & C' \\ c & B' & B & A'' & C'' \\ d & C & C' & C'' & D \end{vmatrix} = 0.$$

Il est aisé de voir que le premier membre de cette égalité est le discriminant de la fonction

$$f(x, y, z, t) + 2\lambda(ax + by + cz + dt)$$

des cinq variables x, y, z, t et λ. Par conséquent :

Pour qu'un plan (1) soit tangent à une surface du second degré (2), il faut et il suffit qu'on trouve zéro pour le discriminant de la fonction que l'on obtient, en ajoutant au premier membre de l'équation de la surface le double produit du premier membre de l'équation du plan par une nouvelle variable.

372. Condition pour que la droite

$$(3) \qquad ax + by + cz + dt = 0, \quad a'x + b'y + c'z + d't = 0$$

soit tangente à la surface du second degré (2) [1]. — Les plans conduits par l'intersection des deux plans (3) sont représentés par l'équation générale

$$(4) \qquad (a + a'\lambda')x + (b + b'\lambda')y + (c + c'\lambda')z + (d + d'\lambda')t = 0.$$

Or l'un de ces plans est tangent à la surface (2) au point de contact (x, y, z, t) de la droite (3). Si l'équation (4) représente ce plan, on devra avoir les égalités de condition

$$\frac{f'_x}{a + a'\lambda'} = \frac{f'_y}{b + b'\lambda'} = \frac{f'_z}{c + c'\lambda'} = \frac{f'_t}{d + d'\lambda'} = -2\lambda.$$

---

(1) G. Dostor, *loc. cit.*, p. 200.

Les coordonnées du point de contact x, y, z, t et les deux indéterminées λ et λ' devront donc satisfaire aux équations

$$\begin{aligned}
0.\lambda + 0.\lambda\lambda' + ax + by + cz + dt &= 0,\\
0.\lambda + 0.\lambda\lambda' + a'x + b'y + c'z + d't &= 0,\\
a.\lambda + a'.\lambda\lambda' + Ax + B''y + B'z + Ct &= 0,\\
b.\lambda + b'.\lambda\lambda' + B''x + A'y + Bz + C't &= 0,\\
c.\lambda + c'.\lambda\lambda' + B'x + By + A''z + C''t &= 0,\\
d.\lambda + d'.\lambda\lambda' + Cx + C'y + C''z + Dt &= 0,
\end{aligned}$$

dont les deux premières expriment que le point de contact appartient aux deux plans (3) et par suite à leur droite d'intersection.

Pour que ces six équations, linéaires et homogènes par rapport aux inconnues λ, $\lambda\lambda'$, x, y, z, t, soient vérifiées par les mêmes valeurs de ces inconnues, il faut et il suffit que leur déterminant soit nul. La condition cherchée est donc

$$\text{(II)} \qquad \begin{vmatrix} 0 & 0 & a & b & c & d \\ 0 & 0 & a' & b' & c' & d' \\ a & a' & A & B'' & B' & C \\ b & b' & B'' & A' & B & C' \\ c & c' & B' & B & A'' & C'' \\ d & d' & C & C' & C'' & D \end{vmatrix} = 0.$$

373. Équation générale des surfaces du second degré qui touchent les trois axes de coordonnées (¹). — Les équations de l'axe des x étant $y = 0$, $z = 0$, nous obtenons la condition pour que l'axe des x soit tangent à la surface (2), en faisant, dans la relation (II),

$$\begin{aligned}
a &= 0, & b &= 1, & c &= 0, & d &= 0,\\
a' &= 0, & b' &= 0, & c' &= 1, & d' &= 0.
\end{aligned}$$

Mais cette condition se détermine plus rapidement en faisant $y = z = 0$ dans l'équation (2) de la surface, et en exprimant que les deux racines de l'équation résultante en x

$$Ax^2 + 2Cx + D = 0$$

(¹) G. Dostor, *loc. cit.*, p. 201.

sont égales. Donc l'axe des x est tangent à la surface (2), si $C^2 - AD = 0$.

De même les deux autres axes de coordonnées sont tangents à la surface du second degré pour $C'^2 - A'D = 0$, $C''^2 - A''D = 0$.

Supposons que la surface (2) soit à la fois tangente aux trois axes de coordonnées. Multiplions l'équation (2) par D et dans le résultat remplaçons AD, A'D, A'''D respectivement par C^2, C'^2, C''^2. L'équation de la surface sera, pour $t = 1$,

$$C^2x^2 + C'^2y^2 + C''^2z^2 + 2BDyz + 2B'Dzx + 2B''Dxy + 2CDx + 2C'Dy + 2C''Dz + D^2 = 0,$$

ou

$$(Cx + C'y + C''z + D)^2 + 2(BD - C'C'')yz + 2(B'D - C''C)zx + 2(B''D - CC')xy = 0.$$

Ainsi, en représentant par $-P$, $-Q$, $-R$ les coefficients de yz, zx, xy, on voit que

$$\text{(III)} \qquad (Cx + C'y + C'''z + D)^2 = Pyz + Qzx + Rxy$$

est l'*équation générale des surfaces du second degré, qui touchent à la fois les trois axes de coordonnées.*

Si l'on désigne par a, b, c les distances à l'origine des trois points de contact, cette équation prend la forme

$$\text{(IV)} \qquad \left(\frac{x}{a} + \frac{y}{b} + \frac{z}{c} - 1\right)^2 = \frac{yz}{p^2} + \frac{zx}{q^2} + \frac{xy}{r^2},$$

où p^2, q^2, r^2 sont les quotients de D^2 par P, Q, R.

Considérons le tétraèdre ayant pour sommet l'origine et pour arêtes latérales les longueurs $2a$, $2b$, $2c$, dirigées suivant les axes. La surface (IV) touchera ces arêtes en leurs milieux et coupera les arêtes opposées aux points respectifs

$$x = 0, \quad \frac{y}{b} = 1 \pm \sqrt{1 - \frac{p^2}{bc}}, \quad \frac{z}{c} = 1 \mp \sqrt{1 - \frac{p^2}{bc}};$$

$$y = 0, \quad \frac{z}{c} = 1 \pm \sqrt{1 - \frac{q^2}{ca}}, \quad \frac{x}{a} = 1 \mp \sqrt{1 - \frac{q^2}{ca}};$$

$$z = 0, \quad \frac{x}{a} = 1 \pm \sqrt{1 - \frac{r^2}{ab}}, \quad \frac{y}{b} = 1 \mp \sqrt{1 - \frac{r^2}{ab}}.$$

Elle touchera ces arêtes, et forcément aussi en leurs milieux, si l'on a

$$p^2 = bc, \quad q^2 = ca, \quad r^2 = ab.$$

Donc *la surface du second degré*

$$(\mathrm{V}) \qquad \left(\frac{x}{a} + \frac{y}{b} + \frac{z}{c} - 1\right)^2 = \frac{yz}{bc} + \frac{zx}{ca} + \frac{xy}{ab}$$

touche en leurs milieux les six arêtes du tétraèdre OABC, *dont les arêtes latérales* OA, OB, OC, *issues de l'origine et dirigées suivant les axes de coordonnées, sont respectivement* $2a, 2b, 2c$; *de plus la surface a son centre situé au centre de gravité du tétraèdre.*

374. Condition pour que l'intersection I des trois plans

$$(5) \qquad \left\{\begin{array}{l} \mathrm{P} = ax + by + cz + dt = 0, \\ \mathrm{P}' = a'x + b'y + c'z + d't = 0, \\ \mathrm{P}'' = a''x + b''y + c''z + d''t = 0 \end{array}\right.$$

appartienne à la surface du second degré (2). — Les plans qui passent par l'intersection I des trois plans $\mathrm{P} = 0$, $\mathrm{P}' = 0$, $\mathrm{P}'' = 0$, sont représentés par l'équation générale

$$(6) \qquad \mathrm{P} + \lambda' \mathrm{P}' + \lambda'' \mathrm{P}'' = 0.$$

Or l'un de ces plans est tangent à la surface (2) au point d'intersection même I des trois plans (5). Si l'équation (3) représente ce plan, on doit avoir

$$\frac{f'_x}{a + a'\lambda' + a''\lambda''} = \frac{f'_y}{b + b'\lambda' + b''\lambda''}$$
$$= \frac{f'_z}{c + c'\lambda' + c''\lambda''} = \frac{f'_t}{d + d'\lambda' + d''\lambda''} = -2\lambda.$$

Les coordonnées x, y, z, t du point I et les trois indéterminées λ, λ', λ'' devront donc satisfaire aux sept équations

$$\begin{aligned}
&0.\lambda + 0.\lambda\lambda' + 0.\lambda\lambda'' + ax + by + cz + dt = 0,\\
&0.\lambda + 0.\lambda\lambda' + 0.\lambda\lambda'' + a'x + b'y + c'z + d't = 0,\\
&0.\lambda + 0.\lambda\lambda' + 0.\lambda\lambda'' + a''x + b''y + c''z + d''t = 0,\\
&a.\lambda + a'.\lambda\lambda' + a''.\lambda\lambda'' + Ax + B''y + B'z + Ct = 0,\\
&b.\lambda + b'.\lambda\lambda' + b''.\lambda\lambda'' + B''x + A'y + Bz + C't = 0,\\
&c.\lambda + c'.\lambda\lambda' + c''.\lambda\lambda'' + B'x + By + A''z + C''t = 0,\\
&d.\lambda + d'.\lambda\lambda' + d''.\lambda\lambda'' + Cx + C'y + C''z + Dt = 0,
\end{aligned}$$

dont les deux premiers expriment que le point d'intersection I (x, y, z, t) appartient aux trois plans (5).

Pour que ces sept équations, linéaires et homogènes par rapport aux sept inconnues $\lambda, \lambda\lambda', \lambda\lambda'', x, y, z, t$, soient vérifiées par les mêmes valeurs de ces inconnues, il faut et il suffit que leur déterminant soit nul. La condition cherchée est donc

$$\text{(VI)} \qquad \begin{vmatrix}
0 & 0 & 0 & a & b & c & d\\
0 & 0 & 0 & a' & b' & c' & d'\\
0 & 0 & 0 & a'' & b'' & c'' & d''\\
a & a' & a'' & A & B'' & B' & C\\
b & b' & b'' & B'' & A' & B & C'\\
c & c' & c'' & B' & B & A'' & C''\\
d & d' & d'' & C & C' & C'' & D
\end{vmatrix} = 0.$$

Il est aisé de voir que le premier membre de cette relation est le discriminant de la fonction

$$2\lambda P + 2\lambda' P' + 2\lambda'' P'' + f(x, y, z, t) = 0,$$

pris par rapport aux sept variables $\lambda, \lambda', \lambda'', x, y, z, t$. Par conséquent, *pour que l'intersection de trois plans soit située sur une surface du second degré, il faut et il suffit que l'on trouve zéro pour le discriminant de la fonction que l'on obtient en ajoutant au premier membre de l'équation homogène de la surface les doubles produits respectifs des premiers membres des équations homogènes des trois plans par trois nouvelles variables.*

On verrait ainsi que l'intersection des trois plans

$$2x+y-z-1=0, \quad x-3y+z+2=0, \quad x+y-2z+3=0$$

appartient à la surface

$$6x^2-y^2-2z^2+2yz+6xy+2x-4y-2z=0.$$

§ IV. — Les cônes circonscrits aux surfaces du second degré.

375. Condition pour qu'une surface $f(x, y, z)=0$ soit conique. — Cette surface sera un cône passant par le point (a, b, c), si le plan tangent

$$(1) \qquad (X-x)f'_x+(Y-y)f'_y+(Z-z)f'_z=0$$

contient la droite

$$(2) \qquad \frac{X-x}{x-a}=\frac{Y-y}{y-b}=\frac{Z-z}{z-c}=-u,$$

qui joint le point variable (x, y, z) de la surface au point (a, b, c).

On obtient ainsi, entre les quatre inconnues $X-x$, $Y-y$, $Z-z$ et u les quatre équations homogènes du premier degré

$$\begin{aligned}
0.u+f'_x(X-x)+f'_y(Y-y)+f'_z(Z-z)&=0,\\
(x-a)u+\quad(X-x)+0.(Y-y)+0.(Z-z)&=0,\\
(y-b)u+0.(X-x)+\quad(Y-y)+0.(Z-z)&=0,\\
(z-c)u+0.(X-x)+0.(Y-y)+\quad(Z-z)&=0.
\end{aligned}$$

Éliminant ces inconnues, on trouve la relation de condition

$$(I) \qquad \begin{vmatrix} 0 & f'_x & f'_y & f'_z \\ x-a & 1 & 0 & 0 \\ y-b & 0 & 1 & 0 \\ z-c & 0 & 0 & 1 \end{vmatrix}=0,$$

qui doit exister, quelque soit le point (x, y, z) de la surface.

Cette relation, qui revient à

(II) $$(x-a)f'_x+(y-b)f'_y+(z-c)f'_z=0,$$

s'appelle *l'équation aux différences partielles des surfaces coniques* qui ont leur sommet au point (a, b, c). Elle s'obtient immédiatement, en remplaçant, dans (1), $X-x$, $Y-y$, $Z-z$ par leurs valeurs tirées des équations (2).

376. Condition pour que l'équation générale du second degré

(3) $$\begin{cases} f(x,y,z,t)=Ax^2+A'y^2+A''z^2 \\ \qquad +2Byz+2B'zx+2B''xy \\ \qquad +2Ctx+2C'ty+2C''tz+Dt^2=0 \end{cases}$$

représente un cône. — On sait que l'équation du plan tangent au point (x', y', z', t') de la surface (3) est

$$xf'_{x'}+yf'_{y'}+zf'_{z'}+tf'_{t'}=0,$$

ou

(4) $$x'f'_x+y'f'_y+z'f'_z+t'f'_t=0.$$

Si l'équation (3) représente un cône, le plan tangent (4) passera par le sommet; et si x, y, z, t sont les coordonnées de ce sommet, l'équation (4) devra être satisfaite, quel que soit le point de contact (x', y', z', t') du plan tangent, c'est-à-dire pour toutes les valeurs de ces variables qui vérifient en même temps les équations (3) et (4). On obtient ainsi les quatre équations de condition

$$\begin{aligned} \tfrac{1}{2}f'_x &= Ax+B''y+B'z+Ct=0, \\ \tfrac{1}{2}f'_y &= B''x+A'y+Bz+C't=0, \\ \tfrac{1}{2}f'_z &= B'x+By+A''z+C''t=0, \\ \tfrac{1}{2}f'_t &= Cx+C'y+C''z+Dt=0. \end{aligned}$$

Ces quatre équations, étant homogènes, ne sauraient être vérifiées par les mêmes valeurs des variables que si leur déterminant est nul. La condition demandée est donc

$$(\text{III})\qquad \Delta = \begin{vmatrix} A & B'' & B' & C \\ B'' & A' & B & C' \\ B' & B & A'' & C'' \\ C & C' & C'' & D \end{vmatrix} = 0.$$

Donc, *pour que l'équation du second degré, à trois variables, représente un cône, il faut et il suffit que le discriminant de son premier membre, rendu homogène, soit égal à zéro.*

377. Équation du cône issu du point P (x_1, y_1, z_1, t_1), qui est circonscrit à la surface du second degré (3) (¹). — Désignons par x, y, z, t les coordonnées d'un point quelconque M d'une génératrice du cône, et par x', y', z', t' celles du point de contact C de cette génératrice avec la surface (3). Nous avons évidemment (193)

$$x' = \frac{x + \lambda x_1}{1 + \lambda}, \quad y' = \frac{y + \lambda y_1}{1 + \lambda}, \quad z' = \frac{z + \lambda z_1}{1 + \lambda}, \quad t' = \frac{t + \lambda t_1}{1 + \lambda},$$

dont l'indéterminée λ dépend de la position du point M sur la génératrice CM.

Le point de contact C appartenant à la surface (2), nous avons

$$0 = f(x', y', z', t') = f\left(\frac{x + \lambda x_1}{1 + \lambda}, \frac{y + \lambda y_1}{1 + \lambda}, \frac{z + \lambda z_1}{1 + \lambda}, \frac{t + \lambda t_1}{1 + \lambda}\right)$$
$$= \frac{1}{(1 + \lambda)^2} f(x + \lambda x_1, y + \lambda y_1, z + \lambda z_1, t + \lambda t_1).$$

Développant le second membre, on obtient, pour déterminer λ, l'équation

$$\lambda^2 f(x_1, y_1, z_1, t_1) + \lambda(x f'_{x_1} + y f'_{y_1} + z f'_{z_1} + t f'_{t_1}) + f(x, y, z, t) = 0.$$

Les deux racines de cette équation devant être égales, on trouve

$$(\text{IV})\quad (x f'_{x_1} + y f'_{y_1} + z f'_{z_1} + t f'_{t_1})^2 - 4 f(x, y, z, t) f(x_1, y_1, z_1, t_1) = 0$$

pour l'équation du cône demandé.

(¹) G. Dostor, *loc. cit.*, p. 202.

378. Équation du cône circonscrit à la surface du second degré (3), et qui touche cette surface suivant son intersection avec le plan

$$(5) \qquad px + qy + rz + st = 0\ (^1).$$

Soient x_1, y_1, z_1, t_1 les coordonnées du sommet P du cône; le plan polaire du point P sera

$$xf_{x_1} + yf_{y_1} + z_{z_1}f + tf_{t_1} = 0.$$

Ce plan sera identique avec (5), si l'on a

$$(6) \qquad f_{x_1} = 2p\lambda, \quad f_{y_1} = 2q\lambda, \quad f_{z_1} = 2r\lambda, \quad f_{t_1} = 2s\lambda.$$

Multiplions ces quatre équations par les coordonnées respectives x_1, y_1, z_1, t_1 et ajoutons; nous obtenons l'égalité

$$\left.\begin{array}{l} x_1 f'_{x_1} + y_1 f'_{y_1} + z_1 f'_{z_1} + t_1 f'_{t_1} \\ \text{ou} \\ 2f(x_1, y_1, z_1, t_1) \end{array}\right\} = 2\lambda(px_1 + qy_1 + rz_1 + st_1),$$

qui, jointe aux équations (6), fournit le système des cinq équations

$$\begin{array}{r} -f(x_1, y_1, z_1, t_1) + \lambda p x_1 + \lambda q y_1 + \lambda r z_1 + \lambda s t_1 = 0, \\ -\lambda p + A\ x_1 + B'' y_1 + B' z_1 + C\ t_1 = 0, \\ -\lambda q + B'' x_1 + A' y_1 + B\ z_1 + C' t_1 = 0, \\ -\lambda r + B'\ x_1 + B\ y_1 + A'' z_1 + C'' t_1 = 0, \\ -\lambda s + C\ x_1 + C' y_1 + C'' z_1 + D\ t_1 = 0, \end{array}$$

entre les quatre inconnues x_1, y_1, z_1, t_1 au premier degré. Éliminant ces inconnues, on trouve la relation

$$\begin{vmatrix} f(x_1, y_1, z_1, t_1) & \lambda p & \lambda q & \lambda r & \lambda s \\ \lambda p & A & B'' & B' & C \\ \lambda q & B'' & A' & B & C' \\ \lambda r & B' & B & A'' & C'' \\ \lambda s & C & C' & C'' & D \end{vmatrix} = 0,$$

(¹) G. Dostor, *loc. cit.*, p. 202.

qui donne

$$(7)\qquad f(x_1, y_1, z_1, t_1) = -\frac{\lambda^2}{\Delta}\begin{vmatrix} 0 & p & q & r & s \\ p & \mathrm{A} & \mathrm{B}'' & \mathrm{B}' & \mathrm{C} \\ q & \mathrm{B}'' & \mathrm{A}' & \mathrm{B} & \mathrm{C}' \\ r & \mathrm{B}' & \mathrm{B} & \mathrm{A}'' & \mathrm{C}'' \\ s & \mathrm{C} & \mathrm{C}' & \mathrm{C}'' & \mathrm{D} \end{vmatrix},$$

où Δ représente le discriminant (V) de la fonction (4) du nº **296**.

Des relations (6) on tire aussi

$$(8)\qquad xf'_{x_1} + yf'_{y_1} + zf'_{z_1} + tf'_{t_1} = 2\lambda(px + qy + rz + st).$$

Il suffira maintenant de substituer les valeurs (7) et (8) dans l'équation (IV), pour avoir l'équation demandée du cône circonscrit dont le sommet est le pôle du plan (5). Cette équation est

$$(\mathrm{V})\quad \left\{\begin{aligned} & f(x, y, z, t)\begin{vmatrix} 0 & p & q & r & s \\ p & \mathrm{A} & \mathrm{B}'' & \mathrm{B}' & \mathrm{C} \\ q & \mathrm{B}'' & \mathrm{A}' & \mathrm{B} & \mathrm{C}' \\ r & \mathrm{B}' & \mathrm{B} & \mathrm{A}'' & \mathrm{C}'' \\ s & \mathrm{C} & \mathrm{C}' & \mathrm{C}'' & \mathrm{D} \end{vmatrix} \\ & \qquad = -(px + qy + rz + st)^2\begin{vmatrix} \mathrm{A} & \mathrm{B}'' & \mathrm{B}' & \mathrm{C} \\ \mathrm{B}'' & \mathrm{A}' & \mathrm{B} & \mathrm{C}' \\ \mathrm{B}' & \mathrm{B} & \mathrm{A}'' & \mathrm{C}'' \\ \mathrm{C} & \mathrm{C}' & \mathrm{C}'' & \mathrm{D} \end{vmatrix}. \end{aligned}\right.$$

CHAPITRE II.

LES INVARIANTS.

§ I. Les transformations linéaires. - § II. Les invariants.

§ I. — Les transformations linéaires.

379. On appelle *transformation linéaire* d'une fonction homogène de n variables x, y, z, ... le résultat qu'on obtient en remplaçant, dans la fonction, ces n variables par des fonctions linéaires de nouvelles variables x', y', z', ..., c'est-à-dire en y faisant

$$x = \lambda_1 x' + \mu_1 y' + \nu_1 z' + \ldots,$$
$$y = \lambda_2 x' + \mu_2 y' + \nu_2 z' + \ldots,$$
$$z = \lambda_3 x' + \mu_3 y' + \nu_3 z' + \ldots.$$

380. Exemple. — Dans la fonction homogène du second degré à deux variables

$$(1)\qquad f(x, y) = \mathrm{A}x^2 + 2\mathrm{B}xy + \mathrm{C}y^2,$$

faisons

$$(2)\qquad x = \lambda_1 x' + \mu_1 y', \quad y = \lambda_2 x' + \mu_2 y';$$

elle devient

$$\varphi(x', y') = \mathrm{A}(\lambda_1 x' + \mu_1 y')^2 + 2\mathrm{B}(\lambda_1 x' + \mu_1 y')(\lambda_2 x' + \mu_2 y') + \mathrm{C}(\lambda_2 x' + \mu_2 y')^2,$$

ou, en effectuant et en ordonnant par rapport à x',

$$\begin{aligned}\varphi(x', y') = (A\lambda_1^2 + 2B\lambda_1\lambda_2 + C\lambda_2^2)x'^2 \\ + 2(A\lambda_1\mu_1 + B\lambda_1\mu_2 + B\lambda_2\mu_1 + C\lambda_2\mu_2)x'y' \\ + (A\mu_1^2 + 2B\mu_1\mu_2 + C\mu_2^2)y'^2.\end{aligned}$$

Cette fonction transformée peut se mettre sous la forme

$$(3) \qquad \varphi(x', y') = A'x'^2 + 2B'x'y' + C'y'^2,$$

si l'on a soin de poser

$$\begin{aligned}A' &= A\lambda_1^2 \quad + 2B\lambda_1\lambda_2 + C\lambda_2^2, \\ B' &= A\lambda_1\mu_1 + B(\lambda_1\mu_2 + \lambda_2\mu_1) + C\lambda_2\mu_2, \\ C' &= A\mu_1^2 \quad + 2B\mu_1\mu_2 + C\mu_2^2.\end{aligned}$$

Ces trois égalités fournissent les coefficients A', B', C' de la fonction transformée (2).

381. Au moyen de ces dernières égalités, nous pouvons calculer le discriminant $A'C' - B'^2$ de la fonction transformée (3) en valeur des coefficients A, B et C de la fonction primitive.

Nous trouvons en effet que

$$\begin{aligned}A'C' - B'^2 = AC\lambda_1^2\mu_2^2 + AC\lambda_2^2\mu_1^2 - 2AC\lambda_1\lambda_2\mu_1\mu_2 \\ + 2B^2\lambda_1\lambda_2\mu_1\mu_2 - B^2\lambda_1^2\mu_2^2 - B^2\lambda_2^2\mu_1^2,\end{aligned}$$

ou bien

$$A'C' - B'^2 = AC(\lambda_1\mu_2 - \lambda_2\mu_1)^2 - B^2(\lambda_1\mu_2 - \lambda_2\mu_1)^2,$$

c'est-à-dire

$$(4) \qquad A'C' - B'^2 = (AC - B^2)(\lambda_1\mu_2 - \lambda_2\mu_1)^2.$$

Dans cette égalité, le facteur $\lambda_1\mu_2 - \lambda_2\mu_1$ est le déterminant des équations de transformation (2). Par conséquent, nous voyons que *le discriminant* $A'C' - B'^2$ *de la fonction transformée* (3) *est égal au discriminant* $AC - B^2$ *de la fonction primitive* (1), *multiplié par le carré du déterminant* $\lambda_1\mu_2 - \lambda_2\mu_1$ *des formules de transformation* (2).

Le déterminant $\lambda_1\mu_2 - \lambda_2\mu_1$ se nomme le *module de transformation.*

Le changement des coordonnées, en Géométrie analytique, s'opérant par des substitutions linéaires, est un cas particulier des transformations linéaires.

§ II. — Les invariants.

382. Définition. — Dans la transformation linéaire des nos 380 et 381, la quantité $AC - B^2$ est un invariant de la fonction $Ax^2 + 2Bxy + Cy^2$.

En général, on appelle *invariant* d'une fonction homogène de n variables toute expression entre les coefficients de cette fonction qu'une transformation linéaire change en une expression identique entre les coefficients analogues de la fonction transformée, divisée par une puissance du module de transformation.

L'invariant est *absolu*, si cette puissance est égale à l'unité.

383. Théorème. — *Les discriminants sont des invariants.*

Considérons la fonction homogène du second degré

$$F(X, Y) = AX^2 + 2BXY + CY^2, \tag{1}$$

dont le discriminant est le déterminant des deux équations

$$\tfrac{1}{2}F'_X = AX + BY = 0,$$
$$\tfrac{1}{2}F'_Y = BX + CY = 0,$$

et a pour valeur

$$\mathfrak{D}_2 = AC - B^2. \tag{2}$$

Dans la fonction (1) faisons les substitutions linéaires

$$X = \lambda x + \mu y, \quad Y = \lambda' x + \mu' y;$$

elle devient

$$(3) \left\{ \begin{aligned} f(x, y) = {} & A(\lambda x + \mu y)^2 \\ & + 2B(\lambda x + \mu y)(\lambda' x + \mu' y) + C(\lambda' x + \mu' y)^2. \end{aligned} \right.$$

Pour avoir le discriminant de cette transformée (3), égalons à zéro les dérivées prises par rapport à x et y; nous formons les deux équations

$$\frac{1}{2}f'_x = \mathbf{A}\lambda(\lambda x + \mu y) + \mathbf{B}\lambda(\lambda' x + \mu' y) + \mathbf{B}\lambda'(\lambda x + \mu y) + \mathbf{C}\lambda'(\lambda' x + \mu' y) = 0,$$

$$\frac{1}{2}f'_y = \mathbf{A}\mu(\lambda x + \mu y) + \mathbf{B}\mu(\lambda' x + \mu' y) + \mathbf{B}\mu'(\lambda x + \mu y) + \mathbf{C}\mu'(\lambda' x + \mu' y) = 0,$$

ou

$$(\mathbf{A}\lambda + \mathbf{B}\lambda')(\lambda x + \mu y) + (\mathbf{B}\lambda + \mathbf{C}\lambda')(\lambda' x + \mu' y) = 0,$$
$$(\mathbf{A}\mu + \mathbf{B}\mu')(\lambda x + \mu y) + (\mathbf{B}\mu + \mathbf{C}\mu')(\lambda' x + \mu' y) = 0.$$

Si nous posons dans ces équations

$$(4) \qquad \begin{cases} \mathbf{A}\lambda + \mathbf{B}\lambda' = \mathcal{A}, & \mathbf{B}\lambda + \mathbf{C}\lambda' = \mathcal{B}, \\ \mathbf{A}\mu + \mathbf{B}\mu' = \mathcal{A}', & \mathbf{B}\mu + \mathbf{C}\mu' = \mathcal{B}', \end{cases}$$

elles deviennent

$$\mathcal{A}(\lambda x + \mu y) + \mathcal{B}(\lambda' x + \mu' y) = 0,$$
$$\mathcal{A}'(\lambda x + \mu y) + \mathcal{B}'(\lambda' x + \mu' y) = 0,$$

ou encore

$$(\mathcal{A}\lambda + \mathcal{B}\lambda')x + (\mathcal{A}\mu + \mathcal{B}\mu')y = 0,$$
$$(\mathcal{A}'\lambda + \mathcal{B}'\lambda')x + (\mathcal{A}'\mu + \mathcal{B}'\mu')y = 0,$$

et fournissent le discriminant

$$\mathcal{D}'_2 = \begin{vmatrix} \mathcal{A}\lambda + \mathcal{B}\lambda' & \mathcal{A}\mu + \mathcal{B}\mu' \\ \mathcal{A}'\lambda + \mathcal{B}'\lambda' & \mathcal{A}'\mu + \mathcal{B}'\mu' \end{vmatrix} = \begin{vmatrix} \mathcal{A} & \mathcal{B} \\ \mathcal{A}' & \mathcal{B}' \end{vmatrix} \times \begin{vmatrix} \lambda & \lambda' \\ \mu & \mu' \end{vmatrix}.$$

Mais, en vertu des égalités (4), nous avons

$$\begin{vmatrix} \mathcal{A} & \mathcal{B} \\ \mathcal{A}' & \mathcal{B}' \end{vmatrix} = \begin{vmatrix} \mathbf{A}\lambda + \mathbf{B}\lambda' & \mathbf{B}\lambda + \mathbf{C}\lambda' \\ \mathbf{A}\mu + \mathbf{B}\mu' & \mathbf{B}\mu + \mathbf{C}\mu' \end{vmatrix} = \begin{vmatrix} \mathbf{A} & \mathbf{B} \\ \mathbf{B} & \mathbf{C} \end{vmatrix} \cdot \begin{vmatrix} \lambda & \lambda' \\ \mu & \mu' \end{vmatrix};$$

donc il vient

$$\mathcal{D}_2 = \begin{vmatrix} \mathbf{A} & \mathbf{B} \\ \mathbf{B} & \mathbf{C} \end{vmatrix} \cdot \begin{vmatrix} \lambda & \lambda' \\ \mu & \mu \end{vmatrix} \times \begin{vmatrix} \lambda & \lambda' \\ \mu & \mu' \end{vmatrix},$$

ou bien

$$(\text{I}) \qquad \mathcal{D}'_2 = \mathcal{D}_2 \begin{vmatrix} \lambda & \lambda' \\ \mu & \mu' \end{vmatrix}^2.$$

Donc le discriminant $\mathfrak{D}'_2$ de la fonction transformée (3) est égal au discriminant $\mathfrak{D}_2$ de la fonction primitive (1), multiplié par le carré du module de transformation $(\lambda\mu' - \mu\lambda')$.

Prenons encore la fonction homogène du second degré à trois variables

$$(5)\quad F(X,Y,Z) = AX^2 + A'Y^2 + A''Z^2 + 2BYZ + 2B'ZX + 2B''XY,$$

dont le discriminant est (360, III)

$$\mathfrak{D}_3 = \begin{vmatrix} A & B'' & B' \\ B'' & A' & B \\ B' & B & A'' \end{vmatrix}.$$

Dans cette fonction (5) faisons les substitutions linéaires

$$(6)\quad \left\{ \begin{aligned} X &= \lambda\ x + \mu\ y + \nu\ z, \\ Y &= \lambda' x + \mu' y + \nu' z, \\ Z &= \lambda'' x + \mu'' y + \nu'' z \,; \end{aligned} \right.$$

elle devient

$$(7)\quad \left\{ \begin{aligned} f(x,y,z) = {} & A\ (\lambda\ x + \mu\ y + \nu\ z)^2 \\ & + A'\ (\lambda' x + \mu' y + \nu' z)^2 \\ & + A''(\lambda'' x + \mu'' y + \nu'' z)^2 \\ & + 2B\ (\lambda' x + \mu' y + \nu' z)(\lambda'' x + \mu'' y + \nu'' z) \\ & + 2B'\ (\lambda'' x + \mu'' y + \nu'' z)(\lambda\ x + \mu\ y + \nu\ z) \\ & + 2B''(\lambda\ x + \mu\ y + \nu\ z)(\lambda' x + \mu' y + \nu' z). \end{aligned} \right.$$

La demi-dérivée de cette fonction, prise par rapport à x, sera

$$\begin{aligned} \tfrac{1}{2}f'_x = {} & A\ \lambda\ (\lambda x + \mu y + \nu z) + A'\lambda'(\lambda' x + \mu' y + \nu' z) + A''\lambda''(\lambda'' x + \mu'' y + \nu'' z) \\ & + B\ \lambda''(\lambda' x + \mu' y + \nu' z) + B\ \lambda'(\lambda'' x + \mu'' y + \nu'' z) \\ & + B'\ \lambda''(\lambda x + \mu y + \nu z) + B'\lambda\ (\lambda'' x + \mu'' y + \nu'' z) \\ & + B''\lambda'(\lambda x + \mu y + \nu z) + B''\lambda\ (\lambda' x + \mu' y + \nu' z), \end{aligned}$$

ou

$$\begin{aligned} \tfrac{1}{2}f'_x = {} & (A\ \lambda + B''\lambda' + B'\ \lambda'')(\lambda\ x + \mu\ y + \nu\ z) \\ & + (B''\lambda + A'\ \lambda' + B\ \lambda'')(\lambda' x + \mu' y + \nu' z) \\ & + (B'\lambda + B\ \lambda' + A''\lambda'')(\lambda'' x + \mu'' y + \nu'' z). \end{aligned}$$

On calculera semblablement $\tfrac{1}{2}f'_y$ et $\tfrac{1}{2}f'_z$.

Si l'on égale à zéro les trois expressions ainsi obtenues, on forme le système des trois équations

$$(8)\quad\begin{cases}\mathcal{A}\,(\lambda x+\mu y+\nu z)+\mathcal{B}\,(\lambda' x+\mu' y+\nu' z)+\mathcal{C}\,(\lambda'' x+\mu'' y+\nu'' z)=0,\\ \mathcal{A}'(\lambda x+\mu y+\nu z)+\mathcal{B}'(\lambda' x+\mu' y+\nu' z)+\mathcal{C}'(\lambda'' x+\mu'' y+\nu'' z)=0,\\ \mathcal{A}''(\lambda x+\mu y+\nu z)+\mathcal{B}''(\lambda' x+\mu' y+\nu' z)+\mathcal{C}''(\lambda'' x+\mu'' y+\nu'' z)=0,\end{cases}$$

en posant

$$(9)\quad\begin{cases}A\lambda+B''\lambda'+B'\lambda''=\mathcal{A}, & B''\lambda+A'\lambda'+B\lambda''=\mathcal{B}, & B'\lambda+B\lambda'+A''\lambda''=\mathcal{C},\\ A\mu+B''\mu'+B'\mu''=\mathcal{A}', & B''\mu+A'\mu'+B\mu''=\mathcal{B}', & B'\mu+B\mu'+A''\mu''=\mathcal{C}',\\ A\nu+B''\nu'+B'\nu''=\mathcal{A}'', & B''\nu+A'\nu'+B\nu''=\mathcal{B}'', & B'\nu+B\nu'+A''\nu''=\mathcal{C}''.\end{cases}$$

Mettons les variables en facteurs communs dans les équations précédentes (8); nous pouvons les écrire

$$(\mathcal{A}\,\lambda+\mathcal{B}\,\lambda'+\mathcal{C}\lambda'')x+(\mathcal{A}\,\mu+\mathcal{B}\,\mu'+\mathcal{C}\mu'')y+(\mathcal{A}\,\nu+\mathcal{B}\,\nu'+\mathcal{C}\,\nu'')z=0,$$
$$(\mathcal{A}'\lambda+\mathcal{B}'\lambda'+\mathcal{C}\lambda'')x+(\mathcal{A}'\mu+\mathcal{B}'\mu'+\mathcal{C}\mu'')y+(\mathcal{A}'\nu+\mathcal{B}'\nu'+\mathcal{C}'\nu'')z=0,$$
$$(\mathcal{A}''\lambda+\mathcal{B}''\lambda'+\mathcal{C}\lambda'')x+(\mathcal{A}''\mu+\mathcal{B}''\mu'+\mathcal{C}\mu'')y+(\mathcal{A}''\nu+\mathcal{B}''\nu'+\mathcal{C}''\nu'')z=0.$$

Le déterminant de ces trois équations sera le discriminant de la fonction F(X, Y, Z). En le représentant par $\mathfrak{D}'_3$, on a donc

$$\mathfrak{D}'_3=\begin{vmatrix}\mathcal{A}\,\lambda+\mathcal{B}\,\lambda'+\mathcal{C}\,\lambda'' & \mathcal{A}\,\mu+\mathcal{B}\,\mu'+\mathcal{C}\,\mu'' & \mathcal{A}\,\nu+\mathcal{B}\,\nu'+\mathcal{C}\,\nu''\\ \mathcal{A}'\lambda+\mathcal{B}'\lambda'+\mathcal{C}'\lambda'' & \mathcal{A}'\mu+\mathcal{B}'\mu'+\mathcal{C}'\mu'' & \mathcal{A}'\nu+\mathcal{B}'\nu'+\mathcal{C}'\nu''\\ \mathcal{A}''\lambda+\mathcal{B}''\lambda'+\mathcal{C}''\lambda'' & \mathcal{A}''\mu+\mathcal{B}''\mu'+\mathcal{C}''\mu'' & \mathcal{A}''\nu+\mathcal{B}''\nu'+\mathcal{C}''\nu''\end{vmatrix}.$$

Or il est évident que cette expression est le produit des deux déterminants

$$\begin{vmatrix}\mathcal{A} & \mathcal{B} & \mathcal{C}\\ \mathcal{A}' & \mathcal{B}' & \mathcal{C}'\\ \mathcal{A}'' & \mathcal{B}'' & \mathcal{C}''\end{vmatrix},\qquad \begin{vmatrix}\lambda & \lambda' & \lambda''\\ \mu & \mu' & \mu''\\ \nu & \nu' & \nu''\end{vmatrix},$$

dont le premier, qui, en vertu des égalités (9), revient à

$$\begin{vmatrix}A\lambda+B''\lambda'+B'\lambda'' & B''\lambda+A'\lambda'+B\lambda'' & B'\lambda+B\lambda'+A''\lambda''\\ A\mu+B''\mu'+B'\lambda'' & B''\mu+A'\mu'+B\mu'' & B'\mu+B\mu'+A''\mu''\\ A\nu+B''\nu'+B'\lambda'' & B''\nu+A'\nu'+B\nu'' & B'\nu+B\nu'+A''\nu''\end{vmatrix},$$

est lui-même le produit des deux déterminants

$$\begin{vmatrix}\lambda & \lambda' & \lambda''\\ \mu & \mu' & \mu''\\ \nu & \nu' & \nu''\end{vmatrix}\quad\text{et}\quad\begin{vmatrix}A & B'' & B'\\ B'' & A' & B\\ B' & B & A''\end{vmatrix}.$$

On a donc

$$\mathfrak{D}'_3 = \begin{vmatrix} \lambda & \lambda' & \lambda'' \\ \mu & \mu' & \mu'' \\ \nu & \nu' & \nu'' \end{vmatrix} \cdot \begin{vmatrix} A & B'' & B' \\ B'' & A' & B \\ B' & B & A'' \end{vmatrix} \times \begin{vmatrix} \lambda & \lambda' & \lambda'' \\ \mu & \mu' & \mu'' \\ \nu & \nu' & \nu'' \end{vmatrix}.$$

ou

$$\text{(II)} \qquad \mathfrak{D}'_3 = \mathfrak{D}_3 \times \begin{vmatrix} \lambda & \lambda' & \lambda'' \\ \mu & \mu' & \mu'' \\ \nu & \nu' & \nu'' \end{vmatrix}^2.$$

384. Invariants des courbes du second degré. — Les invariants que nous venons de considérer existent, quelle que soit la nature des formules de transformation linéaire. Il en est d'autres qui n'apparaissent que dans des cas particuliers, lorsque les coefficients de transformation ont certaines valeurs.

Pour en donner un exemple, considérons la conique

$$(10) \qquad Ax^2 + 2Bxy + Cy^2 + H = 0,$$

qui a l'origine pour centre. Faisons tourner d'un angle α les axes de coordonnées, supposés rectangulaires; il faudra faire

$$x = x'\cos\alpha - y'\sin\alpha, \quad y = x'\sin\alpha + y'\cos\alpha,$$

ce qui transforme notre équation (10) dans la suivante :

$$A'x'^2 + 2B'x'y' + C'y'^2 + H = 0,$$

où

$$A' = A\cos^2\alpha + 2B\sin\alpha\cos\alpha + C\sin^2\alpha,$$
$$B' = (C - A)\sin\alpha\cos\alpha + B(\cos^2\alpha - \sin^2\alpha),$$
$$C' = A\sin^2\alpha - 2B\sin\alpha\cos\alpha + C\cos^2\alpha.$$

Le module de transformation est ici $\cos\alpha.\cos\alpha - (\sin\alpha)\sin\alpha$ ou 1; par conséquent l'invariant $AC - B^2$ est absolu, et il vient

$$A'C' - B'^2 = AC - B^2.$$

Dans le cas général, on a (316)

$$A' + C' = A(\lambda_1^2 + \mu_1^2) + C(\lambda_2^2 + \mu_2^2) + 2B(\lambda\lambda_1 + \mu\mu_1),$$

et la somme $A + C$ est loin d'être un invariant; mais, dans le cas que nous considérons, les coefficients de A et C se réduisent à l'unité et celui de 2B s'anéantit, de sorte que

$$A' + C' = A + C.$$

Donc la somme $A + C$ est un invariant de la fonction $Ax^2 + 2Bxy + Cy^2$ lorsqu'on passe d'axes rectangulaires à d'autres axes rectangulaires de même origine.

385. Interprétation géométrique de ces invariants. — Les invariants d'une fonction expriment toujours une propriété de la figure (*ligne* ou *surface*), que représente l'équation obtenue en égalant la fonction à une constante.

En effet : 1° la conique (10) coupant les axes des coordonnées, supposés rectangulaires, aux points

$$x = \pm\sqrt{-\frac{H}{A}}, \quad y = \pm\sqrt{-\frac{H}{C}},$$

les cordes qui passent par ces points d'intersection sont représentées par les équations

$$x\sqrt{A} \pm y\sqrt{C} = \pm\sqrt{-H},$$

et les distances de ces cordes au centre de la courbe (10) seront égales à

$$\sqrt{-\frac{H}{A + C}}.$$

L'égalité $A' + C' = A + C$ exprime donc que toutes les cordes, vues sous un angle droit du centre de la conique, sont à égales distances de ce centre; ou, en d'autres termes :

Tous les losanges inscrits dans l'ellipse (10) *sont circonscrits à un même cercle.*

2° Le diamètre conjugué à l'axe des x,

$$f'_x = Ax + By = 0,$$

coupe la conique (10) en deux points dont les ordonnées sont

$$y = \pm\sqrt{-\frac{AH}{AC - B^2}},$$

pendant que l'axe des x rencontre la courbe (10) en deux points qui ont les valeurs

$$x = \pm\sqrt{-\frac{H}{A}}$$

pour abscisses. L'aire du parallélogramme qui a ces quatre points pour sommets est donc égale à

$$2xy = \sqrt{\frac{H^2}{AC - B^2}}.$$

Il s'ensuit que l'égalité $A'C' - B'^2 = AC - B^2$ exprime que :

Les parallélogrammes construits sur les diamètres conjugués sont équivalents.

386. Pour déterminer, par un autre exemple, les invariants des fonctions du second degré à deux variables, proposons-nous de *déterminer les axes de la conique à centre*

$$(11) \qquad Ax^2 + 2Bxy + Cy^2 + H = 0.$$

Si de l'origine, centre de la courbe, nous décrivons un cercle avec l'un des axes comme diamètre, ce cercle sera tangent à la conique à deux sommets opposés. Or, θ étant l'angle des axes de coordonnées, l'équation de notre cercle sera

$$(12) \qquad x^2 + y^2 + 2xy\cos\theta - R^2 = 0.$$

Nous pouvons tirer des équations (11) et (12) une équation homogène en x et y, qui représentera les droites d'intersection de ces deux courbes (1) et (2). Cette équation homogène s'obtient en multipliant (11) et (12) respectivement par R^2 et H, et en ajoutant; elle est

$$(AR^2 + H)x^2 + 2(BR^2 + H\cos\theta)xy + (CR^2 + H)y^2 = 0.$$

Les deux sécantes communes représentées par cette équation se confondront avec un axe de la conique (11), si le premier membre est un carré parfait. On trouve ainsi l'équation

$$(BR^2 + H\cos\theta)^2 - (AR^2 + H)(CR^2 + H) = 0,$$

qui fournit les demi-axes a et b de la conique (11).

Elle revient à

$$(B^2 - AC)R^4 - (A - 2B\cos\theta + C)HR^2 - H^2\sin^2\theta = 0,$$

et prouve que

$$\text{(III)}\qquad \begin{cases} a^2 + b^2 = \dfrac{A - 2B\cos\theta + C}{B^2 - AC} \times H, \\[2ex] a^2 b^2 = -\dfrac{H^2\sin^2\theta}{B^2 - AC}. \end{cases}$$

Ainsi les quantités $B^2 - AC$ et $A - 2B\cos\theta + C$ sont des invariants de la fonction (11); le premier est un invariant absolu et le second est un invariant relatif, puisqu'il varie avec l'angle des axes de coordonnées.

387. Les invariants de la fonction du second degré à trois variables

$$(13)\quad Ax^2 + A'y^2 + A''z^2 + 2Byz + 2B'zx + 2B''xy + H = 0$$

se trouvent de même, en traçant une sphère concentrique et bitangente à la surface représentée par cette équation.

Si nous appelons R le rayon de cette sphère, et que λ, μ, ν représentent les angles YOZ, ZOX, XOY compris entre les axes de coordonnées, l'équation qui fournit les trois demi-axes a, b, c de la surface (13) sera précisément l'équation (VII) du n° 345, p. 299.

Elle peut s'écrire

$$\Delta R^6 - PHR^4 + QH^2R^2 - \delta H^3 = 0,$$

en posant

$$A\ A'A'' + 2BB'B'' - AB^2 - A'B'^2 - A''B''^2,$$

$$B^2 - A'A'' + B'^2 - AA' + 2(AB - B'B'')\cos\lambda$$
$$+ 2(A'B' - B''B)\cos\mu + 2(A''B'' - BB')\cos\nu,$$

$$A\sin^2\lambda + A'\sin^2\mu + A''\sin^2\nu$$
$$+ 2B(\cos\mu\cos\nu - \cos\lambda) + 2B'(\cos\nu\cos\lambda - \cos\mu) + 2B''(\cos\lambda\cos\mu - \cos\nu),$$

$$- \cos^2\lambda - \cos^2\mu - \cos^2\nu + 2\cos\lambda\cos\mu\cos\nu.$$

On en conclut que

$$a^2+b^2+c^2=\frac{\mathrm{PH}}{\Delta},\quad b^2c^2+c^2a^2+a^2b^2=\frac{\mathrm{QH}^2}{\Delta},\quad a^2b^2c^2=-\frac{\delta\,\mathrm{H}^3}{\Delta}.$$

Il s'ensuit que les quantités Δ, P et Q sont des invariants. Le premier est absolu et les deux autres sont relatifs.

FIN.

2981 Paris. — Imprimerie de GAUTHIER-VILLARS, quai des Augustins, 55.

TRAITÉ
DE
GÉOMÉTRIE ANALYTIQUE
(SECTIONS CONIQUES),

CONTENANT UN EXPOSÉ DES MÉTHODES LES PLUS IMPORTANTES DE LA GÉOMÉTRIE ET DE L'ALGÈBRE MODERNES,

PAR G. SALMON,

PROFESSEUR AU COLLÉGE DE LA TRINITÉ, A DUBLIN.

OUVRAGE TRADUIT DE L'ANGLAIS
SUR LA CINQUIÈME ÉDITION
PAR

H. RESAL,
INGÉNIEUR DES MINES,
PROFESSEUR A LA FACULTÉ DE BESANÇON.

V. VAUCHERET,
CAPITAINE D'ARTILLERIE,
ANCIEN ÉLÈVE DE L'ÉCOLE POLYTECHNIQUE.

UN FORT VOLUME IN-8, AVEC 124 FIG. DANS LE TEXTE; 1870. — 10 FRANCS.

En envoyant à l'Éditeur un mandat sur la Poste ou des timbres-poste, on recevra l'Ouvrage franco dans toute la France

AVERTISSEMENT.

L'Ouvrage dont nous publions la traduction a paru en Angleterre sous le nom de *Traité des Sections coniques*, et forme le premier volume de la série des excellents Traités de Géométrie analytique de M. G. Salmon.

Sous un titre modeste, M. Salmon, associant d'une manière plus intime qu'on ne l'avait fait jusqu'ici l'Analyse et la Géométrie, donne les éléments nécessaires pour aborder

Envoi franco, contre mandat de poste ou valeur sur Paris, en *Europe, Algérie, Égypte, Maroc, Russie d'Asie, Tunisie, Turquie d'Asie.* — Pour les *Etats-Unis de l'Amérique du Nord*, ajouter au prix de l'ouvrage : 1 fr. par volume in-4, et 50 c. par volume in-8, in-12 et in-18. — Pour les autres pays, suivant les conventions postales.

la *théorie générale des courbes*, et fait une exposition à peu près complète des divers systèmes de coordonnées : *cartésiennes*, *trilinéaires* et *tangentielles*. La traduction a été faite avec un soin consciencieux et une connaissance approfondie du sujet, mais sans interprétations ni mutilations, comme il convient pour une œuvre correcte et remarquable en elle-même.

Un coup d'œil jeté sur la Table des matières permet de constater la richesse des matériaux que renferme ce livre et la méthode magistrale qui sert à leur mise en œuvre. Nous nous bornerons à citer ici la *théorie des notations abrégées* et ses nombreuses applications, l'exposé analytique et géométrique du *principe de dualité*, la méthode des *polaires réciproques*, les *propriétés harmoniques et anharmoniques* des sections coniques, la méthode des *projections*, la méthode des *infiniment petits*, enfin la théorie féconde des *invariants et covariants des systèmes de coniques*, qui permet à la Géométrie d'utiliser les ressources de la nouvelle Analyse.

Ce qui distingue, en outre, cet Ouvrage, c'est la sage progression avec laquelle sont exposées les théories, le choix gradué de nombreux Exercices, et l'emploi systématique de problèmes numériques pour faire saisir plus nettement les applications.

Dans l'esprit des traducteurs, l'édition française du Traité de M. Salmon est appelée à rendre un réel service à l'enseignement; aussi nous espérons que cet Ouvrage ne tardera pas à devenir classique en France, comme il l'est déjà en Angleterre.

Nous reproduisons ci-après un *extrait* de la Table des matières, donnant d'une manière très-abrégée l'indication des sujets les plus nouveaux traités dans l'Ouvrage.

EXTRAIT DE LA TABLE DES MATIÈRES.

CHAPITRE I. — DU POINT.

Préliminaires. — Transformations des coordonnées. — Coordonnées polaires.

CHAPITRE II. — DE LA LIGNE DROITE.

Aire d'un triangle en fonction des coordonnées de ses sommets. — Aire d'un polygone quelconque. — Aire du triangle formé par trois droites.

CHAPITRE III. — PROBLÈMES SUR LA LIGNE DROITE.

CHAPITRE IV. — APPLICATION DE LA MÉTHODE DES NOTATIONS ABRÉGÉES A L'ÉQUATION DE LA LIGNE DROITE.

Division anharmonique d'une droite. — Expression algébrique du rapport anharmonique d'un faisceau. — Systèmes de droites homographiques. — Triangles homologues. Centre et axe d'homologie. — Coordonnées trilinéaires. — Équation d'une droite située à l'infini. — Coordonnées tangentielles.

CHAPITRE V. — DES ÉQUATIONS D'UN DEGRÉ SUPÉRIEUR AU PREMIER REPRÉSENTANT DES LIGNES DROITES.

Des droites imaginaires. — Nombre de conditions à remplir pour qu'une équation d'un degré quelconque représente des lignes droites. — Nombre des termes d'une équation de degré n.

CHAPITRE VI. — DU CERCLE.

Cercle passant par trois points. — Condition pour que quatre points appartiennent à une circonférence.

CHAPITRE VII. — THÉORÈMES ET PROBLÈMES SUR LE CERCLE.

CHAPITRE VIII. — PROPRIÉTÉS D'UN SYSTÈME DE DEUX OU D'UN PLUS GRAND NOMBRE DE CERCLES.

Propriétés d'un système de cercles ayant même axe radical. — Points limites du système. — Décrire un cercle tangent à trois cercles donnés. — Méthode des courbes inverses.

CHAPITRE IX. — APPLICATION DE LA MÉTHODE DES NOTATIONS ABRÉGÉES A L'ÉQUATION DU CERCLE.

Équation du cercle circonscrit à un triangle $\alpha\beta\gamma$. — Équation tangentielle du cercle circonscrit. — Équation du cercle inscrit dans un triangle. — Équation tangentielle de ce cercle. — Théorème de Feuerbach. — De l'emploi des *déterminants*.

CHAPITRE X. — CLASSIFICATION ET PROPRIÉTÉS COMMUNES DES COURBES REPRÉSENTÉES PAR L'ÉQUATION GÉNÉRALE DU DEUXIÈME DEGRÉ.

Ce qu'on entend par classe d'une courbe. — Propriétés harmoniques des polaires.

CHAPITRE XI. — DE L'ELLIPSE ET DE L'HYPERBOLE.

Réduction de l'équation générale du deuxième degré. — Le centre est le pôle de la droite à l'infini. — Fonctions des coefficients qui ne changent pas lorsqu'on transforme les axes de coordonnées. — *Tangentes et diamètres conjugués.* — Construire deux diamètres conjugués comprenant un angle donné. — *Normale.* — *Foyers et directrices.* — La moyenne harmonique des segments d'une corde focale est constante. — Origine des noms : ellipse, hyperbole, parabole. — *Asymptotes.*

CHAPITRE XII. — DE LA PARABOLE.

Réduction de l'équation générale. — Expression du parametre de la parabole définie par l'équation générale. — *Tangente et normale.* — *Diamètres.* — *Foyer et directrices.*

CHAPITRE XIII. — THÉORÈMES ET PROBLÈMES SUR LES SECTIONS CONIQUES.

Problèmes divers. — L'hyperbole équilatère circonscrite à un triangle passe par le point de concours des hauteurs de ce triangle. — Lieu des centres des coniques inscrites dans un quadrilatère. — Lieu des foyers des coniques circonscrites à un quadrilatère. — *De l'angle excentrique.* — *De la similitude dans les sections coniques.* — *Du contact des sections coniques.* — Des ordres de contact — Définition du cercle osculateur. — Expression et construction du rayon de courbure. — Coordonnées du centre de courbure. — Développées des coniques.

CHAPITRE XIV. — APPLICATION DE LA MÉTHODE DES NOTATIONS ABRÉGÉES AUX SECTIONS CONIQUES.

Propriétés générales. — La parabole a une tangente située à l'infini. — Deux coniques homothétiques ont deux points communs à l'infini. — Deux coniques homothétiques et concentriques se touchent à l'infini. — Tous les cercles passent par les deux mêmes points imaginaires situés à l'infini. — Propriété anharmonique des points d'une conique. — Théorème de Brianchon. — Théorème de Pascal. — Théorème de Steiner. — Étant données cinq tangentes d'une conique, trouver leurs points de contact. — Génération des coniques d'après la méthode de Mac Laurin. — Étant donnés cinq points d'une conique, la construire, trouver son centre et mener la tangente en un quelconque de ses points. — *Des équations rapportées à deux tangentes et à leur corde de contact.* — Inscrire dans une conique un triangle dont les côtés passent par trois points donnés. — Généralisation de la méthode de Mac Laurin pour la génération des coniques. — Propriété anharmonique des points d'une conique, de ses tangentes. — Le rapport anharmonique de quatre points est égal à celui de leurs correspondants. — Enveloppe de la corde joignant deux points correspondants de deux systèmes homographiques pris sur une conique. — *Des équations rapportées aux côtés d'un triangle autopolaire.* — Lieu du pôle d'une droite donnée par rapport aux coniques passant par quatre points fixes. — Même lieu par rapport aux coniques tangentes à quatre droites fixes. — Les coniques qui ont un foyer commun ont deux tangentes imaginaires communes. — Deux coniques ont toujours un triangle autopolaire commun. — *Des courbes enveloppes.* — Discriminant de l'équation tangentielle. — Équation d'une conique tangente à quatre droites. — Problème de Malfatti. — *Équation générale du second degré.* — Méthode de M. Hearn pour trouver le lieu du centre d'une conique assujettie à quatre conditions. — Équations des droites qui joignent un point donné aux intersections de deux courbes. — Les polaires d'un point prises par rapport aux coniques circonscrites à un même quadrilatère, passent par un point fixe. — Lieu de l'intersection des lignes correspondantes de deux faisceaux homographiques. — Enveloppe de la polaire d'un point par rapport à une conique ayant un double contact avec deux coniques données. — Le rapport anharmonique de quatre points est égal à celui de leurs polaires. — Équation d'une conique tangente à cinq droites.

CHAPITRE XV. — DU PRINCIPE DE DUALITÉ ET DE LA MÉTHODE DES POLAIRES RÉCIPROQUES.

Principe de dualité. — Lieu du centre des coniques inscrites dans un quadrilatère. — Lieu des foyers des coniques inscrites dans un quadrilatère. — Définition des polaires réciproques. — Degré de la polaire réciproque. — Polaire réciproque d'un cercle par rapport à un autre cercle. — Transformation par la méthode réciproque des théorèmes relatifs aux angles qui ont leur sommet au foyer. — Équation tangentielle de la conique réciproque. — Équation trilinéaire de la conique définie par un foyer et trois points, ou trois tangentes. — Transformation, par la méthode réciproque, des propriétés anharmoniques. — Théorème de Carnot sur l'intersection d'une conique et d'un triangle. — Détermination des axes de la conique réciproque. — Propriétés des coniques homofocales considérées comme réciproques. — Décrire un cercle tangent à trois cercles donnés. — Équation de la courbe réciproque. — Déduire l'équation de la réciproque par rapport à une origine, de celle de la réciproque relative à une autre origine. — Des reciproques par rapport à une parabole.

CHAPITRE XVI. — PROPRIÉTÉS HARMONIQUES ET ANHARMONIQUES DES SECTIONS CONIQUES.

Expression du rapport anharmonique lorsqu'un point est à l'infini. — Le centre est le pôle de la droite à l'infini. — Les asymptotes forment avec deux diamètres conjugués quelconques un faisceau harmonique. — Propriété anharmonique des tangentes à une parabole. — Démonstration, par la propriété anharmonique, des modes de génération des coniques, de Mac Laurin et de Newton. — Extension donnée par M. Chasles à ces théorèmes. — Inscrire dans une conique un polygone dont les côtés passent par des points fixes. — Décrire une conique ayant un double contact avec une conique donnée, et tangente à trois droites données. — Démonstration anharmonique du théorème de Pascal. — Lieu du centre d'une conique circonscrite à un quadrilatère. — Enveloppe de la droite qui joint les points correspondants de deux divisions homographiques. — Critérium pour reconnaître lorsque deux systèmes de points sont homographiques. — Condition pour que deux couples de points soient conjugués harmoniques. — Condition pour qu'une droite soit divisée harmoniquement par deux coniques. — Involution. — Deux couples de points déterminent un système en involution. — Condition pour que six points ou six droites forment un système en involution. — Les coniques passant par quatre points fixes déterminent sur une transversale un système de points en involution. — Les couples de tangentes menées par un point fixe aux coniques inscrites dans un quadrilatère forment un faisceau en involution. — Démonstration, par la théorie de l'involution, du théorème de Feuerbach relatif au cercle mené par les milieux des côtés d'un triangle.

CHAPITRE XVII. — MÉTHODE DES PROJECTIONS.

Projections coniques. — Tous les points à l'infini peuvent être considérés comme appartenant à une même droite. — Propriétés projectives. — Deux coniques peuvent être projetées suivant deux cercles. — Démonstration du théorème de Carnot, par projection. — Démonstration, par projection, du théorème de Pascal. — Transformation des propriétés relatives aux foyers. — Transformation, par projection, des propriétés des angles droits. — Transformation des théorèmes sur les angles en général. — Lieu du point divisant dans un rapport donné le segment déterminé sur une tangente variable par deux tangentes fixes. — Fondement analytique de la méthode des projections. — *Des sections planes du cône.* — On peut toujours projeter une conique suivant un cercle, de telle sorte qu'une droite de son plan se projette à l'infini. — Détermination des foyers d'une section conique. — Lieu du sommet des cônes droits sur lesquels on peut placer une conique donnée. — Méthode pour déduire les propriétés des courbes planes de celles des courbes sphériques. — *Projections orthogonales.*

CHAPITRE XVIII. — INVARIANTS ET COVARIANTS DES SYSTÈMES DE CONIQUES.

Définition des invariants. — Condition pour que deux coniques se touchent. — Critérium pour reconnaître lorsque deux coniques se coupent en deux points réels et deux points imaginaires, ou ne se coupent pas. — Équation de la courbe parallèle à une conique. — Équation de la développée d'une conique. — Signification des invariants lorsqu'une conique se réduit à deux droites. — Critérium pour reconnaître lorsque six droites sont tangentes à une même conique. — Équation des asymptotes d'une conique définie par l'équation générale en coordonnées trilinéaires. — Condition pour qu'un triangle autopolaire par rapport à une conique puisse être inscrit dans une autre conique, ou lui être circonscrit. — Les six sommets de deux triangles autopolaires appartiennent à une même conique. — Équation tangentielle des quatre points d'intersection de deux coniques. — Équation des quatre tangentes communes à deux coniques. — Les huit points de contact appartiennent à une même conique. — Définition des covariants et des contrevariants. — Discriminant du covariant F; dans quel cas il s'évanouit. — Trouver les équations des côtés du triangle autopolaire commun à deux coniques. — Enveloppe du troisième côté d'un triangle inscrit dans une conique et dont deux côtés touchent une autre conique. — Lieu du sommet libre d'un polygone dont tous les côtés touchent une conique, et dont tous les sommets moins un glissent sur une autre conique. — Équation générale, en coordonnées tangentielles, des points à l'infini du cercle. — Condition pour qu'une conique soit une hyperbole équilatère, une parabole. — Toute droite menée par un des points à l'infini du cercle est à elle-même sa perpendiculaire — Équation de la directrice de la parabole définie par l'équation générale en coordonnées trilinéaires. — Coordonnées des foyers de la conique représentée par l'équation générale. — Équation du système réciproque de deux coniques ayant un double contact. — Condition pour que deux coniques ayant un double contact avec une conique fixe soient tangentes. — Mener une conique ayant un double contact avec S, et tangente à trois coniques qui ont un double contact avec S. — Les quatre coniques qu'on peut mener par trois points fixes, ou tangentiellement à trois droites, de telle sorte qu'elles aient un double contact avec une conique donnée, sont tangentes aux mêmes coniques. — Condition pour que trois coniques aient un double contact avec une même conique. — Jacobien d'un système de trois coniques. — Points correspondants du Jacobien. — La droite qui joint deux points correspondants est divisée en involution par les trois coniques. — Équation générale du Jacobien. — Faire passer par quatre points une conique tangente à une conique donnée. — Former les équations des côtés du triangle autopolaire commun à deux coniques. — Jacobien de trois coniques ayant deux points communs. — Équation du cercle en coupant orthogonalement trois autres. — Jacobien de trois coniques lorsque l'une d'elles se réduit à deux droites qui coïncident. — Condition pour qu'une droite soit divisée en involution par trois coniques. — Invariants d'un système de trois coniques. — Condition pour que trois coniques passent par un même point. — Condition pour que $LU + mV + nW$ soit un carré parfait. — On peut déduire trois coniques d'une seule cubique. — Formation de l'équation de la cubique.

CHAPITRE XIX. — MÉTHODE DES INFINIMENT PETITS.

Tracé des tangentes aux sections coniques. — Aires des sections coniques. — La tangente à une conique détermine dans une conique homothétique et concentrique une aire constante. — Division déterminée par son enveloppe : 1° sur la droite qui intercepte un arc constant sur une courbe; 2° sur la droite de longueur constante dont les extrémités glissent sur une courbe. — Détermination des rayons de courbure. — Si par un point d'une ellipse on mène deux tangentes à une ellipse homofocale, l'excès de la somme de ces tangentes sur l'arc qu'elles interceptent est constant. — Si l'on mène deux tangentes à une ellipse par un point d'une hyperbole homofocale, la différence des arcs est égale à la différence des tangentes. — Théorème de Fagnani. — Lieu du sommet libre d'un polygone circonscrit à une conique et dont tous les sommets moins un glissent sur des coniques homofocales.

NOTES.

Sur le théorème de Pascal. — Des systèmes de coordonnées tangentielles. — Sur le tracé d'une conique définie par cinq conditions. — Sur les systèmes de coniques assujetties à quatre conditions.

sont pas un simple extrait, comme on pourrait être tenté de le croire; la nécessité de modifier la disposition générale de l'ouvrage a entraîné de nombreux changements dans sa rédaction.

Notre nouveau livre correspond fidèlement aux Programmes officiels, et renferme toutes les parties de la Géométrie enseignées dans les établissements d'instruction publique. Le texte des *Éléments* proprement dits développe les Programmes successifs des classes de troisième, de seconde, de rhétorique et de philosophie. Le *Complément* qui termine l'ouvrage contient, résolues paragraphe par paragraphe, toutes les questions additionnelles du Programme de Mathématiques élémentaires, et toutes celles réservées au Cours de Mathématiques spéciales.

Cette disposition facilite le travail de l'Élève, qui trouvera ainsi toutes les questions exposées dans l'ordre même suivi par le Professeur, et approfondies dans la mesure fixée par les Programmes officiels.

Des Exercices sont indiqués à la fin de chaque paragraphe; des Questions plus difficiles, à la fin de chaque Livre.

Nous donnons à la suite de l'ouvrage une Note sur le lever des plans et l'arpentage, sur la mesure d'une aire plane limitée par une ligne courbe, et sur celle d'un volume limité par une surface courbe. Nous avons cru satisfaire aux conditions des nouveaux Programmes, en faisant surtout connaître l'esprit des méthodes employées, sans entrer dans des détails trop minutieux qu'on ne peut apprendre que sur le terrain. Cette Note forme à nos yeux un petit Traité du lever des plans, et renferme tout ce qui est nécessaire pour que l'Élève puisse passer aux applications.

Nous espérons que nos deux ouvrages se prêteront un mutuel secours, et que les Élèves studieux, bien préparés par ces *Éléments* à la lecture du *Traité*, pourront ainsi, sans changer de point de vue, pousser plus avant l'étude de la Géométrie.

1882 Paris. — Imprimerie de GAUTHIER-VILLARS, quai des Augustins, 55.

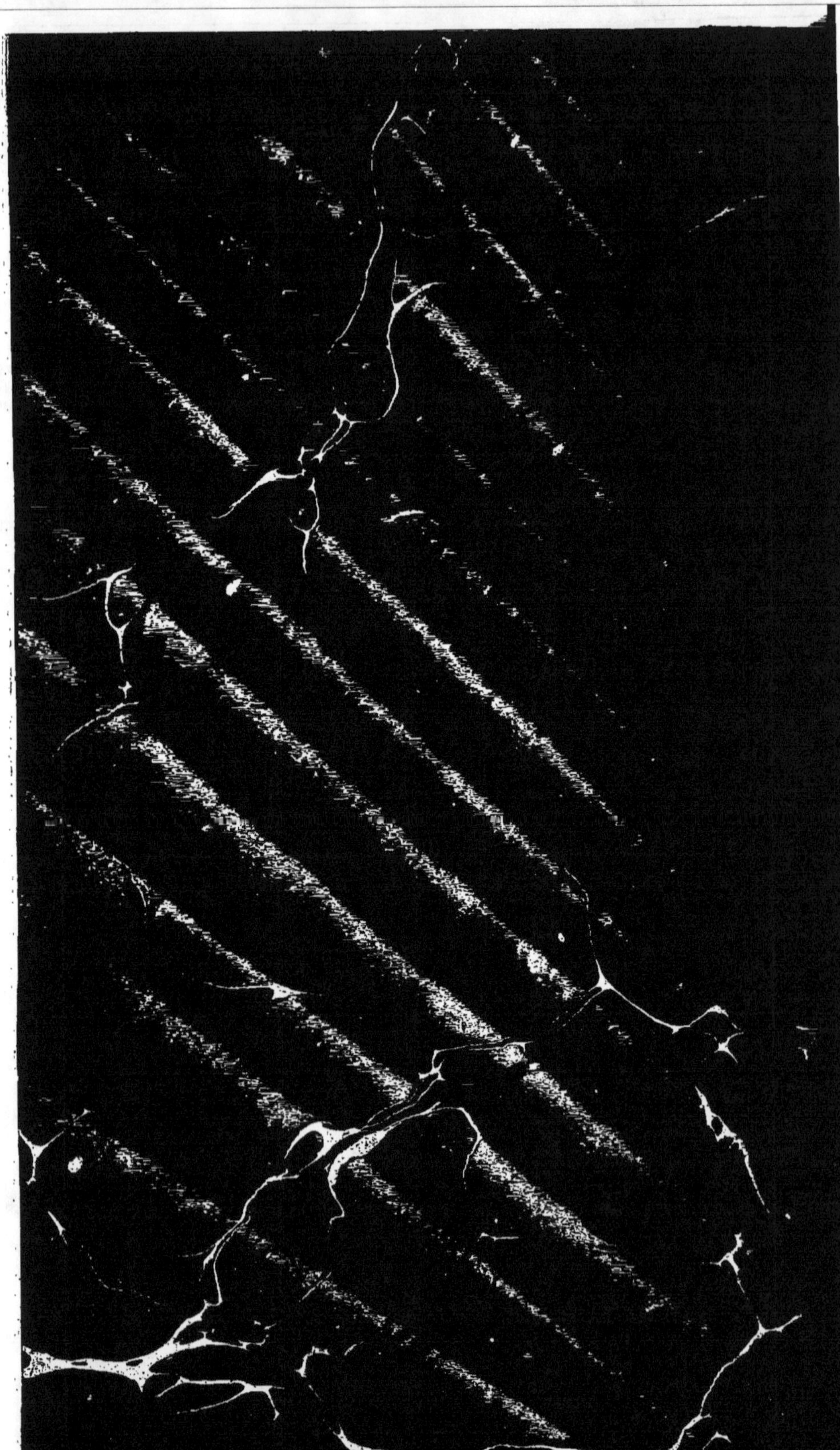

www.ingramcontent.com/pod-product-compliance
Lightning Source LLC
Chambersburg PA
CBHW061009220326
41599CB00023B/3882